普通高等教育"十一五"国家级规划教材

PUTONG GAODENG JIAOYU SHIYIWU GUOJIAJI GUIHUA JIAOCAI

U0643311

ANZHUANG GONGCHENG DINGE YU YUSUAN

安装工程定额与预算 （第二版）

主　编　张秀德　管锡珺　吕金全

副主编　陈冬辰　曹银妹

编　写　陈明九　张　莹　陈志华

　　　　马升平　乔廷乐　陈文斌

　　　　崔　建　张　璐　陈彬剑

　　　　梁泽庆　刘为公　殷宪花

主　审　张林华　曲云霞

中国电力出版社

http://jc.cepp.com.cn

内 容 提 要

本书为普通高等教育"十一五"国家级规划教材。

本书主要依据建设部 2000 年《全国统一安装工程预算定额》、2008 年《建设工程工程量清单计价规范》和部分省市颁布施行的《安装工程消耗量定额》及最新价目表、现行有关建设工程最新文件进行编制的,主要内容包括安装工程概预算,工程定额的种类及计价依据,安装工程费用,安装工程施工图预算的编制、审查与管理,通用机械设备安装工程施工图预算的编制,电气设备安装工程施工图预算的编制,工业管道安装工程施工图预算的编制,给排水安装工程施工图预算的编制,消防及安全防范工程施工图预算的编制,供暖及空调水系统安装工程施工图预算的编制,燃气安装工程施工图预算的编制,通风空调工程施工图预算的编制,刷油、防腐蚀、绝热工程施工图预算的编制等。本书列举了较多的安装专业例题,在不失理论性与系统性的前提下,重点强调了实用性。

本书主要作为工程管理专业及相关专业的本科教材,同时也适用于工程造价管理专业及相关专业的专科、高职院校教材,也可作为函授和自考辅导用书及从事安装工程造价管理专业技术人员的学习参考书。

图书在版编目 (CIP) 数据

安装工程定额与预算/张秀德,管锡珺,吕金全主编. —2 版. —北京:中国电力出版社,2010.2 (2018.5重印)

普通高等教育"十一五"国家级规划教材

ISBN 978-7-5123-0018-7

Ⅰ.①安… Ⅱ.①张…②管…③吕… Ⅲ.①建筑安装工程—建筑预算定额—高等学校—教材 Ⅳ.①TU723.3

中国版本图书馆 CIP 数据核字 (2010) 第 007627 号

中国电力出版社出版、发行

(北京市东城区北京站西街 19 号 100005 http://jc.cepp.com.cn)

三河市百盛印装有限公司印刷

各地新华书店经售

*

2004 年 3 月第一版

2010 年 2 月第二版   2018 年 5 月北京第二十二次印刷

787 毫米×1092 毫米 16 开本 25 印张 613 千字

定价 **42.00** 元

版 权 专 有   侵 权 必 究

本书如有印装质量问题,我社发行部负责退换

前　言

工程造价管理是基本建设管理的重要组成部分。合理确定和有效地控制工程造价，最大限度地提高投资效益，是工程建设管理的核心问题。为了向国际惯例靠拢，我国目前正在进行工程造价计价方式的改革，以求体现工程、市场、企业等各种因素的影响，逐步建立与完善"政府宏观调控，统一计价规则，企业自主报价，市场形成价格"的工程造价运行机制。由原来传统的施工图预结算的计价方式（工料单价法）改为施工图预结算和工程量清单计价（综合单价法）并存的计价方式。

由于部分省、自治区、直辖市将量价合一的预算（综合）定额改为量价分离的消耗量定额，故本书将分别介绍其内容和作用。

工程预算是一门实践性很强的专业课程，为此，本书列举了较多的安装专业例题，在不失理论性与系统性的前提下，重点强调了实用性。该书主要作为工程造价专业及相关专业本、专科教学用书和从事安装工程造价管理专业技术人员的学习参考用书。

本书主要依据建设部 2000 年《全国统一安装工程预算定额》、2008 年《建设工程工程量清单计价规范》、2003 年部分省市颁布施行的《安装工程消耗量定额》及最新价目表、现行有关建设工程最新文件进行编制的。

工程造价具有很强的地区性，本书所举例题是参照山东省地区定额及有关文件编制的，仅作为参考，各地区在编制施工图概预算时，必须掌握本地区相关定额，计算程序、工程费用的划分、取费标准及补充定额等有关规定，另外，由于定额具有时效性，每年新的文件都会出现，像取费程序、取费内容、费率等都可能出现变化，因此教材无法跟上变化，各位教师在授课时主要给学生讲授一种方法。

考虑到近几年有关部门出台了不少相关的定额解释，本书一并编到教材里面，供大家学习使用。

本书由山东建筑大学张秀德、青岛理工大学管锡珺、山东建筑大学吕金全主编，山东建筑大学陈冬辰、青岛理工大学曹银妹副主编。其中张秀德编写第一章、山东建筑大学陈明九编写第二章、山东贝利工程咨询有限公司张莹编写第三章、第四章，第六章电气例题由协和职业技术学院殷宪花编写，山西大学陈志华编写第五章。青岛理工大学马升平编写第六章前三节、山东贝利工程咨询公司乔廷乐编写第七章、第十二章四、五节，陈冬辰编写第八章，山东凯文学院赵新编写第九章前三节内容，吕金全编写第九章气体灭火例题及第十章内容，山东轻工设计院崔建编写第九章安全防范基础及例题，山东凯文学院张璐编写地暖例题，山东建筑大学陈彬剑编写第十一章，山东建设厅执业资格注册中心梁泽庆编写第十二章前三节，山东建设厅执业资格注册中心刘为公编写第十三章等内容。

本书由山东建筑大学张林华、曲云霞教授主审。

限于编者水平，加之时间仓促，书中难免有疏漏和不足之处，敬请读者批评指正。

编　者

2009 年 12 月

第一版前言

众所周知，工程造价管理是基本建设管理的重要组成部分。合理确定和有效地控制工程造价，最大限度地提高投资效益，是工程建设管理的核心问题。为了向国际惯例靠拢，我国目前正在进行工程造价计价方式的改革，以求体现工程、市场、企业等各种因素的影响，逐步建立与完善"政府宏观调控，统一计价规则，企业自主报价，市场形成价格"的工程造价运行机制，由原来传统的施工图预结算的计价方式（工料单价法）改为施工图预结算和工程量清单计价（综合单价法）并存的计价方式。

本书重点介绍施工图预结算的编制方法，并对《建设工程工程量清单计价规范》作一简单介绍。

由于部分省、自治区、直辖市将量价合一的预算（综合）定额改为量价分离的消耗量定额，故本书将分别介绍其内容和作用。

工程预算是一门实践性很强的专业课程，为此，本书列举了较多的安装专业例题，在不失理论性与系统性的前提下，重点强调了实用性。该书主要作为工程造价专业及相关专业本、专科教学用书和从事安装工程造价管理专业技术人员的学习参考用书。

本书主要依据建设部 2000 年《全国统一安装工程预算定额》、2003 年《建设工程工程量清单计价规范》和部分省市颁布施行的《安装工程消耗量定额》及价目表、现行有关建设工程最新文件进行编制的。

工程造价具有很强的地区性，本书所举例题是参照山东省、山西省地区定额及有关文件编制的，仅作为参考，各地区在编制施工图概预算时，必须掌握本地区相关定额、计算程序、工程费用的划分、取费标准及补充定额等有关规定。

本书由山东建筑工程学院张秀德、青岛建筑工程学院管锡珺任主编，山东建筑工程学院陈冬辰、青岛建筑工程学院曹银妹任副主编。其中张秀德编写第一、二、三、四、七、十、十二、十三、十五章等内容。管锡珺编写第六章电气例题、第十四章市政工程例题等内容。陈冬辰编写第八、九、十六章等内容。第九章气体灭火例题由山东建筑工程学院吕金全编写。山东建筑工程学院陈彬剑编写第十一章。山西大学陈志华编写第五章。青岛建筑工程学院马升平编写第六章、第九章安全防范基础及例题。青岛建筑工程学院孙立编写第十四章市政给水、市政燃气工程等内容。青岛建筑工程学院涂健成编写第十四章市政排水、市政供热等内容。

由于编者水平所限，加之时间仓促，书中难免有错误和不足之处，敬请读者批评指正。

编 者

2004 年 3 月

目 录

第一章　安装工程概预算

第一节　概预算的性质和作用

安装工程概预算是安装工程各阶段设计、施工的全部造价，是设计、施工文件的组成部分，也是基本建设管理工作的重要环节。

安装工程概预算不仅是计算基本建设项目的全部费用，而且是对全部基本建设投资进行筹措、分配、管理、控制和监督的重要依据。其主要作用如下。

1. 是编制基本建设计划的依据

国家确定基本建设投资的规模和投资方向，对国民经济各部门进行投资分配，各基本建设项目的年度计划投资额也是根据设计概预算来确定的，没有批准的设计概预算，不得列入年度基建计划。

2. 是衡量设计方案是否经济合理的依据

要衡量建设项目的设计方案是否经济合理，必须依据基本建设预算。因为基本建设预算是基本建设工程经济价值的货币表现，也就是基本建设产品的价格。设计人员在扩大初步设计阶段，对选择理想的设计方案，进行技术经济指标的分析对比，确定一个经济合理的设计方案。

3. 是基本建设投资拨款和工程价款结算的依据

基本建设概（预）算是控制基本建设投资的依据。根据设计概（预）算控制建设项目和单位工程的投资；根据工程进度结算工程价款。如果没有较大的设计变更和材料设备价差调整，建设项目和单位工程的拨款，不得超过设计概（预）算。

4. 是施工单位加强内部经济核算的依据

施工企业根据会审后的施工图纸、施工图预算、施工组织设计、施工定额等编制施工预算，具体计算出单位工程（或分部分项）施工所需的材料、人工、施工机械台班数量。按照施工预算组织施工，降低工程成本。

第二节　基本建设预算的种类

目前基本建设预算主要分为投资估算、设计概算、施工图预算、施工预算、工程结算和竣工决算。

一、投资估算

投资估算一般主要是根据设计功能、规模、生产能力等因素来确定。设计单位在草图或初步设计阶段用这种方法估算基本建设投资。投资估算也是国家审批确定基本建设投资计划的重要文件。它的编制依据主要是：估算指标、估算手册或类似工程的预（决）算资料等。

二、设计概算

设计概算是设计文件的重要组成部分，是确定基本建设项目投资，实行基本建设大包干的重要文件，是编制年度基本建设计划，控制建设项目拨款和施工图预算，考核基本建设成本的依据，也是衡量设计是否经济合理的基本文件。

设计概算是设计部门在扩大初步设计阶段根据设计图纸、设计说明书、概算定额、经济指标、用定额（或取费标准）等资料进行编制的。

三、施工图预算

施工图预算是计算单位工程或分部分项工程费用的文件。一般由施工单位编制，经建设单位审定。经审定后的施工图预算，是建设单位向施工单位拨付工程价款和施工单位与建设单位进行工程结算和竣工结算的重要依据之一；是施工单位实行成本核算、降低工程成本、考核材料、人工和施工机械台班消耗数量的依据；也是施工单位编制施工计划和统计工作的依据。

施工图预算编制的依据是：施工图纸、地区安装工程消耗量定额、地区安装工程价目表、地区发布的材料预算价格信息、费用计算规则、施工及验收规范、标准图集、施工组织设计或设计方案。

四、施工预算

施工预算是施工单位根据施工图纸、施工定额、施工及验收规范、标准图集、施工组织设计（或施工方案）编制的单位工程（或分部分项工程）施工所需的人工、材料和施工机械台班数量；是施工企业内部文件，是单位工程（或分部分项工程）施工所需的人工、材料和施工机械台班消耗数量的标准。

施工预算的主要作用是控制班（组）单位工程（或分部分项工程）施工所消耗的材料、人工和施工机械台班数量，降低工程成本。因此，施工预算是施工企业加强经营管理，提高经济效益，降低工程成本的重要手段。

工程竣工验收合格后，施工单位都要进行两算对比，即施工图预算和施工预算进行对比，对比的结果，施工预算的人工、材料、机械的消耗乘上实际发的工资标准变成实际人工费，实际消耗的材料工程量乘上实际购买材料的价格，变成工程实际材料。

五、工程结算

工程结算由施工单位来编制。由于建筑安装产品施工周期长，投资大，不像一般商品可以一手交钱一手交货，建筑安装产品只有工程完工，竣工验收合格才能交付建设单位使用。对于工程建设周期较长的工程，建设单位不可能在工程开工前一次性将工程款拨付施工单位，施工单位在施工准备阶段和施工过程中的用款应由建设单位预支，预付款的多少，一般根据工程设计概算、施工图预算和施工进度及合同中的约定等确定。一般约占整个工程款的15%～20%左右。此款作为施工单位购买材料、构件、零配件、部件的款项和临时设施的搭建以及未完工程的流动资金，工程预付款是合同的主要条款之一。

按国家现阶段有关规定，建筑安装业工程的结算方法有两种：

（1）定期结算，即每月末按已完工程进度结算一次，工程完工后办理完工结算（竣工结算）。其形式有，可以旬末预支、月终结算、完（竣）工后一次结算；也可以月中预支、月终结算、完（竣）工后一次结算。跨年度工程年终盘点工程情况，办理年终结算。

如某高层建筑因各种原因前后共干了六年，施工队报结算时按最后一年的相关文件及定额做，这时的人工、材料、机械价格变化很大，所以审计部门将其退回重做，按当年完成的工程量、相关定额及文件结算。

（2）竣工结算，也称为完工结算，承包方待单位工程完工后，经有关部门验收合格，即可与业主办理竣工结算，结清财务费用。

竣工结算，用审定的施工图预算或用工程承包价（采用工程量清单报价投标中标的中标价）作为结算依据，将施工过程中发生的工程变更签证、有关经济签证，以及材料价差调整等产生的费用（采用工程量清单结算的工程，综合单价一般不变），作增减调整，结清工程价款财务手续工作。

六、竣工决算

单位工程竣工后进行竣工决算。竣工决算由业主委托有相应资质的专家编制。工程决算的工程费用就是建筑安装工程的实际成本（实际造价），是建设单位确定固定资产的唯一根据，也是反映工作项目投资效果的文件。

国家规定：所有竣工验收的建设项目或单项工程在办理验收手续之前，应认真清理所有财产和物资，编好竣工决算，分析预（概）算执行情况，考核投资效果，报上级主管部门审查。

竣工决算必须报给国家批准的有关单位审计，严格按照批准的投资估算或设计概预算，对国家的投资负责，参照国家制定的有关定额标准、工程量计算方法、取费标准及有关文件精神严格审查工程决算。

第二章　工程定额的种类及计价依据

第一节　定额的种类

工程定额使用的定额种类繁多，其内容和形式是根据生产建设的需要而制定的。因此，不同的定额及其在使用中的作用也不尽相同，现将各种定额作如下分类，如图 2-1 所示。

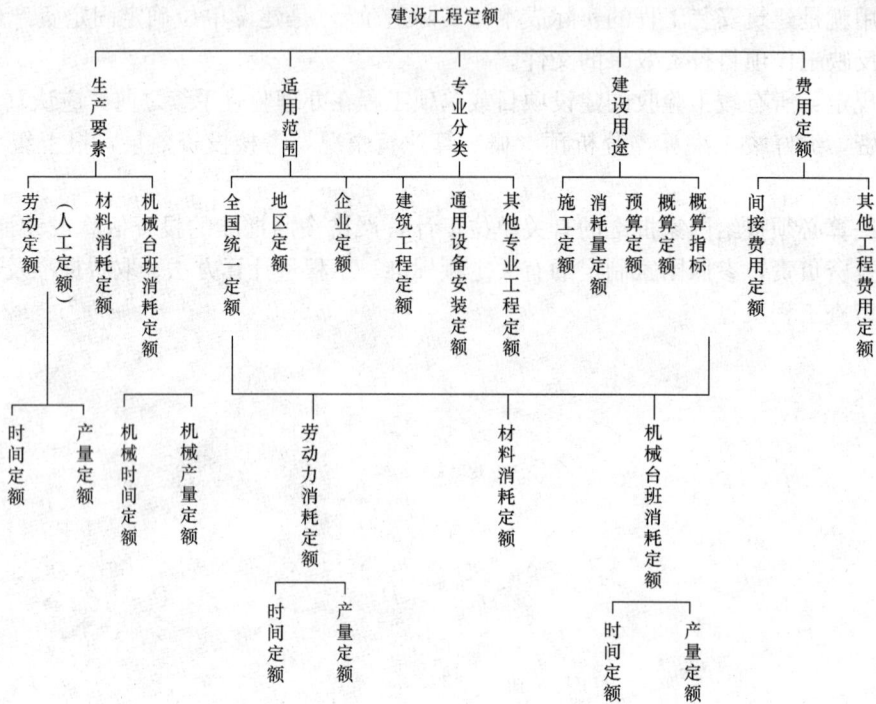

建设工程定额

- 生产要素
  - 劳动定额（人工定额）
    - 时间定额
    - 产量定额
  - 材料消耗定额
  - 机械台班消耗定额
    - 机械时间定额
    - 机械产量定额
- 适用范围
  - 全国统一定额
  - 地区定额
  - 企业定额
  - 劳动力消耗定额
    - 时间定额
    - 产量定额
- 专业分类
  - 建筑工程定额
  - 通用设备安装定额
  - 其他专业工程定额
  - 材料消耗定额
- 建设用途
  - 施工定额
  - 预算定额
  - 概算定额
  - 概算指标
  - 消耗量定额
  - 机械台班消耗定额
    - 时间定额
    - 产量定额
- 费用定额
  - 间接费用定额
  - 其他工程费用定额

图 2-1　建设工程定额分类图

全国统一定额：是综合全国工程建设的生产技术和施工组织的一般情况拟定的，是在全国范围内执行的定额。如 1977 年编制的《通用设备安装工程预算定额》9 册；1986 年编制的《全国统一设备安装工程预算定额》15 册；2000 年编制的《全国统一安装工程预算定额》12 册。

地区定额：考虑到各地区不同情况，由于生产技术和施工组织的一般情况不尽相同，参照统一定额水平编制，在规定的地区执行。各地区不同的气候条件、物质技术条件、地方资源条件和运输条件等，对定额水平和内容的影响，是拟定地方定额的客观依据之一，如 2003 年颁发的《山东省安装工程消耗量定额》。

企业定额：由企业编制，在企业内部范围执行（如冶金企业定额、油田企业定额等），其编制是以统一定额和地方定额为依据，个别企业也可以根据企业实际情况对定额水平加以修订，但需要一定机关批准。

上述各种定额，是为适应不同要求和内容而编制的，其表现的内容只是反映工程建设劳动消耗的某个方面。因此，使用时要注意协调，互相配合。为此，我们应把各种工程定额看作一个整体，同时，也应使其保持每一种定额的相对独立性，这样才能深入研究。

工程定额的作用、范围，涉及工程建设工作的各个方面，无论是生产、分配计划、财会工作，都以定额作为一个参考，因此，工程定额在工程建设的组织管理中，占有极为重要的意义。

第二节　安装工程计价依据

市场机制作用，建立公平竞争、市场形成建设工程造价的运行机制，达到合理确定和有效控制工程建设投资的目的，随着我国市场经济体制改革的不断深入和完善，如何充分发挥已成为建设市场中亟待解决的重要课题。

由于目前各省、自治区、直辖市最新颁发的计价依据有所不同，本节主要介绍山东省2003年、2006年编制的安装工程计价依据和2000年国家建设部颁发实施的《全国统一安装工程预算定额》的有关内容。

一、山东省安装工程计价依据

为了适应市场经济的需要，逐步与国际惯例接轨，维护与建立公开、公平、竞争的建设市场经济秩序，保障工程建设各方的合法权益，提升企业的竞争优势，推动建设事业的发展，由山东省工程建设标准定额站组织有关专家，通过广泛调查研究，根据国家、省有关法律、法规的规定和相关工程建设标准定额的规定，结合山东省实际情况，按照"政府宏观调控，统一计价规则，企业自主报价，市场形成价格"的原则，编制了《山东省安装工程计价依据》（以下简称计价依据），自2003年4月1日起施行。

（一）计价依据的组成

安装工程计价依据主要有以下部分组成：

（1）山东省安装工程消耗量定额 DXD37-201～211—2002；

（2）山东省安装工程费用项目构成及计算规则（2003）；

（3）山东省安装工程量计算规则 DXD_{GZ}-201—2002；

（4）山东省安装工程价目表（2006）；

（5）山东省安装工程清单编制及计价规则。

以上消耗量定额中的 DXD37-201—2002 分别代表：

D—地方定额；X—消耗量标准；D—定额；37—山东省；201—为安装工程第一册，211 为安装工程第十一册，如写 101 则为土建工程第一册；2002 为年号。

DXD_{GZ}-201-2002 中的下角标 GZ 表示规则。

（二）指导思想及原则

安装工程计价依据反映山东省目前社会生产力的平均水平，是工程建设各方合理确定工程造价的重要基础。在编制过程中遵循的指导思想是：坚持改革开放，实事求是，与时俱进，以建立公平竞争的秩序、规范工程计价行为为首要任务，以推行量价分离的消耗量定额为基点，考虑与实行工程量清单计价的衔接，制定统一计价规则，遵循客观经济规律，充分体现工程、市场、企业等各种因素的影响，逐步建立与完善"政府宏观调控，统一计价规则，企业自主报价，市场形成价格"的工程造价运行机制。在编制工作中，主要考虑以下原则：

(1) 工程造价改革要与市场经济的改革大局紧密相结合的原则。

(2) 推动工程建设各方公平有序竞争,市场自主定价的原则。

(3) 计价方式向国际惯例靠拢,适应工程量清单招标和综合单价报价原则。

(4) 工程消耗量定额水平坚持社会平均的原则。

(5) 严格执行强制性技术标准,确保工程质量与安全的原则。

(6) 推动科技进步,积极推广应用新技术、新工艺、新材料、新设备的原则。

(三) 编制依据

为使安装工程计价依据制定的合法合理,符合经济社会需求,真正创造公平、公正、公开竞争的环境,维护建设市场经济秩序,规范计价行为,保障工程建设各方合法权益,在编制过程中主要依据以下法律、法规和有关的规定:

(1) 中华人民共和国建筑法;

(2) 中华人民共和国招标投标法;

(3) 中华人民共和国价格法;

(4) 中华人民共和国合同法;

(5) 国务院第 279 号令《建设工程质量管理条例》;

(6) 建设部第 107 号令《建设工程施工发包与承包计价管理办法》;

(7) 山东省人民政府第 132 号令《山东省建筑安全生产管理规定》;

(8) 山东省人民政府办公厅鲁政办发 [1995] 77 号文《关于改革山东省建筑企业劳动保险费用提取办法的报告》;

(9) 山东省建设厅鲁建发 [2002] 41 号文《山东省建筑工程施工发包与承包计价管理办法》;

(10) 有关工程建设国家标准、行业标准、山东省地方标准及其标准图集;

(11)《全国统一安装工程预算定额》1986 年版、2000 年版及其相关资料;

(12)《山东省安装工程综合定额》及各市一次性补充定额资料;

(13) 其他省、市、部委的安装工程定额及相关资料;

(14) 有代表性的各类工程设计文件及其施工预结算资料;

(15) 其他有关法律、法规、政策及有关规定与资料。

(四) 各部分工程计价依据的基本情况

1.《山东省安装工程消耗量定额》(以下简称《消耗量定额》)

(1) 主要内容。

《消耗量定额》是指在正常施工条件下完成规定计量单位合格的分部分项安装工程所需工、料、机的消耗量标准。消耗量定额反映了山东省目前的社会平均生产力水平。

《消耗量定额》不再按工业与民用的功能划分,而是按专业工程分册,按分部分项工程编列章节,共有十一册、14 262 个定额子目。定额中增加了山东省目前推广应用的新技术、新工艺、新材料项目 1300 多项,调整修改了与实际不相符的项目近万项,综合常用项目 1800 多项。

《消耗量定额》结构由总说明、册说明、目录、各章说明、定额表及附录组成。

(2) 主要问题的说明。

1)《消耗量定额》适用于一般工业与民用安装的新建、扩建、技术改造和整体更新改造工程。

2)《消耗量定额》是山东省统一安装工程分部分项工程项目划分及名称、计量单位的依据。应作为招投标工程编制标底的依据，作为其他计价活动的参考。

3)《消耗量定额》中只编列分部分项实体工程项目和措施性项目的各类消耗的数量，没有编列各类消耗的价格（含基价费用），这是与以前的定额相比最明显的特征之一，亦称为"量价分离"的定额。

2.《山东省安装工程量计算规则》（以下简称《计量规则》）

（1）主要内容。

《计量规则》是指安装工程量的计算方法及其计量单位的统一规定。《计量规则》与《山东省安装工程消耗量定额》配套使用。规则中包括了制定的目的、适用范围、作用，规定了工程量的计算方法、要求、计量单位、取值方法等。具体内容的编排与消耗量定额各册、章（除第九册《通风空调工程》外）项目名称及顺序对应一致。

（2）主要问题的说明。

1)《计量规则》适用的工程范围与消耗量定额一致。

2)《计量规则》是在全省安装工程计价活动中计算分部分项实体工程量、技术措施项目工程量及其相应消耗量的依据，工程建设有关方在编制或使用企业定额的相关项目时，也应遵循本规则。

3）工程量计算的基础依据应有以下三方面的有效文件：

①施工图设计文件；

②施工组织设计或施工技术措施方案；

③其他有关技术经济文件。

所谓有效文件是指按照有关规定程序，应经相关管理部门或权力机构或工程建设有关方面确认，批准同意并签证的技术经济文件。

3.《山东省安装工程费用项目构成及计算规则》（以下简称《费用计算规则》）

《费用计算规则》是计价依据的重要组成部分，是这次计价依据改革思路及成果的集中体现。

（1）主要内容。

《费用计算规则》由总则、安装工程费用项目构成、计算规则、计算程序及费率和工程类别划分标准五部分组成。其中：

①总则包括费用计算规则制定的目的、适用范围、计价活动、内容以及计价活动应遵循的原则等内容；

②安装工程费用项目构成主要包括：安装工程费用的构成项目及其各项目的组成内容；

③计算规则主要包括安装工程各种费用的计算方法或计算公式等规定；

④计算程序及费率：规定了安装工程费用形成的程序，并按工程类别编列了各项费用的费率；

⑤安装工程类别划分标准，对各类设备安装工程和炉窑砌筑工程，按照其规模、繁简、施工技术难易等因素分别划分三个类别等级。

（2）主要问题的说明。

①《费用计算规则》统一了安装工程费用构成的项目及其组成内容，统一了各项费用计

算的方法和程序，统一了工程类别划分标准；

②《费用计算规则》改变了按企业取费等级计算相关费用的做法，规定各种竞争性费用均按工程类别计算；

③按照不同的计价活动，区别费率的不同使用方法。如费率标准只是作为编制标底的依据，而供其他计价活动的参考。其他计价活动也可根据统一的计算规则或公式自行确定费率；

④《费用计算规则》对特殊费用项目规定特殊的计算方法。如安全文明施工费、建筑企业劳动保险费等。

4.《山东省安装工程价目表》（以下简称《价目表》）

（1）《价目表》是以《山东省安装工程消耗量定额》和《山东省安装工程费用项目构成及计算规则》为基础，计入山东省现行消耗量价格后编制而成，它与《山东省安装工程消耗量定额》、《山东省安装工程量计算规则》以及《山东省安装工程费用项目划分及计算规则》配套使用。

（2）《价目表》分上下两册，《价目表》中的内容、工程适用范围、册章节项目名称、定额编号、计量单位及未计价材料消耗量均与《山东省安装工程消耗量定额》对应一致。使用时应按照《山东省安装工程消耗量定额》中的册章说明、工作内容及《山东省安装工程量计算规则》的相应规定执行。

（3）《价目表》中仅列有基价、人工费、辅助材料费、机械费及未计价材料的消耗量。

（4）《价目表》中人工、材料、施工机械价格属于省统一发布的工程价格信息，可作为招标工程编制标底的依据，作为其他计价活动的参考。

（5）《价目表》中的人工单价是按44元/工日计入的。

（6）《价目表》中附有各类消耗量价格取定表。

新的计价依据的颁发，发生了以下几个方面的主要变化：①量价合一的预算（综合）定额改为量价分离的消耗量定额；②明确规定工程造价的形成由工程建设各方依据规定的规则方法、自主计价，充分体现工程、市场和企业的各种因素的影响；③由原来传统的施工图预结算的计价方式（工料单价法）改为施工图预结算和工程量清单计价（综合单价法）并存的计价方式；④工程造价管理由直接管理转向工程造价监督和提供信息服务。

（五）计价依据的编制

工程造价管理工作的改革，是一项系统的重要的基础工作，具有政策性强、技术性高、程序复杂、影响面大的特点，本着实事求是、积极稳妥、循序渐进的原则，实施计价依据的改革。计价依据的改革共分制订方案、实施编制和测算定稿三个阶段。

为使计价依据的编制符合社会平均生产力的水平，符合工程实际的需要，符合市场形成价格的需求，对计价依据的编制初稿进行了水平测算与调整。

2002年初，研究制订了计价依据水平测算方案，提出具体要求，明确测算方法。

测算中共选择50多项专业工程项目，安装工程总造价近20亿元，包括工业安装和民用安装工程。民用安装工程选择了住宅与公用建筑，兼顾高层建筑和一般建筑。其中有办公楼、商场、医院、学校、宾馆等；工业工程有炼油厂、推土机厂、热电厂、污水处理厂、钢铁厂、化肥厂、仓库、罐区等。其工程专业完全覆盖了计价依据所涉及的工程范围。

通过测算，对计价依据中不合理的项目、含量、费率进行了分析与调整，调整量达70%

以上。调整过程中，主要是使新的计价依据与原计价依据对比，再与实际工程资料比较，然后确定调整的内容。经过调整后，再次测算，直至达到预定的目的。经最后水平测算确认：①项目的内容设置基本满足山东省安装工程计价的需要；②计价依据的水平基本符合山东省目前社会平均水平；③消耗量定额比原定额总水平在$-1.4\%\sim+4.3\%$之间。

二、《消耗量定额》的基本情况

（一）定额的主要内容

根据安装工程的专业特征和全国统一安装工程预算定额的结构设置以及多年来的传统习惯做法，将消耗量定额分为十一册（印装为八本），共有 14 262 个定额子目。具体包括：

《第一册　机械设备安装工程》　　　　　　　　　DXD37-201—2002；

《第二册　电气设备安装工程》　　　　　　　　　DXD37-202—2002；

《第三册　热力设备安装工程》　　　　　　　　　DXD37-203—2002；

《第四册　炉窑砌筑工程》　　　　　　　　　　　DXD37-204—2002；

《第五册　静置设备与工艺金属结构制作安装工程》DXD37-205—2002；

《第六册　工业管道工程》　　　　　　　　　　　DXD37-206—2002；

《第七册　消防及安全防范设备安装工程》　　　　DXD37-207—2002；

《第八册　给排水、采暖、燃气工程》　　　　　　DXD37-208—2002；

《第九册　通风空调工程》　　　　　　　　　　　DXD37-209—2002；

《第十册　自动化控制仪表安装工程》　　　　　　DXD37-210—2002；

《第十一册　刷油、防腐蚀、绝热工程》　　　　　DXD37-211—2002；

《第十三册　建筑智能化系统设备安装工程》　　　DXD37-213—2004。

（二）定额结构形式

《消耗量定额》是由定额总说明、册说明、目录、各章（节）说明、定额表和附录或附注组成。其中，消耗量定额表是核心内容，它包括分部分项工程的工作内容、计量单位、项目名称及其各类消耗的名称、规格、数量等。其结构形式见表 2-1。

表 2-1　　　　　　　　　　　　　　**地板辐射采暖管道**　　　　　　　　　　单位：10m

工作内容：画线定位、切管、调直、搣弯、管道固定、水压试验及冲洗

定额编号		8-70	8-71	8-72	8-73
项　目		管外径（mm 以内）			
		16	20	25	32
名　称	单位	数　量			
人工	综合工日	工日	0.211	0.295	0.352	0.370
材料	管材	m	(10.150)	(10.150)	(10.150)	(10.150)
	塑料卡钉 20 以内	个	18.000	15.000	—	—
	塑料卡钉 32 以内	个	—	—	13.000	12.000
	锯条各种规格	根	0.100	0.100	0.120	0.150
	水	m³	0.060	0.060	0.110	0.170
	电	kW·h	0.800	0.800	1.000	1.200
	其他材料费占辅材费	%	10.000	10.000	10.000	10.000

《消耗量定额》与《全统定额》相比，结构形式上的区别就是《消耗量定额》表中未列定额基价、人工费、材料费、机械费，对于用量很少，对基价影响很小的零星材料，《全统定额》合并为其他材料费，计入材料费内，而《消耗量定额》采用其他材料费占辅材费百分比的方式计入定额内。其他均相同。

注意：

施工用水电消耗量都包括在消耗量定额内，对于施工用水、用电，原则上都应按表计量，结算时按实耗数量结算水电费，其单价执行采用的价目表单价或双方约定单价。如实际施工中所采用的机械规格型号与定额完全一致时，也可按定额分析的数量计算。不论采用什么方法，都应在合同中约定，如无约定，应按《山东省安装工程消耗量定额解释（2004）》中规定的方法计算。

定额中列出的电动机械的用电，除某些特殊、专用（如地下工程盾构掘进机等）机械外，一般均已包括在机械台班费中。对于单位价值较小、不构成固定资产、未列入定额机械消耗量内的电动工、机具，其用电量列入定额材料消耗量内。

（三）定额的适用范围及作用

1. 适用范围

本定额适用于山东省行政区域内新建、扩建和技术改造或整体更新改造的一般工业与民用安装工程。不适用于修缮和临时安装工程。

整体更新改造，指在已有建筑物或生产装置区内，增加或重新更换完整、独立的功能系统安装工程，如消防、给排水、通风空调、照明、热力设备等系统，而不是局部或系统中的一部分。

2. 定额的作用

消耗量定额是指完成合格的规定计量单位分部分项安装工程所需要的人工、材料、施工机械台班的消耗量标准。它的作用有以下几个方面：

（1）在山东省安装工程计价活动中，统一安装工程内容的项目划分、项目名称、计量单位和计算消耗量的依据；

（2）根据建设部第 107 号令《建筑工程施工发包与承包计价管理办法》和鲁建发[2002] 41 号《山东省建筑工程施工发包与承包计价管理办法》的规定，应作为招标工程编制标底价的依据；

（3）作为编制概算定额（指标）、投资估算指标以及测算工程造价指数的依据；

（4）作为编制施工图预算和投标报价的基础，也可作为制订企业定额的参考。

（四）定额主要特点

《消耗量定额》与以往综合定额和预算定额相比，具有许多相同的特点，如科学性、灵活性、相对稳定性、连续性、实用性等。但也具有明显的不同特点：①定额水平不是平均先进水平而是社会平均水平。②在内容结构上，只列有消耗量而未列定额基价及其他费用。③在使用上，不再是工业安装和民用安装使用不同定额，而是相同专业工程执行同一定额。④在内容上，将分部分项工程定额项目列有实体工程项目与措施项目。⑤在计算上，不论是计算消耗量，还是计算相关费用，应借助于计算机应用软件方可。

三、《消耗量定额》的编制

（一）编制原则

《山东省安装工程消耗量定额》的编制，是以《全国统一安装工程预算定额》为基础，以国家、省现行工程建设技术规范标准为依据，以有利于企业自主计价和编制工程量清单综合单价为重点，以合理确定消耗量标准为核心，采用人工决策、微机运算为主的工作手段，调配技术优势力量，统筹安排，严肃认真，积极工作，力求消耗量定额达到"合理、准确、简明、实用"的目的。

消耗量定额编制工作中，主要遵循以下原则：

（1）坚持以《全统定额》为基础的原则。《消耗量定额》的内容，范围，工效条件，项目设置，册、章、节的划分，计算规则，计量单位以及各类消耗的种类，尽量与《全统定额》相接近。

（2）坚持专业相近及工作内容相统一的原则。各册定额相类似的工程项目，其工作内容尽量一致。如支架制作安装均含除锈刷底漆；机械设备和静置设备安装均不含基础灌浆。在设置项目时考虑专业相近，易于掌握定额的原则，将定额第三册《热力设备安装》中的"轻型、炉墙"部分列入定额第四册《炉窑砌筑工程》中；定额第六册《工业管道工程》中的手摇泵列入定额第一册《机械设备安装》中泵安装一章内。

（3）坚持推广科技进步成果和实际需要原则。根据我省目前已被推广应用的新材料、新设备、新工艺、新技术，增列定额项目。本定额中共增加近1300多条子目。充分考虑满足工程实际需要，比如增加电热锅炉、地板辐射采暖；扩展了工业管道、阀门、管件连接定额的步距等。

（4）坚持简化综合原则。简化综合是指在项目设置时，尽量少列项目，将与主体分部分项项目相关的且同时发生的子项工作内容综合在一起。以主要工序带次要工序，以主要项目带次要项目，大面积地刮小尾巴，减少使用中计算的麻烦，如暖卫器具支架的零星刷油内容综合在器具安装中，管道支架的制作与安装综合在一项中。

（5）坚持同一项目、同一消耗量，统一表示原则。即在多册消耗量定额中都有同一种消耗材料或机械，应表示统一的计量单位。如螺栓有的册为10套，有的为套，定额中统一换算为套；型钢实际使用中有100kg、kg两种计量单位，定额中统一换算为kg。又如电气、水暖、消防、通风空调的超高系数，计算步距各不一致，本定额就统一规定，高度分10m、15m、20m、20m以上四种情况。

（二）编制依据

定额的编制除依据国家有关法规文件外，其他技术依据主要有：

（1）国家及各专业部门现行的设计、施工验收规范、施工技术安全操作规程、质量评定标准等。

（2）国家及山东省、华北地区等有关部门颁发的现行安装标准图集、构件施工图册、定型标准设计图册及设备、材料、产品说明书等。

（3）GYD-201-211—2000《全国统一安装工程预算定额》及有关资料。

（4）《全国统一安装工程预算定额》（1986年版）十六册和补充定额及其有关资料。

（5）《全国统一建筑安装劳动定额》（1988年版）及有关资料。

（6）《全国统一施工机械台班费用定额》（1998年）。

（7）《全国统一施工机械台班费用编制规则》（2002年）。

（8）GFD-201—1999《全国统一安装工程施工仪器仪表台班费用定额》。

（9）《山东省安装工程综合定额》（1996年版）。

（10）其他省、市和专业部门的安装工程定额。有北京市、上海市、广东省、黑龙江省、深圳市和中石化、电力、邮电、冶金等部门颁发的定额。

（11）各市地颁发的一次性补充定额及相关资料。

（12）具有代表性工程设计图纸以及施工记录资料。

（13）已经推广应用的新工艺、新材料、新技术实践的技术资料。

（三）《消耗量定额》编制中主要问题的确定

《消耗量定额》以反映社会平均生产力水平为前提，充分考虑了山东省目前大多数施工企业采用的施工方法、机械化装备程度、合理的工期、施工工艺和劳动组织条件进行编制而成。

定额的编制是按下列正常施工条件进行编制的：

（1）设备、材料、成品、半成品、构件完整无损，符合质量标准和设计要求，附有合格证书和试验记录。

（2）安装工程和土建工程之间的交叉作业正常。

（3）安装地点、建筑物、设备基础、预留孔洞等均符合安装要求。

（4）水、电供应均满足安装施工正常使用。

（5）正常的气候、地理条件和施工环境。

定额未考虑特殊施工条件下施工所发生的人工、材料、机械等各类消耗量。如在非常条件下施工，可按批准的施工组织设计另行计算或按规定编列措施项目。

在编制过程中，对主要问题的确定作如下介绍。

1. 册、章项目的设置

与原定额比较，各册消耗量定额有以下变化：

（1）取消了原《全统定额》第三册《送电线路工程》、第四册《通信设备安装工程》、第五册《通信线路工程》、第七册《长距离输送管道工程》。

（2）合并了原第十一、第十五、第十六册，列为第五册《静置设备与工艺金属结构制作安装工程》。

（3）原补充定额汇编册中的部分项目与相应专业册合并或取消。

（4）新增加第七册《消防及安全防范设备安装工程》，该册中又增设广播电视通信安装等内容。

（5）《热力设备安装工程》册中的"轻型炉墙"部分内容，移入《炉窑砌筑工程》册中。

（6）第十册《自动化控制仪表安装》中的"同轴电缆"及相关项目移入第七册《消防及安全防范设备安装工程》册内。

各册内分项内容也有不同程度的变化及调整，详见各册介绍。

2. 定额人工、材料、机械、仪器仪表消耗量

（1）关于人工。

定额中的人工工日不分列工种和技术等级，一律以综合工日表示。其综合人工工日消耗量包括基本用工、超运距用工和人工幅度差。公式为

$$综合工日 = \sum(基本用工 + 超运距用工) \times (1 + 人工幅度差率)$$

1）基本用工，是以劳动定额或施工记录为基础，按照相应的工序内容进行计算的用工数量。

2）超运距用工，是指定额取定的材料、成品、半成品的水平运距超过施工定额（或劳

动定额）规定的运距所增加的用工。

3）人工幅度差，是指工种之间的工序搭接，土建与安装工程的交叉、配合中不可避免的停歇时间，施工机械在场内变换位置及施工中移动临时水、电线路引起的临时停水、停电所发生的不可避免的间歇时间，施工中水、电维修用工，隐蔽工程验收质量检查掘开及修复的时间，现场内操作地点转移影响的操作时间，施工过程中不可避免的少量零星用工。

安装工程定额人工幅度差，除另有说明外一般为12%左右。

（2）关于材料。

1）本定额中的材料消耗量，包括直接消耗在安装工作内容中的主要材料、辅助材料和零星材料等，并计入了相应损耗。其内容和范围包括：从工地仓库、现场集中堆放地点或现场加工地点到操作或安装地点的运输损耗、施工操作损耗、施工现场堆放损耗等。

2）定额内分主要材料和辅助材料两部分列出，凡定额中列有"（ ）"的均为主材，其中括号中数量为该主要材料的消耗量。有横线者，即"（—）"，是指按设计要求和工程量计算规则计算的主要材料消耗量（含损耗量）。

3）施工措施性消耗材料、周转性材料，按不同施工方法、不同材质分别列出一次使用量和一次摊销量。

4）用量很少的零星材料，计列入其他材料费内，并以占该定额项目的辅助材料的百分比表示。

5）主要材料损耗率见各册介绍表。

（3）关于施工机械台班。

1）本定额中机械台班消耗量是按正常合理的机械设备和大多数施工企业的机械化装备程度综合取定的。包括施工机械台班使用量及其机械幅度差。

2）凡单位价值在2000元以内，使用年限在两年以内的不构成固定资产的工具、用具等未列入定额。

3）本定额中未包括大型施工机械进出场费及其安拆费，应按照《山东省安装工程费用项目构成及计算规则》有关规定另计专项措施费。

（4）关于施工仪器。

1）本定额的施工仪器仪表消耗量是按大多数施工企业的现场校验仪器仪表配备情况综合取定的。包括施工仪器仪表台班使用量及其幅度差。

2）凡单位价值在2000元以内，使用年限在两年以内的不构成固定资产的施工仪器仪表等未列入定额。

3. 关于场内运输

除各册内另有明确规定外，均按下列规定进行编制。

（1）水平运输。水平运输是指安装物自施工现场内施工单位仓库或现场指定堆放地点运至安装地点的水平运输。即设备水平运输按100m计；材料、成品、半成品按300m计。

（2）垂直运输。垂直运输是指安装物自设备安装现场基准面运至安装位置的垂直运输。室内基准面以室内地平面正负零为准；室外基准面以安装现场地平面正负零为准。设备垂直运输按±10m计；材料、成品、半成品构件等垂直运输按六层（或20m）计。其超过部分的垂直运输，在高层建筑增加费用中计取。

四、消耗量定额应用中应注意的主要问题

在使用消耗量定额时，除应认真学习理解各册定额的说明、规定以及配套的工程量计算规则外，还应注意以下几个主要问题。

（一）正确分列分部分项工程实体项目和措施性项目

使用量价分离的新定额，必须将分部分项工程实体项目和措施性项目区别开来。这是工程造价从业人员必须掌握的。以后实行工程量清单计价形式时，编制工程量清单或进行清单报价都应当明确区别、准确套用，并按照安装工程费用项目构成及计算规则的规定计列。

分部分项工程实体项目一般指组成工程实体的定额项目，但由于安装工程的专业特点，也包含部分非工程实体的项目，却也是主要工程内容，如探伤、试压、冲洗等定额项目；又如高层建筑增加费、超高增加费，安装生产同时施工增加费，有害身体健康环境施工增加费、洞库工程增加费、采暖、通风空调系统调整费也属于此类项目。

措施性项目，这里指在《山东省安装工程费用及计算规则》中的措施项目中是指在特定施工条件下，经常采用的且列有项目或规定的施工措施项目，如金属桅杆、现场组装平台、焦炉施工大棚、焦炉热态试验、金属胎具等措施项目。

定额中的分部分项工程实体项目和措施性项目均分别列有定额子目或规定（文字说明或系数）。实际工作中，也会出现同一定额子目既用于分部分项工程实体项目，也用于措施性项目。比如配电箱安装、电缆敷设等。因此，当定额子目用于措施性项目时，计算书中的定额名称前加一"（措施）"字样。有关措施项目费的计算在后面费用计算规则章中再详细介绍。

（二）定额中各种系数的区别

安装定额中系数繁多，有换算系数、子目系数和综合系数，共780多项。只有正确选套项目系数才能合理确定工程消耗量，这也是各工程造价专业人员业务水平的重要体现。

1. 换算系数

换算系数大部分是由于安装工作物的材质、几何尺寸或施工方法与定额子目规定不一致，需进行调整的换算系数，如安装前集中刷油，相应项目乘以系数0.7；低碳不锈钢容器制作按不锈钢项目乘以系数1.35；矩形容器按平底平盖容器乘以系数1.1。换算系数一般都标注在各册的章节说明或工程量计算规则中。

2. 子目系数

子目系数一般是对特殊的施工条件、工程结构等因素影响进行调整的系数，如洞库、暗室施工增加，高层建筑增加，操作高度增加等。子目系数一般都标注在各册说明中。

3. 综合系数

综合系数是针对专业工程特殊需要、施工环境等进行调整的系数。如脚手架搭拆、采暖系统调整费，通风空调系统调整费，小型站类工艺系统调整费，安装与生产同时施工和有害身体健康环境施工增加费等。综合系数一般标注在总说明和各册说明中。

（三）主要系数的使用

各系数的计算，一般按照先计算换算系数、再计算子目系数、最后计算综合系数的顺序逐级计算，且前项计算结果作后项的计算基础。子目系数、综合系数发生多项可多项计取，一般不可在同级系数间连乘。各系数的计算，要根据具体情况，严格按定额的规定计取，切记不可重复或漏计。下面介绍一下部分主要系数的计算方法。

1. 超高增加系数

超高是指安装物设计高度离操作地面的垂直距离。有楼层的按楼地面计，无楼层的按设计地坪计。

全统安装定额对该系数规定不一致：定额第二册《电气设备安装工程》规定操作高度为5m以上，20m以下计取一个系数；定额第七册《消防及安全防范设备安装工程》规定5～8m、5～12m、5～16m、5～20m计取四个系数；定额第八册《给排水、采暖、燃气工程》规定，3.6～8m、3.6～12m、3.6～16m、3.6～20m计取四个系数；定额第九册《通风空调工程》规定6m以上计取一个系数。为了同一种系数统一口径，易于掌握，本定额将上述四册民用安装工程的超高系数，统一作如下调整：

（1）分10m内、15m内、20m内、20m以上四个系数。但起算点高度仍按各册的规定计算；

（2）计算该系数时，不再扣除起算点以下部分，按全部定额人工乘以规定系数，费率也作了相应测算调整。

各册章中已说明包括超高内容的项目不再计算该系数。其他册中的超高系数仍按各册规定执行。

2. 高层建筑增加系数

指高层民用建筑物高度以室内设计地坪为准，超过六层或室外设计地坪至檐口高度超过20m以上时，其安装工程应计取高层建筑增加系数。其费用内容应包括：人工降效，材料、工器具的垂直运输增加的机械台班费，操作工人所乘坐的升降设备中台班以及通信联络工具等费用。该系数仅限于给排水、采暖、燃气、电气、消防、安防、通风空调、电话、有线电视、广播等工程。但以下情况不可计取：

（1）定额中已说明包括的不再计取，如电梯等；

（2）地下室部分不能计算层数和高度；

（3）层高不超过2.2m时，不计层数；

（4）屋顶单独水箱间、电梯间不能计算层数，也不计高度；

（5）同一建筑物高度不同时，可按垂直投影以不同高度分别计算；

（6）高层建筑物坡形顶时可按平均高度计算；

（7）若层数不超过六层，但总高度超过20m，可按层高3.3m折算层数。

该系数的计算是按包括六层或20m以下全部工程（含其刷油保温）人工费乘以相应系数。其中70％为人工费，30％为机械费。

3. 洞库暗室增加系数

洞库暗室施工时，其定额人工、机械消耗量各增加15％。

洞库工程是指设置于没有自然采光、没有正常通风、没有正常运输行走通道的情况下施工，而进行补偿的施工降效费。地下室应计该系数。地下室设有地上窗、洞口的除外。

4. 系统调整系数

系统调整是由于工程专业特点，须对其安装系统进行调整测试后才能交工或使用，而定额没有设子项，只规定用系数计算，如采暖系统调整费，通风空调系统调整费，小型站类系统调整费。系统调整费的计算除定额另有规定外，均按系统全部工程人工费乘以相应系数计算。全部工程人工费包括附属的分部分项工程项目（如除锈、刷油、保温等）。

5. 脚手架搭拆系数

消耗量定额中除第一册《机械设备安装工程》中第四章起重机设备安装、第五章起重机轨道安装，第二册《电气设备安装工程》中 10kV 以下架空线路等脚手架搭拆费用已列入定额外，其他册需要计列的均已规定了调整系数。该系数已考虑到以下因素：

(1) 各专业工程交叉作业施工时可以互相利用的因素，测算中已扣除可以重复利用的脚手架。

(2) 安装工程大部分按简易脚手架考虑的，与土建工程脚手架不同。

(3) 施工时如部分或全部使用土建的脚手架时，按有偿使用处理。

脚手架费用的计算按定额人工费乘以相应系数。其中 25% 为人工费，其余 75% 为材料费。

6. 安装与生产（或使用）同时施工增加费

该费用是指施工中因生产操作或生产条件限制（如不准动火）干扰了安装工作正常进行而增加的降效费用，不包括为保证安全生产和施工所采取的措施费用。如安装工作不受干扰的，不应计取此项费用。

该费用按定额人工费的 10% 计取，其中 100% 为人工费。

7. 有害身体健康的环境中施工增加费

该费用是指施工中由于有害气体粉尘或高分贝的噪声等，超过国家标准以至影响身体健康增加的降效费用，不包括劳保条例规定应享受的工种保健费。

该费用按定额人工费的 10% 计取，其中 100% 为人工费。

五、安装工程预算定额的编制原则和作用

2000 年由国家建设部颁发施行的《全国统一安装工程预算定额》共分为十二册，包括：

《第一册　机械设备安装工程》	GYD-201—2000；
《第二册　电气设备安装工程》	GYD-202—2000；
《第三册　热力设备安装工程》	GYD-203—2000；
《第四册　炉窑砌筑工程》	GYD-204—2000；
《第五册　静置设备与工艺金属结构制作安装工程》	GYD-205—2000；
《第六册　工业管道工程》	GYD-206—2000；
《第七册　消防及安全防范设备安装工程》	GYD-207—2000；
《第八册　给排水、采暖、燃气工程》	GYD-208—2000；
《第九册　通风空调工程》	GYD-209—2000；
《第十册　自动化控制仪表安装工程》	GYD-210—2000；
《第十一册　刷油、防腐蚀、绝热工程》	GYD-211—2000；
《第十二册　通信设备及线路工程》	GYD-212—2000（另行发布）。

（一）预算定额的作用

预算定额是规定消耗在单位工程基本构造要素上的劳动力（工日）、材料的消耗数量和机械台班使用量的标准。

预算定额，是由国家主管机关或授权单位组织编制，并审批发行的。就实质来说是工程建设中一项重要的技术经济法规。它的各项指标，反映了国家允许施工企业和建筑单位，在完成任务过程中，消耗劳动和物化劳动的限度。可见，预算定额体现的是国家、建设单位和施工企业之间的一种经济关系。

（1）预算定额是编制施工图预算的基本依据和计算计划安装产品价格的主要手段。

施工图预算是设计文件的组成部分，是确定工程建设造价的优化文件，编制施工图预算的基本依据是设计文件、预算定额和各类价格材料。设计文件决定着安装产品的类别，因而也就决定了该产品所包含的工程量；预算定额所决定的是各个分项工程和结构构件的人工、材料消耗和机械台班使用量标准；各类价格因素决定着人工工资，这三类基本依据是编制施工图预算时缺一不可的。

（2）预算定额是对设计的结构方案进行技术经济比较和对新结构、新材料进行技术经济分析的依据。

结构设计方案在整个设计中占有中心地位。结构方案的选择既要符合技术先进、适用、美观的要求，也要符合经济的要求，在满足技术先进，适用、美观的条件下，如何选择最佳方案，关键是根据预算定额对方案进行经济性比较，作为衡量的标准。

选择新结构和新材料加以推广，是关系到在一定时期中技术发展方向的问题，更需要借助预算定额进行技术分析，以便从经济角度考虑新结构、新材料普遍采用的可行性。

（3）预算定额是编制施工组织计划时，确定劳动力、建筑安装材料、成品、半成品和施工机械需要量的依据。

施工组织设计的重要任务之一，就是确定施工中各项材料的供应量，根据预算定额，能够较准确地分析出各项材料的需要量，为合理组织施工提供了科学、可靠的依据。

（4）预算定额是工程竣工结算的依据。

按现行的预结算制度规定，施工企业向建设单位结算工程价款，是按已完成的分项工程分期结算的，这样就必须以预算定额为依据直接结算工程款。

（5）预算定额是施工企业贯彻经济核算，经济活动分析的依据。

经济核算，是国家有计划地管理社会主义企业的重要方法。实行经济核算的根本目的，是用经济的方法使企业用最少的劳动消耗取得最大的经济效益。而施工企业在施工中必须尽量降低劳动消耗，提高劳动生产率，才能达到、超过预算水平，才能取得较好的经济效益。

（6）预算定额是编制概算定额和估算指标的基础。

利用预算定额编制概算定额和估算指标，可以使概算定额和估算指标在水平上与预算定额一致，以免造成计划工作和执行定额的困难。

（7）预算定额可作为制定企业定额和投标报价的基础，也是编制安装工程地区消耗量定额的依据。

综上所述，说明了预算定额是现行预算制度中的重要内容和环节。进一步加强预算定额的管理，对于节约资金、降低消耗，加强企业管理和经济核算制，都有巨大的意义。

（二）预算定额的编制原则

1. 按社会必要劳动时间确定预算定额水平的原则（也称平均合理原则）

在现有的社会正常条件下，在现实的中等条件下，在平均劳动熟练程度、平均强度下，完成单位合格工程所需的劳动时间，即社会必要劳动时间是确定预算定额水平的主要指标，这样确定的预算定额的水平，是平均水平。

按社会必要劳动时间确定预算定额水平，也就兼容了达到定额水平的客观条件和主观因素，把握在正常条件下，大多数企业能够达到或超过，少数企业经过努力可以达到的水平，使预算定额能够体现社会必要劳动量的要求。预算定额的水平，还要以施工定额水平为基础，但预算定额不能简单地套用施工定额的水平，预算定额是平均合理水平，施工定额是平均先进水平。

为了提高我国建筑安装工业化水平，在确定采用新技术、新结构、新材料的定额项目水平时要考虑提高劳动生产率水平的影响，也要考虑施工企业因此而多支出的劳动消费。

贯彻平均合理水平的原则，对于改善安装产品的价格管理，保证施工企业得到必要的人力、物力和货币资金的补偿，鼓励企业经营管理的积极性，降低消耗节约成本，提高工业化水平，有着十分积极的意义。

2. 简明适用性原则

预算定额是在施工定额的基础上扩大和综合的，它要求具有更加简明的特点，以适应简化预算定额编制工作和简化安装产品价格的计划程序的要求；综合程度大些，有利于企业改善经营管理，提高劳动生产率，节约原料消耗。

当然，预算定额简明性，也要服务于它的适用性要求，预算定额的简明性和适用性要求，往往是一致的，但现行结算制度除应满足其中结算的要求外，也要满足对结构方案的技术经济分析和加强企业经济核算的要求，所以，主要的常用的项目，应以结构构件和分项工程为基础划分，次要项目，可放粗些。

预算定额项目齐全，更具重要意义。对那些因采取成熟推广的新技术、新结构、新材料和先进经验而出现的新的定额项目。此外，预算定额应少留活口，既减少换算，也有利于维护定额的严肃性。

3. 集中领导分级管理原则

集中领导，就是由中央主管部门归口，统一制定方案、原则和方法、组织编制或修订，颁发有关的规章制度和条例细则，颁发全国统一预算定额和费用标准等。

对预算定额的编制工作实行集中领导，是社会主义公有制和实行计划经济的客观要求。根据我国建筑安装业生产技术水平，结构类型和特征，施工中遇到的实际情况，由国家主管部门编制全国统一预算定额，才能使建材产品有一个统一的计价依据，同时，对提高施工企业的管理水平，降低人力、物力消耗，提高基本投资效果，有十分重要的意义。

所以分级管理，就是在集中领导下，各部门和各省、市、地区根据本部门和地区性单位价目表，颁发相应的补充定额和条例，作为对全国统一定额的补充是很重要的。

六、安装工程预算定额的编制依据和步骤

(一) 编制预算定额的依据和步骤

1. 预算定额的编制依据

预算定额的编制依据，主要有以下几种：

(1) 现行的施工定额；

(2) 现行的设计规范、施工及验收规范、质量评定标准和安全操作规程；

(3) 通用的标准图集和定型设计图纸、有代表性的典型设计图纸和图集；

(4) 新技术，新结构，新材料和先进经验的资料；

(5) 有关科学试验，技术测定和统计、经验资料；

(6) 现行的预算定额和材料预算价格等。

2. 预算定额的编制步骤

预算定额的编制步骤，大致分三个阶段：

（1）确定编制方案，收集基础资料，这是准备工作阶段。主要任务是提出编制工作的规划，全面收集编制定额的各项依据，调集编制定额的工作人员，并就一些方向性问题，如预算定额的作用、水平等进行学习讨论。

（2）熟悉基础资料，按确定的项目和图纸计算工程量，并分析劳动力、材料消耗量、机械台班使用量，编制定额表和拟定文字说明，这是预算定额的编制阶段。

（3）全面审查，修订与定稿，这是审定阶段，主要是对编制的定额审查、复核、广泛争取意见，最后修改，定稿。

（二）预算定额编制方案的拟定

拟定编制方案即拟定工作计划。因为编制预算定额的工作复杂、工作量大、政策性强，必须把拟定编制方案作为一项重要工作，以便对编制中出现的重要问题，作出原则性规定，避免失误。

编制方案，包括如下内容：

（1）编制预算定额的基本要求，明确方向；

（2）明确定额的作用；

（3）明确编制原则和依据；

（4）明确编制范围和内容；

（5）劳动力、材料消耗量、机械台班使用量的确定；

（6）定额的编制形式，包括编制方式、表格、计量单位、小数点保留位数的确定；

（7）编制预算定额的组织机械和人员；

（8）其他有关规定。

（三）确定分部分项工程的定额指标

确定分部分项工程的定额指标，应包括计量单位的选择、工程量计算和确定劳动力、材料消耗和机械台班使用量指标等工作内容。

定额单位通常可按以下形式：

（1）长度：mm、cm、m、km。

（2）面积：m^2、cm^2。

（3）体积或容积：L、m^3。

（4）质量或重量：kg、g、T。

定额计量单位的选择，主要视结构构件或分项工程的形体特征和变化规律而定，如木材、沙子、混凝土构件等可采用 m^3 为单位；而刷油、保温、管面积等选用 m^2 为计量单位；而管道则以 m（延长米）为单位。

定额中数值为单位小数点的取定：人工以"工日"为单位，取两位小数，大型机械以"台班"为单位，取三位小数；主材及成品、半成品中，木材以 m^3 为单位，取三位小数，钢材、钢筋以"T"为单位，取 3 位小数，水泥以"T"为单位，取 2 位小数，其余材料一般均取两位小数；单价均以"元"为单位，取两位小数。工程量计算，是按照结构图，根据定额项目，逐步进行工程量计算。计算工程量的目的，是为了通过分别计算出的结果，在编制预算定额时，利用施工定额中的劳动力、材料消耗和机械台班使用量指标，按预算定额计量单位综合每一个定额计量单位的结构构件和分项工程的劳动力、材料消耗和机械台班使用量指标。确定以上三项指标时，除了要以施工定额为计算基础，还要考虑到施工定额中没有考虑到的因素。

（四）编制预算定额表

（1）人工工日消耗定额部分，不分列工种和技术等级，一律以"综合工日"表示；内容包括基本用工、超运距用工和人工幅度差。

（2）综合工日的单价在《全国统一安装工程预算定额》中采用北京市 1996 年安装工程人工费单价，每工日 23.22 元。

（3）机械台班定额部分，列出主要机械名称，以"台"表示；中小型机械列入"其他机械费"栏目中，以"元"表示。

（4）材料消耗定额部分，列出主要材料名称，以实物量单位表示；次要材料列入"其他材料费"栏目，以"元"表示。

（5）基价部分，分别列出人工、材料、机械费，该三项费用和为基价，基价可依某地区预算价格为基准，也可考虑执行定额范围内的地区情况综合规定，得出单位预算价格。见表 2-2。

如表 2-2 所示（定额编号 8-109），人工部分：

DN32 钢管（焊接）每 10m 需用 1.66 个工日，23.22 元/工日，即

$$人工费＝1.66×23.22＝38.55（元/10m）$$

材料部分：材料部分分为未计价材料（主材部分）、计价材料（辅助材料）两部分。

未计价材料：即定额表中未注明单价的材料，也称为主材，基价中不包括其价格，应根据"（ ）"内所列的用量，按各省、自治区、直辖市的最新材料报价确定。

计价材料：即定额表中注明单价的材料，也称为辅助材料，基价中包括其价格，如表 2-2 定额编号（定额编号 8-109），基价中材料费为 5.11 元，计价材料费主要包括：

普通钢板 $0^{\#}$～$3^{\#}$，$\delta 3.5$～4.0 　　0.09kg×3.58 元/kg＝0.32 元

碳钢气焊条＜$\phi 2$　　0.02kg×5.20 元/kg＝0.10 元

电焊条 422ϕ3.2　　0.008kg×5.41 元/kg＝0.04 元

氧气　　0.24kg×2.06 元/m³＝0.49 元

乙炔气　　0.08kg×13.33 元/kg＝1.07 元

钢锯条　　0.66 根×0.62 元/根＝0.41 元

棉纱头　　0.024kg×5.82 元/kg＝0.14 元

铁丝 $8^{\#}$　　0.08kg×4.89 元/kg＝0.39 元

破布　　0.22kg×5.83 元/kg＝1.28 元

铅油　　0.01kg×8.77 元/kg＝0.09 元

机油　　0.04kg×3.55 元/kg＝0.14 元

水　　0.04t×1.65 元/t＝0.07 元

尼龙砂轮片 100×16×3　　0.15 片×3.17 元/片＝0.48 元

电　　0.25kW·h×0.36 元/(kW·h)＝0.09 元

合计　　5.11 元

在定额表中，用量很少，对基价影响很小的零星材料合并为其他材料费，计入基价内。

基价表中（定额编号 8-109）机械费为 5.42 元，主要包括：

直流电焊机 20kW　　0.03 台班×47.70 元/台班＝1.43 元

弯管机 $\phi108$　　　　　　　　0.06 台班×66.41 元/台班＝3.99 元

合计　　　　　　　　　　5.42 元

定额中施工机械台班单价，是按 1998 年建设部颁发的《全国统一施工机械台班费用定额》计算的，其中未包括养路费和车船使用税等。可按各省、自治区、直辖市的有关规定计入。

表 2-2　　《全国统一安装工程预算定额》第八册 给排水、采暖、燃气工程定额(摘选)

3. 钢管(焊接)

工作内容：留堵洞眼、切管、坡口、调直、揻弯、挖眼接管、异形管制作、对口、焊接、管道及管件安装、水压试验

计量单位：10m

定　额　编　号			8-109	8-110	8-111	8-112	8-113	8-114
项　　目			公称直径(mm 以内)					
			32	40	50	65	80	100
名　　称	单位	单价(元)	公称直径(mm 以内)					
人工	综合工日	工日	23.22	1.66	1.810	1.990	2.240	2.540	3.140
材料	焊接钢管 DN32	m	—	(10.20)					
	焊接钢管 DN40	m	—		(10.20)				
	焊接钢管 DN50	m	—			(10.20)			
	焊接钢管 DN65	m	—				(10.20)		
	焊接钢管 DN80	m	—					(10.20)	
	焊接钢管 DN100	m	—						(10.20)
	压制弯头 DN65	个	15.600				0.700		
	压制弯头 DN65	个	19.340					0.740	
	压制弯头 DN65	个	24.700						0.990
	普通钢板 $0^{\#}\sim3^{\#}\delta3.5\sim4.0$	kg	3.58	0.090	0.090	0.090	0.100	0.100	0.100
	碳钢气焊条<$\phi2$	kg	5.200	0.020	0.020	0.020	0.020	—	
	电焊条 422$\phi3.2$	kg	5.410	0.008	0.010	0.010	0.810	0.920	1.240
	氧气	m³	2.060	0.240	0.340	1.010	1.320	1.410	1.740
	乙炔气	kg	13.33	0.080	0.120	0.340	0.450	0.470	0.590
	尼龙砂轮片 $\phi400$	片	11.800	—	—	—	0.100	0.110	0.150
	钢锯条	根	0.620	0.660	0.880	1.080	—		
	棉纱头	kg	5.830	0.024	0.024	0.035	0.046	0.058	0.070
	铁丝 $8^{\#}$	kg	4.890	0.080	0.080	0.080	0.080	0.080	0.080
	破布	kg	5.830	0.220	0.220	0.250	0.280	0.300	0.350
	铅油	kg	8.770	0.010	0.010	0.010	0.020	0.020	0.020
	机油	kg	3.550	0.040	0.050	0.060	0.080	0.100	0.100
	水	t	1.650	0.040	0.040	0.060	0.090	0.100	0.150
	尼龙砂轮片 $100\times16\times3$	片	3.170	0.150	0.180	0.220	0.410	0.760	1.010
	电	kW·h	0.360	0.250	0.420	0.510	1.270	1.270	1.690

定　额　编　号			8-109	8-110	8-111	8-112	8-113	8-114
项　目			公称直径(mm 以内)					
			32	40	50	65	80	100
名　称	单位	单价 (元)	公称直径(mm 以内)					
机械　直流电焊机 20kW	台班	47.700	0.030	0.040	0.050	0.470	0.520	0.690
机械　管子切断机 φ150	台班	42.480	—	—	—	0.030	0.080	0.060
机械　弯管机 φ108	台班	66.410	0.060	0.060	0.060	0.050	0.060	0.130
机械　电焊条烘干箱 600×500×750	台班	25.880	—	—	—	0.040	0.050	0.060
基　价(元)			49.08	54.11	63.68	110.38	128.61	170.73
其中　人工费(元)			38.55	42.03	46.21	52.01	58.98	72.91
其中　材料费(元)			5.11	6.19	11.10	30.32	36.15	52.17
其中　机械费(元)			5.42	5.89	6.37	28.05	33.48	45.65

第三章 安装工程费用

　　本章重点介绍山东省建设厅 2006 年 2 月发布施行的《山东省安装工程费用项目组成及计算规则》（以下简称《费用计算规则》），它是根据国家现行法律、法规，结合山东省实际，由省建设厅组织专家，充分调查研究，反复论证分析后编制而成，并以省建设厅鲁建标字［2006］2 号文规定，正式颁发，自 2006 年 4 月 1 日起实行。

　　本费用计算规则是工程造价管理与改革的重要组成部分。费用计算规则适应我国市场经济深化改革的需求，遵循经济规律，坚持有利于建立公平竞争机制，维护工程建设各方合法权益和建设市场价格秩序，促进建设市场的发展，加快向国际惯例靠拢步伐，迈出了实质性的第一步。

第一节 《费用计算规则》简介

一、《费用计算规则》的主要内容

　　《费用计算规则》共包括五部分主要内容，即：

（1）总说明；

（2）安装工程费用项目构成；

（3）安装工程费用计算程序；

（4）安装工程费用费率；

（5）安装工程类别划分标准。

二、《费用计算规则》适用范围

　　本《费用计算规则》适用于山东省行政区域内一般工业与民用安装工程的新建、扩建和改造以及整体更新改造工程的计价活动，与《山东省安装工程消耗量定额》的工程范围及 2006 版的《山东省安装工程价目表》相对应，并配套使用。

　　安装工程计价活动在这里是指：编制施工图预算、招标标底、投标报价和签订施工合同价以及确定工程竣工结算等内容。安装工程计价活动均应遵守本《费用计算规则》的规定。

三、《费用计算规则》的作用

　　《费用计算规则》的主要作用是，在山东省安装工程计价活动中，统一安装工程费用的项目构成及组成内容，统一形成安装工程费用的方法及程序，统一安装工程的类别标准。

　　《费用计算规则》中的措施费费率、企业管理费率、利润率规费费率和税率也可用于安装工程工程量清单计价。

　　规费中的社会保障费，按省政府鲁政办发［1995］101 号和省政府办公厅鲁政办发［1995］77 号文件规定，应在工程开工前由建设单位向建筑企业劳保机构交纳。因而施工企业在投标报价时，不包括该项费用。在编制工程预结算时，仅将其作为计税基础。

　　规费中的安全施工费，应按照鲁建发［2005］29 号文件"关于印发《山东省建筑工程安全防护、文明施工措施费用及使用管理规定实施细则》的通知"规定执行。在工程发包时，按规定计算出费额，在工程造价中列为暂定金额；工程施工时，由工程发包单位、市建筑安全监督机构、工程造价管理机构对施工现场设置的安全设施内容进行确认，并由市工程造价管理机构核定其费用，作为工程结算的依据。

建筑企业养老保健金《关于进一步加强建筑企业养老保健金管理的通知》规定，将"建筑企业劳动保险费用"改为"建筑企业养老保障金"、规费及税金以外的费率标准是其他计价活动的参考。

还有，费用计算规则也可作为工程建设有关方面进行成本分析和经济核算的基础。

第二节　安装工程费用项目组成

安装工程费由直接费、间接费、利润和税金组成，如图 3-1 所示。

一、直接费

由直接工程费和措施费组成。

（一）直接工程费

直接工程费是指施工过程中耗费的构成工程实体的各项费用，包括人工费、材料费、施工机械使用费。

1. 人工费

人工费是指直接从事建筑安装工程施工的生产工人开支的各项费用，内容包括：

（1）基本工资，是指发放给生产工人的基本工资。

（2）工资性补贴，是指按规定标准发放的物价补贴，煤、燃气补贴，交通补贴，住房补贴，流动施工津贴等。

（3）生产工人辅助工资，是指生产工人年有效施工天数以外非作业天数的工资，包括职工学习、培训期间的工资，调动工作、探亲、休假期间的工资，因气候影响的停工资，女工哺乳时间的工资，病假在六个月以内的工资及产、婚、丧假期的工资。

（4）职工福利费，是指按规定标准计提的职工福利费。

（5）生产工人劳动保护费，是指按规定标准发放的劳动保护用品的购置费及修理费，徒工服装补贴，防暑降温费，在有碍身体健康环境中施工的保健费用等。

2. 材料费

材料费是指施工过程中耗费的构成工程实体的原材料、辅助材料、构配件、零件、半成品的费用。内容包括：

（1）材料原价（或供应价格）。

（2）材料运杂费，是指材料自来源地运至工地仓库或指定堆放地点所发生的全部费用。

（3）运输损耗费，是指材料在运输装卸过程中不可避免的损耗。

（4）采购及保管费，是指为组织采购、供应和保管材料过程中所需要的各项费用。包括采购费、仓储费、工地保管费、仓储损耗。

（5）检验试验费，是指对建筑材料、构件和建筑安装物进行一般鉴定、检查所发生的费用，包括自设试验室进行试验所耗用的材料和化学药品等费用。不包括新结构、新材料的试验费和建设单位对具有出厂合格证明的材料进行检验，对构件做破坏性试验及其他特殊要求检验试验的费用。

直接工程费
- 1. 人工费
- 2. 材料费
- 3. 施工机械使用费

措施费
- 1. 环境保护
- 2. 文明施工
- 3. 临时设施
- 4. 夜间施工
- 5. 二次搬运
- 6. 大型机械设备进出场及安拆
- 7. 脚手架
- 8. 已完工程及设备保护
- 9. 施工排水、降水
- 10. 冬、雨季施工增加
- 11. 组装平台
- 12. 设备、管道施工安全、防冻和焊接保护措施
- 13. 压力容器和高压管道的检验
- 14. 焦炉施工大棚
- 15. 焦炉烘炉、热态工程
- 16. 管道安装后的充气保护措施
- 17. 隧道内施工的通风、供水、供气、供电、照明及通信设施
- 18. 格架式抱杆
- 19. 总承包服务

直接费 = 直接工程费 + 措施费

企业管理费
- 1. 管理人员工资
- 2. 办公费
- 3. 差旅交通费
- 4. 固定资产使用费
- 5. 工具用具使用费
- 6. 劳动保险费
- 7. 工会经费
- 8. 职工教育经费
- 9. 财产保险费
- 10. 财务费
- 11. 税金
- 12. 其他

规费
- 1. 工程排污费
- 2. 工程定额测定费
- 3. 社会保障费
- (1) 养老保障费
- (2) 失业保险费
- (3) 医疗保险费
- 4. 住房公积金
- 5. 危险作业意外伤害保险
- 6. 安全施工费

间接费 = 企业管理费 + 规费

建筑安装工程费 = 直接费 + 间接费 + 利润 + 税金

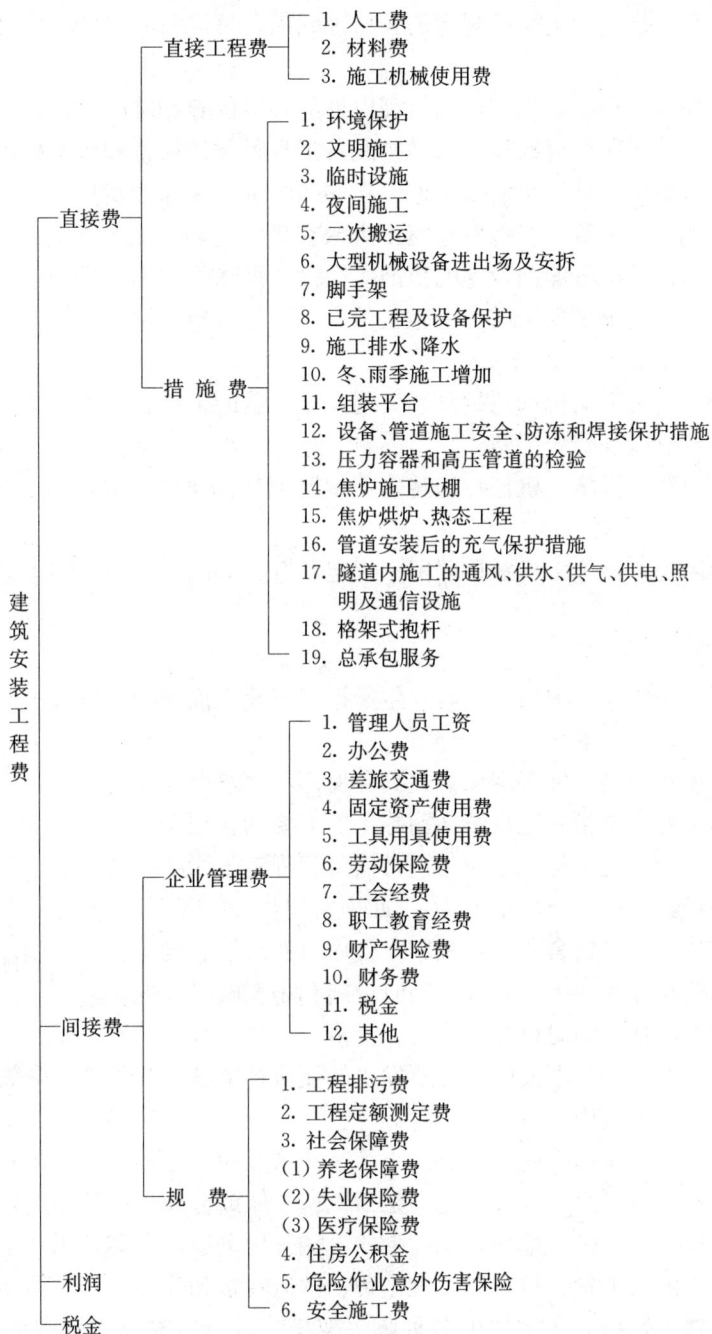

图 3-1 安装工程费用组成

3. 施工机械使用费

施工机械使用费是指施工机械作业所发生的机械使用费以及机械安拆费和场外运费。

施工机械台班单价应由下列七项费用组成：

（1）折旧费，指施工机械在规定的使用年限内，陆续收回其原值及购置资金的时间价值。

（2）大修理费，指施工机械按规定的大修理间隔台班进行必要的大修理，以恢复其正常功能所需的费用。

（3）经常修理费，指施工机械除大修理以外的各级保养和临时故障排除所需的费用。包括为保障机械正常运转所需替换设备与随机配备工具附具的摊销和维护费用，机械运转中日常保养所需润滑与擦拭的材料费用及机械停滞期间的维护和保养费用等。

（4）安拆费及场外运费，安拆费指施工机械在现场进行安装与拆卸所需的人工、材料、机械和试运转费用以及机械辅助设施的折旧、搭设、拆除等费用；场外运费指施工机械整体或分体自停放地点运至施工现场或由一施工地点运至另一施工地点的运输、装卸、辅助材料及架线等费用。

（5）人工费，指机上司机（司炉）和其他操作人员的工作日人工费及上述人员在施工机械规定的年工作台班以外的人工费。

（6）燃料动力费，指施工机械在运转作业中所消耗的固体燃料（煤、木柴）、液体燃料（汽油、柴油）及水、电等。

（7）车船使用税，指施工机械按照国家规定和有关部门规定应缴纳车船使用税、保险费及年检费等。

（二）措施费

措施费是指为完成工程项目施工，发生于该工程施工前和施工过程中非工程实体项目的费用。内容包括：

（1）环境保护费，是指施工现场为达到环保部门要求所需要的各项费用。

（2）文明施工费，是指施工现场文明施工所需要的各项费用。

（3）临时设施费，是指施工企业为进行安装工程施工所必须搭设的生活和生产用的临时建筑物、构筑物和其他临时设施费用等。（此项费用从 2011 年开始放在规费中）

临时设施包括：临时宿舍、文化福利及公用事业房屋与构筑物、仓库、办公室、加工厂以及规定范围内道路、水、电、管线等临时设施和小型临时设施。

临时设施费用包括：临时设施的搭设、维修、拆除费或摊销费。

（4）夜间施工费，是指因夜间施工所发生的夜班补助费、夜间施工降效、夜间施工照明设备摊销及照明用电等费用。

（5）二次搬运费，是指因施工现场狭小等特殊情况而发生的二次搬运费用。

（6）大型机械设备进出场及安拆费，是指机械整体或分体自停放场地运至施工现场或由一个施工地点运至另一个施工地点，所发生的机械进出场运输转移费用及机械在施工现场进行安装、拆卸所需的人工费、材料费、机械费、试运转费和安装所需的辅助设施的费用。

（7）脚手架费，是指施工需要的各种脚手架搭、拆、运输费用及脚手架的摊销（或租赁）费用。

（8）已完工程及设备保护费，是指竣工验收前，对已完工程及设备进行保护所需费用。

（9）施工排水、降水费，是指为确保工程在正常条件下施工，采取各种排水、降水措施所发生的各种费用。

（10）冬、雨季施工增加费，冬雨季施工期间，为保证工程质量，采取保温、防雨措施以及人工、机械降效所增加的费用。

（11）组装平台费，为现场组装设备或钢结构而搭设的平台所发生的费用。

（12）设备、管道施工安全、防冻和焊接保护措施费，为保证设备、管道施工质量、人身安全而采取的措施所发生的费用。

（13）压力容器和高压管道的检验费，为保证压力容器和高压管道的安装质量，根据有关规定对其检测所发生的费用。

（14）焦炉施工大棚费，为改善施工条件、保证施工质量，搭设的临时性大棚所发生的费用。

（15）焦炉烘炉、热态工程费，为烘炉而发生的砌筑、拆除、热态劳动保护等所发生的费用。

（16）管道安装后的充气保护措施费，按规定洁净度要求高的管道，在使用前实施充气保护所发生的费用。

（17）隧道内施工的通风、供水、供气、供电、照明及通信设施费，为满足隧道内施工的要求，临时设置的通风、供水、供气、供电、照明及通信设施所发生的费用。

（18）格架式抱杆费，为满足安装工程吊装的需要而发生的格架式抱杆使用费。

（19）总承包服务费，指为配合、协调招标人进行的工程分包和材料采购所需的费用。

二、间接费

由规费、企业管理费组成。

（一）规费

规费是指政府和有关权力部门规定必须缴纳的费用（简称规费）。包括：

（1）工程排污费，是指施工现场按规定缴纳的工程排污费。

（2）工程定额测定费，是指按规定缴纳工程造价（定额）管理部门的定额测定费。

（3）社会保障费。

1）养老保障金，是指企业按省财政厅、省建设厅鲁财综〔2003〕25号文件的规定标准为职工缴纳的养老保障金。

2）失业保险费，是指企业按照国家规定标准为职工缴纳的失业保险费。

3）医疗保险费，是指企业按照规定标准为职工缴纳的基本医疗保险费。

（4）住房公积金，是指企业按规定标准为职工缴纳的住房公积金。

（5）危险作业意外伤害保险，是指按照建筑法规定，企业为从事危险作业的建筑安装施工人员支付的意外伤害保险费。

（6）安全施工费，是指按《建设工程安全生产管理条例》规定，为保证施工现场安全施工所必需的各项费用。

（二）企业管理费

企业管理费是指建筑安装企业组织施工生产和经营管理所需费用。内容包括：

（1）管理人员工资，是指管理人员的基本工资、工资性补贴、职工福利费、劳动保护费等。

（2）办公费，是指企业管理办公用的文具、纸张、账表、印刷、邮电、书报、会议、水电、烧水和集体取暖（包括现场临时宿舍取暖）用煤等费用。

（3）差旅交通费，是指职工因公出差、调动工作的差旅费、住勤补助费，市内交通费和误餐补助费，职工探亲路费，劳动力招募费，职工离退休、退职一次性路费，工伤人员就医路费，工地转移费以及管理部门使用的交通工具的油料、燃料、养路费及牌照费。

（4）固定资产使用费，是指管理和试验部门及附属生产单位使用的属于固定资产的房屋、设备仪器等的折旧、大修、维修或租赁费。

（5）工具用具使用费，是指管理使用的不属于固定资产的生产工具、器具、家具、交通工具和检验、试验、测绘、消防用具等的购置、维修和摊销费。

（6）劳动保险费，是指由企业支付离退休职工的易地安家补助费、职工退职金、六个月以上的病假人员工资、职工死亡丧葬补助费、抚恤费、按规定支付给离休干部的各项经费。

（7）工会经费，是指企业按职工工资总额计提的工会经费。

（8）职工教育经费，是指企业为职工学习先进技术和提高文化水平，按职工工资总额计提的费用。

（9）财产保险费，是指施工管理用财产、车辆保险。

（10）财务费，是指企业为筹集资金而发生的各种费用。

（11）税金，是指企业按规定缴纳的房产税、车船使用税、土地使用税、印花税等。

（12）其他。包括技术转让费、技术开发费、业务招待费、绿化费、广告费、公证费、法律顾问费、审计费、咨询费等。

三、利润

利润是指施工企业完成所承包工程获得的盈利。

四、税金

税金是指国家税法规定的应计入建筑安装工程造价内的营业税、城市维护建设税及教育费附加等。

五、安装工程费用计算程序

安装工程费用计算程序见表 3-1。

表 3-1   安装工程费用的计算程序

序号	费用项目名称	计 算 方 法
一	直接费	（一）＋（二）
	（一）直接工程费	$\sum\{$工程量$\times\sum[$（定额工日消耗数量$\times$人工单价）＋（定额材料消耗数量$\times$材料单价）＋（定额机械台班消耗数量$\times$机械台班单价）$]\}$
	（一）′省价直接工程费	$\sum[$工程量$\times$（省价目表基价＋未计价材料费）$]$
	其中：人工费（R_1）	省价直接工程费中的人工费之和
	（二）措施费	1＋2＋3
	1. 参照定额规定计取的措施费	按定额规定计算
	2. 参照省发布费率计取的措施费	2.1＋2.2＋…＋2.n
	2.1　环境保护费	$R_1\times$费率
	2.2　文明施工费	$R_1\times$费率
	2.3　临时设施费	$R_1\times$费率
	2.n　其他措施费	$R_1\times$费率
	3. 按施工组织设计（方案）计取的措施费	按施工组织设计（方案）计算
	（二）′省价措施费	按省价目表及有关规定计算
	其中：人工费（R_2）	省价措施费中的人工费之和

续表

序号	费用项目名称	计　算　方　法
二	企业管理费	$(R_1+R_2)×$企业管理费费率
三	利润	$(R_1+R_2)×$利润率
四	规费	4+5+6+7+8+9
	4. 工程排污费	按各市相关规定计算
	5. 工程定额测定费	(一+二+三)×各市规定费率
	6. 社会保障费	(一+二+三)×省统一费率
	7. 住房公积金	按各市相关规定计算
	8. 危险作业意外伤害保险	按各市相关规定计算
	9. 安全施工费	按各市工程造价管理机构规定计算
五	税金	(一+二+三+四)×税率
六	安装工程费用合计	一+二+三+四-6+五

六、安装工程费用费率

安装工程费用费率见表 3-2。

表 3-2　　　　　　　　　　安装工程费用费率　　　　　　　　　单位:%

费用名称	工程名称及类别	设备安装			炉窑砌筑		
		Ⅰ	Ⅱ	Ⅲ	Ⅰ	Ⅱ	Ⅲ
措施费	环境保护费	3.2	2.7	2.2	6.2	5.2	4.2
	文明施工费	6.5	5.5	4.5	13	10.9	8.8
	临时设施费	18.5	15	12	46	37	29
	夜间施工增加费	3.6	3	2.5	9.4	7.8	6.5
	二次搬运费	3.2	2.6	2.1	8.3	6.8	5.5
	冬、雨季施工增加费	4	3.3	2.8	10.4	8.6	7.3
	已完工程及设备保护费	2	1.6	1.3	5.2	4.2	3.3
	总承包服务费	8	5	3	—	—	—
企业管理费		65	54	42	135	112	87
利　润		40	30	20	90	70	45
规费	工程排污费	按各市相关规定计算					
	工程定额测定费	按各市规定费率计算					
	社会保障费	2.6					
	住房公积金	按各市相关规定计算					
	危险作业意外伤害保险	按各市相关规定计算					
	安全施工费	由各市工程造价管理机构测算发布					
税金	市区	3.44					
	县城、镇	3.38					
	市、县城、镇外	3.25					

说明：

（1）措施费中人工费含量：夜间施工增加费为 50％，冬、雨季施工增加费及二次搬运费为 40％；总承包服务费中不考虑，其余按 25％。

（2）《山东省（建筑工程安全防护、文明施工措施费用及使用管理规定）实施细则》。

第一条　为加强建筑工程安全生产、文明施工管理，保障施工从业人员的作业条件和生活环境，防止施工安全事故发生，根据建设部建办［2005］89 号"关于印发《建筑工程安全防护、文明施工措施费用及使用管理规定》的通知"精神，结合我省实际情况，制定本实施细则。

第二条　本实施细则适用于全省各类新建、扩建、改建的房屋建筑工程（包括与其配套的线路管道和设备安装工程、装饰工程、市政基础设施工程和拆除工程）。

第三条　本实施细则所称安全防护、文明施工措施费用，是指按照国家现行的建筑施工安全、施工现场环境与卫生标准和有关规定，购置和更新施工安全防护用具及设施、改善安全生产条件和作业环境所需要的费用。建设单位对建筑工程安全防护、文明施工措施有其他要求的，所发生费用一并计入安全防护、文明施工措施费。

第四条　建筑工程安全防护、文明施工措施费用是由《山东省建筑安装工程费用项目组成》（鲁建标字［2004］3 号）中措施费所含的环境保护费、文明施工费、临时设施费及规费中的安全施工费组成。

第五条　环境保护费、文明施工费、临时设施费按我省发布的各专业工程相应费率确定；安全施工费由各市工程造价管理机构制定计取办法。

第六条　编制工程概（预）算，应依据省、市工程造价管理机构的规定，计列工程安全防护、文明施工措施费。

第七条　实行招投标的建设项目，招标方或具有资质的中介机构编制招标文件时，在措施费项中单独列出环境保护费、文明施工费、临时设施费，在规费中列出安全施工费。投标方应根据工程情况，在施工组织设计中制定相应的安全防护、文明施工措施，并结合自身条件单独报价。对环境保护费、文明施工费、临时设施费的报价，不得低于按省发布费率计算所需费用总额 90％，安全施工费按各市的规定全额计取。

第八条　建设单位与施工单位应在施工合同中明确安全防护、文明施工措施项目总费用，以及费用预付计划、支付计划、使用要求、调整方式等条款。

建设单位与施工单位在施工合同中对安全防护、文明施工措施费用预付、支付计划未作约定或约定不明的，合同工期在一年以内的，建设单位预付安全防护、文明施工措施项目费用不得低于该费用总额的 50％；合同工期在一年（含一年）以上的，预付安全防护、文明施工措施费用不得低于该费用总额的 30％，其余费用应当按照施工进度支付。

实行工程总承包的。总承包单位依法将工程分包给其他单位的，总承包单位与分包单位应当在分包合同中明确安全防护、文明施工措施费用由总承包单位统一管理。安全防护、文明施工措施由分包单位实施的，由分包单位提出专项安全防护措施及施工方案，经总承包单位批准后及时支付所需费用。

第九条　建设单位申请领取施工许可证时，应当将施工合同中约定的安全防护、文明施工措施费用清单及支付计划提交市工程造价管理部门审核，并设立专项费用支付账号，作为保证工程安全和文明施工的具体措施。未提交支付计划和设立专项账户的，各市建设行政主管部门不予核发施工许可证。

第十条 建设单位应当按照本规定及合同约定及时向施工单位支付安全防护、文明施工措施费,并督促施工企业落实安全防护、文明施工措施。

第十一条 工程监理单位应当对施工单位落实安全防护、文明施工措施情况进行现场监理。对施工单位已经落实的安全防护、文明施工措施,总监理工程师或者造价工程师应当及时审查并签认所发生的费用。监理单位发现施工单位未落实施工组织设计及专项施工方案中安全防护和文明施工措施的,有权责令其立即整改;对施工单位拒不整改或未按期限要求完成整改的,监理单位应当及时向建设单位和建设行政主管部门报告,必要时责令其暂停施工。

第十二条 施工单位应当确保安全防护、文明施工措施费专款专用,在财务管理中单独列出安全防护、文明施工措施项目费用清单备查。施工单位安全生产管理机构和专职安全生产管理人员。

负责对建筑工程安全防护、文明施工措施的组织实施进行现场监督检查,并有权向安全监督部门反映情况。

工程总承包单位对建筑工程安全防护、文明施工措施费用的使用负总责。总承包单位应当按照本规定及合同约定及时向分包单位支付安全防护、文明施工措施费用。总承包单位不按本规定和合同约定支付费用,造成分包单位不能及时落实安全防护措施导致发生事故的,由总承包单位负主要责任。

第十三条 各市安全监督站应当按照现行标准规范对施工现场安全防护、文明施工措施落实情况进行监督检查;各市工程造价管理部门负责对建设单位支付及施工单位使用安全防护、文明施工措施费用情况进行监督,并定期组织联合检查。

第十四条 建设单位未按本规定支付安全防护、文明施工措施费用的,由县级建设行政主管部门依据《建设工程安全生产管理条例》第五十四条规定,责令限期整改;逾期未改正的,责令该建设工程停止施工。

第十五条 施工单位挪用安全防护、文明施工措施费用的,由县级以上建设行政主管部门依据《建设工程安全生产管理条例》第六十三条规定,责令限期整改,处挪用费用20%以上50%以下的罚款;造成损失的,依法承担赔偿责任。

第十六条 建设行政主管部门的工作人员有下列行为之一的,由其所在单位或者上级主管机关给予行政处分;构成犯罪的,依照刑法有关规定追究刑事责任:

(1) 对没有提交安全防护、文明施工措施费用支付计划的工程颁发施工许可证的;

(2) 发现违法行为不予查处的;

(3) 不依法履行监督管理职责的其他行为。

第十七条 省、市工程造价管理部门,应根据实际情况,适时发布安全防护、文明施工措施费用的相关费率。

第十八条 建筑工程以外的工程项目安全防护、文明施工措施费用及使用管理可以参照本规定执行。

第十九条 本规定由省建设行政主管部门负责解释。

第二十条 本规定自2005年9月1日起施行。

附件:

表 3-3　　　　　　　　　　　建筑工程安全防护、文明施工措施项目清单

类别	项目名称		具 体 要 求
环境保护费	材料堆放		(1) 材料、构件、料具等堆放时,悬挂有名称、品种、规格等标牌; (2) 水泥和其他易飞扬细颗粒建筑材料应密闭存放或采取覆盖等措施; (3) 易燃、易爆和有毒有害物品分类存放
	垃圾清运		施工现场应设置密闭式垃圾站,施工垃圾、生活垃圾应分类存放。施工垃圾必须采用相应容器或管道运输
	环保部门要求所需的其他保护费用		
文明施工费	施工现场围挡		(1) 现场采用封闭围挡,高度不小于 1.8m; (2) 围挡材料可采用彩色、定型钢板、砖、混凝土砌块等墙体
	五板一图		在进门处悬挂工程概况、管理人员名单及监督电话、安全生产、文明施工、消防保卫五展板;施工现场总平面图
	企业标志		现场出入的大门应设有本企业标识或企业标识
	场容场貌		(1) 道路畅通; (2) 排水沟、排水设施通畅; (3) 工地地面硬化处理; (4) 绿化
	宣传栏等		
	其他有特殊要求的文明施工做法		
临时设施费	现场办公生活设施		(1) 临时宿舍、文化福利及公用事业房屋与构筑物、仓库、办公室、加工厂以及规定范围内道路等临时设施; (2) 施工现场办公、生活区与作业区分开设置,保持安全距离; (3) 工地办公室、现场宿舍、食堂、厕所、饮水、休息场所符合卫生和安全要求
	施工现场临时用电	配电线路	(1) 按照 TN-S 系统要求配备五芯电缆、四芯电缆和三芯电缆; (2) 按要求架设临时用电线路的电杆、横担、瓷夹、瓷瓶等,或电缆埋地的地沟; (3) 对靠近施工现场的外电线路,设置木质、塑料等绝缘体的防护设施
		配电箱开关箱	(1) 按三级配电要求,配备总配电箱、分配电箱、开关箱三类标准箱。开关箱应符合一机、一箱、一闸、一漏。三类电箱中的各类电器应是合格品; (2) 按两级保护的要求,选取符合容量要求和质量合格的总配电箱和开关箱中的漏电保护器
		接地保护装置	施工现场保护零线的重复接地应不少于三处
	施工现场临时设施用水	生活用水	
		施工用水	

续表

类别	项目名称		具 体 要 求
安全施工费		接料平台	（1）脚手架横向外侧1～2m处的部位，从底部随脚手架同步搭设，包括架杆、扣件、脚手架、拉结短管、基础垫板和钢底座。 （2）在脚手架横向1～2m处的部位，在建筑物层间地板处用两根型钢外挑，形成外挑平台。包括两根型钢、预埋件、斜拉钢丝绳、平台底座垫板、平台进（出）料口门以及周边两道水平栏杆
		上下脚手架人行通道（斜道）	多层建筑施工随脚手架搭设的上下脚手架的斜道，一般成"之"字形
		一般防护	安全网（水平网、密目式立网）、安全帽、安全带
		通道棚	包括杆架、扣件、脚手板
		防护围栏	建筑物作业周边防护栏杆，施工电梯和物料提升机吊篮升降处防护栏杆，配电箱和固位使用的施工机械周边围栏、防护棚，基坑周边防护栏杆以及上下人斜道防护栏杆
		消防安全防护	灭火器、沙箱、消防水桶、消防铁锨（钩）、高层建筑物安装消防水管（钢管、软管）、加压泵等
	临边洞口交叉高处作业防护	楼板、屋面、阳台等临边防护	用密目式安全立网全封闭，作业层另加两边防护栏杆和18cm高的踢脚板
		通道口防护	设防护棚，防护棚应为不小于5cm厚的木板或两道相距50cm的竹笆。两侧应沿栏杆架用密目式安全网封闭
		预留洞口防护	用木板全封闭；短边超过1.5m长的洞口，除封闭外四周还应设有防护栏杆
		电梯井口防护	设置定型化、工具化、标准化的防护门；在电梯井内每隔两层（不大于10m）设置一道安全平网
		楼梯边防护	设1.2m高的定型化、工具化、标准化的防护栏杆，18cm高的踢脚板
		垂直方向交叉作业防护	设置防护隔离棚或其他设施
		高空作业防护	有悬挂安全带的悬索或其他设施；有操作平台；有上下的梯子或其他形式的通道
		安全警示标志牌	危险部位悬挂安全警示牌、各类建材材料及废弃物堆放标志牌
		其 他	各种应急救援预案的编制、培训和有关器材的配置及检修等费用
	其他必要的安全措施		
	危险性较大工程安全施工		各市根据实际情况确定

注 本表所列建筑工程安全防护、文明施工措施项目，是依据现行法律法规及标准规范确定。如修订法律法规和标准规范，本表所列项目应按照修订后的法律法规和标准规范进行调整。

第三节　安装工程费用参考计算方法

安装工程费用的计算包括，安装工程总费用和各分项费用的确定。

安装工程各项费用的计算过程、方法和公式，应按下列要求进行。

(一) 人工费

人工费是由完成设计文件规定的全部工程内容所需定额工日消耗数量以及其他相关工作的工日消耗量乘以人工单价计算而成。计算公式为

$$人工费=\sum(工日消耗量 \times 人工单价)　(元)$$

工日消耗量应根据拟完成的分部分项工程项目及数量，按照相应的定额规定或有效施工签证计算而得。

(二) 材料费

1. 计算规则

材料费是由完成设计文件规定的全部工程内容所需的定额材料消耗数量乘以材料单价计算而成。

2. 注意事项

(1) 关于材料采购及保管费率。因安装材料品种、规格繁多，数量近十万种，难以按每种材料在采购及保管过程中实际发生的费用计算。因目前为止，没有统一规定，只有大致划分几种情况，一般材料采购保管费率为：

1) 地方建筑安装材料及黑色金属材料，按相应材料费 2.5% 计算。其中采购占 1.4%，保管占 1.1%；

2) 其他材料，按相应材料费的 1.0% 计算。其中采购占 0.4%，保管占 0.6%。

由于采购提货方式不一样，其采购保管费率的计取也不一致。若由施工单位采购提货供至施工现场的，施工单位应计 100%；若由建设单位采购并付款，供应到施工现场的，施工单位应计 40%；若建设单位采购并交款，由施工单位运供至施工现场的，施工单位计取 60%。

(2) 关于材料价格，材料价格是组成材料费的重要因素，这里的材料价格可视为材料进入施工现场(仓库)的价格，一般包括原价、运杂费、采购及保管费等。由于供货方式和地点不同，也会造成材料价格的计算方法组成内容，尤其是运杂费很难统一计算。在确定材料价格时，应充分考虑各种材料的供货距离、运输、装卸、堆放的情况而定。

(3) 关于检验实验费，本费用是按技术规范规定应该进行检验实验的费用。不包括新材料、新结构的实验费和其他部门(如质检站、建设单位、设计单位等)，要求增加检验实验品种、数量的费用。如发生时，应按甲乙双方合同约定的计算方法。

(三) 施工机械使用费 (全国统一施工机械台班费用编制规则)

1. 计算规则

施工机械使用费是由完成设计文件规定的全部工程内容所需定额机械台班消耗数量乘以机械台班单价计算而成。计算公式为

$$施工机械使用费=\sum(机械台班消耗量 \times 台班单价)　(元)$$

机械台班消耗量应根据拟完成的分部分项工程项目、数量和施工机械配备情况，按照相

应的定额和规定计算而得。

施工机械台班单价应以施工机械使用费各组成内容为基础，按照下列方法计算。

（1）台班折旧费。

$$台班折旧费=\frac{预算价格\times(1-残值率)\times时间价值系数}{耐用总台班}\quad(元/台班)$$

1）预算价格。

国产机械的预算价格应按下列公式计算。

预算价格＝机械原值＋供销部门手续费和一次运杂费＋车辆购置税

2）残值率，指施工机械报废时回收其残余价值占机械原值的百分比。

残值率应根据机械不同类型按表3-4中的数值确定。

表 3-4

机械类型		残值率（％）
运输机械		2
掘进机械		5
其他机械	中、小型机械	4
	特、大型机械	3

3）时间价值系数，指购置施工机械的资金在施工生产过程中随着时间的推移而产生的单位增值。

时间价值系数应按下列公式计算

时间价值系数＝1＋1/2×年折现率×（折旧年限＋1）

年折现率应按编制期银行年贷款利率确定。

折旧年限指施工机械逐年计提固定资产折旧的期限。折旧年限应在财政部规定的折旧年限范围内确定。见表3-5～表3-10。

4）耐用总台班，指施工机械从开始投入使用至报废前使用的总台班数，见表3-5～表3-10。

耐用总台班应按施工机械的技术指标及寿命期等相关参数确定。

5）确定折旧年限和耐用总台班时应综合考虑下列关系。

$$折旧年限=\frac{耐用总台班}{年工作台班}$$

其中，年工作台班指施工机械在年度内使用的台班数量。年工作台班应在编制期制度工作日基础上扣除规定的修理、保养及机械利用率等因素确定。

（2）大修理费。

台班大修理费应按下列公式计算。

$$台班大修理费=\frac{一次大修理费\times寿命期大修理次数}{年工作台班}\quad(元/台班)$$

一次大修理费指施工机械一次大修理发生的工时费、配件费、辅料费、油燃料费及送修运杂费。

一次大修理费应以《全国统一施工机械保养修理技术经济定额》（以下简称《技术经济定额》）为基础，结合编制期市场价格综合确定。

寿命期大修理次数指施工机械在其寿命期（耐用总台班）内规定的大修理次数。

寿命期大修理次数应参照《技术经济定额》确定。

（3）经常修理费。台班经常修理费应按下列公式计算。

$$台班经常修理费 = \frac{\sum（各级保养一次费用 \times 寿命期各级保养次数）+ 临时故障排除费}{耐用总台班}$$

$$（元/台班）$$

各级保养一次费用应以《技术经济定额》为基础，结合编制期市场价格综合确定。

寿命期各级保养次数应参照《技术经济定额》确定。

临时故障排除费可按各级保养费用之和的 3% 取定。

替换设备和工具附具台班摊销费、例保辅料费的计算应以《技术经济定额》为基础，结合编制期市场价格综合确定。

当台班经常修理费计算公式中各项数值难以确定时，台班经常修理费也可按下列公式计算。

$$台班经常修理费 = 台班大修理费 \times K \quad （元/台班）$$

其中，K 为台班经常修理费系数，可按表 3-5～表 3-10 取值。

（4）安拆费及场外运费。

安拆费及场外运费根据施工机械不同分为计入台班单价、单独计算和不计算三种类型。

工地间移动较为频繁的小型机械及部分中型机械，其安拆费及场外运费计入台班单价。台班安拆费及场外运费应按下列公式计算。

$$台班安拆费及场外运费 = \frac{一次安拆费及场外运费 \times 年平均安拆次数}{年工作台班} \quad （元/台班）$$

1）一次安拆费应包括施工现场机械安装和拆卸一次所需的人工费、材料费、机械费及试运转费。

2）一次场外运费应包括运输、装卸、辅助材料和架线等费用。

3）年平均安拆次数应以《技术经济定额》为基础，由各地区（部门）结合具体情况确定。

4）运输距离均应按 25km 计算。

5）移动有一定难度的特、大型（包括少数中型）机械，其安拆费及场外运费应单独计算。

单独计算的安拆费及场外运费除应计安拆费、场外运费外，还应计算辅助设施（包括基础、底座、固定锚桩、行走轨道枕木等）的折旧、搭设和拆除等费用。

6）不需安装拆卸且自身有能开行的机械和固定在车间不需安装、拆卸及运输的机械，其安拆费及场外运费不计算。

7）自升式塔式起重机安装、拆卸费用的超高起点及其增加费，各地区（部门）可根据具体情况确定。

（5）机上人工费。

1）机上人工费应按下列公式计算。

$$机上人工费＝机上人工消耗量×人工单价×\left(1+\frac{法定工作日－年工作台班}{年工作台班}\right)\quad(元/台班)$$

2）人工消耗量指机上司机（司炉）和其他操作人员工日消耗量。

3）年法定工作日应执行编制期国家有关规定。

4）人工单价应执行编制期工程造价管理部门的有关规定。

（6）燃料动力费。

1）燃料动力费应按下列公式计算。

$$台班燃料动力费＝\sum(燃料动力消耗量×燃料动力单价)\quad(元/台班)$$

2）燃料动力消耗量应根据施工机械技术指标及实测资料综合确定。

3）燃料动力单价应执行编制期工程造价管理部门的有关规定。

（7）其他费用。

1）其他费用应按下列公式计算。

$$台班其他费用＝\frac{年车船使用税＋年保险费＋年检费用}{年工作台班}\quad(元/台班)$$

2）年车船使用税、年检费用应执行编制期有关部门的规定。

3）年保险费应执行编制期有关部门强制性保险的规定，非强制性保险不应计算在内。

2．注意事项

（1）上述各计算公式中的参数名词的含义应遵照各地区（部门）统一施工机械台班费用计算规则的规定。

（2）施工机械停滞费指施工机械非自身原因停滞期间所发生的费用。

施工机械停滞费可按下列公式计算。

$$机械停滞费＝台班折旧费＋台班人工费＋台班其他费用\quad(元/台班)$$

（3）施工机械台班租赁价也应按上述组成确定，施工单位可将租赁价格视为施工机械台班单价，个别内容（如机上人工费等）可根据实际进行调整。

附：山东省施工机械台班参考单价表（选摘）

表 3-5 部分水平运输机械

编码	机械名称	规格型号	机型	台班单价（元）	费 用 组 成						
					折旧费（元）	大修理费（元）	经常修理费（元）	安拆费及场外运费（元）	人工费（元）	燃料动力费（元）	其他费用（元）
04001	载货汽车	装载质量（t）	2 中	229.96	30.86	4.37	24.52		37.65	109.62	22.94
04002			2.5 中	247.61	32.50	4.66	26.14		37.65	118.09	28.57
04003			3 中	284.31	42.67	4.83	27.10		37.65	137.87	34.19
04004			4 中	317.71	51.21	5.39	30.24		37.65	147.78	45.44
04013	自卸汽车		2 中	238.90	42.66	5.51	24.46		41.07	100.17	25.03
04014			5 中	397.16	66.61	8.43	37.43		41.07	181.77	61.85
04015			8 大	558.92	138.46	17.53	58.55		41.07	204.65	98.66
04016			10 大	664.70	150.43	21.42	71.54		82.15	215.95	123.21

表3-6　　　　　　　　　　　　　部分垂直运输机械

编码	机械名称		规格型号		机型	台班单价(元)	费用组成						
							折旧费(元)	大修理费(元)	经常修理费(元)	安拆费及场外运费(元)	人工费(元)	燃料动力费(元)	其他费用(元)
05001	电动卷扬机	单筒快速	牵引力(kN)	5	小	65.34	1.67	0.74	1.98	4.69	43.03	13.23	
05002				10	小	83.90	2.50	1.11	2.96	4.69	43.03	29.61	
05003				15	小	100.03	3.02	1.34	3.58	4.69	43.03	44.37	
05004				20	小	121.12	4.94	2.20	5.87	4.69	43.03	60.39	
05028	电动葫芦	单速	提升质量(t)	2	小	22.31	3.67	0.38	1.25			17.01	
05029				3	小	25.92	6.20	0.63	2.08			17.01	
05030				5	小	44.75	10.41	2.00	6.60			25.74	

表3-7　　　　　　　　　　　　　部分加工机械

编码	机械名称	规格型号		机型	台班单价(元)	费用组成						
						折旧费(元)	大修理费(元)	经常修理费(元)	安拆费及场外运费(元)	人工费(元)	燃料动力费(元)	其他费用(元)
07059	液压弯管机	弯管能力(mm)	D60	中	51.45	21.39	1.57	1.82	2.37		24.30	
07062	卷板机	板厚×宽度	2×1600	中	109.54	27.69	2.53	1.95		51.63	25.74	
07063			20×2500	中	232.57	100.24	13.00	10.01		51.63	57.69	
07064			30×2000	大	331.43	175.19	22.49	17.32		51.63	64.80	

表3-8　　　　　　　　　　　　　部分泵类机械

编码	机械名称	规格型号		机型	台班单价(元)	费用组成						
						折旧费(元)	大修理费(元)	经常修理费(元)	安拆费及场外运费(元)	人工费(元)	燃料动力费(元)	其他费用(元)
08001	电动单级离心清水泵	出口直径(mm)	50	小	105.51	2.81	1.21	2.92	2.57	75.30	20.70	
08002			100	小	135.55	4.06	2.00	4.82	2.57	75.30	46.80	
08003			150	小	184.97	1145	4.93	11.88	2.57	75.30	78.84	
08004			200	小	208.61	15.04	6.48	15.62	2.57	75.30	93.60	
08025	耐腐蚀泵		40	小	116.05	7.52	1.32	7.11	2.57	75.30	22.23	
08026			50	小	135.68	10.76	1.89	10.19	2.57	75.30	34.97	
08027			80	小	221.47	11.14	1.96	10.56	2.57	75.30	119.94	
08028			100	小	293.50	12.05	2.12	11.43	2.57	75.30	190.03	

表 3-9 焊 接 机 械

编码	机械名称	规格型号		机型	台班单价 (元)	费用组成						
						折旧费 (元)	大修理费 (元)	经常修理费 (元)	安拆费及场外运费 (元)	人工费 (元)	燃料动力费 (元)	其他费用 (元)
09001	交流弧焊机	容量 (kV·A)	21	小	65.29	2.02	0.57	1.90	6.56		54.24	
09002			32	小	100.01	3.41	0.73	2.43	6.56		86.88	
09003			42	小	142.14	4.22	0.76	2.53	6.56		128.07	
09004			50	小	155.85	4.76	0.86	2.86	6.56		140.81	
09006	直流弧焊机	功率 (kW)	10	小	47.32	4.28	0.78	3.12	6.56		32.58	
09007			20	小	86.22	7.81	1.41	5.23	6.56		65.21	
09008			32	小	109.89	10.33	1.86	6.90	6.56		84.24	
09009			40	小	115.89	11.95	2.15	7.98	6.56		87.25	

表 3-10 其 他 机 械

编码	机械名称	规格型号		机型	台班单价 (元)	费用组成						
						折旧费 (元)	大修理费 (元)	经常修理费 (元)	安拆费及场外运费 (元)	人工费 (元)	燃料动力费 (元)	其他费用 (元)
12001	轴流通风机	功率 (kW)	7.5	小	44.26	3.50	0.40	1.01	3.08		36.27	
12002			30	小	161.07	9.16	1.04	2.62	3.08		145.18	
12003			100	小	512.31	19.13	2.18	4.08	3.08		483.84	
12004	离心通风机	能力 (m³/min)	335~1300	小	99.36	9.59	2.16	4.04	2.57		81.00	
12005			464~1717	小	164.66	11.53	2.60	4.86	2.57		143.10	
12006			585~2463	小	292.95	18.53	4.18	5.23	2.57		262.44	
12007			747~3132	小	547.02	25.40	5.73	7.16	2.57		506.16	

第四节 工程类别划分标准

一、工程类别的划分

（1）安装工程类别的划分，是根据各专业安装工程的功能、规模大小、繁简、施工技术难易程度，结合我省安装工程实际情况进行制定的。

（2）安装工程类别标准，是工程建设各方作为评定工程类别等级、确定有关费用的依据。

（3）工程类别等级，均以单位工程划分，一个单位工程一般只定一个等级类别。

（4）一个单位工程中有多个不同的工程类别时，则依据主体设备或主要部分的标准确定。

（5）对于民用工程中列有单独标准的专业工程，可单独确定工程类别。

（6）水塔、水池的安装工程及工业建筑物中未设计工业设备的安装工程，其类别按相应建筑工程类别等级标准确定安装工程类别等级。

（7）该标准缺项时，拟定为Ⅰ类工程的项目由省工程造价管理机构核准；Ⅱ类、Ⅲ类工程由市工程造价管理机构核准；并报省工程造价管理机构备案。

工程类别标准划分改变了原来按工业安装、民用安装和炉窑砌筑三大类五个类别等级十三项，现改为按设备安装和炉窑砌筑二大类三个类别等级六项。其具体划分标准如下。

（一）设备安装工程类别标准

1. Ⅰ类

（1）台重≥35t各类机械设备；精密数控（程控）机床；自动、半自动生产工艺装置、配套功率≥1500kW的压缩机（组）、风机、泵类设备；国外引进成套生产装置的安装工程。

（2）主钩起重量桥式≥50t、门式≥20t起重设备及相应轨道；运行速度≥1.5m/s自动快速、高速电梯；宽度≥11 000mm或输送长度≥100m或斜度≥10°的胶带输送机安装。

（3）容量≥1000kV·A变配电装置；电压≥6kV架空线路及电缆敷设工程；全面积防爆电气工程。

（4）中压锅炉和汽轮发电机组、各型散装锅炉设备及其配套工程的安装工程。

（5）各类压力容器、塔器等制作、组对、安装、台重≥40t各类静置设备安装；电解槽、电除雾、电除尘及污水处理设备安装。

（6）金属重量≥50t工业炉；炉膛内径ϕ≥2000mm煤气发生炉及附属设备；乙炔发生设备及制氧设备安装。

（7）容量≥5000m³金属贮罐、容量≥1000m³气柜制作安装；球罐组装；总重>50t或高度>60m火炬塔架制作安装。

（8）制冷量≥4.2MW制冷站、供热量≥7MW换热站安装工程。

（9）工业生产微机控制自动化装置及仪表安装、调试。

（10）中、高压或有毒、易燃、易爆工作介质或有探伤要求的工艺管网（线）；试验压力≥1.0MPa或管径ϕ≥500mm的铸铁给水管网（线）；管径ϕ≥800mm的排水管网（线）。

（11）附属于上述工程各种设备及其相关的管道、电气、仪表、金属结构及其刷油、绝热、防腐蚀工程。

（12）净化、超净、恒温、恒湿通风空调系统；作用建筑面积≥10 000m²民用工程集中空调（含防排烟）系统安装。

（13）作用建筑面积≥5000m²的自动灭火消防系统；智能化建筑物中的弱电安装工程。

（14）专业用灯光、音响系统。

2. Ⅱ类

（1）台重<35t各类机械设备；配套功率<1500kW的压缩机（组）、风机、泵类设备；引进主要设备的安装工程。

（2）主钩起重量≥5t桥式、门式、梁式、壁行及旋臂起重机及其轨道安装；运行速度<1.5m/s自动、半自动电梯；自动扶梯、自动步行道；Ⅰ类以外其他输送设备安装。

（3）容量<1000kV·A变配电装置；电压<6kV架空线路及电缆敷设；工业厂房及厂区照明工程。

（4）蒸发量≥4t/h 各型快装（含整装燃油、气）、组装锅炉及其配套工程。

（5）各类常压容器及工艺金属结构制作、安装；台重＜40t 各类静置设备安装。

（6）Ⅰ类工程以外的工业炉设备安装。

（7）Ⅰ类工程以外金属贮罐、气柜、火炬塔架等制作安装。

（8）Ⅰ类工程以外制冷站、换热站安装工程。

（9）未有探伤要求的工艺管网（线）；试验压力＜1.0MPa 的铸铁给水管网（线）；管径 ϕ＜800mm 的排水管网（线）。

（10）附属于上述工程的各种设备及其相关的管道、电气、仪表、金属结构及其刷油、绝热、防腐蚀工程。

（11）工业厂房除尘、排毒、排烟、通风和分散式（局部）空调系统；作用建筑面积＜10 000m² 民用工程集中空调（含防排烟）系统安装。

（12）作用建筑面积＜5000m² 的自动灭火消防系统；非智能建筑物中的弱电安装工程。

（13）Ⅰ类、Ⅱ类民用建筑工程中及其室外配套的低压供电、照明、防雷接地、采暖、给排水、卫生、消防（消火栓系统）、燃气系统安装。

3．Ⅲ类

（1）台重≤5t 的各类机械设备：配套功率＜300kW 的压缩机（组）、风机、泵类设备；Ⅰ、Ⅱ类工程以外的梁式、壁行、旋臂式起重机及轨道；各型电动葫芦、单轨小车及轨道安装；小型杂物电梯安装。

（2）蒸发量＜4t/h 各型快装（含整装燃油、气）锅炉、常压锅炉及其配套工程。

（3）台重≤5t 的静置设备安装。

（4）Ⅲ类民用建筑工程中及其室外配套的低压供电、照明、防雷接地、采暖、给排水、卫生、消防（消火栓系统）、燃气系统安装。

（5）Ⅰ、Ⅱ类工程以外的其他安装工程。

（二）炉窑砌筑工程类别标准

1．Ⅰ类

（1）专业炉窑设备的砌筑。

（2）中压锅炉、各型散装锅炉的炉体砌筑。

2．Ⅱ类

一般炉窑设备的砌筑。

3．Ⅲ类

Ⅰ、Ⅱ类工程以外的炉体砌筑。

（三）建筑工程类别划分标准（见表3-11）

建筑工程类别划分标准，是根据不同的单位工程，按其施工难易程度，结合山东省建筑市场的实际情况确定的。工程类别划分标准是确定工程难易程度、计取有关费用的依据；同时也是企业编制投标报价的参考。建筑工程的工程类别按工业建筑工程、民用建筑工程、构筑物工程、单独土石方工程、桩基础工程分列并分若干类别。

1．类别划分

（1）工业建筑工程，指从事物质生产和直接为物质生产服务的建筑工程。一般包括生产（加工、储运）车间、实验车间、仓库、民用锅炉房和其他生产用建筑物。

（2）装饰工程，指建筑物主体结构完成后，在主体结构表面进行抹灰、镶贴、铺挂面层等，以达到建筑设计效果的装饰工程。

（3）民用建筑工程，指直接用于满足人们物质和文化生活需要的非生产性建筑物。一般包括住宅及各类公用建筑工程。

科研单位独立的实验室、化验室，按民用建筑工程确定工程类别。

（4）构筑物工程，指工业与民用建筑配套、且独立于工业与民用建筑工程的构筑物，或独立具有其功能的构筑物，一般包括烟囱、水塔、仓类、池类等。

（5）桩基础工程，指天然地基上的浅基础不能满足建筑物和构筑物的稳定要求，而采用的一种深基础。主要包括各种现浇和预制混凝土桩及其他桩基。

（6）单独土石方工程，指建筑物、构筑物、市政设计等基础土石方以外的，且单独编制概预算的土石方工程，包括土石方的挖、填、运等。

2. 使用说明

（1）工程类别的确定，以单位工程为划分对象。

（2）与建筑物配套使用的零星项目，如化粪池、检查井等，按相应建筑物的类别确定工程类别。

其他附属项目，如围墙、院内挡土墙、庭院道路、室外管沟架，按建筑工程Ⅲ类标准确定类别。

（3）建筑物、构筑物高度，自设计室外地坪算起，至屋面檐口高度，高出屋面的电梯间、水箱间、塔楼等不计算高度。建筑物的面积，按建筑面积计算规则的规定计算。建筑物的跨度，设计图示尺寸标注的轴线跨度计算。

（4）非工业建筑的钢结构工程，参照工业建筑工程的钢结构工程确定工程类别。

（5）居住建筑的附墙轻型框架结构，按砖混结构的工程类别套用；但设计层数大于 18 层，或建筑面积大于 12 000m² 时，按居住建筑其他结构的Ⅰ类工程套用。

（6）工业建筑的设备基础，单体混凝土体积大于 1000m³，按构筑物Ⅰ类工程计算；单体混凝土体积大于 600m³，按构筑物Ⅱ类工程计算；单体混凝土体积小于 600m³，大于 50m³ 按构筑物Ⅲ类工程计算；小于 50m³ 的设备基础，按相应的构筑物的工程类别确定。

（7）同一建筑物结构形式不同时，按建筑面积大的结构形式确定工程类别。

（8）新建建筑工程中的装饰工程，按下列规定确定其工程类别：

1）每平方米建筑面积装饰计费价格合计在 100 元以上的，为Ⅰ类工程。

2）每平方米建筑面积装饰计费价格合计在 50 元以上、100 元以下的，为Ⅱ类工程。

3）每平方米建筑面积装饰计费价格合计在 50 元以下的，为Ⅲ类工程。

4）每平方米建筑面积装饰计费价格计算：按定额第九章计算出全部装饰工程量（包括外墙装饰），套用价目表中相应项目的计费价格，合计除以被装饰建筑物的建筑面积。

5）单独外墙装饰，每平方米外墙装饰面积装饰计费价格在 50 元以上的，为Ⅰ类工程；装饰计费价格在 50 元以下、20 元以上的，为Ⅱ类工程；装饰计费价格在 20 元以下的，为Ⅲ类工程。

6）单独招牌、灯箱、美术字为Ⅲ类工程。

（9）工程类别划分标准中有两个指标者确定类别时需满足其中一个指标。

表 3-11 建筑工程类别划分标准

工程名称			单位	工程类别		
				Ⅰ	Ⅱ	Ⅲ
工业建筑工程	钢结构	跨度	m	>30	>18	≤18
		建筑面积	m²	>16 000	>10 000	≤10 000
	其他结构	单层 跨度	m	>24	>18	≤18
		建筑面积	m²	>10 000	>6000	≤6000
		多层 檐高	m	>50	>30	≤30
		建筑面积	m²	>16 000	>6000	≤6000
民用建筑工程	公用建筑	砖混结构 檐高	m	—	30<檐高<50	≤30
		建筑面积	m²	—	6000<面积<10 000	≤6000
		其他结构 檐高	m	>50	>30	≤30
		建筑面积	m²	>12 000	>8000	≤8000
	居住建筑	砖混结构 层数	层	—	8<层数<12	≤8
		建筑面积	m²	—	8000<面积<12 000	≤8000
		其他结构 层数	层	>17	>8	≤8
		建筑面积	m²	>12 000	>8000	≤8000
构筑物工程	烟囱	混凝土结构高度	m	>100	>60	≤60
		砖结构高度	m	>60	>40	≤40
	水塔	高度	m	>60	>40	≤40
		容积	m³	>100	>60	≤60
	筒仓	高度	m	>35	>20	≤20
		容积（单体）	m³	>2500	>1500	≤1500
	储池	容积（单体）	m³	>3000	>1500	≤1500
单独土石方工程	单独挖、填土石方		m³	>15 000	>10 000	5000<体积≤10 000
桩基础工程	桩长		m	>30	>12	≤12

二、使用工程类别划分标准应注意的问题

(1) 名词含义。

1) 设备安装,指工业与民用建筑中所安装的各类设备、管道、电气仪表以及附属安装工程项目的总称。

2) 作用面积,指某功能系统的作用能够覆盖的面积,不是安装部位所占的面积。

3) 附属工程,指与主体设备相关联的工程。

4) 弱电工程是指电视监控、安全防范、办公自动化、通信广播、电视共用天线系统。

(2) 工程类别划分标准,是工程建设各方作为评定工程类别等级、确定有关费用的依据,是共同遵循的统一标准。

(3) 工程类别等级,均以单位工程划分,一个单位工程一般只定一个等级类别。

(4) 一个单位工程中有多个不同的工程类别标准时,则依据主体设备或主要部分的标准确定。

（5）对于民用工程中列有单独标准的专业工程，可单独确定工程类别。

（6）水塔、水池的安装工程及工业建筑物中未设计工业设备的安装工程，其类别按相应建筑工程的类别等级标准确定安装工程类别等级。

（7）该标准中缺项时，拟定为Ⅰ类工程的项目由省工程造价管理机构核准；Ⅱ、Ⅲ类工程项目由市工程造价管理机构核准，并报省工程造价管理机构备案。

第四章　安装工程施工图预算的编制、审查与管理

第一节　编　制　依　据

一、施工图纸和说明书

经过由建设单位、设计单位、监理单位和施工单位等共同会审过的施工图纸和会审记录，以及设计说明书，是计算分部分项工程量，编制施工图预算的依据。给水排水工程、供暖工程、燃气工程、通风空调工程、电气工程和市政工程施工图纸一般包括平面布置图、系统图和施工详图。各单位工程图纸上均应标明：施工内容与要求、管道和设备及器具等的布置位置、管材类别及规格、管道敷设方式、设备及器具类型、规格、安装要求及尺寸等。由此，可准确计算各分部分项工程量。同时还应具备与其配套的土建施工图和有关标准图。

安装工程施工图纸上不能直接表达的内容，一般都要通过设计说明书进一步阐明，如设计依据、质量标准、施工方法、材料要求等内容。因此，设计说明书是施工图纸的补充，也是施工图纸的重要组成部分。施工图纸和设计说明书都直接影响着工程量计算的准确性、定额项目的选套和单价的高低。因此，在编制施工图预算时，图纸和设计说明书应结合起来考虑。

二、预算定额

国家颁发的现行的《全国统一安装工程预算定额》以及各地方主管部门颁发的现行《安装工程消耗量定额》和《安装工程价目表》，另外，还有编制说明和定额解释等。这些都是编制安装工程施工图预算的依据。

在编制施工图预算时，首先应根据相应预算定额规定的工程量计算规则、项目划分、施工方法和计量单位分别计算出分项工程量，然后选套相应定额项目基价，计算工程成本、利润、税金等费用的依据。

三、材料预算价格

材料预算价格是进行定额换算和工程结算等方面工程的依据。材料和设备及器具在安装工程造价中占较大比重（大约占70%）。因此，准确确定和选用材料预算价格，对提高施工图预算编制质量和降低工程预算造价有着重要的经济意义。

四、各种费用取费标准

各地方主管部门制定颁发的现行《建筑安装工程费用定额》，是编制施工图预算、确定单位工程造价的依据。在确定建筑产品价格时，应根据工程类别和施工企业级别及纳税人地点的不同等，应准确无误地选择相应的取费标准，以保证建筑产品价格的客观性和科学性。

五、施工组织设计

安装工程施工组织设计，是组织施工的技术、经济和组织的综合性文件。它所确定的各分部分项工程的施工方法、施工机械和施工平面布置图等内容，是计算工程量，选套定额项目，确定其他直接费和间接费不可缺少的依据。因此，在编制施工图预算前，必须熟悉相

应单位工程施工组织和合理性。但是必须指出，施工组织设计应经有关部门批准后，方可作为编制施工图预算的依据。

六、有关手册资料

建设工程所在地区主管部门颁布的有关编制施工图预算的文件及材料手册、预算手册等资料是编制施工图预算的依据。地方主管部门颁布的有关文件中明确规定了费用项目划分范围、内容和费率增减幅度，人工、材料和机械价格差调整系数等经济政策。在材料、预算等手册中可查出各种材料、设备、器具、管件等的类型、规格，主要材料损耗率和计算规则等内容。

七、合同或协议

施工单位与建设单位签订的工程施工合同或协议，是编制施工图预算的依据。合同中规定的有关施工图预算的条款，在编制施工图预算时应允以充分考虑，如工程承包形式、材料供应方式、材料价差结算、结算方式等内容。

第二节　编制步骤和方法

一、熟悉施工图纸

为了准确、快速地编制施工图预算，在编制安装工程等单位工程施工图预算之前，必须全面熟悉施工图纸，了解设计意图和工程全貌。这个过程，也是对施工图纸的再审查过程。检查施工图、标准图等是否齐全，如有短缺，应当补齐。对设计中的错误、遗漏可提交设计单位改正、补充。对于不清楚之处，可通过技术交底解决。这样，才能避免预算编制工作的重算和漏算。熟悉图纸一般可按如下顺序进行。

1. 阅读设计说明书

设计说明书中阐明了设计意图、施工要求、管道保温材料、方法，管道材料及连接方法等内容。

2. 熟悉图例符号

安装工程的工程施工图中管道、管件、附件、灯具、设备和器具等，都是按规定的图例表示的。所以在熟悉施工图纸时，了解图例所代表的内容，对识图是必要的和有用的。

3. 熟悉工艺流程

给排水、供暖、燃气和通风空调工程、电气施工图，是按照一定工艺流程顺序绘制的。如在读建筑给水系统图时，可按引入管→水表节点→水平干管→立管→支管→用水器具的顺序进行。因此，了解工艺流程（或系统组成），对熟悉施工图纸时十分必要的。

4. 阅读施工图纸

在熟悉施工图纸时，应将施工平面图、系统图和施工详图结合起来看。从而搞清管道与管道、管道与管件、管道与设备（或器具）间的关系。有的内容在平面图或系统图上看不出来时，可在施工详图中搞清。如卫生间管道及卫生器具安装尺寸，通常不标注在平面图和系统图上，在计算工程量时，可在施工详图中找出相应的尺寸。

二、熟悉合同或协议

熟悉和了解建设单位和施工单位签订的工程合同或协议内容和有关规定是很必要的。因为有些内容在施工图和设计说明书中是反映不出来的，如工程材料供应方式、包干方式、结算方式、工期及相应奖罚措施等内容，都是在合同或协议中写明的。

三、熟悉施工组织设计

施工单位根据安装工程的工程特点，施工现场情况和自身施工条件和能力（技术、装备等），编制的施工组织设计，对施工起着组织、指导作用。编制施工图预算时，应考虑施工组织设计对工程费用的影响因素。

四、工程量计算

工程量是编制施工图预算的主要数据，是一项细致、繁琐、量大的工作。工程量计算的准确与否，直接影响施工图预算的编制质量、工程造价的高低、投资大小、施工企业的生产经营计划的编制等。工程量计算要严格按照预算定额规定和工程量计算规则进行。工程量计算时，通常采用表格形式计算，表格形式见表 4-1。安装工程单位工程预算工程量计算方法，详见以后各章节。

五、汇总工程量、编制预算书

工程量计算完毕，按预算的定额的规定和要求，按分项工程顺序汇总，整理填入预算书。工程预算书形式见表 4-2。

表 4-1　　　　　　　　　　　　　**工 程 量 计 算 书**

工程名称：　　　　　　　　　年　月　日　　　　　　　　　共　页　第　页

序号	分部分项工程名称	单位	数量	计　算　式	备注

表 4-2　　　　　　　　　　　　　**安装工程预（结）算书**

工程名称：　　　　　　　　　年　月　日　　　　　　　　　共　页　第　页

定额编号	分项工程名称	单位	数量	重量（吨）		预（结）算价值（元）						
				单重	总重	单 位 价 值			总 价 值			
						主材	安装工程费		主材	安装工程费		
							合计	其中工资	其中机械		合计	其中工资	其中机械

表 4-3   安装工程预（结）算书（用在软件上）

项目名称：   共 页 第 页

序号	定额编号	定 额 名 称	单位	工程量	定额基价（元）	定额合价（元）	人工单价（元）	人工合价（元）

注　此表一般用在软件上，相关表格内容可根据需要选择输出。

为制定材料计划，组织材料供应，应编制主要材料明细表。其格式见表 4-4。

表 4-4   主要材料明细表

工程名称：   年　　月　　日

序　号	材料名称	规　格	单　位	数　量	备　　注

六、套预算单价

在套用预算单价前首先要读懂预算定额总说明及各章、节（或分部、分项）说明。定额中包括哪些内容，哪些工程量可以换算等，在说明中都有注明。如有些省工程预算工程量计算规则中规定：暖气管道安装工程项目中，管路中的乙字弯、元宝弯等安装定额均已包括，无论是现场揻制或成品弯管均不得换算。对于既不能套用，又不能换算的则需编制补充定额。补充定额的编制要合理，并须经当地定额管理部门批准。

套预算单价时，所列分项工程的名称、规格、计量单位必须与预算定额所列内容完全一致，且所列项目要按预算定额的分部分项（或章、节）顺序排列。

七、计算单位工程预算造价

计算出各分项工程预算价值后，再将其汇总成单位工程预算价值，既定额直接费。首先以定额直接费中的人工费为计算基础，根据《建筑安装工程费用定额》中规定的各项费率，计算出工程费总额，即单位工程预算造价。

八、编写施工图预算编制说明

其内容主要是对所采用的施工图、预算定额、价目表、费用定额以及在编制施工图预算中存在的问题，处理结果等加以说明。

第三节　工　料　分　析

为了加强施工管理和经济核算，在施工图预算书编制完后，应对工程中所消耗的人工、材料和机械台班进行分析，此过程称为工料分析。

一、工料分析的意义

施工图预算工料分析是施工企业编制单位工程劳动力、材料、施工机械需要量计划的依据，并依此向该工程调配人力、施工机械、采购并供应材料，以避免造成人力、机械、材料的浪费。利用工料分析，施工企业可以向班、组签发任务单、限额领料、考核工料消耗等。因此，做好工料分析工作，对于加强施工企业经营管理、经济核算和降低工程成本都具有重要意义。

二、工料分析的步骤和方法

（1）计算分项工程的人工、材料和机械台班数量。

（2）计算分部工程数量。将分项工程的人工、材料和机械台班数量逐项汇总，计算出分部工程的人工、材料和机械台班数量。

（3）计算单位工程数量。将分部工程的人工、材料和机械台班数量逐项汇总，计算出单位工程的人工、材料和机械台班数量。

工料分析可采用表格形式进行，表格形式见表4-5。

表4-5　　　　　　　　　　　　　**工　程　工　料　分　析**

工程名称：　　　　　　　　　　　　　　　　年　　月　　日

序号	定额编号	单位	工程量	基价（元）		其　中						人工数量（工日）		材料耗用量						机械台班数量					
						人工费		材料费		机械费				材料名称						类　型					
				定额	合计	定额	合计	定额	合计	定额	合计	定额	合计	定额	合计	定额	合计	定额	合计	定额	合计	定额	合计	定额	合计

第四节　施工图预算审查与管理

为了保证施工图预算的合理、准确性，在施工图预算编制完成后，应对其进行审查。预算审查。预算审查必须遵照国家和省市地级有关部门的相关政策、要求进行。

一、审查依据

施工图预算审查依据包括设计资料、合同或协议、预算定额和费用定额等。

1. 设计资料

编制施工图预算所依据的设计资料是指：平面布置图、系统图、施工详图、设计采用的标准图和设计说明书。

2. 合同或协议

合同或协议对工程承发包方式、材料供应和材料价差费用计算方式、有关费用的取用和工程价款结算方式等作为预算审查的依据。

3. 预算定额和费用定额

预算定额、材料预算价格、地区单位估价表及费用定额是编制施工图预算的主要依据，同时也是审查施工图预算的主要依据。

此外，施工组织设计等也是施工图预算审查的依据。

二、审查形式

一般现行的做法是由发包方会同设计单位、监理单位和审计事务所进行审查，以保证审查质量。

三、审查方法

1. 全面审查法

对于建设规模较小的工程预算，可采用逐项（分部、分项工程预算项目）进行审查。该法具有质量高，但工作量大的特点。

2. 重点审查法

重点审查法是对工程预算中的重点部分进行审查的方法。该重点部分通常是指价格高、对工程预算造价有较大影响的项目部分。建筑设备工程中影响预算造价的，如卫生器具、供暖设备、水泵房、锅炉房、空调机房、电气机房等设备及安装工程项目。

3. 经验审查法

根据以往的实践经验，对容易发生误差的工程项目进行审查，称为经验审查法。

4. 分析对比审查法

对于建于同一地区或城市，采用标准施工图或复用施工图的单位工程，因某些方面的不同（诸如施工企业级别、性质、施工条件、地点、材料价格变化等）而产生费用上的差异，将有关差异部分项目费用单列出来进行分析对比的方法，成为分解对比审查法。

四、审查内容

安装工程的各单位工程施工图预算造价是按安装工程费用计算程序出来的。因此，审查的内容应包括工程直接费和其中的人工费、一般措施费、总分包服务费、施工管理费、利润、安全文明施工费、建筑企业养老保障金、定额测定金及税金等各项费率是否正确。在上述审查内容中，最主要的应该是：审查工程量计算；审查定额套用和取费费率。

1. 审查工程量计算

工程量是计算工程造价的基础，工程量计算得正确与否，直接影响工程造价的准确性。因此，工程量计算是工程预算审查的关键内容。工程直接费和其中人工费都是以其为基础套用定额计算的。而人工费又是安装工程费用计算程序中除直接费外各项费用计算的基础。因此，按照工程量计算规则和施工图纸，审查各分部分项工程量是否准确，是否符合计算规则，是否有多算或漏算等。

2. 审查定额套用和取费费率

审查选套定额，主要审查工程项目的工作内容和所选套定额的项目工作内容是否一致，需要换算的，其换算是否合理，需要补充的，其是否得到有关部门批准。取费费率是否符合规定。

五、审查步骤

1. 熟悉有关资料

有关资料包括：工程预算书、合同或协议书、施工图设计、施工组织设计、预算定额、费用定额等。

2. 审查工程量计算和各项费用计算

首先核对工程量，然后核对定额套用和其他各项费用的计算。

3. 交换审查意见

参加审查单位将审查中的错误，经核对无误后，调整错误预算项目和费用。

4. 审查定案

将审查预算结果填制预算审查调整表，格式见表 4-6、表 4-7。调整表填完后应加盖有关单位及责任人公章。

表 4-6　　　　　　　　　　　定额直接费调整表

年　　月　　日

序号	分部分项工程名称	原预算							调整后预算							金额核减(元)	金额核增(元)
		定额编号	单位	工程量	直接费(元)		人工费(元)		定额编号	单位	工程量	直接费(元)		人工费(元)			
					单价	合计	单价	合计				单价	合计	单价	合计		

编制单位（公章）　　　　责任人：　　　　　　审查单位（公章）　　　　责任人：

表 4-7　　　　　　　　　　　预 算 费 用 调 整 表

年　　月　　日

序号	费用名称	原预算			调整后预算			核减金额(元)	核增金额(元)
		费率（%）	计算基础	金额（元）	费率（%）	计算基础	金额（元）		

编制单位（公章）　　　　责任人：　　　　　　审查单位（公章）　　　　责任人：

六、预算管理与审批

为了合理、节约使用建设资金，提高投资效果，保证并维护国家、建设单位和施工企业三者的经济利益，国家非常重视预算管理与审批工作，并成立了专门部门和机构负责这项工作。

预算管理通常由国家住房和城乡建设部，各省、市、自治区建设委员会或建设厅，各地、市建设委员会或建设局，国家各专业部委和各省、市、自治区对口专业厅、局的定额管理部门负责。

第五章 通用机械设备安装工程施工图预算的编制

第一节 通用机械设备安装工程基本知识

工业与民用设备品种繁多，结构各异，形状不一。对那些被普遍使用，具有满足各种要求共同点的设备称为通用机械设备。工程预算人员在建筑安装工程施工中，主要应熟悉安装中所进行的每道主要工序的内容，以及施工过程所需要的机具（材料）性能，才能更好地掌握施工实际情况，编制好施工图预算与施工预算。

一、设备安装工序

通用机械设备的安装工序包括施工准备、安装、清洗、试运转。

（一）施工准备

（1）施工前后的现场清理，工具、材料的准备。

（2）临时脚手架（梯子、高凳、跳板等）的搭拆。

（3）设备及其附件的地面运输和移位以及施工机具在设备安装范围内的移动。

（4）设备开箱检查、清洗、润滑，施工全过程的保养维护，专用工具、备品、备件施工完后的清点归还。

（5）基础验收、画线定位、垫铁组配放、铲麻面、地脚螺栓的除锈或脱脂。

设备底座安放垫铁，通过对垫铁厚度的调整，使设备安装达到安装要求的标高和水平，同时便于二次灌浆，使设备的全部重量和运转过程中产生的力通过垫铁均匀地传递到基础上。常用的垫铁有钩头成对斜垫铁、平垫铁、斜垫铁，它们成对组合使用；开口垫铁与开孔垫铁等配合使用。

（二）安装

（1）吊装。使用起重设备将被安装设备就位，初平、找正，找平部位的清洗和保护。

（2）精平组装。精平、找平、找正、对中、附件装配、垫铁焊固。

（3）本体管路、附件和传动部分的安装。

（三）清洗

在试运转之前，应对设备传动系统、导轨面、液压系统、油润滑系统密封、活塞、罐体、进排气阀、调节系统等构件及零件等进行物理清洗和化学清洗；对各有关零部件检查调整，加注润滑油脂。清洗程度必须达到试运转要求标准。

清洗是设备安装工作中一项重要内容，是一项不可忽视的技术性很强的工作，因为清洗工作搞不好，直接影响设备安装质量和正常运行。

（四）试运转

试运转就是要综合检验前阶段及各工序的施工质量，发现缺陷，及时修理和调整，使设备的运行特性能够达到设计指标的要求。

各类设备的试运转应执行 GB 50231—1998《机械设备安装工程施工及验收通用规范》的规定，同时要结合设备安装说明书的要求，做好试运转前的准备工作，以及试运转完毕后的收尾工作、验收工作。

机械设备的试运转步骤为：先无负荷、后带负荷，先单机、后系统，最后联动。试运转首先从部件开始，由部件至组件，再由组件至单台设备。不同设备的试运转具体要求不一样。

（1）属于无负荷试运转的各类设备有金属切削机床、机械压力机、液压机、弯曲校正机，活塞式气体压缩机，活塞式氨制冷压缩机、通风机等。

（2）需要进行无负荷、静负荷、超负荷试运转的设备有电动桥式起重机、龙门式起重机。

（3）需进行额定负荷试运转的有各类泵。

（4）中、小型锅炉安装试运转，包括临时加药装置的准备、配管、投药，排气管的敷设和拆除，烘炉、煮炉、停炉，检查、试运转等全部工作。

二、安装中常用的起重设备

设备的搬运及安装广泛采用运输机械和起重机械作业。由于设备安装的特点，施工作业半机械化还占很大比重。

1. 起重机具

起重机具指千斤顶、桅杆、人字架等机具，能对设备进行起吊和装卸作业。这些机具主要有圆木制单柱桅杆及人字桅杆、无缝钢管制桅杆和人字桅杆，以及型钢制成格框结构桅杆。安装时应根据设备大小，选择适用规格的桅杆进行作业。

2. 起重机械

起重机械主要有履带式起重机、轮胎式起重机、汽车式起重机和塔式起重机。

履带式起重机是自行式、全回转、接地面积较大、重心较低的一种起重机。它使用灵活、方便，在一般平整坚实的道路上可以吊荷载行驶，是目前建筑安装工程中使用的主要起重机械，常用的有起重量 10、15、20、25、40、50t 等规格。

轮胎式起重机是一种全回转、自行式、起重机构安装在以轮胎做行走轮的特种底盘上的起重机。它具有移动方便、安全可靠等特点。

汽车式起重机是一种把工作机构安装在通用或专用汽车底盘上的起重机械，工作机构所用动力，一般由汽车发动机供给。汽车式起重机具有行驶速度快、机动性能好、适用范围较广等优点。

塔式起重机也被应用于通用机械设备的安装作业。

3. 水平运输机械

水平运输机械主要有载重汽车、牵引车、挂车等。我国目前生产的载重汽车，主要以往复式发动机为动力，以后轮或中后轮驱动，前轮转向。

第二节　通用机械设备安装工程量计算

一、切削设备安装工程及工程量计算

（一）切削设备的分类、特性

切削设备（机床）是用刀具对金属工件进行切削加工，使获得预定形状、精度及表面粗糙度的工件。切削设备是按加工性质和所用刀具进行分类的，代号见表 5-1、表 5-2。

表 5-1　　　　　　　　　　　　　　机 床 分 类 代 号 表

类别	车床	钻床	镗床	磨　床	铣床	齿轮加工机床	螺纹加工机床	刨(插)床	拉床	电加工机　床	切断机床	其他机床
代号	C	Z	T	M、2M、3M	X	Y	S	B	L	D	G	Q

表 5-2　　　　　　　　　　　　　　机 床 通 用 特 性 代 号 表

通用特性	高精度	精度	自动	半自动	程控	轻型	万能	筒式	仿形	自动换刀	高速
代号	G	M	Z	B	K	Q	W	J	F	H	S

(1) 车床类。车床类机床主要用于各种较精密的车削加工,可以进行各种回转表面的加工,如内圆、外圆柱面,端面仿形车削,切槽,钻孔,扩孔及铰孔等工作,按其结构和用途划分可分为普通仪表车床、车床、立式车床、落地车床等。

(2) 钻床类。钻床类机床用来钻孔、扩孔、铰孔、刮平面、攻螺纹和其他类似工作,主要分为深孔钻床、摇臂钻床、立式钻床、中心孔钻床、钢轨及梢轮钻床、卧式钻床等,单机重量 0.1~60t。

(3) 镗床类。镗床类机床用于钻削深孔,主要有坐标镗床、深孔镗床、卧式镗床、金刚镗床等,单机重量 1~300t。

(4) 磨床类。磨床类机床用于研磨和抛光,主要有仪表磨床、内圆磨床、外圆磨床、工具磨床、导轨磨床、研磨机、轧辊磨床等,单机重量 1~150t。

(5) 铣床、齿轮及螺纹加工机床类。铣床是进行铣削的机床,主要类型有单臂及单柱铣床、龙门及双柱铣床、平面及单面铣床、仿形铣床、立式及卧式铣床、工具铣床等。用来加工齿轮表面的机床称为齿轮机床,一般可分为仪表齿轮加工机床、推齿轮加工机床、滚齿机、剃齿机、形齿机等。螺纹加工机床主要用于切削螺纹,还可用滚铣法加工花铣键轴、带轴齿轮和蜗轮以及纵铣长轴上的键槽等,机床单重 1~500t。

(6) 刨、插、拉床类。刨床的用途是刨削各种平面和端槽,一般可分为牛头刨、龙门、单臂刨等。插床通常只用于单件、小批生产中插削槽、平面及成型表面。拉床是用拉刀进行加工的机床,主要用于加工通孔、平面及一些典型的成型表面。

(7) 超声波及电加工机床类。利用电化学作用,使金属在电解液中发生阳极溶解从而对零件进行电解加工,主要有电解穿孔机床、电火花内圆磨床、电解加工磨床等。这些设备本体较轻,单机重量一般 0.5~8t。

(8) 木工机械类。木工机械广泛用于加工木工制品的机械化车间、建筑施工现场的木作工程、木构件预制工程及工厂铸造车间木模制作工程等。木工机械按机械的加工性质和使用的刀具种类,大致可分为制材机械、细木工机械和附属机具三类。

制材机械包括带锯机、圆锯机、框锯机等。

细木工机械包括刨床、铣床、开样机、钻孔机、样槽机、车床、磨光机等。

附属机具包括锯条开齿机、锯条焊接机、锯条辊压机、压料机、挫锯机、刀磨机等。

木工机械代号见表 5-3。

表 5-3   木 工 机 械 代 号 表

类别	锯机	刨床	车床	铣床及开样机	钻孔机、样槽机	磨 光 机	木工刃具修磨设备
代号	MJ	MB	MC	MX	MK	MM	MR

（二）切削设备安装工程量计算

（1）金属切削设备安装按照设备种类、型号、规格以"台"为单位计量，以设备重量"t"分列定额项目。

（2）气动增木器以"台"为单位计量，按单面卸木和双面卸木分列定额项目。

（3）带锯机保护罩制作与安装按规格以"个"为单位计量。

（三）切削设备安装定额包括的内容

（1）设备机体安装，包括底座、立柱、横梁等全套设备部件安装以及润滑管道安装。

（2）清洗组装并结合精度检查。

（3）跑车木工带锯机的跑车轨道安装。

（四）切削设备安装定额不包括的内容，需另外计算

（1）设备的润滑系统、液压系统的管道附件加工、煨弯和阀门研磨。

（2）润滑、液压管道的法兰及阀门连接所用的垫圈（包括紫铜垫）加工。

（3）跑车木结构、轨道枕木、木保护罩的加工制作。

二、锻压设备安装工程及工程量计算

（一）锻压设备的分类、特性和代号

锻压设备主要用于冲压、冲孔、剪切、弯曲和校正，可分为机械压力机、液压机、自动锻压机、锤类、剪切机和弯曲校正机、水压机等。锻压机代号见表 5-4。

表 5-4   锻 压 机 代 号 表

名称	机械压力机	液压机	自动锻压机	锤类	剪切机	锻机	弯曲校正机	其他
代号	J	Y	Z	C	Q	D	W	T

1. 机械压力机

这类压力机主要用于板料冲压、冲孔、剪切、弯曲、校正及浅拉伸，有的则用来使工件变形，包括单柱固定台式压力机和双柱固定台式压力机、闭式单点压力机及闭式双点压力机、双柱可倾式压力机、摩擦压力机等。

2. 液压机类

液压机有适用于可塑性材料制品的压制、冲孔、弯曲、校正及冲压成型，如四柱式万能液压机、塑料制品液压机和粉末制品液压机，还有适用于金属板料的冷、热成型的油压机，适用于铁道车辆及大型机电制造业压装及拆卸各类大型轮轴过盈配合的轮轴压装机，此外还有金属打包液压机和其他用途的液压机。

3. 自动锻压机类

自动冷镦机可制造各种不同形状的电器触头及各种形状的铆钉、螺钉、螺栓等。锟锻机适用于锟锻各种杆型锻件预成型和热模锻压力机或与模锻锤配合使用，也能作终锻成型和其他类型锻件，有悬臂式和复合式两种。锻管机适用于各种圆轴、台阶轴、复杂台阶轴、锥度轴以及圆管类缩短、枪管来复线、圆螺母等零件锻造。自动锻压机类还有多工位自动压力

机、气动薄板落锤、平锻机等。

4. 锤类

有适用于各种自由锻造，如延伸、锻粗、冲孔、剪切、锻焊、扭转和弯曲等的空气锤类、模锻锤类和自由锻锤类。常用的模锻锤有无砧座模锻锤，蒸汽、空气两用模锻锤。自由锻锤在冶金企业中可将特殊钢锭热锻成材，在机械、造船、农机等企业用来锻制各种自由锻件或胎模锻件，也可以在机修厂锻打零星配件，还可以与对台锤组成模锻机组，是一种通用的热锻设备。自由锻锤有三种结构形式，即单臂自由锻锤、拱式自由锻锤、桥式自由锻锤等。

5. 剪切机和弯曲校正机

有用于切割金属板料、冲孔和剪切型材的剪切机、联合冲剪机和热锯机，还有弯曲与校直用的弯管机、校直机、滚板机、液压钢轨校正机、校平机等。

6. 锻造水压机类

它们主要用于锻造钢锭、镦粗一定重量的钢锭的重型设备。

7. 其他机械

如折边机适用于各种金属板的冷弯作业，可弯折槽形、方形、弧形、圆筒形、圆锥筒形等。滚波纹机用于一定厚度的板材上滚制波纹加强筋。折弯压力机用来完成板料弯曲设备。卷圆机用于做各种型材（角钢、槽钢、扁钢）的卷圆工作。整形机用于轮圈整内径。扭拧机用于校正在拉伸校正机上不能克服的型材局部扭曲。

（二）锻压设备安装工程量计算

（1）机械压力机、液压机、自动锻压机、剪切机和弯曲校正机按"台"计量，以单机重量分列定额项目。

（2）锤类按"台"计量，以落锤重量（kg）分列定额项目。

（3）锻造水压机以"台"计量，按水压机公称压力"t"分列定额项目。

（三）锻压设备安装定额包括的内容

（1）机械压力机、液压机、水压机的拉紧螺栓及立柱热装。

（2）液压机及水压机液压系统钢管的酸洗。

（3）水压机本体安装，包括底座、立柱、横梁等全部设备部件安装，润滑装置和管道安装，缓冲器、充液罐等附属设备安装，分配阀、充液阀、接力电机操纵台装置安装，梯子、栏杆、基础盖板安装，机体补漆，操纵台、梯子、栏杆、盖板、支撑梁、立式液罐和低压缓冲器表面刷漆。

（4）水压机本体管道安装，包括设备本体至第一个法兰以内的高低压水管、压缩空气管本体管道安装、试压、刷漆，公称直径70mm以内管道的搣弯。

（5）锻锤砧座周围敷设油毡、沥青、沙子等防腐层以及垫木排找正时表面精修。

（四）锻压设备安装定额不包括的内容，需另外计算

（1）机械压力机、液压机、水压机拉紧大螺栓及立柱如需热装时所需的加热材料，如硅碳棒、电阻丝、石棉布、石棉绳等。

（2）除水压机、液压机外的其他设备管道酸洗。

（3）锻锤试运转中，锤头和锤杆的加热以及试冲击所需的枕木。

（4）水压机工作缸、高压阀等的垫料、填料。

（5）设备所需灌注的冷却液、液压油、乳化液等。

三、铸造设备安装工程及工程量计算

（一）铸造设备的分类、特性、代号

铸造设备分为六种：砂处理设备、造型及造芯设备、落砂及清理设备、抛丸清理室、金属型铸造设备、材料准备设备等。铸造设备代号如表5-5所示。

表 5-5　　　　　　　　　　　　　铸 造 设 备 代 号 表

名　称	砂处理设备	造型及造芯设备	落砂设备	抛丸清理室	金属型铸造设备	材料准备设备
代　号	S	Z	L	Q	J	C

1. 砂处理设备

砂处理设备主要用于配制型砂和芯砂以供造型和制芯的需要，包括混砂机、烘砂机、松砂破碎机、筛砂机等。

混砂机是铸造工作中制备型砂和芯砂的主要设备。它是通过搅拌、碾压和控研的机构来制混型砂的。目前使用的混砂机大致可分两类：一类是纯搅拌作用的混砂机，如叶片式混砂机；另一类是兼有搅拌和碾压搓研作用的混砂机，如辗轮式、摆轮式、滚筒式混砂机等。

经过混砂机制出的型砂，还有不少压实的砂团，必须经松砂机进行松散后才能使用。松砂机目前有两种型式，即双轮式松砂机、梳式松砂机。

筛砂机是为了分离混入新砂中的小石块、木片杂物等，所以新砂和旧砂均要过筛。这类设备有双轴惯性振动筛、滚筒破碎筛、滚筒筛、摆动筛等。

2. 造型及造芯设备

造型过程包括填砂、紧实、起模、下芯、合箱及运输。造型及造芯设备有震压式造型机、震实式造型机、震实式制芯机、射芯机等。

3. 落砂及清理设备

落砂包括砂箱落砂和铸件落砂，设备主要有偏心振动落砂机、单轴惯性振动落砂机、双轴惯性振动落砂机、电磁振动落砂机等。清理设备有抛丸机、抛丸清理滚筒、喷丸器等。

4. 抛丸清理室

抛丸清理室适用于大型铸件的清理，有台车式抛丸清理室和悬链式抛丸清理室。

（二）铸造设备安装工程量计算

（1）铸造设备按设备种类、型号、规格及单机重量区分，以"台"为单位计量。

（2）铸造设备中抛丸清理室的安装，以"室"为单位计量，按室所含设备重量"t"分列定额项目，设备重量包括抛丸机、回转台、斗式提升机、螺旋输送机、电动小车及平台、梯子、栏杆、框架、漏斗、漏管等金属结构件的总重量。

（3）铸铁平台安装以"t"为单位计量，按平台的安装方式（安装在基础上或支架上）及安装时灌浆与不灌浆分列定额项目。

（4）铸造车间的设备安装工程中，除铸造机械外，还有其他的专业机械及金属结构的制作及安装，在计算工程量时，应将这些项目统计清楚，再套取有关定额。

（三）铸造设备安装定额不包括的内容，需另外计算

（1）地轨安装。

（2）抛丸清理室的除尘机及除尘器与风机间的风管安装。

(3) 垫木排仅包括安装，不包括制作、防腐等工作。

四、起重设备安装工程及工程量计算

(一) 起重设备的分类、特性

起重设备广泛用于工厂、露天仓库及其他场所的运输作业。其类型主要有电动双梁桥式起重机、抓斗及电磁三用桥式起重机、桥式锻造起重机、装料及双钩梁桥式起重机、双小车吊钩桥式起重机、门式起重机等。

(二) 起重设备安装工程量计算

起重机安装按设备的结构、用途、起重量"t"和跨距"m"区分，以"台"为单位计量。

(三) 起重设备安装定额包括的内容

(1) 起重机静负荷、动负荷及超负荷试运转。

(2) 解体供货的起重机现场组装。

(3) 必要的端梁铆接及脚手架搭拆。

(四) 起重设备安装定额不包括的内容，需另外计算

(1) 试运转时需要的重物供应以及重物搬运。

(2) 设备的电气部分安装，按照第二册《电气设备安装工程》定额有关章节计算。

五、输送设备安装工程及工程量计算

(一) 输送设备的分类、特性

输送设备主要用于物料的水平运输、上下运输，包括固定式胶带输送机、斗式提升机、螺旋输送机、刮板输送机、板式输送机、悬挂式输送机等。

1. 固定式胶带输送机

胶带运输机是由一封闭的环形挠性件（胶带）绕过驱动和改向装置的运动来运移物品的，可以作水平方向的运输，也可以按一定倾斜角度向上或向下运输，分为移动式和固定式两种。带式运输机结构简单，运行、安装、维修方便，同时经济性好。

2. 斗式提升机

斗式提升机用在垂直方向或接近于垂直方向运送均匀、干燥、粒状或成型物品，常用于厂房底楼垂直运至高层楼房，分为链条斗式提升机或胶带斗式提升机两种。斗式提升机提升物料高度最高可达 30~60m，一般为 4~30m。

3. 螺旋输送机

螺旋输送机是利用安设在封闭槽内螺旋杆的转动，将物料推动向前输送的。螺旋输送机的直径为 300~600mm，长度为 6~26m。

4. 刮板输送机

刮板输送机是利用装在链条上或绳索上的刮板沿固定导槽移动而将物料运输的，有箱形刮板运输机和沉埋刮板运输机等。

5. 悬挂输送机

悬挂输送机是一种架空运输设备，可以根据需要布置，占地面积小，甚至可不占用有效的生产面积，在一般生产车间作为机械化架空运输系统。运输物料时，大件可以单个悬挂，小件可盛装筐内悬挂。悬挂输送机也可以进行车间之间的运输，但需要增设空中走廊或地面通道。

（二）输送设备安装工程量计算

（1）斗式提升机以"台"计量，按提升机型号及提升高度分列定额项目。

（2）刮板输送机以"组"计量，按输送长度除以双驱动装置组数及槽宽分列定额项目。

（3）板式（裙式）输送机以"台"计量，按链轮中心距和链板宽度分列定额项目。

（4）螺旋输送机以"台"计量，按公称直径和机身长度分列定额项目。

（5）悬挂式输送机以"台"计量，按驱动装置、转向装置、接紧装置和重量分列定额项目。

（6）链条安装以"m"计量，按链片式、链板式、链环式、试运转、抓取器分列定额项目。

（7）固定式胶带输送机以"台"计量，按胶带宽和输送长度分列定额项目。

（8）卸矿车及皮带秤以"台"计量，按带宽分列定额项目。

（三）输送设备安装定额包括的内容

机头、机尾、机架、托辊、拉紧装置、传动装置等的安装、敷设及接头。

（四）输送设备安装定额不包括的内容，需另外计算

（1）输送机的钢制外壳、刮板、漏斗的制作安装。

（2）特殊试验。

六、电梯安装工程及工程量计算

（一）电梯的分类、型号

电梯是多层建筑中的一种垂直运输设备，广泛用于住宅、公共建筑、工厂、仓库、铁路车站、矿山及其他场所。

电梯按用途可以分为室内、矿井、船用、建筑施工用电梯。室内电梯又可分为乘客电梯、病床电梯、载货电梯、杂物电梯、专用电梯等。

电梯型号的含义包括用途、额定载重、额定速度、拖动方式、控制方式、轿厢尺寸和门的形式等。

（二）电梯安装工程量计算

（1）电梯安装均以"部"为单位计量，按层数、站数分列定额项目。

（2）电梯增减厅门、轿厢门以"个"为单位计量，按手动、电动和小型杂物电梯分列定额项目，增减提升高度以"m"为计量单位，按每提升1m计算。

（3）辅助项目的金属门套安装以"套"为单位计量，直流电梯发电机组安装以"组"为单位计量，角钢牛腿制作安装以"个"为单位计量，电梯机器钢板底座制作以"座"为单位计量，按交流电梯和直流电梯分列定额项目。

（三）电梯安装定额包括的内容

（1）准备工作、搬运、放样板、放线、清理预埋件。

（2）道架、道轨、缓冲器等安装。

（3）组装轿厢、对重及门厅安装。

（4）稳工字钢、曳引机、抗绳轮、复绕绳轮、平衡绳轮。

（5）挂钢丝绳、钢带、平衡绳。

（6）清洗设备、加油、调整及试运行。

（四）电梯安装定额不包括的内容，需另外计算

（1）各种支架的制作。

（2）电气工程部分。

（3）脚手架的搭拆。

（4）电梯喷漆。

（五）计算时需要注意的问题

（1）厅门按每层一门、轿厢门按每部一门为准，如需增减时，按增减厅门、轿厢门的相应定额项目计算。

（2）电梯提升高度，以每层 4m 以内为准，超过 4m 时，按增减提升高度相应定额计算。

（3）2 部及 2 部以上并列运行及群控电梯，每部应按有关规定增加工日。

（4）小型杂物电梯按载重量 0.2t 以内、无司机操作考虑，如其底盘面积超过 $1m^2$ 时，人工乘以系数 1.2。载重量大于 0.2t 的杂物电梯，则执行按客、货梯相应的电梯定额。

（5）定额已考虑了高层作业因素，不再计算超高增加费。

七、风机、泵安装工程及工程量计算

（一）通风机、泵的分类、代号及性能

1. 通风机

通风机是用来输送气体的设备，种类很多，有离心式通（引）风机、轴流通风机、回转式鼓风机、离心式鼓风机，被广泛地用于建筑物的通风换气、空气输送、排尘、排烟等。

离心式通风机是利用离心力来工作的，一般是单级的，常用于小流量、高压力的场合，如排尘、高温、防爆等。

轴流通风机与离心式通风机的主要区别是其气体的进出方向都是轴向的，它的特点是流量大、风压低、体积小，在大型电站、隧道、矿井等通风工程中广泛使用。

回转式鼓风机包括罗茨鼓风机和叶氏鼓风机两种类型。它的特点是排气量不随阻力大小而改变，特别适用于要求稳定流量的工艺流程，一般使用在要求输气量不大，压力在 0.01～0.2MPa 的范围。

风机运转过程中为了减低噪声，可安装消声器。

2. 泵

泵是一种输送液体的流体设备，在通用设备中系列和型号最多，应用最广。泵的种类很多，按其性能、结构分为三大类：①叶片式泵，包括各式离心泵、轴流泵、混流泵和旋涡泵；②容积式泵，包括往复式泵和转子泵；③真空泵，包括水环式真空泵和往复式真空泵。

（1）叶片式泵：离心泵可分离心水泵、双级和多级离心水泵、离心式耐腐蚀泵、离心式杂质泵、离心式油泵、DB 高硅铁高心泵等，适于工矿企业，城市给、排水，农田灌溉之用，可供输送清水及物理、化学性质类似于水的液体，酸、碱、盐类溶液，80℃以下的带有纤维或其他悬浮物的液体，矿砂、泥浆，输送含有砂砾矿渣等混合液体。

水泵的性能主要用流量、扬程表示。流量是指单位时间内所排出液体的数量，单位用 L/h 或 m^3/h 表示。扬程是指水泵能够扬水的高度。

旋涡泵的叶轮是圆盘状，在两个侧面的外圆上铣出许多径向叶片。它的特点是高扬程，与同样尺寸的离心泵相比，扬程可高 2～4 倍，还具有一定自吸能力。有些旋涡泵可以输送

气液混合物。

（2）容积式泵：电动往复泵主要用于常温下输送无腐蚀性的乳化液、液压油，输送各种腐蚀性液体或高温高黏度带颗粒液体以及其他特殊液体，也可以作为水压机、液压机的动力源。

计量泵分微、小、中、大、特大五种机型；液缸结构分柱塞、隔膜两种型式。它用于输送不含固体颗粒的腐蚀性或非腐蚀性液体。隔膜泵适用于输送易燃、易爆、剧毒及放射性的液体。

螺杆泵依靠螺杆运动输送液体，机体内的主动螺杆为凸齿的右螺纹，从动螺杆为凹齿的左螺纹，液体从左端吸入后，槽内就充满了液体，然后随着螺杆旋转，做轴向前进运动，到右端排出，螺杆不断旋转，螺纹作螺旋线运动，连续地将液体从螺杆槽排出。螺杆泵的优点是排出液体比齿轮泵均匀，压力可达 30MPa；由于其螺杆凹槽较大，少量杂质颗粒也可以不妨碍运转。

齿轮油泵有内啮合、外啮合、直齿、斜齿等型式，用来输送腐蚀性、无固体颗粒的各种油类及有润滑性的液体，温度一般不超过 70℃；对有特殊要求的输送，温度可达到 300℃左右。

（3）真空泵：水环式真空泵的特点是泵壳中的叶轮安装在偏心位置，利用叶轮旋转产生的离心力，连续不断地抽吸气体或液体进行工作。真空泵结构简单、紧凑，内部无需润滑，可使气体免受油污，可用作大型水泵的真空引水，也可和其他泵串联作为前置泵，气体温度在 20～40℃为宜。

屏蔽泵由屏蔽电机与泵连成一体，无轴封，密封性能好。电机的转子、定子用薄壁圆筒与输送介质隔绝。由于无轴封，它有利于输送剧毒、易爆、易燃以及不允许混入空气、水和润滑油等的纯净液体。

（二）风机、泵安装工程量计算

（1）风机、泵安装按设备种类以"台"为单位计量，按设备重量"t"分列定额项目。

计算设备重量时，直联式风机、泵，以本体及电机、底座的总重量计算；非直联式的风机和泵，以本体和底座的总重量计算，不包括电动机重量；深井泵的设备重量以本体、电动机、底座及设备水管的总重量计算。

（2）风机、泵拆装检查以"台"为单位计量，按设备重量"t"分列定额项目。

（三）风机、泵安装定额包括内容

（1）设备本体及与本体连体的附件、管道、润滑冷却装置等的清洗、刮研、组装、调试。

（2）离心式鼓风机（带增速机）的垫铁研磨。

（3）联轴器或皮带以及安全防护罩安装。

（4）设备带有的电动机及减震器安装。

（四）风机、泵安装定额不包括的内容，需另外计算

（1）支架、底座及防护罩、减震器的制作、修改。

（2）联轴器及键和键槽的加工、制作。

（3）电动机的检查、干燥、配线、调试等。

（4）试运转时所需排水的附加工程，如修筑水沟、接排水管等。

八、压缩机安装工程及工程量计算

（一）压缩机分类及性能

压缩机分容积型压缩机及速度型压缩机两大类。

1. 容积型压缩机

容积型压缩机的工作原理是：气体压力的提高是靠活塞在汽缸内的往复运动，使容积缩小，从而使单位体积内气体分子的密度增加而形成。

活塞式空气压缩机是利用活塞在汽缸内的往复运动完成压缩空气任务。设备构造包括机身、中体、曲轴、连杆、十字头等部件，气缸部分包括气缸、气阀、活塞、填料以及安置在气缸上的排气量调节装置等部件，辅助部分包括冷却器、缓冲器、液气分离器、过滤器、安全阀、油泵、注油器、贮气罐以及各种管路系统等。

螺杆式空气压缩机是容积型回转式空气压缩机的一种，在"8"字型气缸内，相互平行啮合的阴、阳转子（即螺杆）旋转，使依附于转子齿槽之间的空气不断产生周期性的容积变化，而沿着转子轴线由吸入侧输送至压出侧，实现其吸气、压缩和排出的全部过程。

滑片式空气压缩机由一、二级气缸，一、二级转子，滑片，齿轮联轴器及主油泵、副油泵等组成。

2. 速度型压缩机

速度型压缩机的工作原理是：气体的压力是由气体分子的速度转化而来，即先使气体分子得到一个很高的速度，然后又让它停滞下来，使动能转化为位能，即速度转化为压力。

离心式压缩机是高速高压的机械，通常用汽轮机或电动机驱动。离心式压缩机主机主要由定子和转子组成，还有附属设备及其他保护装置。

（二）压缩机安装工程量计算

（1）压缩机安装按不同型号以"台"为单位计量，按设备重量"t"分列定额项目。

（2）活塞式 V、W、S 型压缩机及压缩机组的设备重量，按同一底座上的主机、电动机、仪表盘及附件、底座等的总重量计算。

（3）活塞式 L 型及 Z 型压缩机、螺杆式压缩机、离心式压缩机的设备重量，不包括电动机等动力机械的重量。电动机应另执行电动机安装定额项目。

（4）活塞式 D、M、H 型对称平衡压缩机的设备重量，按主机、电动机及随主机到货的附属设备的总重量计算，不包括附属设备的安装。附属设备的安装应按相应定额另行计算。

（三）压缩机安装定额包括内容

（1）与主机本体联体的冷却系统、润滑系统的安装。

（2）支架、防护罩等零件、附件的整体安装。

（3）与主机在同一底座上的电动机整体安装。

（4）解体安装的压缩机在为负荷试运转后的检查、组装及调整。

（四）压缩机安装定额不包括的内容，需另外计算

（1）与压缩机本体连体的各级出入口第一个阀门外的各种管道，空气干燥设备及净化设备、油水分离设备、废油回收设备、自控系统及仪表系统安装以及支架沟槽、防护罩等制作、加工。

（2）介质的充罐工作。

（3）电动机拆装检查及配线、接线等电气工程。

（五）计算中应注意的问题

（1）活塞式 V、W 型压缩机及扇型压缩机定额是按单级压缩机考虑的。如果安装同类型双级压缩机时，则相应定额的人工乘以系数 1.40。

（2）活塞式 M、W 型压缩机及扇型压缩机及机组的设备质（重）量，按同一底座上的主机、电动机、仪表盘及附件底座等的总重量计算。离心式压缩机则不包括电动机等动力机械的重量。

九、工业炉设备安装工程及工程量计算

（一）工业炉设备的种类

工业炉是一种供生产使用的热能设备，可以分为电弧炼钢炉、无芯工频感应电炉、电阻炉、真空炉、高频及中频感应炉、加热炉及热处理炉和冲天炉七种。

电弧炼钢炉是利用电弧产生的热能以熔炼金属的一种电炉，主要用来熔炼合金钢及优质钢，也可用来熔炼生铁。

无芯工频感应电炉用于熔化铸铁。

电阻炉、真空炉、高频及中频感应炉、加热炉及热处理炉和冲天炉都用于金属零件在氧化性气氛下进行正火、退火、淬火及其他加热用途。

（二）工业炉设备安装工程量计算

（1）电弧炼钢炉、无芯工频感应电炉安装，以"台"为单位计量，按设备重量"t"分列定额项目。

（2）冲天炉安装以"台"为单位计量，按设备熔化率（t/h）分列定额项目。

（三）工业炉设备安装定额包括的内容

（1）无芯工频感应电炉的水冷管道、油压系统、油箱、油压操纵台等安装以及油压系统的配管、刷漆、内衬砌筑。

（2）电阻炉、真空炉以及高频及中频感应炉的水冷系统、润滑系统、传动装置、真空机组、安全防护装置等安装。

（3）冲天炉本体和前炉安装。

（4）冲天炉加料机构的轨道、加料车、卷扬装置等安装。

（5）加热炉及热处理炉的炉门升降机构、轨道、炉箅、喷嘴、台车、液压装置、拉杆或推杆装置、传动装置、装料、卸料装置等。

（6）炉体管道的试压、试漏。

（四）工业炉设备安装定额不包括的内容，需另外计算

（1）除无芯工频感应电炉包括内衬砌筑外，均不包括炉体内衬砌筑。

（2）电阻炉电阻丝、冲天炉出渣轨道、液压泵房站、解体结构井式热处理炉的平台安装。

（3）热工仪表系统安装、调试。

（4）风机系统的安装、试运转。

（5）阀门的研磨、试压。

（6）台车的组立、装配。

（7）烘炉。

（五）计算中应注意的问题

（1）无芯工频感应电炉安装是按每一炉组为 2 台炉子考虑，如每一炉组为一台炉子时，则相应定额乘以系数 0.6。

（2）冲天炉的加料机构按各类型式综合考虑，已包括在冲天炉安装内；冲天炉出渣轨道安装，套用本册定额第五章内"地平面上安装轨道"的相应定额。

（3）加热炉及热处理炉在计算设备重量时，如为整体结构（炉体已组装并有内衬砌体），应包括内衬砌体的重量，如为解体结构（炉体为金属结构件需要现场组合安装，无内衬砌体）时，则不包括内衬砌体的重量。对内衬砌体部分，执行第四册《炉窑砌筑工程》定额项目。

第三节　工 程 预 算 实 例

【例 5-1】　×金加工车间机床设备安装工程预算

（一）工程概况

该车间设备的平面布置图见图 5-1，设备表见表 5-6。

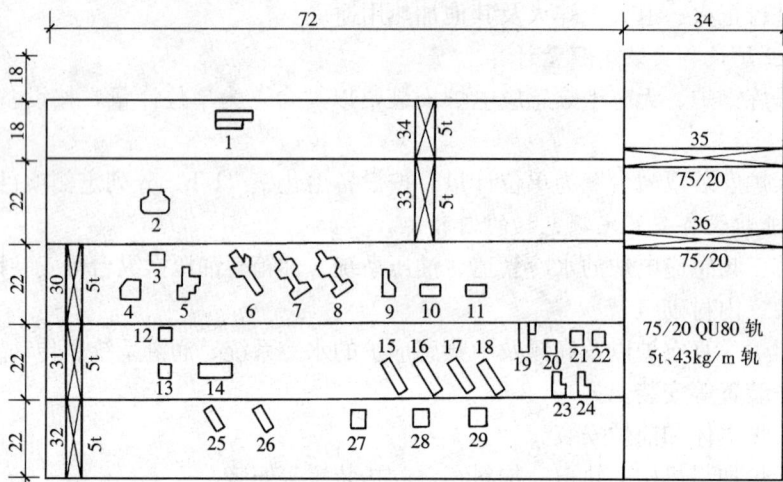

图 5-1　×金加工车间设备平面布置图

（二）施工条件

符合预算定额中规定的正常施工条件。单机重 5t 以内设备可利用车间内桥式起重机施工。单机重量超过 5t 以上的设备可由机械及半机械配合施工。

（三）编制要求

计算定额直接费。

（四）编制依据

2000 年颁布的《全国统一安装工程预算定额第一册》（山西省价目表）。

（五）编制步骤

第一步　按表 5-6 给出的设备规格、单重、类别统计安装工程量。

第二步　分析各种设备应套取的基价。

第三步 填写安装工程施工图预算表，见表 5-7。

表 5-6 ×金工车间设备表

图 5-1 中编号	设备名称	型 号	台 数	重量（t）	图 5-1 中编号	设备名称	型 号	台 数	重量（t）
1	单柱立车	C6513	1	10.50	15	车 床	C630	1	4.00
2	双柱立车	C5235	1	44.15	16	车 床	C630	1	4.00
3	插 床	B5052A	1	12.00	17	车 床	C630	1	4.00
4	立 车	C5225	1	31.86	18	车 床	C630	1	4.00
5	镗 床	T2110	1	10.20	19	滚齿机	Y31125B	1	12.00
6	龙门刨床	B2010A	1	23.03	20	滚齿机	Y3180	1	5.00
7	龙门铣床	X2010A	1	28.50	21	插齿机	Y34	1	3.53
8	龙门铣床	X2010A	1	28.50	22	刨齿机	Y236	1	45.50
9	卧式镗床	T6112	1	23.00	23	卧式镗床	T68	1	10.50
10	车 床	C6110	1	17.20	24	卧式镗床	T68	1	10.50
11	车 床	C6110	1	17.20	25	万能铣床	X63W	1	3.80
12	弓锯床	G72	1	0.50	26	立 铣	X53K	1	4.25
13	弓锯床	G72	1	0.50	27	牛头刨	B665	1	2.00
14	内圆磨床	M250A	1	4.50	28、29	摇臂钻	Z35	2	单 3.50

表 5-7 工 程 计 价 表

工程名称：×金工车间

序号	定额编号	项目名称	单位	工程量	预 算 价		人工费		材料费		机械费	
					单价	合价	单价	合价	单价	合价	单价	合价
1	1—23	单柱立式车床 15t 内	台	1	4526.9	4526.9	2479.62	2479.62	599.39	599.39	1447.89	1447.89
2	1—27	双柱立式车床 50t 内	台	1	14 598.93	14 598.93	6638.06	6638.06	1589.34	1589.34	6371.53	6371.53
3	1—110	插床 15t 内	台	1	4469.83	4469.83	2404.78	2404.78	617.16	617.16	1447.89	1447.89
4	1—26	立式车床 35t 内	台	1	10 714.04	10 714.04	4476.52	4476.52	1436.52	1436.52	4801	4801
5	1—54	镗床 10t 内	台	1	3845.89	3845.89	2315.59	2315.59	445.16	445.16	1085.14	1085.14
6	1—112	龙门刨床 25t 内	台	1	7322.29	7322.29	3350.64	3350.64	1308.75	1308.75	2662.9	2662.9
7	1—94	龙门铣床 30t 内	台	2	11 285.24	22 570.48	4045.01	8090.02	2702.5	5405	4537.73	9075.46
8	1—57	卧式镗床 25t 内	台	1	7463.78	7463.78	3724.73	3724.73	1275.46	1275.46	2463.59	2463.59
9	1—10	车床 20t 内	台	2	6387.71	12 775.42	2427.88	4855.76	2150.25	4300.5	1809.58	3619.16
10	1—124	锯床	台	2	442.11	884.22	251.94	503.88	92.34	184.68	97.83	195.66
11	1—72	内圆磨床 5t 内	台	1	1268.62	1268.62	811.18	811.18	222.68	222.68	234.76	234.76
12	1—6	车床 5t 内	台	4	1227.36	4909.44	731.28	2925.12	261.32	1045.28	234.76	939.04
13	1—91	滚齿机床 15t 内	台	1	4754.28	4754.28	2390.52	2390.52	915.87	915.87	1447.89	1447.89
14	1—88	滚齿机床 5t 内	台	1	1151.48	1151.48	755.74	755.74	160.98	160.98	234.76	234.76
15	1—88	插齿机床 5t 内	台	1	1151.48	1151.48	755.74	755.74	160.98	160.98	234.76	234.76
16	1—96	刨齿机床 50t 内	台	1	15 831.74	15 831.74	6536.9	6536.9	2923.31	2923.31	6371.53	6371.53
17	1—55	卧式镗床 15t 内	台	2	5027.48	10 054.96	2790.52	5581.04	789.07	1578.14	1447.89	2895.78

序号	定额编号	项目名称	单位	工程量	预算价						
					单价	合价	人工费		材料费		机械费	
							单价	合价	单价	合价	单价	合价
18	1—88	万能铣床 5t 内	台	1	1151.48	1151.48	755.74	755.74	160.98	160.98	234.76	234.76
19	1—88	立式铣床及 5t 内	台	1	1151.48	1151.48	755.74	755.74	160.98	160.98	234.76	234.76
20	1—106	牛头刨床 3t 内	台	1	766.88	766.88	469.3	469.3	108.47	108.47	189.11	189.11
21	1—40	摇臂钻床 5t 内	台	2	1078.58		655.51		188.31		234.76	469.52
		安装工程总计	元			131 363.62		60 576.62		24 599.63		46 656.89

【例 5-2】　×厂铸造车间安装两台无芯工频感应电炉工程预算

（一）工程概况

无芯工频感应电炉的倾炉全部为液压传动，每台炉配 2 台油泵互为备用，在控制回路里串接 4 个限位开关，当倾炉 93°时自动停机。其型号规格如下：

(1) 额定容量：5t，电炉单重：14t；

(2) 变压器容量：2000kV·A；

(3) 电源相数：3；

(4) 冷却方式：水冷（感应器）；

(5) 冷却水压力：0.2～0.3MPa；

(6) 冷却水温：不大于 50℃；

(7) 炉体最大倾转角：93°；

(8) 坩埚尺寸：ϕ890mm×1410mm（深）；

(9) 熔化最高温度：1500℃；

(10) 炉体炉盖启闭方法：油压；

(11) 流量：160L/min；

(12) 压力：5MPa。

（二）安装内容

炉本体及内衬砌筑、水冷管道、油压系统、油箱、油压操纵台等，以及油压系统的配管、刷漆。

（三）施工方法

利用厂房内的电动桥式起重机配合施工。起重机的费用，可按有偿使用方式处理。

（四）编制要求

计算定额直接费。

（五）编制依据

2000 年颁布的《全国统一安装工程预算定额第一册》（山西省价目表）。

（六）编制步骤

第一步　统计两台无芯工频感应电炉安装工程量。

第二步　根据安装内容，分析该设备应套取的基价。

第三步　填写施工图预算表，见表 5-8。

表 5-8　　　　　　　　　　　　　**工 程 计 价 表**

工程名称：无芯工频感应电炉　　　　　　　　　　　　　　　　　　　　　　共 1 页

序号	定额编号	项目名称	单位	工程量	预算价						
					单价	合价	人工费		材料费		机械费
							单价	合价	单价	合价	单价
1	1—1144	离心式压缩机拆装检查 100t 内	台	2	29 470.7	58 941.4	21 866.9	43 733.8	6575.42	13 150.84	1028.38
		安装工程总计	元			58 941.4		43 733.8		13 150.84	

第六章 电气设备安装工程施工图预算的编制

第一节 电气设备安装工程基本知识

　　发电站（或工厂的发电设备）发出的电经过变电、输电、配电送到用电设备或用电器具，电能转化为动能或其他形式的能量来满足人们的需要。电是由发电机发出来的能源，它为生产的自动化、人民生活的现代化提供了良好的条件。发电机发出的电并不是直接被利用，而是要经过一系列升压、降压的变电过程，才能安全有效地输送、分配到用电设备和器具上。高电压有利于电能的传输，电压越高输送的距离越远，传输的容量越大，电能损耗越小。

　　工业与民用建设项目中的电气工程包括的内容主要是：变配电设备，电机及动力、照明控制设备，电缆，配管配线，照明器具，起重设备、电梯电气装置及防雷接地装置和 10kV 以下架空线路以及电气调整等工程。对上述工程知识现作如下叙述。

一、变配电设备

（一）设备介绍

　　变配电设备是用来变换电压和分配电能的电气装置。变配电工程的主要设备包括变压器、高压电器和低压电器。

　　它由变压器、高低压开关设备、保护电器、测量仪表、母线、蓄电池、整流器等组成。变配电设备分室内室外两种。一般厂矿的变配电设备大多数安装在室内，但有些 6，10kV 的小功率终端式变配电设备也往往安装在室外。

1. 变压器

　　变压器是变电所（站）的主要设备，它的作用是变换电压，将电压经变压器降压或升压，以满足各用电设备的需要。

　　变压器按用途可分为两类：一类是电力变压器（包括箱式变电站），如城乡工矿变电所用的降压变压器，带调压的变压器，发电厂用的升压变压器等；另一类是特种变压器，即专用变压器，如电炉变压器，试验变压器，自耦变压器等。

　　变压器型号的含义：各种变压器的型号都用汉语拼音字母表示，各个字母都包含不同的含义。在变压器型号后面的数字部分，斜线的左面表示额定容量（kV·A）；斜线的右面表示一次侧的额定电压（kV）。电力变压器的型号及含义如下：

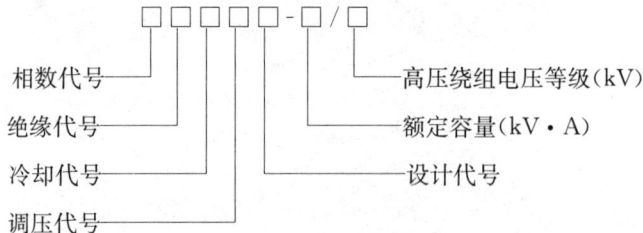

相数代号：S—三相；D—单相。

绝缘代号：C—绕组外绝缘介质为成型固体；G—绕组外绝缘介质为空气；J—油浸自冷式。

冷却代号：F—风冷；自然冷却不表示。

调压代号：Z—有载调压；无激磁调压不表示。

绕组导线材质代号：L—铝绕组；铜绕组不表示。

例如：SJL1-1000/10 型，表示为三相油浸式铝绕组电力变压器，额定容量为 1000kV·A，高压侧电压为 10kV，第一个设计系列。

2. 互感器

互感器是一种特种变压器，专供测量仪表和继电保护配用。仪表配用互感器的目的有两点：一是使测量仪表与被测量的高压电路隔离，以保证安全；二是扩大仪表的量程。

互感器按用途不同，分为电压互感器和电流互感器两种。

3. 开关设备

开关设备是电力系统中重要的控制电器，随着电压等级和使用要求不同，产品种类、型号系列众多。常用的开关设备有断路器、隔离开关、负荷开关三大类。

4. 操作机构

操作机构是高压开关设备不可缺少的配套装置。按其操作形式及安装要求，分电磁或电动操作机构、弹簧储能操作机构、手动操作机构等。

5. 熔断器

高压熔断器一般用于 35kV 以下配电系统中，保护电压互感器和小容量电气设备，是串接在电路中最简单的一种保护电器。常用的高压熔断器有 RN1、RN2 型户内高压熔断器和 RW4 型高压户外跌落式熔断器。

6. 避雷器

避雷器是用来防护雷电产生的大气过电压（即高电位）沿线路侵入变电所或其他建筑物危害设备的绝缘。它并接于被保护的设备上。当出现过电压时，它就对地放电，从而保护了设备绝缘。避雷器的形式有阀式避雷器和管式避雷器等系列。阀式避雷器常用于保护变压器，所以常装在变配电所的母线上；管式避雷器通常用于保护变电所进线端。

7. 高压开关柜

高压开关柜通常在 3～10kV 变（配）电所作为接受与分配电能或控制高压电机用。目前生产的高压开关柜有手车式、活动式和固定式三种类型。

8. 低压配电屏（柜）

低压配电屏广泛用于发电厂、变（配）电所及工矿企业中，用于电压 500V 以下，三相三线或三相四线制系统的户内动力及照明配电。目前低压配电屏产品按结构形式分，有离墙式、靠墙式和抽屉式三种类型。

9. 静电电容器

电容器柜（屏）是用于工矿企业变电所和车间电力设备较集中的地方，作为减少电能损失，改善功率因数的专用设备。常用的电容柜有 GR-1 型高压静电电容器柜，BJ-1 型、BJ（F）-3 型、BSJ-0.4 型、BSJ-1 型等低压静电电容器柜。

10. 电容器

电容器也称电力电容器，主要用于提高工频配电系统的功率因数，可以装于电容器柜内成套使用，也可以单独组装使用。通常用于 10kV 以下配电系统改善和提高功率因数的电容器，主要有移相电容器和串联电容器。

11. 穿墙套管

高压穿墙套管适用于 35kV 以下电站、变电所配电装置及电气设备中，供导线穿过建筑物墙板或电气设备箱壳作导电部分与地绝缘及支持之用；500V 以下的低压导线穿过墙板或箱体等情况时，用过墙绝缘板等方法。穿墙套管分户内型和户外型两类，目前也有户内、户外通用型的穿墙套管产品，简化了品种，提高了通用性。

12. 高压支持绝缘子

高压支持绝缘子在电站、变电所配电装置及电气设备中，供导电部分绝缘和固定之用。它不属于电气设备。支持绝缘子品种系列，按结构分为 A 型、B 型，即为实心结构（不击穿式）、薄壁结构（可击穿式）；按绝缘子外表形状分普通型（少棱）和多棱形两种。

（二）变配电设备的安装方法及要求

1. 室内变电所变压器安装

（1）变压器安装在变压器基础上。图 6-1 所示为两条带形基础，在基础顶上预埋铁件（由扁钢与钢筋焊接而成），适合安装带有滚轮的变压器。

（2）变压器安装在地面楼板上。图 6-2 所示为没有埋设地下的基础，而是距地面 +950mm 的标高处设置两根钢筋混凝土梁，在梁上预埋铁件，再与梁相平行的安置钢筋混凝土楼板，变压器即安装在地面楼板的梁上。

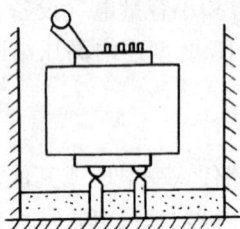

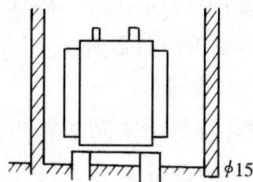

图 6-1　变压器安装在室内基础上　　　图 6-2　变压器安装在地面楼板上　　　图 6-3　变压器安装在室外混凝土基础上

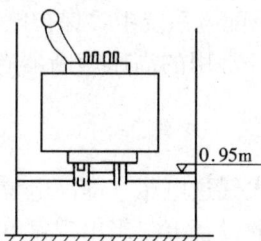

要求变压器中性点及外壳以及金属支架都必须可靠接地。

2. 露天变电所变压器安装

露天变电所的变压器、避雷器、熔断器均安装在室外，其他测量仪表、开关柜等均安装在室内。

变压器安装方式如图 6-3 所示。变压器安装在室外的混凝土基础上，变压器的一面靠近室内外墙，其距离约为 1.5m，其他三面均用 1.7m 的围墙保护。

3. 柱上变压器安装

图 6-4 所示为柱上变压器。凡 320kV·A 以下变压器大多用变压器台。变压器台可根据变压器容量的大小选用单杆台、双杆台、三杆台等。

变压器安装在离地高度为 3.5m 的变压器台架上（台架用槽钢制作）。变压器外壳、变压器中性点及避雷器三者合用一组接地引下线及接地装置，要求变压器台所有金属构件均应作防腐处理。

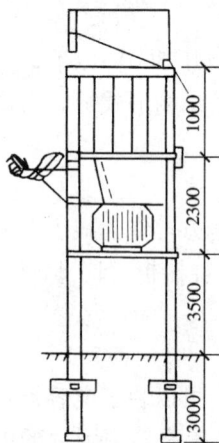

图 6-4　柱上变压器

4. 隔离开关安装

图 6-5 所示，隔离开关直接安装在墙上而不用支架。安装方法是在墙上按照开关安装孔的位置画好线，人工打墙洞预埋开尾螺栓 4 根，用螺母将开关紧固在螺栓上，操作机构安装在预埋支架上。

图 6-6 所示，隔离开关安装在墙上预先固定好的支架上。安装方法是先按标准图样把支架制作好，预埋在墙上，然后将隔离开关固定在支架上。操作机构支架同样按图样制作，预埋在墙上，再将操作机构固定在支架上，要求隔离开关刀片打开时角度 α 应不小于规定值。操作机构手把要求距地面为 1.2m，轴延长需增加轴承时，两个轴承间的距离应小于 1000mm。

5. 负荷开关安装

负荷开关安装在墙上。安装方法同隔离开关在墙上安装的方法一样。

负荷开关安装在墙上支架上。安装方法同隔离开关在墙上支架上安装方法一样，只是支架形式不同。

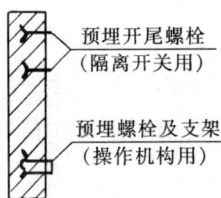

图 6-5　隔离开关安装在墙上　　　　图 6-6　隔离开关安装在墙上支架上

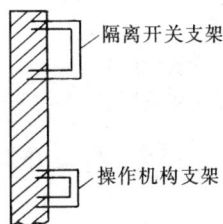

6. 高压熔断器安装

高压熔断器一般都安在支架上，支架预先固定在墙上。但支架应根据设计规定的型号加工制作后予以安装。

7. 避雷器安装

（1）阀式避雷器的安装一般都是 3 个为一组安装在墙上的一个支架上，如图 6-7 所示。支架的制作按国标图制作。

（2）避雷器安装在电杆横担上是指柱上变电站的避雷器安装而言，所用横担一般为 L63×6 的角钢，长为 1.6m，双根组成。在电杆横担上安装的阀式避雷器应垂直安装。

在电杆横担上安装的管式避雷器可倾斜安装，其与水平所组成的角度应在 15°～20°之间，在多尘地区应尽可能增加此倾斜角度。

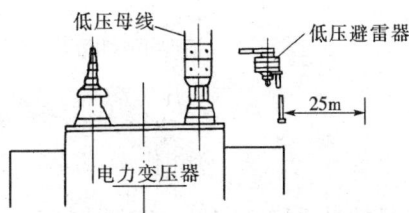

（3）低压避雷器安装在变压器低压出线上，如图 6-8 所示。每一台变压器安装 3 个低压避雷器。

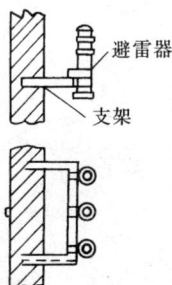

图 6-7　阀式避雷器安装在墙上的支架上　　　图 6-8　低压避雷器安装在变压器低压出线上

8. 零序电流互感器安装

零序电流互感器一端安装在变压器低压母线瓷柱上，另一端接至低压中性线，如图 6-9 所示。

钢板支架开孔数量、位置、尺寸在安装时应根据变压器盖上已有螺栓孔决定。

9. 户内穿墙套管安装

安装方法是在土建施工时配合土建将穿墙套管框架预埋在墙洞内，待土建完工后，再将穿墙套管穿入框架钢板孔内，每个套管用两条螺栓固定，每 3 个为一组，穿入同一框架内，如图 6-10 所示。

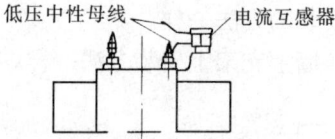

图 6-9　零序电流互感器
安装在变压器上

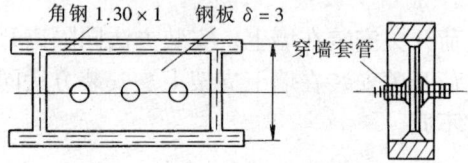

图 6-10　户内穿墙套管安装

框架的连接采用焊接，穿墙套管钢板在框架上的固定采用沿钢板四角周边焊接。

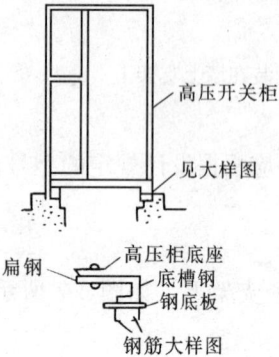

图 6-11　高压开关柜在
地坪上安装

10. 高压开关柜在地坪上安装

钢底板在土建施工时预先埋入，安装时先将底槽钢与钢底板焊接，底槽钢表面保持平整，然后将高压开关柜与底座槽钢焊接之扁钢用螺栓固定，如图 6-11 所示。

二、电机及动力、照明控制设备

安装在控制室、车间的动力配电控制设备，主要有控制盘、箱、柜，动力配电箱以及各类开关、启动器、测量仪表、继电器等。这些设备主要是对用电设备停电、送电，保证安全生产的作用。电动机安装包括在设备安装中，这里仅指电动机检查接线。

动力工程中常用的设备属于低压电器设备。其型号及含义如下：

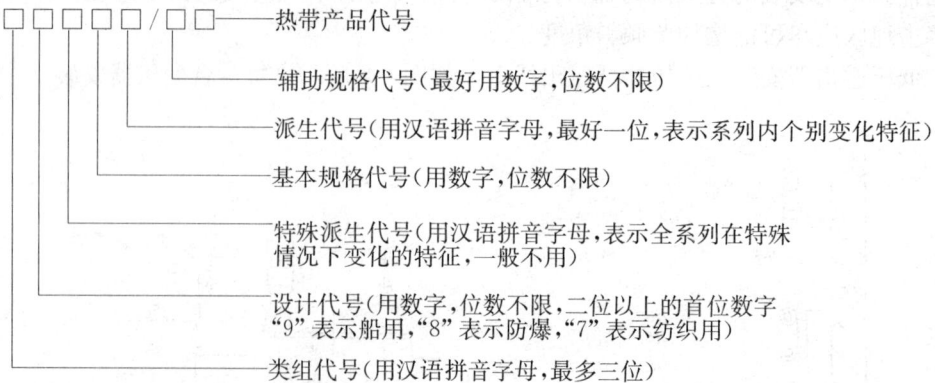

```
□□□□/□□——热带产品代号
              辅助规格代号(最好用数字,位数不限)
              派生代号(用汉语拼音字母,最好一位,表示系列内个别变化特征)
              基本规格代号(用数字,位数不限)
              特殊派生代号(用汉语拼音字母,表示全系列在特殊
                          情况下变化的特征,一般不用)
              设计代号(用数字,位数不限,二位以上的首位数字
                      "9"表示船用,"8"表示防爆,"7"表示纺织用)
              类组代号(用汉语拼音字母,最多三位)
```

类组代号的汉语拼音字母方案见表 6-1。

瓷插式熔断器型号如下：

RC　　1　—30

类组代号，表示瓷插式熔断器 ——

—— 基本规格代号，表示额定电流为 30A

—— 设计代号，表示第 1 个系列

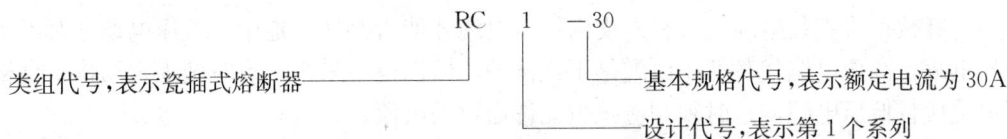

表 6-1　　　　　　　　　　　低压电器类组代号汉语拼音字母方案表

代号	名称	A	B	C	D	G	H	J	K	L	M	P	Q	R	S	T	U	W	X	Y	Z
H	刀开关和转换开关				刀开关		封闭式负荷开关		开启式负荷开关				熔断器刀式开关	刀形转换开关						其他	组合开关
R	熔断器			插入式			汇流排式			螺旋式	密闭管式			快速	有填料管式				限流	其他	
D	自动开关								照明	灭磁				快速			框架式	限流	其他		塑料外壳式
K	控制器					鼓形						平面			凸轮					其他	
C	接触器				高压			交流				中频		时间						其他	直流
Q	启动器	按钮式		磁力						减压				手动		油浸		星三角		其他	综合
J	控制继电器									电流				热	时间	通用	温度			其他	中间
L	主令电器	按钮						接近开关	主令控制器					主令开关	足踏开关	旋转	万能转换开关	行程开关		其他	
Z	电阻器	板型元件	冲片元件		管形元件									烧结元件	铸铁开关			电阻器		其他	
B	变阻器			旋臂式						助磁		频敏	启动	启动调整	油浸启动	液体启动		滑线式		其他	
T	调整器				电压																
M	电磁铁												牵引					起重			制动
A	其他			插销					接线盒												

负荷开关型号如下：

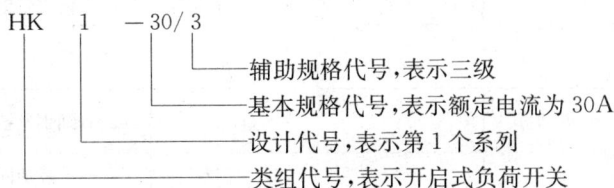

HK　　1　　—30/3

—— 辅助规格代号，表示三级

—— 基本规格代号，表示额定电流为 30A

—— 设计代号，表示第 1 个系列

—— 类组代号，表示开启式负荷开关

三、电缆

电缆按绝缘材料可分为纸绝缘电缆、塑料绝缘电缆和橡皮绝缘电缆；按导电材料可分为铜芯电缆、铝芯电缆、铁芯电缆；按敷设方式可分为直埋电缆、不可直埋电缆；按用途可分为电力电缆、控制电缆和通信电缆；按电压可分为 500V、1kV、6kV、10kV，最高电压可达到 110、220、330kV 等。

由于电缆具有绝缘性能好，耐拉、耐压力强，敷设及维护方便，占位置小等优点，所以厂内的动力、照明、控制、通信等多采用电缆。电缆的敷设方式一般采取埋地敷设、穿导管敷设、沿支架敷设、沿钢索敷设、沿槽架敷设等多种。

　　只有麻被钢带铠装电缆或塑料外皮内钢带电缆才能直接埋在地中。低压电缆绝对不可代替高压电缆；高压电缆代替低压电缆是不经济的，所以也不采用。有时施工现场将不合格的高压电缆代替低压电缆，这时须相应减少允许通过的电流。

　　电缆型号表示如下：

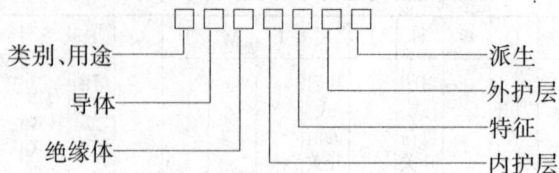

　　常用电缆型号各部分的代号及含义见表 6-2。

表 6-2　　　　　　　　　　　常用电缆型号各部分的代号及含义

类别用途	绝缘	内护层	特征	外护层	派生
N—农用电缆	V—聚氯乙烯	H—橡皮	CY—充油	0—相应的裸外护层	1—第一种
V—塑料电缆	X—橡皮	HF—非燃橡套	D—不滴流	1——级防腐	2—第二种
X—橡皮绝缘电缆	XD—丁基橡皮	L—铝包	F—分相互套	1—麻被护套	110—110kV
YJ—交联聚氯乙烯塑料电缆	Y—聚乙烯塑料	Q—铅包	P—贫油、干绝缘	2—二级防腐	120—120kV
Z—纸绝缘电缆		Y—塑料护套	P—屏蔽	2—钢带铠装麻被	150—150kV
G—高压电缆			Z—直流	3—单层细钢丝铠装麻被	0.3—拉断力 0.3t
K—控制电缆			C—滤尘器用	4—双层细钢丝麻被	1—拉断力 1t
P—信号电缆			C—重型	5—单层粗钢丝麻被	TH—湿热带
V—矿用电缆			D—电子显微镜用	6—双层粗钢丝麻被	
VC—采掘机用电缆			G—高压	9—内铠装	
VZ—电钻电缆			H—电焊机用	29—内钢带铠装	
VN—泥炭工业用电缆			J—交流	20—裸钢带铠装	
W—地球物理工作用电缆			Z—直流	30—细钢丝铠装	
WB—油泵电缆			CQ—充气	22—铠装加固电缆	
WC—海上探测电缆			YQ—压气	25—粗钢丝铠装	
WE—野外探测电缆			YY—压油	11——级防腐	
X—D—单焦点 X 光电缆				12—钢带铠装一级防腐	
X—E—双焦点 X 光电缆				120—钢带铠装一级防腐	
H—电子轰击炉用电缆				13—细钢丝铠装一级防腐	

类别用途	绝　缘	内护层	特　征	外护层	派　生
J—静电喷漆用电缆				15—细钢丝铠装一级防腐	
Y—移动电缆				130—裸细钢丝铠装一级防腐	
SY—摄影等用电缆				23—细钢丝铠装二级防腐	
				59—内粗钢丝铠装	

注　L—铝；T—铜（略）。

电力电缆是用来输送和分配大功率电能的。根据电压等级高低、所采用绝缘材料和外护层或铠装不同，电力电缆有多种系列产品。如 VLV、VV 系列聚氯乙烯绝缘聚氯乙烯护套电力电缆，YJLV、YJV 系列交联聚氯乙烯绝缘聚氯乙烯护套电力电缆，ZLQ、ZQ 系列油浸纸绝缘电力电缆，ZLL、ZL 系列油浸纸绝缘铝包电力电缆。一般来说，电力电缆多数是铝芯的。

由于聚氯乙烯绝缘电缆的生产工艺和施工工艺要比油浸纸绝缘电缆简单，且没有铅包或铝包，可节约很多有色金属，所以目前多采用聚氯乙烯绝缘电缆。

控制电缆是供交流 500V 或直流 1000V 及以下配电装置中仪表、电器、继电保护、电路控制之用，也可供连接电路信号，作为信号电缆用。常用的控制电缆有 KLVV、K 系列聚氯乙烯绝缘聚氯乙烯护套控制电缆和 KXV 系列橡皮绝缘聚氯乙烯护套控制电缆。通常，控制电缆必须是铜芯的。

四、配管配线

（一）管、线简介

配管配线是指由配电箱接到用电器具的供电和控制线路的安装，分明配和暗配两种。导线沿墙壁、天花板、梁、柱等明敷，称为明配线；导线在顶棚内，用瓷夹或瓷瓶配线，称为暗配线。明配管是指将管子固定在墙壁、天花板、梁、柱、钢结构、支架上；暗配管是指配合土建施工，将管子预埋在墙壁、楼板或天棚内。暗配管可以不破坏建筑物，增加美观，耐水，防潮，使用寿命长，但施工麻烦，配合土建施工周期长，不易维修。

根据线路用途和供电安全的要求，配线工程常用的敷设方式有瓷夹配线、塑料夹配线、瓷珠配线、瓷瓶配线、针式绝缘子配线、蝶式绝缘子配线、木槽板配线、塑料槽板配线、钢精扎头配线等。配管工程分为沿砖或混凝土结构明配、沿砖或混凝土结构暗配、钢结构支架配管、钢索配管、钢模板配管等。

绝缘导线有聚氯乙烯绝缘导线、聚丁烯绝缘导线、橡皮绝缘线、耐高温布电线等。其中各种绝缘导线又有铜芯和铝芯之分。常用绝缘电线的型号、品种见表 6-3。

各种配管管材有电线管、钢管、硬塑料管、半硬塑料管及金属软管等。钢管多用于动力线路或底层地墙内暗配管。电线管多用于照明配线。塑料管由于价格低，施工方便，近年来已在照明配线上广泛采用。重型硬塑料管多在化工厂有防腐蚀要求的场所使用。

管内穿线具有以下优点：电线完全受到保护管的保护，不容易受到损伤；由于年久电线绝缘老化及混线而发生的火灾较少；管路接地可靠，当电线发生短路、断路、接地等情况时，也没有触电危险；能防水、防潮、防腐蚀；容易更换导线等。

表 6-3 常见绝缘电线型号、品种

类　别	型　号	名　称
聚氯乙烯塑料绝缘电线 (JB666—1971)	BV	铜芯聚氯乙烯绝缘电线
	BLV	铝芯聚氯乙烯绝缘电线
	BVV	铜芯聚氯乙烯绝缘聚氯乙烯护套电线
	BLVV	铝芯聚氯乙烯绝缘聚氯乙烯护套电线
	BVR	铜芯聚氯乙烯绝缘软线
	BLVR	铝芯聚氯乙烯绝缘软线
	RVB	铜芯聚氯乙烯绝缘平行软线
	RVS	铜芯聚氯乙烯绝缘绞形软线
	RVV	铜芯聚氯乙烯绝缘聚氯乙烯护套软线
橡皮绝缘电线 (JB665—1965) (JB870—1966)	BX	铜芯橡皮线
	BLX	铝芯橡皮线
	BBX	铜芯玻璃丝织橡皮线
	BBLX	铝芯玻璃丝织橡皮线
	BXR	铜芯橡皮软线
	BXS	棉纱织双绞软线
丁腈聚氯乙烯复合物绝缘软线 (JB1170—1971)	RFS	复合物绞形软线
	RFB	复合物平形软线

（二）配管配线安装方法及要求

1. 钢管、电线管敷设

管路敷设部位、结构不同，施工方法也有所不同。

沿建筑物表面敷设时，就要预埋或剔注木砖，利用管卡子把管卡固定在木砖上；也可在结构内预埋铁件，把支架焊在预埋件上，把管卡固定在支架上；支架的安装，有条件时也可采用胀管螺栓或射钉，也可采取剔注。沿混凝土预制梁明敷时，需要采用特别的支架，把支架用螺栓固定在梁上，管路卡固定在支架上。沿钢索明敷设时，需采用特制的吊卡，把管路吊卡在钢索上。

管路暗敷在墙体内，也有不同的施工做法。砖墙暗敷设时，如果是清水墙，必须在砌砖时，把管路预埋在墙内；如果是混水墙，应尽量配合土建施工，将管砌入墙内，也可以剔槽埋注。在现浇混凝土墙内暗敷时，宜在土建钢筋绑扎好后，将管路和接线盒固定在钢筋上；在现浇混凝土楼板内暗敷设时，在土建模板支好后，进行配管和安装接线盒；在焦砟垫层内配管时，楼板盖好即进行配管，楼板剔洞注盒子，管路配好后，采用砂浆保护好；在吊顶内配管，按照明配管的做法，把管路和接线盒卡固定在龙骨上或支架上；在素土内配管，则应对管子进行防腐处理后再填埋。

总之，管路敷设的施工做法多种多样，《施工图册》和国标图集中，有大量规定做法和图样。

《施工及验收规范》中对钢管和电线管敷设，主要有以下规定：

（1）管路超过下列长度时中间应加装接线盒：每超过 45m 无弯曲时；每超过 30m，有一个弯时；每超过 20m，有两个弯时；每超过 12m，有三个弯时。

（2）埋于地下时，应采用钢管。钢管内外均应刷防腐漆，埋入混凝土内的管路外壁除外。

（3）明配管固定点（管卡）最大距离应符合表 6-4 的规定。

表 6-4 明配管固定点（管卡）最大距离

名　　称	直径（mm）			
	15～20	25～30	40～50	65～100
	最大允许距离（m）			
钢管	1.5	2	2.5	3
电线管	1	1.5	2	—

2. 硬塑料管敷设

硬塑料管允许采用明配和暗配，施工方法大致与钢管、电线管相同。《施工及验收规范》规定，硬塑料管不得在高温和易受机械损伤的场所敷设。暗敷设宜预埋在砖墙内，如砖墙剔槽敷设时，必须用不小于 100 号水泥砂浆抹面保护，厚度不应小于 15mm。明敷时管子固定点间距与电线管相同。

3. 半硬塑料管敷设

流体管、阻燃管等都属于半硬塑料管。规范规定半硬塑料管只适用于民用建筑的照明工程暗敷设，不得在高温场所和顶棚内敷设。目前，半硬塑料管在一般宿舍楼、学校、商店、办公楼等的暗配照明管路中已经大量采用；同时，也应用于电话管路、共同电视天线管路和广播管路。

施工方法：砖墙内敷设，宜在砌砖时预埋管路和接线盒。现浇混凝土墙内敷设时，把管路绑扎在钢筋上。接线盒的安装方法不一，有的采用特制的钢筋或扁钢卡架固定好盒子，把卡架焊在墙体钢筋网上；有的把盒子用螺栓固定在钢模板上。现浇混凝土楼板配管时，要把管路绑扎在钢筋上。预制楼板上配管时，由于管路不好固定，要尽量做在板孔或板缝中。

4. 管内穿线

管内穿线的规范要求主要有：绝缘导线的额定电压不应低于 500V；不同回路、不同电压的交流与直流导线，不得穿入同一根管内，但同一电机的控制回路、照明花灯回路、同类照明的几个回路除外；导线在管内不得有接头和扭结；管内导线总面积不应超过管子截面积的 40％等。

5. 夹板配线

夹板分磁夹板和塑料夹板，固定方式分螺丝固定和粘接固定。线路交叉时，要在靠建筑物表面处加套绝缘管，导线穿墙时应预先下好绝缘套管。固定间距，对 4mm² 以下导线，瓷夹板配线不应大于 700mm，塑料夹板配线不应大于 600mm。

6. 鼓型绝缘子（瓷柱）配线和针式绝缘子（瓷瓶）配线

瓷柱配线可以把瓷柱直接固定在建筑物的表面，也可以在支架上固定；瓷瓶配线时，一般均采用支架固定。室内瓷柱配线和瓷瓶配线的固定点间距，应符合表 6-5 的规定。

表 6-5 室内瓷柱配线和瓷瓶配线允许最大间距 单位：mm

配线方式	导线线芯截面（mm²）				
	1～4	6～10	16～25	35～70	95～120
瓷柱配线	1500	2000	3000	—	—
瓷瓶配线	2000	2500	3000	6000	6000

室外瓷柱配线和瓷瓶配线，墙上直接固定时，固定点间距不应超过2m；支架上固定时，线芯截面应符合表6-6的规定。

表6-6   **室外瓷柱配线和瓷瓶配线支架上固定时线芯截面**

支持点间距	铜绝缘线（mm²）	铝绝缘线（mm²）
2m 以下	1.5	2.5
6m 以下	2.5	4
12m 以下	2.5	6

7. 钢索配线

钢索配线应用于生产车间、锅炉房、试验室等室内较高的建筑物内照明配线。钢索可根据跨度和承重量采用圆钢或钢绞线。规范规定，跨度在50m以下时，可在一端装花篮螺栓；超过50m时，两端均应装花篮螺栓。钢索配线各零件间和线间距离应符合表6-7的规定。

表6-7   **钢索配线各零件间和线间距离**

配线类别	支持件最大间距（mm）	支持件与灯头盒间最大间距（mm）	线间最小距离（mm）
钢管、电线管	1500	200	—
硬塑料管	1000	150	—
塑料护套线	200	100	—
瓷柱配线	1500	100	35

8. 硬母线安装

硬母线安装适用于生产厂房内供电母线。按母线的材质来分，有铜线、铝线、钢线三种，其中钢线多用于接地装置。按母线的装配形式分，有裸母线、封闭母线、插接母线槽，后两种属成套产品，裸母线需要施工现场自行装配。

硬母线的安装方法是：在支架上固定绝缘子，用特制的夹板或卡板将母线安装在绝缘子上。母线穿过墙体时，要装置穿墙板。母线的连接方法有焊接、贯穿螺栓搭接和夹持螺栓搭接。母线采用的支架在各种部位安装时，国标图集和施工图册中有大量图例。车间内的低压硬母线一般较长，在母线的终端及中间段要装置拉紧装置，以保持规定的允许弛度。母线较长时，要装置补偿器。

五、照明器具

（一）照明常识

（1）照明按系统分类可分为：

一般照明：供整个场所需要的照明；

局部照明：仅供某一局部工作地点的照明；

混合照明：一般照明与局部照明混合使用的照明。

（2）按照明的种类可分为：

工作照明：在正常情况下，保证应有明视条件的照明。

事故照明：在工作照明发生故障熄灭时保证明视条件，可供工作人员暂时继续工作及安全疏散的照明。它常用在重要的车间或场所，如有爆炸危险的车间，医院手术病房及影剧院、会场的楼梯通道出口处。

（3）照明按电光源可分为：

热辐射光源：如白炽灯、卤素灯（碘钨灯、溴钨灯）；

气体放电光源：如日光灯、紫外线杀菌灯、高压钠灯、高压氙气灯等。

（4）按照灯具的结构形式可分为：

开敞式照明灯具：无封闭灯罩的灯具；

封闭式但非密封的照明灯具：有封闭灯罩，但其内外能自由出入空气的灯具；

完全封闭式照明灯具：空气较难进入灯罩内的灯具（灯口与玻璃罩间有紧密衬垫、丝扣连接等）；

密闭式照明灯具：空气不能进入灯罩内的灯具；

防爆式照明灯具：密闭良好，能隔爆，并有坚固的金属罩加以保护的灯具。

（5）照明灯具按其安装形式又可分为吸顶灯、壁灯、弯脖灯、吊灯等。吊灯又分为软线吊灯、链吊灯和管吊灯等。

灯具型号表示如下：

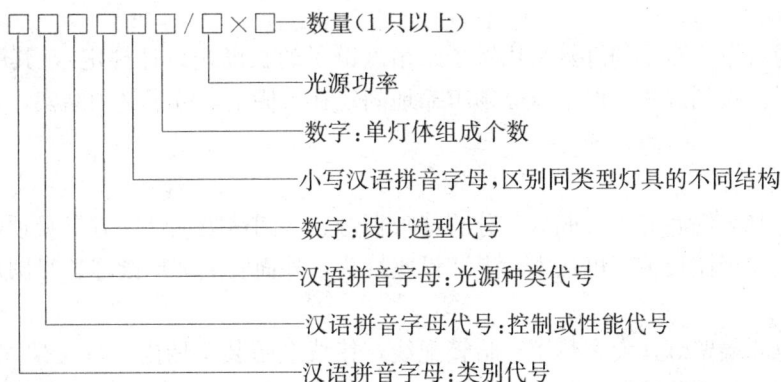

型号中各部分代号及含义如表 6-8～表 6-10 所示。

（6）照明装置采用的电压有 220V 和 36V 两种。照明装置一般采用的电压为 220V，在特殊情况下如地下室、汽车修理处、特别潮湿的地方可用安全照明电压 36V。

表 6-8　　　　灯 具 类 别 代 号

普通吊灯	壁灯	花灯	吸顶灯	柱灯	卤钨控制灯	防水防尘灯	隔膜灯	投光灯	工厂一般灯具	剧场及摄影灯	信号标志灯
P	B	H	D	Z	L	F	按专用符号	T	G	W	X

表 6-9　　　　灯 具 控 制 或 性 能 代 号

开起式	防护式	密闭式	安全型	隔膜型
K	B	M	A	专用型号

表 6-10　　　　光 源 种 类 代 号

白炽灯	荧光灯	卤钨灯	汞灯	钠灯	金属卤素灯
B	Y	L	G	N	J

（二）照明器具的安装方法及要求

灯具安装方法与建筑物或构筑物结构无关，随建筑物结构及配线方式的不同而采用不同的方法。安装方法可分下列 9 种：

1. 吊线灯

吊线灯是用电线吊装灯头，即从吊盒引出之导线（长度按规定留）直接与灯头连接，导线起着传导电流的作用（使灯泡发光），又起着承受吊装灯头的作用。按吊线型式又可分三种：

（1）自在球式吊线灯。从吊盒引出之导线比较长，灯头与工作面的距离可以通过自在球进行调节。

（2）固定式吊线灯。从吊盒引出之导线长度为固定的（一般为 1～1.5m），即灯头与工作面的距离为定长，不可调节。

（3）防潮防水式吊线灯。所用吊盒、灯头均为瓷质的，从吊盒引出之导线（与线路导线相同）直接与防水灯头相连接，导线长度按工作面的需要定。

2. 吊链灯

若灯头与灯罩比较重的灯具采用链子来吊（链子的长度按设计规定），其引线则从吊盒引出穿入链子而接到灯头。但吊盒必须牢靠地固定在天棚上，链子必须结实，否则难以承受灯具重量。

3. 吸顶灯

吸顶灯，又名锅底灯或天棚灯，分圆球吸顶灯、半圆球吸顶灯、方形吸顶灯等。安装时先将木台安装在天棚板上，再在木台上装设座灯头，外面安上玻璃圆球、半圆球或方形罩。

4. 壁灯

壁灯，也叫墙壁灯，大多数用于暗管配线，接线盒暗装于墙内，灯支架固定于线盒上，多用于会议室、影剧院墙壁上或大门两旁。

5. 马路弯灯

此灯安装在支架上，支架的长度应根据设计规定选用，多用于电杆上或墙上。

6. 吊管灯

吊管灯用钢管代替吊链，多用于车间内部。

7. 吸顶日光灯

将组装成套的日光灯直接安装于天棚板上或嵌入天棚板内。

8. 吊链或吊管日光灯

将组装成套的日光灯用吊链或吊管固定于天棚上或楼板上。

9. 室外路灯

如高压水银柱灯，灯柱为钢管，将带支架的水银灯安装于灯柱上，多用于马路。

六、起重设备及电梯的电气装置

起重设备电气装置是指桥式、梁式、门式起重机，电动葫芦等起重设备电气装置的安装。主要包括随起重设备成套供应的操作室内的开关控制设备、管线以及滑触线、移动软电缆、辅助母线的安装。

电梯电气装置是指开关、按钮、配电柜、信号等的安装。电梯按控制方式分为自动电梯和半自动电梯两种，凡属集选和信号控制的称为自动电梯；用按钮控制的称为半自动电梯。

按电梯需用电源又分为直流电梯和交流电梯两种。

七、防雷接地装置

（一）防雷接地基本知识

1. 防雷接地装置

防雷接地装置是指为了防止雷击对建筑物、构筑物电气设备等的危害以及为了预防人体接触电压及跨步电压，保证电气装置可靠运行等所设置的防雷及接地设施。防雷接地装置由接地极、接地母线、避雷针、避雷网、避雷针引下线等构成。

根据建筑物的防雷等级，防雷接地装置可划分三类：

第一类建筑物防雷保护。对炸药库、乙醚车间、二甲苯车间、高级首长办公室、迎宾馆等，一般采用独立避雷针或避雷线保护。它们距建筑物和各种金属物（管道、电缆、构架）的距离不得小于 3m。

第二类建筑物防雷保护。对贮藏易燃物用的密闭贮罐、贮槽、汽油库、乙炔库、大型体育馆、展览馆、大型火车站、国际机场等的防雷接地装置可直接安装在被保护的建筑物上，接地电阻应小于 10Ω。

第三类建筑物防雷保护。对不属于一类、二类的一般建筑物（高于 15m 以上），如烟囱、水塔等的防雷接地装置直接装在被保护的建筑物上，接地电阻应小于 20Ω。

2. 接地基本知识

接地按其作用可分为下列几种：

工作接地：为了保证电气设备在正常和发生事故的情况下可靠地运行，将电路中的某一点与大地作电气上的连接，如三相变压器中性点的接地、防雷接地等，接地电阻不应大于 4Ω。

保护接地：为了防止人体触及带电外壳而触电，将与电气设备带电部分相绝缘的金属外壳与接地体作电气连接，如电机的外壳、管路等，接地电阻不应大于 4Ω。

重复接地：将零线上的一点或几点再次接地，接地电阻不应大于 10Ω。

接零：将电机、电器的金属外壳和构架与中性点直接接地系统中的零线相连接。

（二）防雷接地装置的安装与要求

1. 防雷保护安装与要求

（1）独立避雷针安装：

1）环形杆避雷针安装。如图 6-12 所示，将避雷针焊接在预制钢筋混凝土环形杆上，先挖杆坑，在坑底浇灌 10cm 厚混凝土垫层，其上安放预制混凝土基础，再将环形杆吊装直立于预制混凝土基础上，最后将杆坑全部用混凝土灌满。

2）避雷针塔安装。如图 6-13 所示，针塔为分段装配式，断面为等边三角形，针塔所用钢材均为 3 号钢，一律采用电焊焊接，分无照明台及双照明台两种。具体做法要求按设计规定进行，首先将塔基坑挖好，浇灌钢筋混凝土基础，将地脚螺栓预埋在基础内，然后将针塔（整体或分段）吊装在基础上就位，用螺栓固定，随即进行塔脚和基础连接钢板的焊接工作。要求：

① 针塔的制作、验收，均应遵照规范进行。

② 避雷针尖应采用热镀锌方法防止锈蚀，针塔部分刷红丹二道、油漆二道，有条件时可采用热镀锌。油漆工作应在焊接工作以后进行。

③ 开挖基础时，必须注意不扰动基坑四周的土壤。

④ 基础现浇混凝土强度达到混凝土强度的70％以上时，方可吊装针塔。

⑤ 针塔整体吊装时，至少设置3个吊点。针塔要采用木杆加固增强刚性，以防止吊装时变形。

（2）避雷网安装。如图6-14所示，平屋顶上的避雷网用焊接或螺栓固定于预制混凝土块的支架上，在檐口上为预埋支架。

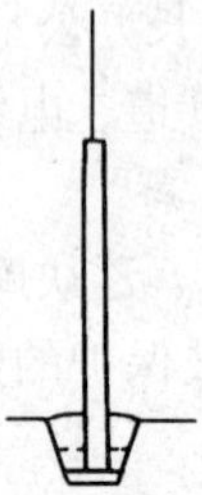

图6-12　环形杆避　　图6-13　避雷针
雷针安装示意图　　塔安装示意图 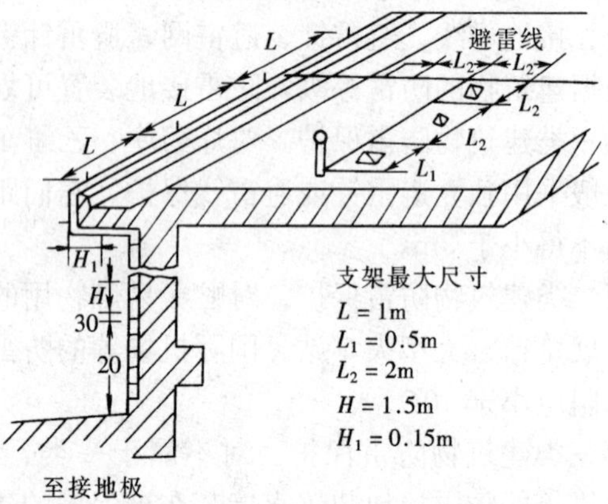　　　　图6-14　避雷网安装

要求：凡平屋顶上将有凸起的金属构筑物或管道均与避雷线连接。

（3）避雷针在平屋顶上安装。将避雷针混凝土底座与屋面板同时捣制，并预埋螺栓，将焊有钢板底座的避雷针吊装在混凝土底座上就位，用预埋螺栓固定，如图6-15所示。

（4）避雷针在建筑物墙上安装。先将已制作好的避雷针支架预埋在檐口下的墙上，然后将避雷针焊接于支架上，再将避雷引下线牢固的焊接于支架上，顺着外墙引入地与接地极连接，如图6-16所示。

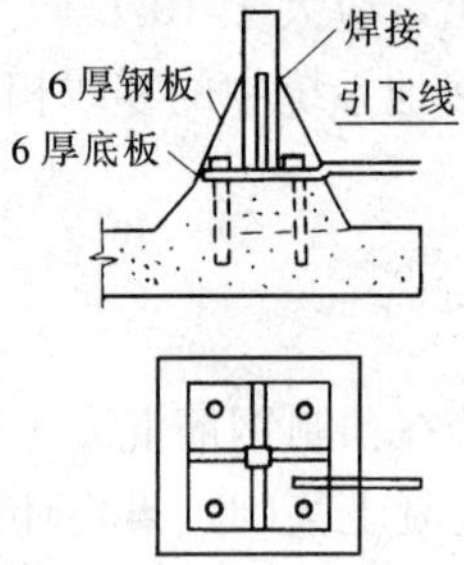

图6-15　避雷针安装在平屋顶上 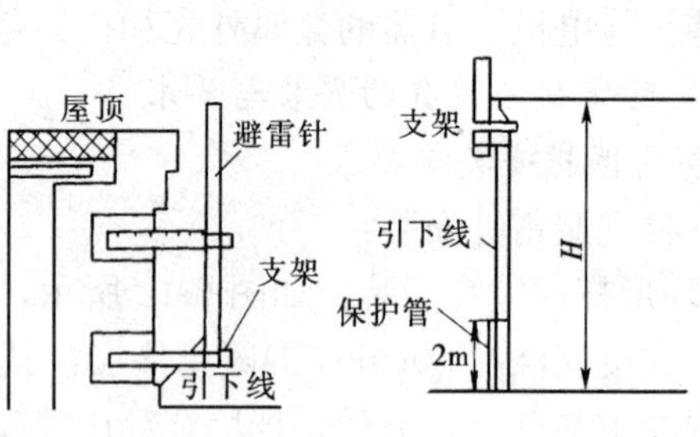　　　　图6-16　避雷针安装在建筑物墙上

（5）避雷针沿烟囱安装。如图6-17所示，烟囱顶上只安装一支避雷针，避雷针用U形螺栓固定在烟囱的扶手上，引下线焊接在爬梯上，距地面上2m以内用竹管保护。

（6）避雷针沿水塔顶安装。避雷针在水塔顶上安装方法与避雷针在平屋顶上安装方法相同，其不同点就是塔顶周围增设一圈避雷线。

（7）水塔避雷网做法，如图6-18所示。

2. 接地装置安装与要求

接地装置包括埋在地中的接地极和从接地极接至电气设备的接地线两部分。接地极的材料通常采用钢管、圆钢、角钢、扁钢等。接地的埋设方式可采用垂直或水平埋设。

（1）角钢接地极安装。先将接地沟挖好（一般深900mm），将角钢接地极一头削尖，放在沟底上，垂直打入土中2400mm，沟底上部余留100mm，将接地母线牢固地焊接在角钢接地极上，最后回填土。

要求：焊接处应涂沥青。

（2）钢管接地极安装。安装方法同角钢接地极，只是材质不同，接地极不是角钢而改为钢管，钢管的一头也要削尖，方法有两种，采用锯口或锻造，如图6-19所示。

图 6-17　避雷针沿烟囱安装

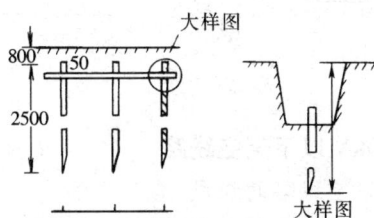

图 6-18　水塔避雷网做法

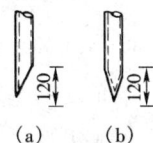

图 6-19　接地极削尖
(a) 锯口；(b) 锻口

（3）圆钢接地极安装。安装方法同（1），只是将接地极改为圆钢。

（4）扁钢接地极安装。安装方法同（1），只是将接地极改为扁钢。

（5）由建筑物内引出接地线断接卡子及穿墙做法。如图6-20所示，先将保护套管预埋在墙内，然后将接地极焊接在一起，另一端接地线通过保护套管引至室内，用螺栓与室内接地线连接（即断接卡子）。

（6）避雷引下线安装。引下线不论敷设在建筑物还是构筑物上，均需预先埋设支架，而后将引下线用螺栓固定于支架上，引至距地坪2m处用套管保护，并做断接卡子，以便测量接地电阻使用。

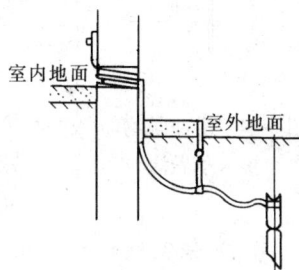

图 6-20　引出接地线断接卡子及穿墙做法

（7）水平敷设接地装置安装方法。此种做法在土壤条件极差的山石地区采用，沟内全部换成黄黏土，并分层夯实。换土沟的尺寸除设计另有要求外，一般沟长15m，接地极埋设深度为1.5m，如图6-21所示。要求接地装置全部为镀锌扁钢，所有焊接点处均刷沥青。

接地电阻应小于4Ω，超过时应补增接地装置的长度。

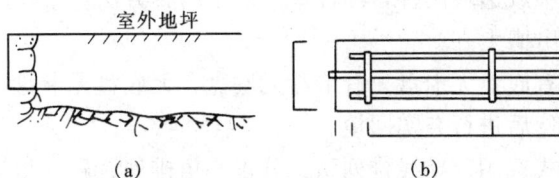

图 6-21　水平敷设接地装置安装
(a) 接地极沟；(b) 接地装置

接地极沟距建筑物不小于3m。

（8）接地跨接线安装：

1）图6-22所示接地线采用焊接方法固定的过伸缩缝的做法。接地线跨过伸缩缝时，使其向上弯曲跨过，弯曲半径为70mm。

2）如图6-23所示接地线采用螺栓固

定的过伸缩缝做法。将接地线敷设到伸缩缝处即断开，断开的间距等于伸缩缝宽度。再用 $\phi12$ 钢筋向下弯曲，牢固地焊接在接地母线两端。

（9）沿建筑物断接卡子做法。将避雷线引下至距地 2m 处作断接卡子，用镀锌螺栓连接接地母线（接地极引来），详细做法如图 6-24 所示。

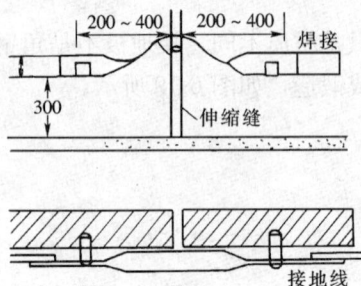

图 6-22　接地线采用焊接方法固定
的过伸缩缝的做法

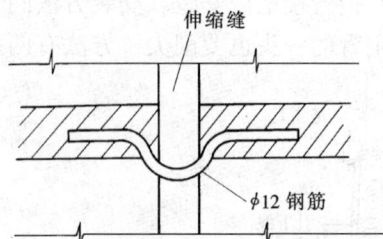

图 6-23　接地线采用螺栓固定
的过伸缩缝的做法

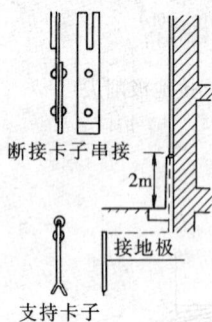

图 6-24　沿建筑物断
接卡子做法

八、10kV 以下架空线路

（一）架空线路的组成

10kV 以下架空线路一般是指从区域性变电所至厂内专用变电所（总降压站）配电线路以及厂区内的高低压架空线路。

架空线路一般由电杆、金具、绝缘子、横担、拉线和导线组成。电杆按材质区分，有木电杆、水泥电杆和铁塔三种。横担有木横担、角铁横担、瓷横担三种。绝缘子有针式绝缘子、蝶式绝缘子、悬式绝缘子。拉线有普通拉线、水平拉线、弓形拉线、V(Y)型拉线。架空线路用的导线分为绝缘导线和裸导线两种。

架空线路分高压线路和低压线路两种：1kV 以下为低压线路，1kV 以上为高压线路。

（二）架空线路的安装与要求

10kV 架空配电线路架设方法很多，如用木电杆安木横担架设，用木电杆安铁横担架设，用木电杆安瓷横担架设，用水泥电杆安木横担架设，用水泥电杆安瓷横担架设，用水泥电杆安铁横担架设。下面着重介绍 10(6)kV 水泥杆铁横担架空配电线路的安装。

（1）挖电杆坑。一般有两种挖法：一是放边坡挖法，如挖普通土。为了防止杆坑上半部土层塌方，开挖时要留有一定比例的坡度，坑口宽大于坑底宽。二是不放边坡挖法，如岩石坑就不需要留坡度，因为岩石结构坚固，很少自然塌方，坑口宽等于坑底宽。

（2）挖拉线坑。开挖方式也分放边坡与不放边坡两种，当计算出以上两种方法每个拉线坑的土方量后，每坑另外再增加 0.5m^3 拉线出槽土方。

（3）水泥杆的安装。分有底盘有卡盘、有底盘无卡盘、有卡盘无底盘、无底盘无卡盘四种型式，均是在已挖好的杆坑内组立电杆，然后进行夯实回填。

（4）横担安装。横担应根据导线排列型式选用。导线排列型式分正三角排列、扁三角排列、水平排列、垂直排列（双回路用）四种。

所谓横担安装，就是把横担用螺栓支撑固定于电杆上。其方法有二：一是立杆前在地面上固定。这种方法站在地面上操作，方便安全。二是电杆组立后，登杆上固定。这种方法不如地面上操作方便。横担固定后即装绝缘子。

（5）拉线安装。拉线分普通拉线、水平拉线、Y型（水平）拉线、Y型（上、下）拉线、弓型拉线，拉线的材料通常以镀锌钢绞线为主，底把一律用拉线棒和拉线盘。拉线安装方法随拉线种类的不同而不同。

（6）防雷接地安装。防雷接地主要是为了防止外部过电压，即雷电过电压所造成的危害，保护电气设备和架空线路的正常运行。因此，对设备和线路实行防雷保护，也就是对雷电过电压采取的一种保护措施。

防雷保护装置可分避雷器保护装置、避雷线保护装置、避雷针保护装置。但无论采用何种装置，每种装置都必须设有良好的接地装置，一般接地电阻不应超过 $8\sim10\Omega$。

（7）导线架设。在电杆、拉线、横担、绝缘子都装完后，再架设导线，至于导线的排列型式、线间距离、档距、弧垂等均应按设计规定进行。

总的要求是按施工图纸规定及施工规范条文进行编制施工预算和施工。

（8）导线跨越。当新架设的架空线路与原有线路、公路、河流、铁路交叉时，必须搭设临时脚手架，保证线路的安全架设，待线路紧线完毕，再将临时脚手架全部拆除。因此需计算跨越费用。

九、电气调试

所有安装的电气设备在送电运行之前必须进行严格的试验和调试。

电气系统调试包括发电机及调相机系统调试，电力变压器系统调试，送配电系统调试，特殊保护装置调试，自动投入装置调式，事故照明切换及中央信号装置调试，母线系统调试，接地装置、避雷器、耦合电容器调试，静电电容器调试，硅整流设备调试，电动机调试，电梯调试，起重机电气调试等。

第二节 电气设备工程施工图的组成与识图

一、施工图常用图例

电气施工图是安装工程施工图纸的一个重要组成部分。它以统一规定的图形符号辅以简要的文字说明，把电气设计内容明确地表达出来，用以指导电气安装工作。电气施工图不仅是电气安装的主要依据，也是编制电气施工图预算的依据，所以必须熟悉常用电气施工图例。电气设备安装工程常用图例见表 6-11。常用电工及设备文字代号见表 6-12。根据线路敷设方式选配的导线、电缆型号见表 6-13。

表 6-11   **变 配 电 系 统 图 符 号**

序 号	符号名称	图形符号	
		新国标（GB/T 4728）	旧国标（GB 312）
1		变配电系统图符号	
1.1	发电站（厂）	□ 规划（设计）的 ▨ 运行的	◎

序　号	符号名称	图形符号	
		新国标（GB/T 4728）	旧国标（GB 312）
1.2	变电所 （示出改变电压）	◯ V/V 规划（设计）的 ◉ V/V 运行的	
1.3	杆上变电所（站）	◯ 规划（设计）的 ◉ 运行的	
1.4	电阻器		
1.5	可变电阻器		
1.6	压敏电阻器		
1.7	滑线式绕组器		
1.8	电容器	⊣⊢ 优先型 ⊣⟨ 其他型	
1.9	极性电容器	+⊣⊢ 优先型 +⊣⟨ 其他型	
1.10	可变电容器	优先型 其他型	
1.11	电感器		
1.12	带铁芯（磁芯）电感器		
1.13	电流互感器		
1.14	双绕组变压器 或电压互感器		

续表

序　号	符号名称	图形符号	
		新国标（GB/T 4728）	旧国标（GB 312）
1.15	三绕组变压器 或电压互感器		
1.16	动合（常开）触点		开关和转换开关的动合（常开）触点 继电器的动合（常开）触点 自动开关的动合（常开）触点 继电器、启动器、动力控制器的动合（常开）触点
1.17	动断（常闭）触点		开关和转换开关的动断（常闭）触点 继电器的动断（常闭）触点 继电器、启动器、动力控制器的动断（常闭）触点
1.18	手动开关的一般符号		
1.19	按钮开关（不闭锁） （动合、动断触点）		
1.20	按钮开关（闭锁） （动合、动断触点）		
1.21	接触器（在非动作 位置触点断开、闭合）		

续表

序号	符号名称	图形符号 新国标（GB/T 4728）	图形符号 旧国标（GB 312）
1.22	断路器		
1.23	隔离开关		
1.24	负荷开关		
1.25	熔断器的一般符号		
1.26	熔断器式开关		
1.27	熔断器式隔离开关		
1.28	熔断器式负荷开关		
1.29	避雷器		避雷器的一般符号 排气式避雷器（管型避雷器） 阀式避雷器 击穿保线器
2	动力照明设备图形符号		
2.1	屏、台、箱、柜一般符号		

续表

序　号	符号名称	图形符号	
		新国标（GB/T 4728）	旧国标（GB 312）
2.2	动力或动力—照明配电箱 注：需要时符号内可表示 电流种类		
2.3	照明配电箱（屏）		
2.4	事故照明配电箱（屏）		
2.5	电机的一般符号	＊　星号用字母代替： M—电动机 MS—同步电动机 MS—伺服电机 G—发电机 GS—同步发电机 GT—测速发电机	
2.6	热水器（示出引线）		
2.7	风扇一般符号 注：若不会引起混淆， 方框可省略不画		吊式风扇 壁装风扇 轴流风扇
2.8	单相插座：明、暗、 密闭（防水）、防爆		
2.9	带接地插孔的单相插座		
2.10	带接地插孔的三相插座		
2.11	插座箱（板）		
2.12	多个插座（示出三个）		

续表

序　号	符号名称	图形符号	
		新国标（GB/T 4728）	旧国标（GB 312）
2.13	带熔断器的插座		
2.14	开关一般符号		
2.15	单极开关：明、暗、密闭（防水）、防爆		密闭
2.16	双极开关：明、暗、密闭（防水）、防爆		密闭
2.17	三极开关：明、暗、密闭（防水）、防爆		密闭
2.18	单极拉线开关		一般　暗装
2.19	单极双控拉线开关		
2.20	双控开关（单极三线）		一般　暗装
2.21	灯的一般符号 信号灯的一般符号	灯的颜色：RD红　YE黄　GN绿　BU蓝　WH白 灯的类型：Ne氖　Na钠　Hg汞　IN白炽　FL荧光　IR红外线　UV紫外线	照明灯的一般符号 信号灯的一般符号
2.22	投光灯一般符号		
2.23	聚光灯		
2.24	泛光灯		

序　号	符号名称	图形符号	
		新国标（GB/T 4728）	旧国标（GB 312）
2.25	示出配线的照明引出线位置		
2.26	在墙上引出照明线 （示出配线向左边）		
2.27	荧光灯一般符号		
2.28	三、五管荧光灯	5	3　　5
2.29	防爆荧光灯		
2.30	自带电源的事故照明灯 （应急灯）		
2.31	深照型灯		珐琅质 镜面
2.32	广照型灯（配照型灯）		
2.33	防水防尘灯		
2.34	球型灯		
2.35	局部照明灯		
2.36	矿山灯		
2.37	安全灯		
2.38	隔爆灯		
2.39	天棚灯		
2.40	花灯		

续表

序 号	符号名称	图形符号	
		新国标（GB/T 4728）	旧国标（GB 312）
2.41	弯灯		
2.42	壁灯		
2.43	闪光型信号灯		
2.44	电喇叭		
2.45	电铃		
2.46	电警笛　报警器		
2.47	电动汽笛	优先型 其他型	
2.48	蜂鸣器		
3	导线和线路敷设符号		
3.1	导线，电线，电缆 母线的一般符号		
3.2	多根导线	3 根 n 根	3 根 n 根
3.3	软导线　软电缆		
3.4	地下线路		
3.5	水下（海底）线路		

续表

序 号	符号名称	图形符号	
		新国标（GB/T 4728）	旧国标（GB 312）
3.6	架空线路		
3.7	管道线路	一般 6孔管道	
3.8	中性线		
3.9	保护线		
3.10	保护和中性共用线		
3.11	具有保护线和中性线的三相配线		
3.12	向上配线		导线引上
3.13	向下配线		
3.14	垂直通过配线		导线引上并引下 导线由上引来 导线由下引来 导线由上引来并引下 导线由下引来并引上
3.15	导线的电气连接		
3.16	端子		
3.17	导线的连接		

续表

序 号	符号名称	图形符号	
		新国标（GB/T 4728）	旧国标（GB 312）
4	电缆及敷设图形符号		
4.1	电缆终端		
4.2	电缆铺砖保护		
4.3	电缆穿管保护		
4.4	电缆预留		
4.5	电缆中间接线盒		
4.6	电缆分支接线盒		
5	仪表图形符号		
5.1	电流表	(A)	(A)
5.2	电压表	(V)	(V)
5.3	电能表（瓦特小时计）	Wh	Wh
6	电杆及接地		
6.1	电杆的一般符号（单杆，中间杆）	$A\text{-}B$ C A—杆材或所属部门 B—杆长 C—杆号	$a\dfrac{b}{c}$ a—编号 b—杆型 c—杆高

序　号	符号名称	图形符号	
		新国标（GB/T 4728）	旧国标（GB 312）
6.2	带照明灯的电杆（a—编号；b—杆型；c—杆高；d—容量；A—连接顺序）	$\circ\ a\frac{b}{c}Ad$ 一般画法 $\circ\ a\frac{b}{c}Ad$ 需要示出灯具的投射方向时 $\circ\ a\frac{b}{c}Ad$ ⊗ 需要时允许加画灯具本身图形	$\circ\ a\frac{b}{c}Ad$ 一般画法 $\circ\ a\frac{b}{c}Ad$ 需要示出灯具的投射方向时 $\circ\ a\frac{b}{c}Ad$ 需要时允许加画灯具本身图形
6.3	接地的一般符号	⏚	⏚
6.4	保护接地	⏚	
7	电气设备的标注方法（GB/T 4728列为附录参考件）		
7.1	用电设备 a—设备编号；b—额定功率，kW；c—线路首端熔断体或低压断路器脱扣器的电流，A；d—标高，m	$\dfrac{a}{b}$ 或 $\dfrac{a}{b}\bigg\vert\dfrac{c}{d}$	$\dfrac{a}{b}$ 或 $\dfrac{a}{b}\bigg\vert\dfrac{c}{d}$
7.2	电力和照明设备 a—设备编号；b—设备型号；c—设备功率，kW；d—导线型号；e—导线根数；f—导线截面，mm²；g—导线敷设方式及部位	（1）一般标注方法 $a\dfrac{b}{c}$ 或 $a-b-c$ （2）当需要标注引入线的规格时 $a\dfrac{b-c}{d\ (e\times f)\ -g}$	（1）一般标注方法 $a\dfrac{b}{c}$ 或 $a-b-c$ （2）当需要标注引入线的规格时 $a\dfrac{b-c}{d\ (e\times f)\ -g}$
7.3	电力和照明设备 a—设备编号；b—设备型号；c—额定电流，A；i—整定电流，A；d—导线型号；e—导线根数；f—导线截面，mm²；g—导线敷设方式及部位	（1）一般标注方法 $a\dfrac{b}{c/i}$ 或 $a-b-c/i$ （2）当需要标注引入线的规格时 $a\dfrac{b-c/i}{d\ (e\times f)\ -g}$	（1）一般标注方法 $a\dfrac{b}{c/i}$ 或 $a-b-c/i$ （2）当需要标注引入线的规格时 $a\dfrac{b-c/i}{d\ (e\times f)\ -g}$

序　号	符号名称	图形符号	
		新国标（GB/T 4728）	旧国标（GB 312）
7.4	照明变压器 a——一次电压，V；b—二次电压，V；c—额定容量，V·A	$a/b-c$	$a/b-c$
7.5	照明灯具 a—灯数；b—型号或编号；c—每盏照明灯具的灯泡数；d—灯泡容量，W；e—灯泡安装高度，m；f—安装方式；L—光源种类	（1）一般标注方法 $a-b\dfrac{c\times d\times L}{e}f$ （2）灯具吸顶安装 $a-b\dfrac{c\times d\times L}{-}$	（1）一般标注方法 $a-b\dfrac{c\times d\times L}{e}$ （2）灯具吸顶安装 $a-b\dfrac{c\times d\times L}{-}$
7.6	电缆与其他设施交叉点 a—保护管根数；b—保护管直径，mm；c—管长，m；d—地面标高，m；e—保护管埋设深度，m；f—交叉点坐标	$\dfrac{a-b-c-d}{e-f}$	$\dfrac{a-b-c-d}{e-f}$
7.7	安装或敷设标高（m）	（1）用于室内平面剖面图上 ± 0.000 （2）用于总平面图上的室外地面 ± 0.000	（1）用于室内平面剖面图上 ± 0.000 （2）用于总平面图上的室外地面 ± 0.000
7.8	导线根数	—///— 表示3根 —$\diagup^{3}$— 表示3根 —$\diagup^{n}$— 表示 n 根	—///— 表示3根 —$\diagup^{3}$— 表示3根 —$\diagup^{n}$— 表示 n 根
7.9	导线型号规格或敷设方式的改变	（1）3mm×16mm 改为 3mm×10mm $\dfrac{3\times 16}{} \times \dfrac{3\times 10}{}$ （2）无穿管敷设改为导线穿管（$\phi 2''$）敷设 $—\times \dfrac{\phi 2''}{}$	
7.10	交流电 m—保护管根数；f—保护管直径，mm；v—管长，m。 例：示出交流，三相带中性线 50Hz 380V	$m\sim fv$ 3N～50Hz 380V	

续表

序　号	符号名称		图形符号	
			新国标（GB/T 4728）	旧国标（GB 312）
7.11	照明灯具安装方式	线吊式		X
		链吊式		L
		管吊式		G
		壁装式		B
7.12	线路敷设方式	明敷		M
		暗敷		A
		用钢索敷设		S
		用卡钉敷设		QD
		用槽板敷设		CB
		穿钢管		G
		穿电线管		DG
		穿硬塑料管		VG

表 6-12　　　　　　　　常用电量单位符号及电气设备文字符号

符　号	名　称	符　号	名　称	符　号	名　称	符　号	名　称
I	电流	Wh	瓦时	QF	断路器	KA	电流继电器
A	安	kWh	千瓦时	QL	负荷开关	KV	电压继电器
U	电压	varh	乏时	QS	隔离开关	KM	中间继电器
V	伏	kvarh	千乏时	Q	自动开关	KS	信号继电器
R	电阻	T	周期	SA	控制开关	KT	时间继电器
Ω	欧	t	时间	Q	辅助开关	KAZ	接地继电器
L	电感	f	频率	XB	切换片	KG	气体继电器
C	电容	Hz	赫兹	FU	熔断器	KR	热继电器
X	电抗	$\lambda\ \cos\varphi$	功率因数	SB	按钮	KRC	重合闸继电器
Z	阻抗	max	最大值	QA	启动按钮	HW	白色信号灯
P	有功功率	min	最小值	HA	合闸按钮	HG	绿色信号灯
W	瓦	G	发电机	TA	停止按钮	HR	红色信号灯
kW	千瓦	M	电动机	WB	母线	HY	黄色信号灯
S	视在功率	T	变压器	MC	控制母线	HL	闪光信号灯
VA	伏安	TV	电压互感器	MR	信号母线	HL	信号灯
kVA	千伏安	TA	电流互感器	ME	事故母线	U	整流器
MVA	兆伏安	KM	接触器	MV	电压母线	F	避雷器
Q	无功功率	Q	启动器	L	线圈	PA	电流表
var	乏	SA	控制开关	YT	跳闸线圈	PV	电压表
kvar	千乏	S	开关	YC	合闸线圈	PJ	电能表

表 6-13 根据线路敷设方式选配的导线、电缆型号表

线路类别	线路敷设方式	导线型号	额定电压（kV）	产品名称	最小截面（mm²）	备注
500V以下交、直流配电线路	吊灯用软线	RVS RFS	0.25	铜芯聚氯乙烯绝缘绞型软线 铜芯丁腈聚氯乙烯复合物绝缘软线	0.5	
	瓷夹板	BLV	0.5	铜芯聚氯乙烯绝缘电线	2.5	导线颜色均为白色
	管内配线、瓷柱、瓷瓶	BLXF BLV BBLX	0.5	铝芯氯丁橡皮绝缘电线 铝芯聚氯乙烯绝缘导线 铝芯玻璃丝编织橡皮线	2.5	
	架空进户线	BLXF	0.5	铝芯氯丁橡皮绝缘电线	10	距离应不超过25m
	架空线路	LJ		裸铝绞线	25	
	电缆在室内明敷或在沟道内架设	VLV ZLQ20	1.0	铝芯聚氯乙烯绝缘、聚氯乙烯护套电力电缆 铝芯油浸纸绝缘、铝包裸钢带铠装电力电缆	4	
	电缆敷设在地下或部分穿保护管	VLV29 ZLQ2	1.0	铝芯聚氯乙烯绝缘、聚氯乙烯护套内钢带铠装电力电缆 铝芯油浸纸绝缘铅包钢带铠装电力电缆	4	
500V以上交、直流配电线路	架空进户线	BBLX	0.5	铝芯玻璃丝编织橡皮线	35	距离不超过30m
	架空线路	LJ		裸铝绞线	25	居民区应不小于35mm²
	电缆敷设在沟道中	ZLQ20 ZLQD20	10	铝芯油浸纸绝缘、铅包钢带铠装电力电缆 铝芯油浸纸绝缘、铅包钢带铠装不滴流电力电缆	16	
	电缆敷设在地下或穿保护管	ZLQ2 ZLQD2 YJLV29	10	铝芯油浸纸绝缘、铅包钢带铠装电力电缆 铝芯油浸纸绝缘、铅包钢带铠装不滴流电力电缆 铝芯交联聚乙烯绝缘、聚氯乙烯护套线内钢带铠装电力电缆	16	

续表

线路类别		线路敷设方式	导线型号	额定电压（kV）	产品名称	最小截面（mm²）	备　注
电话与广播线路	电话	室内明敷或管内配线	RVS RVB	0.25	铜芯聚氯乙烯绝缘绞型软线 铜芯聚氯乙烯绝缘平型软线	2×0.2	每对 2×0.5（直径）
		敷设在室内沟道中或管子内	HYV20	—	聚氯乙烯绝缘、聚氯乙烯护套钢带铠装市内电话电缆	—	
		敷设在干燥的沟管中	HYV	—	铜芯聚氯乙烯绝缘、聚氯乙烯护套市内电话电缆		
		敷设在土壤内	HYV	—	铜芯聚氯乙烯绝缘、聚氯乙烯护套钢带铠装市内电话电缆		
	广播	室内明敷或管内配线	RVS RVB	0.25	铜芯聚氯乙烯绝缘绞型软线 铜芯聚氯乙烯绝缘平型软线	2×0.8	

二、电气施工图的分类

电气施工图按工程性质分类，可分为变配电工程施工图、动力工程施工图、照明工程施工图、防雷接地工程施工图、弱电工程（通信、有线电视、网络、广播）施工图以及架空线路施工图等。

电气施工图按图纸的表现内容分类，可分为基本图和详图两大类。各包括的内容如下：

（一）基本图

电气施工图基本图包括图纸目录、设计说明、系统图、平面图，立（剖）面图（变配电工程）、控制原理图、设备材料表等。

1. 设计说明

在电气施工图中，设计说明一般包括供电方式、电压等级、主要线路敷设形式及在图中未能表达的各种电气安装高度、工程主要技术数据、施工和验收要求以及有关事项等。

设计说明根据工程规模及需要说明的内容多少，有的可单独编制说明书，有的因内容简短，可写在图纸的空余处。

2. 主要设备材料表

设备材料表列出该项工程所需的各种主要设备、管材、导线等器材的名称、型号、规模、材质、数量，供订货、采购设备、材料时使用。设备材料表上所列主要材料的数量，由于与工程量的计算方法和要求不同，不能用于工程量编制预算，只能作为参考数量。

3. 系统图

系统图是依据用电量和配电方式绘制出来的。系统图是示意性地把整个工程的供电线路用单线连接形式表示的线路图，不表示空间位置关系。通过识读系统图可以了解以下内容：

（1）整个变、配电所的连接方式，从主干线至各分支回路分几级控制，有多少个分支回路。

（2）主要变电设备、配电设备的名称、型号、规格及数量。

　　(3) 主干线路的敷设方式、型号、规格。

　　4. 电气平面图

　　电气平面图一般分为变配电平面图、动力平面图、照明配电图、弱电平面图、室外工程平面图；在高层建筑中还有标准层平面图、干线布置图等。电气平面图的特点是将同一层内不同安装高度的电气设备及线路都放在同一平面上来表示。

　　通过电气平面图的识读，可以了解以下内容：

　　(1) 了解建筑物的平面布置、轴线分布、尺寸以及图纸比例。

　　(2) 了解各种变、配电设备的编号、名称，各种用电设备的名称、型号以及它们在平面图上的位置。

　　(3) 弄清楚各种配电线路的起点和终点、敷设方式、型号、规格、根数，以及在建筑物中的走向、平面和垂直位置。

　　5. 控制原理图

　　控制电器是指对用电设备进行控制和保护的电气设备。控制原理图是根据控制电器的工作原理，按规定的线路和图形符号绘制成的电路展开图，一般不表示各电气元件的空间位置。控制原理图具有线路简单、层次分明、易于管理、便于识读和分析研究的特点，是二次配线的依据。控制原理图不是每套图纸都有，只有当工程需要时才绘制。

　　识读控制原理图应掌握不在控制盘上的那些控制元件和控制线路的连接方式。识读控制原理图应与平面图核对，以免漏算。

　　(二) 详图

　　电气工程详图是指盘、柜的盘面布置图和某些电气部件的安装大样图。大样图的特点是对安装部件的各部位都注有详细尺寸，一般在没有标准图可选用并有特殊要求的情况下才绘制。

　　标准图是一种具有通用性质的详图，表示一组设备或部件的具体图形和详细尺寸，便于制作安装。但是，它一般不能作为单独进行施工的图纸，而只能作为某些施工图的一个组成部分。

　　三、电气施工图的识读

　　(一) 识图特点

　　电气安装工程施工图除了少量的投影图外，主要是一些系统图、原理图和接线图。对于投影图的识读，其关键是要解决好平面与立体的关系，即搞清电气设备的装配、连接关系。因为系统图、原理图和接线图都是用各种图例符号绘制的示意性图样，不表示平面与立体的实际情况，只表示各种电气设备、部件之间的连接关系。因此，识读电气施工图必须按以下要求进行：

　　(1) 要很好地熟悉各种电气设备的图例符号。在此基础上，才能按施工图主要设备材料表中所列各项设备及主要材料分别研究其在施工图中的安装位置，以便对总体情况有一个概括了解。

　　(2) 对于控制原理图，要搞清主电路（一次回路系统）和辅助电路（二次回路系统）的相互关系和控制原理及其作用。

　　控制回路和保护回路是为主电路服务的，起着对主电路的启动、停止、制动、保护等作用。

（3）对于每一回路的识读应从电源端开始，顺电源线识读，依次通过每一电气元件时，都要弄清楚它们的动作及变化，以及由于这些变化可能造成的连锁反应。

（4）仅仅掌握电气制图规则及各种电气图例符号，对于理解电气图是远远不够的，必须具备有关电气的一般原理知识和电气施工技术，才能真正达到看懂电气施工图的目的。

（二）识图方法

电气施工平面图是编制预算时计算工程量的主要依据。因为它比较全面地反映了工程的基本状况。电气工程所安装的电气设备、元件的种类、数量、安装位置，管线的敷设方式、走向、材质、型号、规格、数量等都可以在识读平面图过程中计算出来。为了在比较复杂的平面布置中搞清楚系统电气设备、元件间的连接关系，进而识读高、低压配电系统图，在理清电源的进出、分配情况以后，重点对控制原理图进行识读，以便了解各电气设备、元件在系统中的作用。在此基础上，再对平面图进行识读，就可以对电气施工图有进一步的理解。

一套电气施工图一般有数十张，多则上百张，虽然每张图纸都从不同方面反映了设计意图，但是对于编制预算而言，并不是都要用。预算人员识读电气施工图应该有所侧重。平面图和立面图是编制预算最主要的图纸，应进行重点识读。识读平、立面图的主要目的，在于能够准确地计算工程量，为正确编制预算打好基础。但是读平、立面施工图还要结合其他相关图纸相互对照识读，有利于加深对平、立面图的正确理解。

在切实掌握平、立面图以后，应该对下述问题有完整而明确的解答，否则需要重新看图：

（1）对整个单位工程所选用的各种电气设备的数量及其作用有全面的了解；

（2）对采用的电压等级，高、低压电源进出回路及电力的具体分配情况有清楚的概念；

（3）对电力拖动、控制及保护原理有大致的了解；

（4）各种类型的电缆、管道、导线的根数、长度、起始位置、敷设方式有详细的了解；

（5）对需要制作加工的非标准设备及非标准件的品种、规格、数量等有精确的统计；

（6）防雷、接地装置的布置，材料的品种、规格、型号、数量要有清楚的了解；

（7）对需要进行调试、试验的设备系统，结合定额规定及项目划分，要有明确的数量概念；

（8）对设计说明中的技术标准、施工要求以及与编制预算有关的各种数据，都已经掌握。

电气工程识图，仅仅停留在图面上是不够的，还必须与以下几方面结合起来，才能把施工图吃透、算准。

（1）在识图的全过程中要和熟悉预算定额结合起来。要把预算定额中的项目划分、包含工序、工程量的计算方法、计量单位等与施工图有机结合起来。

（2）要识好施工图，还必须进行认真、细致的调查了解工作。要深入现场，深入工人群众，了解实际情况，把在图面上表示不出的一些情况弄清楚。

（3）识读施工图要结合有关的技术资料，如有关的规范、标准、通用图集以及施工组织设计、施工方案等一起识读，有利于弥补施工图中的不足之处。

（4）要学习和掌握必要的电气技术基础知识和积累现场施工的实践经验。

第三节　电气设备工程定额的编制

一、本定额主要内容及编制依据

《山东省安装工程消耗量定额　第二册　电气设备安装工程》(简称本定额)包括10kV以下变配电设备及线路安装工程、车间动力电气设备及电气照明器具、防雷及接地装置安装、配管配线、起重设备、电梯电气装置、电气调整试验等安装工程共十四章2093个子目。本定额适用于10kV以下工业与民用新建、扩建和整体更新改造工程,编制时主要依据以下标准、规范:

(1) GBJ 147—1990《电气装置安装工程高压电器施工及验收规范》。

(2) GBJ 148—1990《电气装置安装工程电力变压器、油浸电抗器、互感器施工及验收规范》。

(3) GBJ 149—1990《电气装置安装工程母线装置施工及验收规范》。

(4) GB 50150—1991《电气装置安装工程电气设备交接试验标准》。

(5) GB 50168—1992《电气装置安装工程电缆线路施工及验收规范》。

(6) GB 50169—1992《电气装置安装工程接地装置施工及验收规范》。

(7) GB 50170—1992《电气装置安装工程旋转电机施工及验收规范》。

(8) GB 50171—1992《电气装置安装工程盘、柜及二次回路结线施工及验收规范》。

(9) GB 50172—1992《电气装置安装工程蓄电池施工及验收规范》。

(10) GB 50173—1992《电气装置安装工程35kV及以下架空电力线路施工及验收规范》。

(11) GB 50254—1996《电气装置安装工程低压电器施工及验收规范》。

(12) GB 50255—1996《电气装置安装工程电力变流设备施工及验收规范》。

(13) GB 50256—1996《电气装置安装工程起重机电气装置施工验收规范》。

(14) GB 50257—1996《电气装置安装工程爆炸和火灾危险环境电气装置施工及验收规范》。

(15) GB 50258—1996《电气装置安装工程1kV及以下配线工程施工及验收规范》。

(16) GB 50259—1996《电气装置安装工程电气照明装置施工及验收规范》。

(17) DL—5009.1—1992《电力建设安全工作规程》。

(18) JGJ/T 16—1992《民用建筑电气设计规范》。

(19) GB 50034—1992《工业企业照明设计标准》。

(20)《电力建设质量等级评定标准》。

本定额的工作内容除各章节已说明的工序外,还包括施工准备,设备器材工器具的场内搬运,开箱检查,安装,调整试验,收尾,清理,配合质量检验,工种间交叉配合,临时移动水、电源的停歇时间,但不包括电气设备(如电动机等)配合机械设备进行单体试运转和联合试运转工作。同样,本定额也不适用于10kV以上及专业项目的电气设备安装。

二、本定额与原定额(94定额)的不同

(1) 定额编制范围发生了变化。原定额(94定额)包括10kV以下和35~500kV的变配电设备,1.5~300MW发电机组所属电气设备;本定额只包括10kV以下变配电设备。

（2）本定额所编制的实物量项目辅助材料内，基本上是消耗材料，属于装置性的材料列入主要材料内。例如原定额软硬母线安装中包括金具材料，柱上设备安装包括横担、绝缘子、导线、线夹、金具等；本定额将这些装置性材料列入主要材料内，计价时可按工程的设计规格、数量、当地当时价格计算，以免因规格、材质、数量的差异而影响工程造价。

（3）电机检查接线定额。原定额为了使用方便，大中型电机均以功率（kW）划分定额子目，但对于大中型电机同样功率，由于磁极对数的不同，重量相差甚远，一律按功率换算，影响定额水平很大。本次编制时，对大中型电机改为以重量划分定额子目的办法，使定额水平更符合实际情况。

（4）电缆敷设原定额只编有 $35\sim240\mathrm{mm}^2$ 电力电缆敷设子目，且不分敷设方式统一执行，控制电缆也执行有关截面的电力电缆定额。本次编制时，电力电缆敷设、控制电缆敷设分别设项，且均按埋地、穿管、沿竖直通道、其他方式等四种敷设方式设项，规格也有所扩展，铜芯、铝芯电力电缆截面设置了 $10\sim400\mathrm{mm}^2$，控制电缆芯数设置了 6 芯至 48 芯，可按不同截面、芯数直接选用定额；电缆头制安增加了热缩式，其工作内容中增加了接线工作的工料含量，因此，电缆头的接线将不再执行端子板外部接线定额。这样不但理顺了施工工序，而且方便预算编制。

（5）调试项目原定额只表现人工工日，材料费是按人工费的 5% 计算，仪器仪表使用费按人工费的 95% 计算；本定额编制时改为材料费按人工费的 2% 计算，仪器仪表按所用仪器台班量编入定额（起重设备电气调试、电梯电气调试除外）。

（6）电缆桥架安装定额在原预算定额中设在仪表册，本次设在电气册，编制时经过对两册定额的对比分析综合考虑含量，使新编的电缆桥架安装定额能够满足两册的共同需要。

（7）接地极调试定额，由于项目名称上概念模糊，因而造成在执行中矛盾较多，反映的意见也较多。本次编制时改为独立接地装置（6 根接地极以内）的调试，以解决独立避雷针接地、柱上变压器、烟囱避雷针、设备接地等的独立接地装置系统调试。

（8）1kV 以下送配电设备系统调试定额，原定额在执行中反映的问题较多，集中在民用工程中如何执行的问题。本定额编制时进一步进行了收资和调研，在工程量计算规则中作了进一步规定，如：

1）一般住宅、学校、办公楼、商店、旅馆等民用工程在每个用户内的配电箱（板）上虽装有电磁开关、漏电保护器等调试元件，但如生产厂家已按固定的常规参数调整好了，不需要安装单位和用户自行调试就可直接投入使用，则一律不计取调试费用。

2）民用电能表的调校属于供电部门的专业管理，一般皆由用户向供电部门订购已调试好加了封铅的电能表，不应另外计调试费。

3）对于高标准的高层建筑、高级宾馆、大会堂、体育馆等和装设有较高控制技术的电气工程，可根据设计要求和设备情况分别处理。凡需要安装单位进行调试的设备，则按相应的控制方式计取调试费。

（9）为了方便预算的编制，减少计算工作量和计算难度，将脚手架搭拆摊销费由原来操作物高度 $5\sim10\mathrm{m}$ 以下按人工费的 15%，5m 至 20m 以下按人工费的 20% 两个系数改为一个系数，即按全部电气安装工程人工费的 4% 计取。

（10）工程超高增加费，定额均按 5m 以下施工条件编制的，工程高度超过 5m 时，原定额分 10m 以下、20m 以下、20m 以上三个调整系数，本次改为 10m 以下、15m 以下、20m

以下、20m以上四个调整系数。

（11）高层建筑增加费，原定额只考虑到40层，本定额编制增加到60层，并将调整系数也作了相应规定。

（12）项目设置具体变动情况：

1）减少情况：

原定额（94定额）共有十五章1515条子目。本次编制时由于编制范围只限于10kV以下，因而35kV至500kV设备安装部分减少297条子目；同时还淘汰了技术落后的开口式蓄电池安装、圆钢母线安装、瓷夹板配线、塑料夹板配线、木槽板配线等项目。

2）本册定额中新增的项目主要有：

第一章：10kV干式变压器安装、容量100～2500kV·A；组合型成套箱式变电站（不带高压开关柜、带高压开关柜）安装、容量100～1600kV·A；10kV消弧线圈安装，原定额仅列容量300、1200kV·A两个子目，本次列有100～2000kV·A八个子目。

第二章：10kV真空断路器、油浸电抗器、集合式电容器、交流滤波装置。

第三章：10kV共箱母线、低压封闭式插接母线槽及分线箱安装、重型铝母线接触面加工。

第四章：集装箱式配电室、漏电保护开关、成套配电箱、床头控制柜安装。

第五章：碱性蓄电池、免维护铅酸蓄电池安装。

第六章：独立的直流电机和同步、异步电机检查接线，微型电机及变频机组检查接线，电磁调速电机检查接线，户用锅炉电气装置检查接线。

第七章：轻型滑触线、安全节能型滑触线安装。

第八章：电缆沟挖填土，电缆桥架，塑料电缆槽，电缆防火涂、堵料及阻燃槽盒安装。

第九章：避雷针制作，半导体少长针消雷装置安装，防雷接地均压环安装，钢、铝窗接地安装。

第十章：工地运输、土石方工程。

第十一章：普通小型直流电动机调试，可控硅调速直流电动机系统调试，交流变频调速电动机（AC—AC、AC—DC—AC系统）调试，微型电机、电加热器调试，自动扶梯、步行道电气调试；除上述系统调试定额外，还增加了绝缘子、穿墙套管、绝缘油、电缆等单体调试定额。

第十二章：可挠金属套管敷设、金属线槽安装、墙体剔槽。

第十三章：路灯安装，盘管风机三速开关、请勿打扰灯、须刨插座、钥匙取电器、自动干手装置、卫生洁具自动感应器、红外线浴霸等电器安装。

第十四章：自动扶梯、步行道电气安装。

新编的定额子目均是根据实际工程资料、生产厂家的设备技术资料、其他省市相关定额资料，经过调查研究、分析、整理、测定后制定的。

三、本定额与其他定额的关系

1. 与《山东省安装工程消耗量定额　第一册　机械设备安装工程》定额的分界

（1）各种电梯的机械部分，主要指轿箱、配重、厅门、导向轨道、牵引电机、钢绳、滑轮、各种机械底座和支架等，均执行第一册定额有关项目。线槽、配管配线、电缆敷设、电机检查接线、照明装置、风扇和控制信号装置的安装和调试等电气设备安装均执行本定额。

（2）起重运输设备的轨道、设备本体安装，各种金属加工机床等的安装均执行第一册有关项目；其中的电气盘箱、开关控制设备、配管配线、照明装置和电气调试执行本定额。

（3）电机安装执行第一册定额有关项目，电机检查接线、调试执行本定额。

（4）设备的地脚螺栓灌浆和底座的二次灌浆可执行第一册定额有关项目。

2．与《山东省安装工程消耗量定额　第五册　静置设备与工艺金属结构制作安装工程》定额的关系

本定额中变压器安装所用金属件一般不需要试验和检验，如属于安装构件的无损探伤检验，定额内未考虑，发生时可按第五册定额执行。

3．与《山东省安装工程消耗量定额　第十册　自动化控制仪表安装工程》定额的分界

（1）自动化控制装置工程中的电气盘箱及其他电气设备安装执行本定额，自动化控制装置的专用盘箱安装执行第十册定额。

（2）自动化控制装置的控制电缆敷设、电气配管、支架制作安装、桥架安装、接地系统执行本册定额相应项目。

四、共性问题的说明

（1）定额中的人工包括基本用工和其他用工，不分列工种和级别，均以综合工日表示。

（2）关于材料：

1）定额中的材料包括直接消耗在安装工程中的使用量和规定的损耗量。周转性材料已按摊销量计入定额内；用量很少、对基价影响很小的零星材料合并为其他材料，以"％"表示。主要材料应按"（　）"内所列用量或设计用量加损耗量按地区价格计算。主要材料损耗率如表 6-14 所示。

表 6-14 　　　　　　　　　　　　主 要 材 料 损 耗 率 表

序　号	材 料 名 称	损耗率（％）
1	裸软导线（包括铜、铝、钢线，钢芯铝线）	1.3
2	绝缘导线（包括橡皮线、塑料铅皮线、软花线）	1.8
3	电力电缆	1.0
4	控制电缆	1.5
5	硬母线（包括钢、铝、铜、带型、管型、棒型、槽型）	2.3
6	拉线材料（包括钢绞线、镀锌铁线）	1.5
7	管材、管件（包括无缝、焊接钢管及电线管）	3.0
8	板材（包括钢板、镀锌薄钢板）	5.0
9	型钢	5.0
10	管体（包括管箍、护口、锁紧螺母、管卡子等）	3.0
11	金具（包括耐张、悬垂、并沟、吊接等线夹及连板）	1.0
12	紧固件（包括螺栓、螺母、垫圈、弹簧垫圈）	2.0
13	木螺栓、圆钉	4.0
14	绝缘子类	2.0
15	照明灯具及辅助器具（成套灯具、镇流器、电容器）	1.0
16	荧光灯、高压水银、氙气灯等	1.5

序　号	材　料　名　称	损耗率（%）
17	白炽灯泡	3.0
18	玻璃灯罩	5.0
19	胶木开关、灯头、插销等	3.0
20	低压电瓷制品（包括鼓型绝缘子、瓷夹板、瓷管）	3.0
21	低压保险器、瓷闸盒、胶盖闸	1.0
22	塑料制品（包括塑料槽板、塑料板、塑料管）	5.0
23	木槽板、木护圈、方圆木台	5.0
24	木杆材料（包括木杆、横担、横木、桩木等）	1.0
25	混凝土制品（包括电杆、底盘、卡盘等）	0.5
26	石棉水泥板及制品	8.0
27	油类	1.8
28	砖	4.0
29	砂	8.0
30	石	8.0
31	水泥	4.0
32	铁壳开关	1.0
33	砂浆	3.0
34	木材	5.0
35	橡皮垫	3.0
36	硫酸	4.0
37	蒸馏水	10.0

　　材料损耗是指材料的施工损耗和现场搬运损耗，不包括材料在施工过程中的"有效利用率"以外的剩余短头、余料。因为材料的"有效利用率"受"材料产品规格"和"设计需要规格"的矛盾影响，剩余材料并未消耗，而是多余的材料，所以不能算作施工损耗。

　　在表 6-14 中：①绝缘导线、电缆、硬母线和用于母线的裸软导线的损耗率中不包括为连接电气设备、器具而预留的长度，也不包括因各种弯曲（包括弧垂）而增加的长度，这些长度均应计算在工程量的基本长度中。②用于 10kV 以下架空线路的裸软导线的损耗率已包括因弧垂及因杆位高低差而增加的长度。③拉线用的镀锌铁线损耗率中不包括为制作上、中、下把所需的预留长度。计算用线量的基本长度时，应以全根拉线的展开长度为准。

　　2）本定额中所用的螺栓，一律以"套"为计量单位，每套包括 1 个螺栓、1 个螺母、2 个平垫圈、1 个弹簧垫圈。

　　3）由于新规范、新工艺的要求，本定额中将"电石"一律改为"乙炔气"，电力复合脂代替中性凡士林（导电接触面涂料）。

　　4）工具性的材料，如砂轮片、合金钢冲击钻头等列入材料消耗定额内。

　　（3）定额中的施工机械台班是按正常合理的机械配备和大多数施工企业的机械化程度综合取定的。手提电钻、手提砂轮机等小型机具，未按台班列入定额，但使用这些机具的人工、电量和工具性消耗材料已计入有关定额内。

（4）除定额各章节及工程量计算规则中提到的系数外，本定额还包括脚手架搭拆费、工程超高增加量、高层建筑增加费、安装与生产同时进行增加费、有害环境中施工增加费等系数。各项系数规定如下：

1）工程超高增加消耗量（已考虑了超高因素的定额项目除外）：操作物高度离楼地面5m以上时，定额人工消耗量（含5m以下）乘以表6-15给出的系数。

表6-15　　　　　　　　　　　　工 程 超 高 增 加 系 数

操作高度（m）	≤10	≤15	≤20	>20
系数	1.15	1.25	1.35	1.40

2）高层建筑（指高度在6层或20m以上的工业与民用建筑）增加费，可按表6-16计算（其中人工工资占70%，其余为机械费）。

表6-16　　　　　　　　　　　　高 层 建 筑 增 加 系 数

层数或高度	9层以下或30m	12层以下或40m	15层以下或50m	18层以下或60m	21层以下或70m	24层以下或80m	27层以下或90m	30层以下或100m	33层以下或110m
按定额人工费的百分数（%）	7	9	13	16	19	22	26	30	35
层数或高度	36层以下或120m	39层以下或130m	42层以下或140m	45层以下或150m	48层以下或160m	51层以下或170m	54层以下或180m	57层以下或190m	60层以下或200m
按定额人工费的百分数（%）	39	42	45	48	51	54	57	60	62

注　为高层建筑供电的变电所和供水等动力工程，如装在高层建筑的低层或地下室的，均不计取高层建筑增加费。装在6层以上的变配电工程和动力工程则同样计取高层建筑增加费。

3）脚手架搭拆费（10kV以下的架空线路除外），可按定额人工费的4%计算，其中人工工资占25%。

高层建筑增加费、脚手架搭拆费是按定额消耗量为基础计价后进行测算综合取定的。

4）安装与生产（使用）同时进行增加费，按单位工程定额人工增加10%计算或按施工方案计算。

5）有害环境中施工增加费，按单位工程定额人工增加10%计算或施工方案计算。

上述系数中，工程超高增加消耗量系数、高层建筑增加费系数为子目系数，脚手架搭拆费系数、安装与生产（使用）同时进行增加系数、有害环境中施工增加系数为综合系数。

第四节　电气设备工程定额的应用

《山东省安装工程量计算规则》是与《山东省安装工程消耗量定额》配套执行的规则，作为安装工程计价活动中确定安装工程量以及相应消耗量的依据。在山东省行政区域内，一般工业与民用安装的新建、扩建及改造工程计价活动中进行工程量的计算，应遵循本规则。

安装工程量除依据《山东省安装工程消耗量定额》及本规则各项规定外，还应依据以下有效文件：

（1）施工设计图纸及说明。

（2）施工组织设计或施工技术措施方案。

（3）其他有关技术经济文件。

本规则的计算尺寸，以设计图纸表示的或设计图纸能读出的尺寸为准。除另有规定外，工程量的计量单位应按下列规定计算：

（1）以体积计算的为 m^3（米^3）。

（2）以面积计算的为 m^2（米^2）。

（3）以长度计算的为 m（米）。

（4）以重量计算的为 t 或 kg（吨或千克）。

（5）以台（套或件等）计算的为台（套或件等）。

汇总工程量时，其准确度取值：m^3、m^2、m 以下取 2 位；t 以下取 3 位；台（套或件等）取整数，2 位或 3 位小数后的位数按四舍五入取舍。

计算工程量时，应依施工图纸顺序，分部分项依次计算，并尽可能采用计算表格及计算机计算，简化计算过程。

一、变压器安装工程量计算

（一）变压器、消弧线圈的安装

（1）变压器安装、干燥，消弧线圈安装均按 10kV 考虑，10kV 以上电压等级的有关项目可按专业部门定额执行。

（2）变压器、消弧线圈、组合型成套箱式变电站安装，按不同容量以"台"为计量单位。

（3）干式变压器如果带有保护罩时，其定额人工和机械乘以系数 1.2。

（4）其他变压器执行定额：

1）自耦式变压器、带负荷调压变压器安装执行相应油浸电力变压器安装定额。

2）电炉变压器安装按同容量电力变压器定额乘以系数 2.0。

3）整流变压器安装按同容量电力变压器定额乘以系数 1.60。

（5）组合型成套箱式变电站，主要是指 10kV 以下的箱式变电站，是一种小型户外成套箱式变电站，一般布置形式为变压器在箱的中间，箱的一端为高压开关位置，另一端为低压开关位置，是一个完整的变电站；变压比一般为 10kV/0.4kV，可直接为小规模的工业和民用供电。成套箱式变电站的内部设备生产厂已安装好，只需要外接高低压进出线，一般采用电缆。不带高压开关柜的变电站的高压侧进线一般采用负荷开关。

（6）变压器的器身检查：4000kV·A 以下是按吊芯检查考虑，4000 kV·A 以上是按吊钟罩检查考虑。如果 4000 kV·A 以上的变压器需吊芯检查时，额定机械乘以系数 2.0。

（二）变压器的干燥

变压器的干燥应根据变压器绕组的绝缘电阻试验情况而定，只有通过试验，判定绝缘受潮需要干燥的才可计取干燥费。定额中不包括干燥棚搭拆工作，如果需要，可另行计入措施费中。变压器干燥时使用的木材、塑料绝缘导线、石棉水泥板等是按一定的折旧率摊销的。

（1）变压器通过试验，判定绝缘受潮需进行干燥时，以"台"为单位计算变压器干燥工程量。

（2）整流变压器、消弧线圈的干燥，执行同容量电力变压器干燥定额，电炉变压器按同容量变压器干燥定额乘以系数 2.0，以"台"为计量单位。

（三）变压器油过滤

（1）变压器油是按设备带来考虑的，定额内已包括了施工中变压器油的过滤损耗及操作损耗。变压器的油过滤定额是按几种过滤方式综合考虑的，因此，不计过滤次数，直至过滤合格为止。变压器安装过程中放注油、油过滤所使用的油罐，已摊入油过滤定额中。

（2）变压器油、断路器及其他充油设备的绝缘油过滤，以"t"为计量单位，工程量可按制造厂规定的充油量计算。计算公式：

$$油过滤数量＝设备油重×（1＋损耗率）$$

（四）应用时注意的问题

（1）变压器铁梯及母线铁构件的制作、安装，另执行本册铁构件制作、安装定额。

（2）气体继电器的检查及试验已列入变压器系统调整试验定额内。

（3）端子箱、控制箱的制作、安装，另执行本册第四章有关定额。

（4）二次喷漆发生时按本册第四章有关定额执行。

二、配电装置工程量计算

10kV 以下变配电装置，有架空进线和电缆进线等安装方式，变配电装置进线方式不同、控制设备不同，工程量列项内容也不同。总之，均从进户装置开始进行工程量的计算。变配电装置进线及设备如图 6-25 所示。

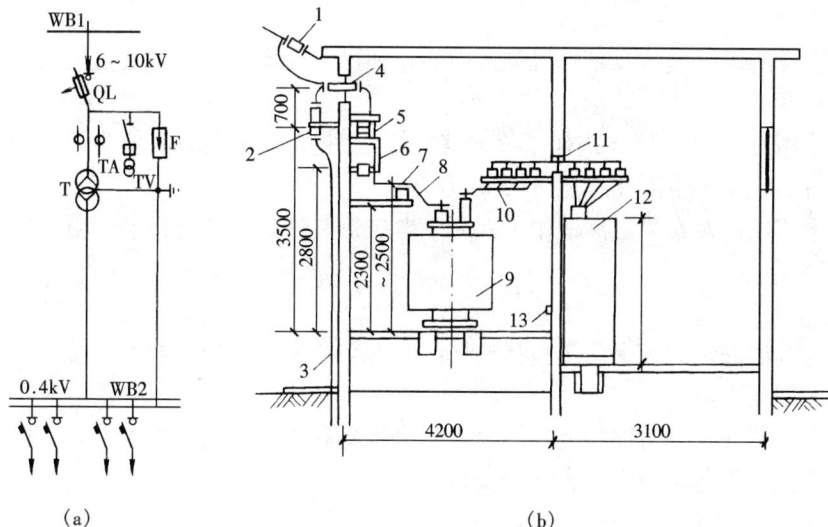

图 6-25　变配电装置进线及设备

（a）变配电装置系统图；（b）架空进线变配电装置

1—高压架空引入线拉紧装置；2—避雷器；3—避雷器接地引下线；4—高压穿通板及穿墙套管；
5—负荷开关 QL 或断路器 QF 或隔离开关 QS，均带操动机构；6—高压熔断器；7—高压支柱
绝缘子及钢支架；8—高压母线 WB1；9—电力变压器 T；10—低压母线 WB2 及电车绝缘子
和钢支架；11—低压穿通板；12—低压配电箱（屏）；13—室内接地母线

（一）定额中有关问题的说明

1. 断路器

（1）断路器套管在安装前的介质损失角及绝缘油的简化试验不包括在定额内。该项费用

包括在调试定额内。

(2) 空气断路器本体的阀门、管子等材料，均由制造厂供应，定额中也不包括从储气罐至断路器的管路。

(3) 定额中不包括端子箱制作及安装，应另行计算。

(4) 定额中不包括二次灌浆。该项费用可执行第一册有关项目。

2. 隔离开关

(1) 二段式传动的隔离开关安装，定额中考虑了增加项目，使用时除按额定电流套用相应定额外，另再套"二段传动另加"定额。

(2) 定额中包括连锁位置及信号接点的安装检查，但不包括该项设备的费用。

(3) 定额中不包括金属构架的配制，需用时应另套第四章相应的定额。

由于负荷开关安装与隔离开关安装基本相同，故未单独编制该项目，可执行相应隔离开关定额。隔离开关、负荷开关的操作机构已包括在定额内，不得另计。

3. 高压熔断器

高压熔断器安装方式有墙上与支架上安装。墙上安装按打眼埋螺栓考虑；支架上安装按支架已埋设好考虑。

4. 互感器

互感器安装定额系按单相考虑的，不包括抽芯及绝缘油过滤。

5. 电抗器

(1) 设备的搬运和吊装是按机械考虑的，在吊车配备上除考虑起重能力外，还考虑了起吊高度和角度。

(2) 定额对三种安装方式作了综合考虑。三种安装方式的取值为：三相叠放占20%，三相平放占10%，两相叠放一相平放占70%。

(3) 干式电抗器安装定额适用于混凝土电抗器、铁芯干式电抗器、空心电抗器等干式电抗器的安装。

6. 电容器

(1) 电容器安装定额中，不包括连接线和支架的安装，应按导线连接形式和材料规格分别计量，套用相应定额。

(2) 电容器安装分为移相电容器及串联电容器和集合式电容器两种，电容器柜安装按成套式安装考虑，不包括柜内电容器的安装。

7. 交流滤波装置

TJL 系列交流滤波装置安装包括电抗器组架、放电组架和连线组架三部分。该三部分组架安装均不包括电抗器等设备的安装和接线，如设备单独安装时应另套设备安装定额。

8. 成套高压配电柜

(1) 定额系综合考虑，不分容量大小。

(2) 定额中不包括基础槽钢及角钢的安装埋设，另套本册第四章定额有关项目。

(3) 定额中高压柜与基础型钢采用焊接固定，柜间用螺栓连接；柜内设备按厂家已安装好、连接母线已配置、油漆已刷好来考虑。柜顶主母线以及主母线与上刀闸引下线的配制安装可另套相应定额计算。

9. 新规范和新工艺采用的新材料反映到定额中

(1) 铜接触面搪锡（新规范要求）；

(2) 接地线原定额用"扁钢＜－59"，根据新规范一律改为"镀锌扁钢 25×4"，重量也相应增加。

（二）工程量的计算

(1) 断路器、电流互感器、电压互感器、油浸电抗器、电力电容器及电容器柜的安装以"台（个）"为计量单位。

(2) 隔离开关、负荷开关、熔断器、避雷器、干式电抗器的安装以"组"为计量单位，每组按三相计算。

(3) 电力电容器安装仅考虑本体安装，以"个"为计量单位。

(4) 交流滤波装置的安装以"台"为计量单位。每套滤波装置包括 3 台组架安装，不包括设备本身及铜母线的安装。其工程量应按本册相应定额另行计算。

（三）应用时注意的问题

(1) 绝缘油、六氟化硫气体、液压油等均按设备带有考虑；电气设备以外的加压设备和附属管道的安装应按相应定额另行计算。设备安装所需的地脚螺栓按土建预埋考虑，不包括二次灌浆。

(2) 本定额熔断器安装指高压熔断器安装，低压熔断器安装以"个"为单位执行本定额第四章有关定额。

(3) 低压无功补偿电容器屏（柜）安装列入本定额第四章。

(4) 高压设备安装定额内均不包括绝缘台的安装，其工程量应按施工图设计执行相应定额。

(5) 配电设备安装的支架、抱箍及延长轴、轴套、间隔板等，按施工图设计的需要量计算，执行第四章铁构件制作安装定额，属供应成品的只计安装及成品价。配电设备的端子板外部接线，应按本定额第四章相应定额另行计算。

(6) 本部分设备安装定额不包括端子箱安装、设备支架制作及安装、绝缘油过滤、基础槽（角）钢安装，应另执行本定额相应定额。

三、母线及绝缘子安装工程量计算

（一）母线安装工程量

1. 软母线安装

(1) 软母线安装指直接由耐张绝缘子串悬挂部分，导线跨距按 30m 一跨考虑，按软母线截面大小分别以"跨/三相"为计量单位。软母线安装是按地面组合，卷扬机起吊挂线方式施工考虑。导线、绝缘子、线夹、弛度调节金具等均按施工图设计用量加定额规定的损耗率计算。

(2) 软母线安装定额是按单串绝缘子考虑的，如设计为双串绝缘子，其定额人工乘以系数 1.08。

(3) 组合软母线安装，按三相为一组计算。跨距（包括水平悬挂部分和两端引下部分之和）按 45m 以内考虑，不包括两端铁构件制作、安装和支持瓷瓶、带型母线的安装，发生时应执行本册相应定额。导线、绝缘子、线夹、金具按施工图设计用量加定额规定的损耗率计算。

2. 软母线的引下线、跳线、设备连接线

（1）软母线引下线指由 T 型线夹或并沟线夹从软母线引向设备的连接线，以"组/三相"为计量单位；软母线经终端耐张线夹引下（不经 T 型线夹或并沟线夹引下）与设备连接的部分均执行引下线定额。

（2）两跨软母线间的跳引线安装是指两跨软母线之间用跳线线夹、端子压接管或并槽线夹连接的引流线安装，以"组/三相"为计量单位。不论两端的耐张线夹是螺栓式或压接式，均执行软母线跳线定额。

（3）设备连接线安装指两设备间的连接部分，有用软导线、带形或管形导线等连接方式。这里专指用软导线连接的，其他连接方式应另套相应的定额，每组包括三相。

（4）软母线不论引下线、跳线、设备连接线，定额对三种连线方式进行了综合考虑，均已按导线截面、三相为一组计算工程量。

（5）软母线安装预留长度按表 6-17 计算。

表 6-17　　　　　　　　　　　　软母线安装预留长度　　　　　　　　　　　单位：m/根

项　　目	耐　　张	跳　　线	引下线、设备连接线
预留长度	2.5	0.8	0.6

3. 带型、槽型、共箱母线安装

（1）带型硬母线安装：

1）母线原材料长度按 6.5m 考虑，揻弯加工采用万能母线机，主母线连接采用氩弧焊焊接，引下线采用螺栓连接。

2）带型铜母线和铝母线分别编有定额，钢母线可参照铜母线定额执行。

3）母线、金具均作为主要材料，按设计数量加损耗计算。

4）带型母线伸缩节头和铜过滤板安装均按成品现场安装考虑，以"个"为计量单位。

（2）槽型母线安装：

1）槽型母线安装采用手工平直、下料、弯头配制及安装，弯头及中间接头采用氩弧焊焊接工艺，需要拆卸的部位按螺栓连接考虑。

2）槽型母线与设备连接，区分与变压器、发电机、断路器、隔离开关的连接。发电机按 6 个头连接考虑，与变压器、断路器、隔离开关按 3 个头连接考虑。

（3）共箱母线安装。共箱母线运搬采用机械运搬，吊装户外采用汽车起重机，户内采用链式起重机人工吊装，对高架式布置和悬挂式布置进行了综合考虑。子目的划分以箱体尺寸和导线截面双重指标设定。

（4）工程量计算：

1）带型母线安装及带型母线引下线安装包括铜排、铝排，分别以不同截面和片数并以"10m/单相"为计量单位。

2）槽型母线安装以"10m/单相"为计量单位。槽型母线与设备连接分别按连接不同的设备以"台"或"组"为计量单位。槽型母线及固定槽型母线的金具按设计用量加损耗率计算。

3）共箱母线安装区分箱体和导线规格以"10m"为计量单位，长度按设计共箱母线的轴线长度计算。

4）带型母线、槽型母线安装均不包括支持瓷瓶安装和钢构件配置安装。其工程量应分别按设计成品数量执行相应定额。

4. 低压（指 380V 以下）封闭式插接母线槽安装

（1）封闭式插接母线槽安装不分铜导体和铝导体，一律按其电流大小划分定额子目。

（2）每 10m 母线槽按含有 3 个直线段和 1 个弯头考虑。

（3）每段母线槽之间的接地跨接线已含在定额内，不应另行计算。接地线规格如设计与定额不符时可以换算。

（4）分别按导体的额定电流大小以"10m"为计量单位，长度按设计母线的轴线长度计算，分线箱以"台"为计量单位，分别以电流大小按设计数量计算。按制造厂供应的成品考虑，定额只包含现场安装。封闭式插接母线槽在竖井内安装时，人工和机械乘以系数 2.0。

5. 重型母线安装

（1）重型母线安装包括铜母线、铝母线，分别按截面大小以母线的成品重量"t"为计量单位。

（2）重型母线伸缩器分别以不同截面积按"个"为计量单位，导板制作安装分材质及阳极、阴极以"束"为计量单位。

（3）重型母线接触面加工指铸造件加工接触面，按其接触面大小，分别以"片/单相"为计量单位。

6. 硬母线配置安装

硬母线配置安装预留长度按表 6-18 的规定计算。

表 6-18　　　　　　　　　　　　　硬母线配置安装预留长度

序　　号	项　　目	预留长度（m/根）	说　　明
1	带型、槽型母线终端	0.3	从最后一个支持点算起
2	带型、槽型母线与分支线连接	0.5	分支线预留
3	带型母线与设备连接	0.5	从设备端子接口算起
4	多片重型母线与设备连接	1.0	从设备端子接口算起
5	槽型母线与设备连接	0.5	从设备端子接口算起

（二）绝缘子安装

（1）绝缘子安装：

1）悬垂绝缘子串安装按单串以"串"为计量单位，指垂直或 V 型安装的提挂导线、跳线、引下线、设备连接线或设备等所用的绝缘子串安装，是以普通型悬式绝缘子安装为基础，每串绝缘子按 2 片以内考虑。其金具、绝缘子、线夹按主要材料另行计算。耐张绝缘子串的安装已包括在软母线安装定额内。

2）支持绝缘子安装分别按安装在户内、户外、单孔、双孔、四孔固定，以"个"为计量单位。户内安装按安装在墙上、铁构件上综合考虑，墙上打眼采用冲击电钻施工。户外安装按安装在铁构件上考虑，均按人力搬运吊装进行施工。

（2）穿墙套管安装，不分水平、垂直安装，对电流大小等进行了综合考虑，均以"个"为计量单位。

（3）该定额不包括支架、铁构件的制作、安装，发生时执行本册相应定额。

四、控制设备及低压电器工程量计算

1. 电气控制设备、低压电器的安装

（1）控制设备及低压电器安装均以"台"或"个"为计量单位，未包括基础槽钢、角钢的制作安装。其工程量应按相应定额另行计算。自动空气开关区分单极、二～四极按其额定电流以"个"计算。

（2）控制设备安装未包括二次喷漆及喷字，电器及设备干燥，焊、压接线端子，端子板外部（二次）接线。除限位开关及水位电气信号装置外，其他均未包括支架制作、安装。发生时可执行相应定额。

（3）集装箱式低压配电室是指组合型低压成套配电装置，内装多台低压配电箱（屏），箱的两端开门，中间为通道，以"10t"为计量单位。

（4）蓄电池屏安装，未包括蓄电池的拆除与安装。

（5）屏上辅助设备安装，包括标签框、光字牌、信号灯、附加电阻、连接片等，但不包括屏上开孔工作。

（6）设备的补充油按随设备供应考虑。

（7）可控硅变频调速柜安装，按可控硅柜相应定额人工乘以系数1.2。

（8）刀开关、铁壳开关、漏电开关、熔断器、控制器、接触器、启动器、电磁铁、自动快速开关、电阻器、变阻器等定额内均已包括接地端子，不得重复计算。

（9）水位信号装置安装，未包括电气控制设备、继电器安装及水泵房至水塔、水箱的管线敷设。

2. 盘、柜配线

（1）盘柜配线分不同规格，以"10m"为计量单位，只适用于盘上小设备元件的少量现场配线，不适用于工厂的设备修、配、改工程。

（2）盘、箱、柜的外部进出线预留长度按表6-19计算。

表 6-19　　　　　　　　**盘、箱、柜的外部进出线预留长度**

序　号	项　　目	预留长度（m/根）	说　　明
1	各种箱、柜、盘、板、盒	高＋宽	盘面尺寸
2	单独安装的铁壳开关、自动开关、刀开关、启动器、箱式电阻器、变阻器	0.5	从安装对象中心算起
3	继电器、控制开关、信号灯、按钮、熔断器等小电器	0.3	从安装对象中心算起
4	分支接头	0.2	分支线预留

3. 焊（压）接线端子，穿通板制作、安装

（1）焊（压）接线端子定额只适用于导线。电缆终端头制作安装定额中已包括压接线端子，不得重复计算。

（2）配电板制作安装及包铁皮，按配电板图示外形尺寸，以"m²"为计量单位。配电板制作安装，不包括板内设备元件安装及端子板外部接线。

（3）端子板外部接线按设备盘、箱、柜、台的外部接线图计算，以"10个"为计量单位。

4. 基础槽、角钢及各种铁构件、支架制作、安装

（1）铁构件制作安装均按施工图设计尺寸，以成品重量"100kg"为计量单位，其定额

适用于本册范围内的各种支架、构件的制作、安装，不包括镀锌、镀锡、镀铬、喷塑等其他金属防护费用。发生时应另行计算。

（2）轻型铁构件系指结构厚度在 3mm 以内的构件。

（3）网门、保护网制作安装，按网门或保护网设计图示的框外围尺寸，以"m²"为计量单位。

五、蓄电池工程量计算

本定额适用于 220V 以下各种容量的碱性和酸性固定型蓄电池及其防震支架安装、蓄电池充放电，不包括蓄电池抽头连接用电缆及电缆保护管的安装。发生时应执行本册相应项目。

1. 碱性和酸性固定型蓄电池的安装

（1）铅酸蓄电池和碱性蓄电池安装，分别按容量大小以单体蓄电池"个"为计量单位，按施工图设计的数量计算工程量。铅酸蓄电池定额内已包括了电解液的材料消耗量，不另行计算。碱性蓄电池补充电解液由厂家随设备供货。

（2）免维护蓄电池安装分不同电压/容量［V/（A·h）］以"组件"为计量单位。其具体计算如下例：某项工程设计一组蓄电池为 220V/（500A·h），由 12V 的组件 18 个组成，那么就应该套用 12V/（500A·h）的定额 18 组件。

2. 防震支架安装

蓄电池防震支架按随设备供货考虑，安装按地坪打眼装膨胀螺栓固定，电极连接条、紧固螺栓、绝缘垫均按设备带有考虑。

3. 蓄电池充放电

蓄电池充放电按不同容量以"组"为计量单位。充放电电量已计入定额，不论铅酸、碱性蓄电池均按其电压和容量执行相应项目。

六、电机安装的工程量计算

1. 电机类型的划分

本定额中的专业术语"电机"系指发电机和电动机的统称，如小型电机检查接线定额，适用于同功率的小型发电机和小型电动机的检查接线。定额中的电机功率系指电机的额定功率。电机安装执行定额第一册《机械设备安装工程》的电机安装定额，其电机的检查接线和干燥执行本定额。

（1）电机类型的界线划分：单台电机重量在 3t 以下的为小型电机；单台电机重量在 3t 以上至 30t 以下的为中型电机；单台电机重量在 30t 以上的为大型电机。大中型电机不分交、直流电机一律按电机重量执行相应定额。

（2）微型电机分为三类：驱动微型电机（分马力电机）系指微型异步电动机、微型同步电动机、微型交流换向器电动机、微型直流电动机等；控制微型电机系指自整角机、旋转变压器、交直流测速发电机、交直流伺服电动机、步进电动机、力矩电动机等；电源微型电机系指微型电动发电机组和单枢变流机等。其他小型电机凡功率在 0.75kW 以下的均执行微型电机相应定额，但一般民用小型交流电风扇安装另执行本册定额第十三章的风扇安装定额。

2. 电机检查接线

（1）发电机、调相机、电动机、风机盘管、户用锅炉电气装置的电气检查接线，均以"台"为计算单位。直流发电机组和多台一串的机组，按单台电机分别执行定额。

（2）电机检查接线，小型电机按电机类别和功率大小执行相应定额，大、中型电机不分类别一律按电机重量执行相应定额。

（3）电机检查接线工程量的计算，应按施工图纸要求，按需要检查接线的电机，如水泵电机、风机电机、压缩机电机、磨煤机电机等的数量计算。若带有连接插头的小型电机，则不计算检查接线工程量。各类电机的检查接线定额均不包括控制装置的安装和接线。

（4）各种电机的检查接线，按规范要求均需配有相应的金属软管，如设计有规定的按设计规格和数量计算，如设计要求用包塑金属软管、阻燃金属软管或采用铝合金软管接头等，均按设计计算。设计没有规定时，平均每台电机配金属软管（综合为）1.25m。电机的电源线为导线时，应执行本册定额第四章的压（焊）接线端子定额。

（5）各类电机的检查接线定额均不包括控制装置的安装和接线。

（6）电机的接地线材料，本册定额使用镀锌扁钢（L 25×4）编制的，如采用铜接地线时，主材（导线和接头）应更换，但安装人工和机械不变。

3. 电机干燥

本定额的电机检查接线定额，除发电机和调相机外，均不包括电机干燥，发生时其工程量应按电机干燥定额另行计算。电机干燥定额系按一次干燥所需的工、料、机消耗量考虑的，在特别潮湿的地方，电机需要进行多次干燥，应按实际干燥次数计算。在气候干燥、电机绝缘性能良好、符合技术标准而不需要干燥时，则不计算干燥费用。

实行包干的工程，可参照以下比例，由有关各方协商而定：

（1）低压小型电机 3kW 以下按 25％的比例考虑干燥。

（2）低压小型电机 3kW 以上至 220kW 按 30％～50％考虑干燥。

（3）大中型电机按 100％考虑一次干燥。

七、起重设备电气装置工程量计算

1. 起重设备电气安装

起重设备电气安装定额系按制造厂家试验合格的成套起重机考虑的，按起重量以"台"计算。

有些起重设备，生产厂只供应设备和材料，如电缆、导线、管道、角钢等散件成品，并未经生产厂配套试车，即为"非成套设备"。非成套供应的或另行设计的起重机的电气设备、照明装置和电缆管线等安装均执行本册定额的相应定额项目。

2. 滑触线安装

（1）滑触线安装按不同材质、规格以"100m/单相"为计量单位，其附加和预留长度按表 6-20 的规定计算。

表 6-20　　　　　　　　　　　　　　滑触线安装附加和预留长度

序　号	项　目	预留长度（m/根）	说　明
1	圆钢、铜母线与设备连接	0.2	从设备接线端子接口算起
2	圆钢、铜滑触线终端	0.5	从最后一个固定点算起
3	角钢滑触线终端	1.0	从最后一个支持点算起
4	扁钢滑触线终端	1.3	从最后一个固定点算起
5	扁钢母线分支	0.5	分支线预留
6	扁钢母线与设备连接	0.8	从设备接线端子接口算起

续表

序　号	项　目	预留长度（m/根）	说　明
7	轻轨滑触线终端	0.8	从最后一个支持点算起
8	安全节能及其他滑触线终端	0.5	从最后一个固定点算起

（2）安全节能滑触线安装，按载流量以"100m/单相"为计量单位，三相组合为一根的滑触线，按单相滑触线定额乘以系数2.0，其固定支架执行本册定额一般铁构件制作、安装子目。未包括滑触线的导轨、支架、集电器及其附件等装置性材料。

（3）圆钢、扁钢滑触线安装，其拉紧装置应另套相应项目。

（4）滑触线及支架安装是按10m以下标高考虑的，如超过10m时按册说明的超高系数调整。

（5）滑触线及支架的油漆，按刷一遍考虑，角钢、扁钢、圆钢、工字钢滑触线已考虑刷相色漆，支架的基础铁件及螺栓，按土建预埋考虑。

（6）滑触线支架分固定方式、架式以"10副"为计量单位，指示灯、拉紧装置、挂式滑触线支持器以"套"或"10套"为计量单位。

（7）滑触线的辅助母线安装，执行车间带型母线安装定额。

（8）滑触线伸缩器和坐式电车绝缘子支持器的安装，已分别包括在"滑触线安装"和"滑触线支架安装"定额内，不另行计算。

3. 移动软电缆安装

移动软电缆安装区分敷设方式，按每根电缆的长度或截面积以"套"或"100m"为计量单位，移动软电缆敷设未包括轨道安装及滑轮制作。

八、电缆工程量计算

本定额未包括下列工作内容：

（1）隔热层、保护层的制作安装；

（2）电缆冬季施工的加温工作和在其他特殊施工条件下的施工措施费和施工降效增加费；

（3）电缆终端制作安装的固定支架及防护（防雨）罩。

（一）电缆工程量计算

本定额的电缆敷设定额适用于10kV以下的电力电缆和控制电缆敷设，按单根以延长米计算，一个沟内（或架上）敷设3根各长100m的电缆应按300m计算，以此类推。

（1）电缆敷设定额未考虑因波形敷设增加长度、弛度增加长度、电缆绕梁（柱）增加长度以及电缆与设备连接、电缆接头等必要的预留长度。该长度是电缆敷设长度的组成部分。所以其总长度应由敷设路径的水平加上垂直敷设长度、再加上预留长度而得，见图6-26及表6-21。其计算公式为：

$$L = (l_1 + l_2 + l_3 + l_4 + l_5 + l_6 + l_7) \times (1 + 2.5\%)$$

式中　l_1——水平长度，m；

l_2——垂直及斜长度，m；

l_3——余留（弛度）长度，m；

l_4——穿墙基及进入建筑长度，m；

l_5——沿电杆、沿墙引上（引下）长度，m；

l_6、l_7——电缆中间头及电缆终端长度，m；

2.5%——电缆曲折弯余系数。

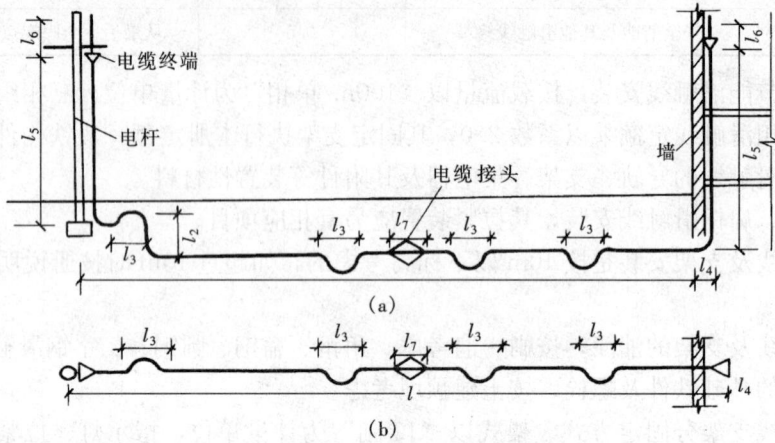

图 6-26　电缆长度组成平、剖面示意图

(a) 剖面图；(b) 平面图

表 6-21　　　　　　　　　　　　电缆敷设的附加长度

序　号	项　目	附加及预留长度	说　明
1	电缆敷设弛度、波形弯度、交叉	2.5%	按电缆全长计算
2	电缆进入建筑物	2.0m	规范规定最小值
3	电缆进入沟内或吊架时引上（下）预留	1.5m	规范规定最小值
4	变电所进线、出线	1.5m	规范规定最小值
5	电力电缆终端	1.5m	检修余量最小值
6	电缆接头盒	两端各留 2.0m	检修余量最小值
7	电缆进控制、保护屏及模拟盘等	高＋宽	按盘面尺寸
8	高压开关柜及低压配电盘、箱	2.0m	盘下进出线
9	电缆至电动机	0.5m	从电机接线盒算起
10	厂用变压器	3.0m	从地坪算起
11	电缆绕过梁柱等增加长度	按实计算	按被绕建筑物的断面情况计算增加长度
12	电梯电缆与电缆架固定点	每处 0.5m	规范规定最小值

注　电缆附加及预留的长度是电缆敷设长度的组成部分，应计入电缆长度工程量之内。

（2）竖直通道电缆敷设定额主要适用于高层建筑（高层框架）、火炬、高塔（电视塔）等的电缆敷设工程，定额是按电缆垂直敷设的安装条件综合考虑的，计算工程量时应按竖井内电缆的长度及穿越过竖井的电缆长度之和计算。

（二）电缆敷设

1．电缆敷设

（1）本章电缆敷设系综合定额，已将裸包电缆、铠装电缆、屏蔽电缆等因素考虑在内。因此 10kV 以下的电力电缆和控制电缆均不分结构形式和型号，一律按相应的电缆截面和芯数执行定额。

（2）电力电缆敷设定额均按 3 芯（包括 3 芯连地）考虑的，5 芯电力电缆敷设定额乘以系数 1.3，6 芯电力电缆乘以系数 1.6，每再增加一芯定额增加 30％，依此类推。

（3）单芯电力电缆敷设按同截面电缆定额乘以 0.67。截面 400～800mm^2 的单芯电力电缆敷设按 400mm^2 电力电缆定额执行，截面 800～1000mm^2 的单芯电力电缆敷设按 400mm^2 电力电缆定额乘以系数 1.25 执行。

（4）定额系按平原地区和厂内电缆工程的施工条件编制的，未考虑在积水区、水底、井下等特殊条件下的电缆敷设，厂外电缆敷设工程按本册第十章有关定额另计工地运输。

（5）电缆在一般山地、丘陵地区敷设时，其定额人工乘以系数 1.3。该地段所需的施工材料，如固定桩、夹具等按实另计。

（6）双屏蔽电缆终端制作、安装按相应定额人工乘以系数 1.05。240mm^2 以上的电缆终端的接线端子为异型端子，需要单独加工，应按实计算。

2. 电缆直埋时，电缆沟挖填土（石）方工程量

（1）电缆沟挖填土石方量：电缆沟挖填方定额亦适用于电气管道沟等的挖填方工作。电缆沟有设计断面图时，按图计算土石方量；电缆沟无设计断面图时，按下式计算土石方量：

1）两根电缆以内土石方量计算式为：

$$V = \frac{(0.6 + 0.4) \times 0.9}{2} = 0.45 \text{m}^3/\text{m}$$

即每 1m 沟长，挖土方量 0.45m^3，沟长按设计图计算（见图 6-27）。

2）每增加 1 根电缆时，沟底宽增加 0.17m，也即增加土石方量 0.153m^3/m，见表 6-22。

表 6-22　　　直埋电缆的挖填土（石）方量

项　目	电　缆　根　数	
	1～2	每增 1 根
每米沟长挖方量（m^3）	0.45	0.153

注　1. 2 根以内的电缆沟，系按上口宽度 600mm、下口宽度 400mm、深度 900mm 计算的常规土方量（深度按规范的最低标准）；

　　2. 每增加 1 根电缆，其宽度增加 170mm；

　　3. 以上土方量系按埋深从自然地坪算起，如设计埋深超过 900mm 时，多挖的土方量应另行计算。

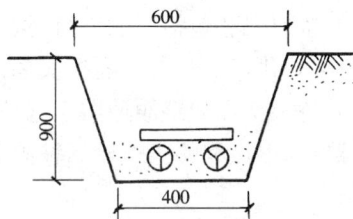

图 6-27　电缆沟挖填土石方量计算示意图

（2）挖混凝土、柏油等路面的电缆沟时，按设计的沟断面图计算挖方量，计算式为

$$V = Hbl$$

式中　V——挖方体积，m^3；

　　　H——电缆沟深度，m；

　　　b——电缆沟底宽，m；

　　　l——电缆沟长度，m。

3. 电缆沟内铺砂盖砖工程量

（1）电缆沟铺砂、盖砖及移动盖板以沟长度"100m"为计量单位。

（2）电缆沟盖板揭、盖定额，按每揭或每盖 1 次以延长米计算，如又揭又盖，则按 2 次计算。

4. 电缆保护管敷设

（1）直径 ϕ100 以下的电缆保护管敷设执行本册配管配线章节有关定额。

（2）电缆保护管长度，除按设计规定长度计算外，遇有下列情况，应按以下规定增加保护管长度：

横穿道路时，按路基宽度两端各增加 2m。

垂直敷设时，管口距地面增加 2m。

穿过建筑物外墙时，按基础外缘以外增加 1m。

穿过排水沟时，按沟壁外缘以外增加 1m。

（3）电缆保护管埋地敷设土方量，凡有施工图注明的，按施工图计算；无施工图的，一般按沟深 0.9m、沟宽按最外边的保护管两侧边缘外增加 0.3m 工作面计算。

其计算公式为：

$$V = (D + 2 \times 0.15)hl$$

式中　D——保护管外径，m；

　　　h——沟深，m；

　　　l——沟长，m；

　　0.15——工作面尺寸，m。

5. 桥架安装

（1）桥架安装，以"10m"为计量单位，不扣除弯头、三通、四通等所占长度。组合桥架以每片长度 2m 作为一个基型片，已综合了宽为 100、150、200mm 三种规格，工程量计算以"片"为计量单位。

（2）桥架安装：

1）桥架安装包括运输，组对，吊装固定，弯头或三、四通修改、制作组对，切割口防腐，桥架开孔，上管件，隔板安装，盖板安装，接地、附件安装等工作内容。

2）桥架支撑架定额适用于立柱、托臂及其他各种支撑架的安装。本定额已综合考虑了采用螺栓、焊接和膨胀螺栓三种固定方式，实际施工中，不论采用何种固定方式，定额均不作调整。

3）玻璃钢梯式桥架和铝合金梯式桥架定额均按不带盖考虑。如这两种桥架带盖，则分别执行玻璃钢槽式桥架定额和铝合金槽式桥架定额。

4）钢制桥架主结构设计厚度大于 3mm 时，定额人工、机械乘以系数 1.2。

5）不锈钢桥架按本章钢制桥架定额乘以系数 1.1。

6）桥架、托臂、立柱、隔板、盖板为外购件成品。连接用螺栓和连接件随桥架成套购买，计算重量可按桥架总重的 7% 计算。

6. 电缆在钢索上敷设

电缆在钢索上敷设时，钢索的计算长度以两端固定点距离为准，不扣除拉紧装置的长度。吊电缆的钢索及拉紧装置，应按本册相应定额另行计算。

7. 电缆防火堵洞

电缆防火堵洞每处按 1.25m² 以内考虑。防火涂料以"10kg"为计量单位，防火隔板安装以"m²"为计量单位。

8. 阻燃槽盒安装、电缆防护

阻燃槽盒安装和电缆防腐、缠石棉绳、刷漆、缠麻层、剥皮均以"10m"为计量单位。

电缆刷色相漆按一遍考虑。

（三）电缆终端与接头制作安装

电缆终端及接头均以"个"为计量单位。电力电缆和控制电缆均按一根电缆有两个终端考虑。接头设计有图示的，按设计确定；设计没有规定的，按实际情况计算（或按平均250m一个接头考虑）。

九、防雷及接地装置工程量计算

防雷接地装置由接闪器、引下线、接地体三大部分组成，见图6-28。接闪器部分有避雷针、避雷网、避雷带等。引下线部分有引下线、引下线支持卡子、断接卡子、引下线保护管等组成。接地部分由接地母线、接地极等。

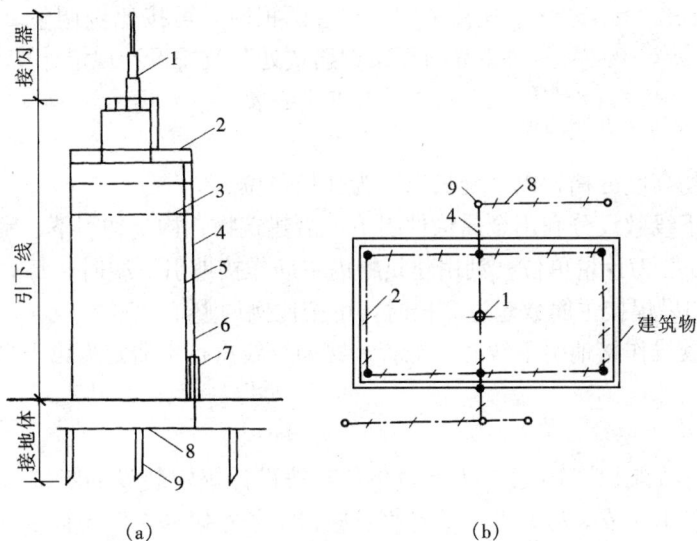

图 6-28　建筑物防雷与接地

(a) 结构；(b) 俯视图

1—避雷针；2—避雷网；3—避雷带；4—引下线；5—引下线卡子；

6—断接卡子；7—引下线保护管；8—接地母线；9—接地极

防雷接地分为建筑物、构筑物防雷接地，变配电系统防雷接地（见图6-29），设备接地，避雷针接地等。

（一）接闪器安装工程量计算

1. 避雷针的加工、制作、安装

（1）以"根"为计量单位，独立避雷针安装以"基"为计量单位。长度、高度、数量均按设计规定。独立避雷针的加工制作应执行"一般铁件"制作定额或按成品计算。

（2）避雷针的安装、半导体少长针消雷装置安装均已考虑了高空作业的因素。避雷针安装定额是按成品考虑计入的。独立避雷针的加工制作执行本册定额"一般铁构件"制作项目。平屋顶上烟囱及凸起的构筑物所作避雷针，执行"避雷网安装"项目。

（3）半导体少长针消雷装置安装以"套"为计量单位，按设计安装高度分别执行相应定额。装置本身由设备制造厂成套供货。

2. 避雷网安装

（1）工程量以"延长米"计量单位。工程量计算式为：

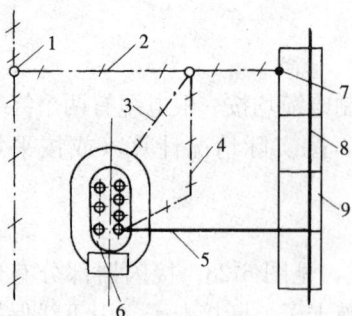

图 6-29　变配电系统接地示意图
1—接地极；2—接地母线；3—T 外壳保护接地线；4—T 工作零线 N 接地线；5—T 工作零线；6—变压器 T；7—配电柜外壳接地；8—配电工作零线 N；9—配电柜

避雷网长度＝按图示尺寸计算的长度×（1＋3.9％）

式中，3.9％为避雷网转弯、上下波动、避绕障碍物、搭接头所占长度。

（2）均压环敷设以"10m"为计量单位，主要考虑利用圈梁内主筋作均压环接地连线，长度按设计需要作均压接地的圈梁中心线长度，以延长米计算。如果采用单独扁钢或圆钢明敷作均压环时，可执行"接地母线明敷"项目。

（3）柱子主筋与圈梁连接以"10 处"为计量单位，按设计规定计算。每处按两根主筋与两根圈梁钢筋分别焊接连接考虑，超过两根时，可按比例调整。需要连接的柱子主筋与圈梁钢筋"处"数按设计规定计算。

（二）引下线安装

1. 引下线安装

（1）以建筑物高度分档，以"延长米"为计量单位。

（2）避雷引下线敷设分利用金属构件引下，沿建筑物、构筑物引下、利用建筑物内主筋引下，均以"10m"为计量单位；利用建筑物内主筋作接地引下线时，每一根柱子内按焊接 2 根主筋考虑，如果焊接主筋数超过 2 根时，可按比例调整。

（3）利用铜绞线作接地引下线时，配管、穿铜绞线执行本册定额第十二章中同规格的相应项目。

2. 断接卡子制作安装

断接卡子制作安装以"10 套"为计量单位，按设计规定装设的断接卡子数量计算，接地检查井内的断接卡子安装按每井一套计算。断接卡子箱以"个"为计量单位。

（三）接地体安装

本定额不适用于采用爆破法施工敷设接地线、安装接地极，也不包括高电阻率土壤地区采用换土或化学处理的接地装置及接地电阻的测定工作。

1. 接地极制作安装

（1）以"根"为计量单位，其长度按设计长度计算，设计无规定时，每根长度按 25m 计算。若设计有管帽时，管帽另按加工件计算。

（2）高层建筑屋顶的防雷接地装置应执行避雷网安装定额，电缆支架的接地线安装应执行沿电缆沟内支架、桥架敷设定额。

（3）钢、铝窗接地以"10 处"为计量单位（高层建筑 6 层以上的金属窗设计一般要求接地），按设计规定接地的金属窗数进行计算。

2. 接地母线敷设

接地母线敷设按设计长度以"10m"为计量单位计算工程量。

（1）接地母线敷设按"延长米"计算，其长度按施工图设计水平和垂直规定长度另加 3.9％的附加长度（包括转弯、上下波动、避绕障碍物、搭接头所占长度）计算。计算式为：

接地母线长度＝按图示尺寸计算的长度×（1＋3.9％）

计算主材消耗量时应增加规定的损耗率。

（2）接地母线埋地敷设定额系按自然地坪和一般土质综合考虑，包括地沟的挖填土和夯实工作，执行本定额时不应再计算土方量。如遇有石方、矿渣、积水、障碍物等情况时可另行计算。

3. 接地跨接线

接地跨接线以"10 处"为计量单位，按规程规定凡需作接地跨接线的工程，每跨接一次按一处计算，户外配电装置构架均需接地，每副构架按"一处"计算。

十、10kV 以下架空配电线路工程量计算

10kV 以下架空线路由电杆、横担、金具、绝缘子、导线等组成。架空输电线路的划分见图 6-30。

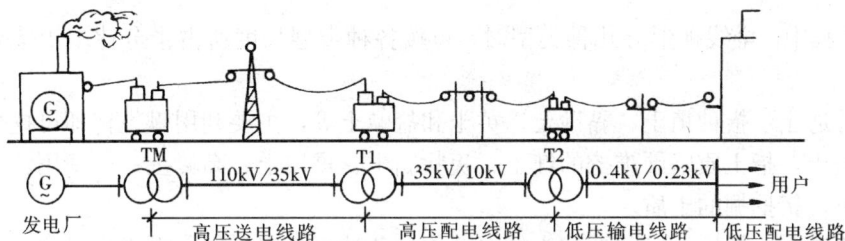

图 6-30 架空输电线路划分示意图

（一）电杆、导线、金具等线路器材工地运输工程量计算

1. 线路器材工地运输

工地运输是指定额内主要材料从集中材料堆放点或工地仓库运至杆位上的工地运输，分人力运输和汽车运输两种运输方式。人力运输按平均运距 200m 以内和 200m 以上划分子目，汽车运输分为装卸和运输。

2. 线路器材等运输工程量的计算

运输量应根据施工图设计将各类器材分类汇总，按定额规定的运输量和包装系数计算。线路器材等运输工程量以"10t·km"为计量单位。运输量计算公式如下：

$$工程运输量＝施工图设计用量×（1＋损耗率）$$

预算运输重量＝工程运输量＋包装物重量（不需要包装的可不计算包装物重量）

运输重量可按表 6-23 的规定进行计算。

（二）定额地形划分规定

10kV 以下架空输电线路安装定额是以在平原地区施工为准，如在其他地形条件下施工时，其人工和机械按表 6-24 所列地形类别予以调整。

表 6-23   **运 输 重 量 表**

材料名称		单 位	运输重量（kg）	备 注
混凝土制品	人工浇制	m³	2600	包括钢筋
	离心浇制	m³	2800	包括钢筋
线材	导线	kg	$W×1.15$	有线盘
	钢绞线	kg	$W×1.07$	无线盘
木杆材料		m³	500	包括木横担
金具、绝缘子		kg	$W×1.07$	
螺栓		kg	$W×1.01$	

注 1. W 为理论重量；

    2. 未列入者均按净重计算。

表 6-24	调 整 系 数	
地形类别	丘陵（市区）	一般山地、泥沼地带
调整系数	1.20	1.60

地形划分的特征：

（1）平地：地形比较平坦、地面比较干燥的地带。

（2）丘陵：地形有起伏的矮岗、土丘等地带。

（3）一般山地：指一般山岭或沟谷地带、高原台地等。

（4）泥沼地带：指经常积水的田地或泥水淤积的地带。

（三）杆基土石方工程量计算

1. 土质分类

实际工程中，全线地形分几种类型时，可按各种类型长度所占半分比求出综合系数进行计算。

（1）普通土，指种植土、黏砂土、黄土和盐碱土等，主要利用锹、铲即可挖掘的土质。

（2）坚土，指土质坚硬难挖的红土、板状黏土、重块土、高岭土，必须用铁镐、条锄挖松，再用锹、铲挖掘的土质。

（3）松砂石，指碎石、卵石和土的混合体，各种不坚实砾岩、页岩、风化岩，节理和裂缝较多的岩石等（不需用爆破方法开采的），需要镐、撬棍、大锤、楔子等工具配合才能挖掘的土质。

（4）岩石，一般指坚实的粗花岗岩、白云岩、片麻岩、石英岩、大理岩、石灰岩、石灰质胶结的密实砂岩的石质，不能用一般挖掘工具进行开挖的，必须采用打眼、爆破或打凿才能开挖的土质。

（5）泥水，指坑的周围经常积水，坑的土质松散，如淤泥和沼泽地等，挖掘时因水渗入和浸润而成泥浆，容易坍塌，需用挡土板和适量排水才能施工的土质。

（6）流砂，指坑的土质为砂质或分层砂质，挖掘过程中砂层有上涌现象，容易坍塌，挖掘时需排水和采用挡土板才能施工的土质。

2. 杆坑土石方量

按杆基施工图尺寸以"m³"计量。见图 6-31 所示杆坑的土石方量计算公式为：

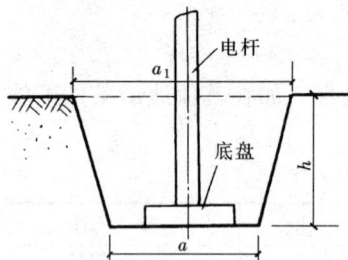

图 6-31　杆坑图

$$V = (h/6) \times [a \times b + (a + a_1) \times (b + b_1) + a_1 \times b_1]$$

a、b ＝底拉盘底宽＋2×每边操作裕度

a_1、b_1 ＝$a(b)$＋2h×放坡系数

式中　V——土（石）方体积，m³；

h——坑深，m；

a、b——坑底宽，m；

a_1、b_1——坑口宽，m。

（1）不论是开挖电杆坑或拉线盘坑，只是区分不同土质执行同一定额。土石方工程已综合考虑了线路复测、分坑、挖方和土方的回填夯实工作。

（2）各类土质的放坡系数按表 6-25 计算。

表 6-25	各类土质的放坡系数			
土　质	普通土、水坑	坚　土	松砂石	泥水、流沙、岩石
放坡系数	1：0.3	1：0.25	1：0.2	不放坡

（3）施工操作裕度按底拉盘底宽每边增加 0.1m。

（4）冻土厚度大于 300mm 时，冻土层的挖方量按坚土定额乘以系数 2.5。其他土层仍按图纸执行定额。

（5）杆坑土质按一个坑的主要土质而定，如一个坑大部分为普通土，少量为坚土，则该坑应全部按普通土计算。

（6）带卡盘的电杆坑，如原计算的尺寸不能满足卡盘安装时，因卡盘超长而增加的土（石）方量另计。

3. 无底盘、卡盘的电杆坑土石方量

其挖方体积为：

$$V = 0.8 \times 0.8 \times h$$

式中　h——坑深，m。

4. 电杆坑的马道上土石方量

按每坑 0.2m³ 计算。

（四）杆体、横担安装工程量计算

线路一次施工工程量按 5 基以上电杆考虑，如 5 根以内者，其全部人工、机械乘以系数 1.3。

（1）底盘、卡盘、拉线盘按设计用量以"块"为计量单位。

（2）杆塔组立，分别杆塔形式和高度按设计数量以"根"为计量单位。

1）混凝土杆组立人工水平按人力、半机械化、机械化综合取定。

2）立木电杆每根考虑一个地横木，规格为 $\phi 200 \times 1200$，其材料按主要材料考虑。

3）拉线制作安装按每种拉线方式，分不同规格的拉线分别编制，定额中不包括拉线盘的安装，拉线及拉线金具均按主要材料计算。

（3）横担安装。

1）按施工图设计规定，分不同形式以"组"或"根"为计量单位。横担安装是单杆考虑的，若双杆横担安装，基价乘以系数 2.0。

2）导线排列形式不同影响横担的组装形式，有三角形排列、扁三角排列、水平排列、垂直排列，如图 6-32 所示。

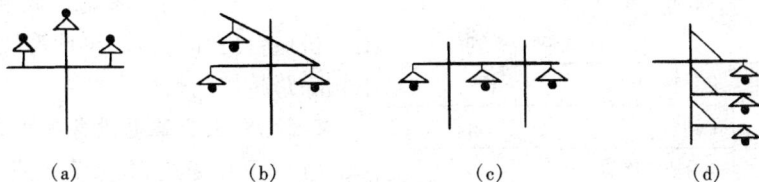

图 6-32　导线排列与横担组装形式

(a) 三角形排列；(b) 扁三角排列；(c) 水平排列；(d) 垂直排列

（五）拉线制作与安装工程量计算

按施工图设计规定，拉线分别不同形式，以"根"为计量单位。定额按单根拉线考虑，若安装 V 型、Y 型或双拼型拉线时，按 2 根计算。拉线长度按设计全根长度计算，设计无规定时可按表 6-26 计算。

表 6-26　　　　　　　　　　　　　**拉　线　长　度**　　　　　　　　　　单位：m/根

项　　目		普通拉线	V（Y）型拉线	弓型拉线
杆高（m）	8	11.47	22.94	9.33
	9	12.61	25.22	10.10
	10	13.74	27.48	10.92
	11	15.10	30.20	11.82
	12	16.14	32.28	12.62
	13	18.69	37.38	13.42
	14	19.68	39.36	15.12
水平拉线		26.47		

（六）导线架设工程量计算

导线架设，分别导线类型和不同截面以"km/单线"为计量单位计算。

1. 导线架设长度计算

导线长度按线路总长度和预留长度之和计算。计算主材消耗量时应另增加规定的损耗率。10kV 以下、1kV 以下导线长度按下式计算：

$$导线总长＝导线单根长度×根数$$

导线单根长度＝图纸所示线路长度＋转角预留长度＋分支预留长度
$$＋导线弛度（线路长度的 1\%），km$$

或　导线单根长度＝线路长度×（1＋1%）＋∑预留长度，km

导线预留长度按表 6-27 的规定计算。

2. 导线跨越架设

导线跨越架设包括跨越线架的搭、拆和运输以及因跨越（障碍）施工难度增加而增加的工作量，以"处"为计量单位。

（1）每个跨越间距按 50m 以内考虑，大于 50m 而小于 100m 时按 2 处计算，依此类推。在计算架线工程量时，不扣除跨越档的长度。在同跨越档内，有多种（或多次）跨越物时，应根据跨越物种类分别执行定额。

表 6-27　　　**导线预留长度**
单位：m/根

项　目　名　称		长　度
10kV 以下高压	转角	2.5
	分支、终端	2.0
1kV 以下低压	分支、终端	0.5
	交叉跳线转角	1.5
与设备连线		0.5
进户线		2.5

（2）跨越定额仅考虑因跨越而多耗的人工、机械台班和材料，再计算架线工程量时，不扣除跨越档的长度。

（七）杆上变配电设备安装工程量计算

（1）杆上变压器及设备安装，以"台"或"组"为计量单位，包括杆子支架、台架、变压器及设备的全部安装工作，并包括设备连引线的安装，但不包括变压器的调试、吊芯、干燥等。

（2）杆子、台架所用的铁杆、连引线材料、支持瓷瓶、线夹、金具等均作主要材料，依据设计的规格另行计算。

（3）接地装置安装和测试另套相应定额。

（4）杆上变压器及设备安装不包括检修平台或防护栏杆的制作安装，应另行计算。

十一、电气调整试验工程量计算

（一）电气调试概述

电气调试系统的划分以电气原理系统图为依据，包括电气设备的本体试验和主要设备的分系统调试。主要设备的分系统内所含的电气设备元件的本体试验已包括在该分系统调试定额之内。如变压器的系统调试中已包括该系统中的变压器、互感器、开关、仪表和继电器等一、二次设备的本体调试和回路试验。绝缘子和电缆等单体试验定额，只在单独试验时使用，不得重复计算。在系统调试定额中各工序的调试工作量如需单独计算时，可按表 6-28 所列比例计算。

表 6-28　　　　　　　　　　　　电气系统调试各工序工作量比例　　　　　　　　　　单位:%

工　序　　　　　　项　目	发电机调相机系统	变压器系统	送配电设备系统	电动机系统
一次设备本体试验	30	30	40	30
附属高压二次设备试验	20	30	20	30
一次电流及二次回路检查	20	20	20	20
继电器及仪表试验	30	20	20	20

（二）变压器系统调试

变压器系统调试，以"系统"为计量单位，不包括避雷器、自动装置、特殊保护装置和接地装置的调试。

（1）变压器系统调试，以每个电压侧有 1 台断路器为准。多于 1 台断路器的按相应电压等级送配电设备系统调试的相应定额另行计算。干式变压器调试，执行相应容量变压器调试定额乘以系数 0.8。

（2）电力变压器如有"带负荷调压装置"，调试定额乘以系数 1.12。

（3）三绕组变压器、整流变压器、电炉变压器调试按同容量的电力变压器调试定额乘以系数 1.2。

（三）送配电设备系统调试

送配电设备系统是指具有 1 台断路器（油断路器或空气断路器）的一次或二次回路线路的配电设备、继电保护、测量仪表总称，不包括送、配电线路本身的常数测定。

（1）送配电设备系统调试，适用于各种供电回路（包括照明供电回路）的系统调试，凡供电回路中带有仪表、继电器、电磁开关等调试元件的（不包括闸刀开关、保险器），均按调试系统计算。移动式电器和以插座连接的家电类设备等已经厂家调试合格、不需用户自调的设备均不应计算调试工程量。

（2）送配电设备调试中的 1kV 以下定额适用于按工程标准、规范要求进行调试、试验的所有供电回路，如从低压配电装置至分配电箱的供电回路。从配电箱接至电动机的供电回路已包括在电动机的系统调试定额内。如经厂家调试合格成套供应的配电箱，不需现场调试，不应计算调试费用。送配电设备系统调试包括系统内的电缆试验、瓷瓶耐压等全套调试工作。

（3）送配电设备系统调试，是按一侧有 1 台断路器考虑的，若两侧均有断路器时则应按两个系统计算。

（4）供电桥回路中的断路器、母线分段断路器皆作为独立的供电系统计算。

（四）特殊保护装置调试

特殊保护装置是指发电机、变压器、送配电设备、电动机等元件保护中非普遍采用者，需要时作为上述元件一般保护的补充。定额中均包括继电器本身及二次回路的检查试验、保护整定值的整定、模拟传动试验，以构成一个保护回路为一套，工程量计算规定如下（特殊保护装置未包括在各系统调试的定额之内，应另行计算）：

（1）发电机转子接地保护，按全厂发电机共用一套考虑。

（2）距离保护，按设计规定所保护的送电线路断路器台数计算。

（3）高频保护，按设计规定所保护的送电线路断路器台数计算。

（4）故障录波器套用失灵保护定额，以一块屏为一套系统计算。

（5）失灵保护，按设置该保护的断路器台数计算。

（6）失磁保护，所保护的电机台数计算。电机定子接地保护、负序反时限过流保护执行失磁保护定额。

（7）变流器的断线保护，按变流器台数计算。

（8）小电流接地保护，按装设该保护的供电回路断路器台数计算。

（9）保护检查及打印机调试，按构成该系统的完整回路为一套计算。

（五）自动装置、事故照明切换及中央信号装置调试

自动装置及信号系统调试，均包括继电器、仪表等元件本身和二次回路的调整试验，具体规定如下：

1. 自动装置调试

（1）备用电源自动投入装置调试，按连锁机构的个数确定备用电源自动投入装置系统数。一个备用厂用变压器，作为三段厂用工作母线备用的厂用电源，计算备用电源自动投入装置调试时，应为三个系统，如图 6-33 所示。装设自动投入装置的两条互为备用的线路或 2 台变压器，计算备用电源自动投入装置调试时，应为两个系统。备用电动机自动投入装置亦按此计算。

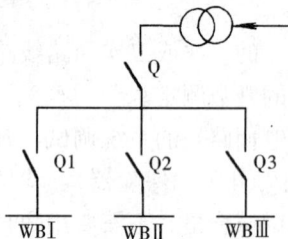

图 6-33　计算备用电源投入
装置系统数示意图

（2）线路自动重合闸调试，按采用自动重合闸装置的线路断路器的台数计算系统数。综合重合闸调试也按此规定计算。

（3）自动调频装置的调试，以一台发电机为一个系统。

（4）同期装置调试，按设计构成一套能完成同期并车行为的装置为一个系统计算。

2. 中央信号装置、事故照明切换装置、不间断电源调试

（1）中央信号装置调试，按每一个变电所或配电室为一个调试系统计算工程量。

（2）蓄电池及直流监视系统调试，一组蓄电池按一个系统计算。

（3）变送器屏，以屏的台数计算。

（4）事故照明切换装置调试为装置本体调试，不包括供电回路调试，按设计能完成交直

流切换的一套装置为一个调试系统计算。

（5）不间断电源装置调试，按容量以"套"为计量单位计算。

（6）低频减负荷装置调试，凡有一个频率继电器，不论带几个回路均按一个调试系统计算。

（六）避雷器、电容器、接地装置调试

1. 母线系统调试

母线系统调试以电压大小分档，按"段（组）"计量。

（1）调试工作内容包括母线耐压试验，接触电阻测量，母线绝缘监视装置，电测量仪表及一、二次回路的调试，接地电阻测试，不包括特殊保护装置的调试。

（2）3～10kV 母线系统调试定额含一组电压互感器，1kV 以下母线系统调试定额不含电压互感器，适用于低压配电装置的各种母线（包括软母线）系统调试。

2. 避雷器、电容器的调试

按每三相为一组计算，单个装设的亦按一组计算。上述设备如设置在发电机，变压器，输、配电线路的系统或回路内，仍应按相应定额另外计算调试费用。

3. 接地网的调试

（1）接地网接地电阻的测定。一般的发电厂或变电所连为一体的接地母网按一个系统计算；自成接地母网不与厂区接地母网相连的独立接地网，另按一个系统计算。大型建筑群各有自己的接地网（接地电阻值设计有要求），虽然在最后也将各接地网连在一起，但应按各自的接地网计算，不能作为一个网，具体应按接地网的试验情况而定。

（2）避雷针接地电阻的测定。每一避雷针均有单独接地网（包括独立的避雷针、烟囱避雷针等）时，均按一组计算。

（3）独立的接地装置按组计算，如一台柱上变压器有一个独立的接地装置，即按一组计算。

（七）电动机调试

电动机调试定额的每一系统是按 1 台电动机考虑的。如一个控制回路有 2 台以上电动机时，每增加 1 台电机调试定额乘以系数 1.2。

（1）普通电动机的调试，分别按电动机的控制方式、功率、电压等级，以"台"为计量单位。

（2）可控硅调速直流电动机调试，以"系统"为计量单位。其调试内容包括可控硅整流装置系统和直流电动机控制回路系统两个部分的调试。

1）可逆电机调速系统定额乘以系数 1.3，不包括计算机系统的调试。

2）可调试控制的电机（带一般调速的电机，可逆式控制、带能耗制动的电机、多速机、降压启动机等）按相应定额乘以系数 1.3。

（3）交流变频调速电动机调试。以"系统"为计量单位。其调试内容包括变频装置系统和交流电动机控制回路系统两个部分的调试。微机控制的交流变频调速装置调试定额乘以系数 1.25，微机本身调试另计。

（4）微型电机调试。微型电机系指功率在 0.75kW 以下的电机，以"台"为计量单位。电机功率在 0.75kW 以上的电机调试应按电机类别和功率分别执行相应的调试定额。微型电机调试定额适用于各种类型的交、直流微型电机的调试。

（5）电动机组及连锁装置调试。以"组"为计量单位，不包括电机及其启动控制设备的调试。

（八）电除尘器、硅整流设备调试

（1）高压电气除尘系统调试，按1台升压变压器、1台机械整流器及附属设备为一个系统计算，分别按除尘器（m²）范围执行定额。

（2）硅整流装置调试，按一套硅整流装置为一个系统计算。

（九）起重机、电梯电气调试

1. 起重机调试

（1）普通桥式起重机电气调试的工程量应区别起重机的不同种类，按起重吨位以"台"为计量单位计算。

（2）普通桥式起重机电气调试定额不包括电源滑触线、连锁开关、电源开关的调试，应另套1kV以下供电系统调试定额。

2. 电梯电气调试

（1）各种自动、半自动客、货电梯的电气调试工程量应区别电梯类别、层数、站数，以"部"为计量单位计算。

（2）自动扶梯、步行道电气调试的工程量，分别以"部"、"段"为计量单位计算。

（3）所有电梯电气调试定额均不包括电源开关系统的调试，应另套1kV以下送配电设备系统的调试定额。

（十）民用电气工程的供电调试

（1）一般的住宅、学校、办公楼、旅馆、商店等民用电气工程的供电调试应按下列规定：

1）配电室内带有调试元件的盘、箱、柜和带有调试元件的照明主配电箱，应按供电方式执行相应的"配电设备系统调试"定额。

2）每个用户房间的配电箱（板）上虽装有电磁开关等调试元件，但如果生产厂家已按固定的常规参数调整好，不需要安装单位进行调试就可以直接使用，不应计算调试工程量。

3）民用电能表的调整校验属于供电部门的专业管理，一般皆由用户向供电局订购调试完毕的电能表，不应另外计算调试工程量。

（2）高标准的高层建筑、高级宾馆、大会堂、体育馆等具有较高控制技术的电气工程（包括照明工程中由程控调光控制的装饰灯具），应按控制方式执行相应的电气调试定额。

（十一）电气调试工程量计算的几点注意

（1）本定额只限电气设备自身系统的调整试验，未包括电气设备带动机械设备的试运工作，发生时应按专业定额另行计算，也不包括试验设备、仪器仪表的场外转移运输内容。

（2）定额不包括设备的烘干处理和设备本身缺陷造成的元件更换修理和修改，亦未考虑因设备元件质量低劣对调试工作造成的影响。定额系按新的合格设备考虑的，如遇以上情况时，应另行计算。经修配改或拆迁的旧设备调试，定额乘以系数1.1。

（3）本定额系按现行施工技术验收规范编制，凡现行规范（指定额编制时的规范）未包括的新调试项目和调试内容均应另行计算，已包括熟悉资料、核对设备、填写试验记录、保护整定值的整定和调试报告的整理工作。

（4）电气调试所需的电力消耗已包括在定额内，一般不另计算。但10kW以上电机及发电机的启动调试用的蒸汽、电力和其他动力能源消耗及变压器空载试运转的电力消耗,另行计算。

十二、配管、配线工程量计算

配管、配线工程量包括电气工程中各种敷设形式的配管、配线,钢索架设、车间带型母线安装及其拉紧装置制作与安装,接线箱、盒安装以及地面刨沟、墙体剔槽等项目。

（一）配管工程量计算

1.计算规则及要领

各种配管应区别不同敷设方式、敷设位置、管材材质、规格,以"延长米"为计量单位,不扣除管路中间的接线箱（盒）、灯头盒、开关盒所占长度。

计算要领:从配电箱起按各个回路进行计算,或按建筑物自然层划分计算,或按建筑平面形状特点及系统图的组成特点分片划块计算,然后汇总。千万不要"跳算",防止混乱,影响工程量计算的正确性。

2.计算方法

（1）水平方向敷设的线管,以施工平面布置图的线管走向和敷设部位为依据（符号见表6-29）,并借用建筑物平面图所标墙、柱轴线尺寸和实际到达位置进行线管长度的计算。

表 6-29　　　　　　　　　　　　　线路敷设部位符号

敷设部位	符　号	敷设部位	符　号	敷设部位	符　号	敷设部位	符　号
沿梁	L	沿柱	Z	沿墙	Q	明敷	M
沿顶棚	P	沿地面（板）	D			暗敷	A

以图 6-34 为例。当线管沿墙暗敷时（QA）,按相关墙轴线尺寸计算该配管长度。如 n1 回路,沿 B—C,1—3 计算至 C、1 轴线到所到达地点,计算工程量。

当线管沿墙明敷时（QM）,按相关墙面净空长度尺寸计算线管长度。如 n2 回路,沿 C—A,1—2 在 1 轴处算至墙面净空长度到所到达地点。

（2）垂直方向敷设的管（沿墙、柱引上或引下）,其工程量计算与楼层高度及与

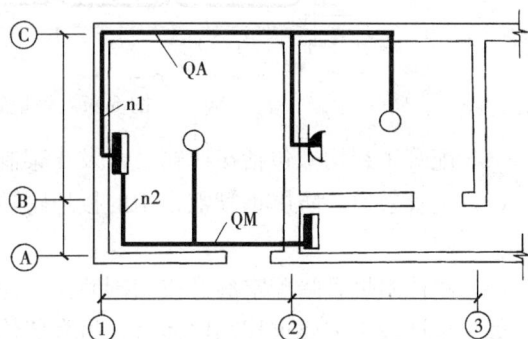

图 6-34　线管水平长度计算示意图

箱、柜、盘、板、开关等设备安装高度有关。无论配管是明敷或暗敷均按图 6-35 计算线管长度。

（3）当埋地配管时（DA）,水平方向的配管按墙、柱按方法（1）及设备定位尺寸进行计算,见图 6-36。穿出地面向设备或向墙上电气开关配管时,按埋的深度和引向墙、柱的高度进行计算,如图 6-37 所示。

若电源架空引入,穿管进入配电箱（AP、AL）,再进入设备,又连开关箱（AK）,再连照明箱（AL）。水平方向配管长度为 l_1、l_2、l_3、l_4 等,均算至各中心处。

当管穿出地面时,沿墙引下管长度（h）加上地面厚度,或设备基础高,或出地面150～200mm 长度,即为配管长度。

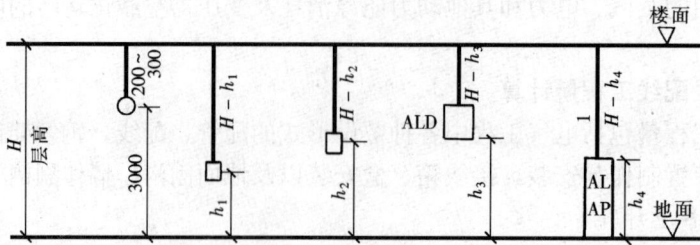

图 6-35　引下线管长度计算示意图

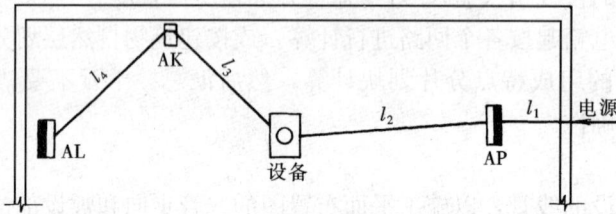

图 6-36　埋地水平管长度

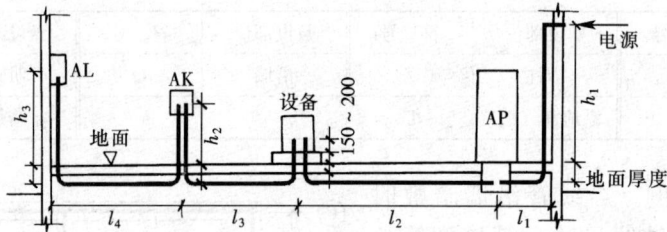

图 6-37　埋地管穿出地面

（4）配管工程均未包括接线箱、盒及支架制作、安装，另执行相应项目。

（5）钢管敷设、防爆钢管敷设中的接地跨接线定额综合了焊接和采用专用接地卡子两种方式。

（6）刚性阻燃管暗配定额是按切割墙体考虑的，其余暗配管均按配合土建预留、预埋考虑，如果设计或工艺要求切割墙体时，另套墙体剔槽定额。

（7）半硬质阻燃管埋地敷设已综合挖填土方工作，定额考虑如表 6-30 所示。

表 6-30　　　　　　　　　　半硬质阻燃管埋地敷设中挖填土用工

公称直径（mm）	15～20	25～32	40～50	70～80
挖填土用工（工日）	7.10	8.76	10.39	11.49

若实际施工中由不同单位完成挖填土方、配管工作，可参照上述数据分配。

（二）配管接线箱、盒安装工程量计算

接线箱、盒安装工程量，应区别安装形式（明装，暗装）、接线箱半周长以及接线盒类型，以"10 个"为计量单位计算。接线箱安装亦适用于 II 接箱、等电位箱等的安装。

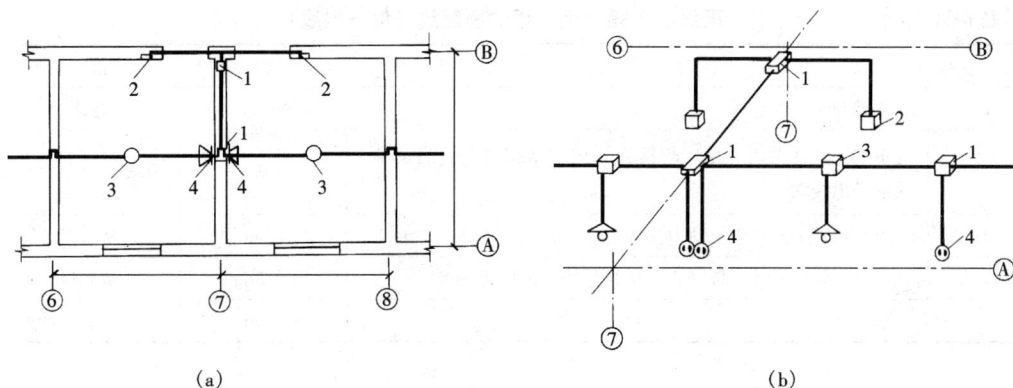

图 6-38　接线盒位置图

（a）平面位置图；（b）透视图

1—接线盒；2—开关盒；3—灯头盒；4—插座盒

1. 接线盒产生在管线分支处或管线转弯处

按图 6-38 示意图位置计算接线盒数量。

2. 线管敷设超过下列长度时中间应加接线盒

（1）管长超过 45m，且无弯时；

（2）管长超过 30m，中间只有 1 个弯时；

（3）管长超过 20m，中有 2 个弯时；

（4）管长超过 12m，中有 3 个弯时。

（三）配管内穿线工程量计算

管内穿线的工程量，应区别线路性质（分照明线路和动力线路穿线）、导线材料、导线截面，以单线"延长米"为计量单位计算。线路分支接头线的长度已综合考虑在定额中，不得另行计算。

（1）照明线路中的导线截面大于或等于 $6mm^2$ 时，应执行动力线路穿线相应项目。多芯导线管内穿线分别按导线相应芯数及单芯导线截面计算，以"延长米/束"为计量单位。

（2）管内穿线长度可按下式计算：

管内穿线长度＝（配管长度＋导线预留长度）×同截面导线根数

（3）导线进入开关箱、柜及设备预留长度见表 6-31 及图 6-39。

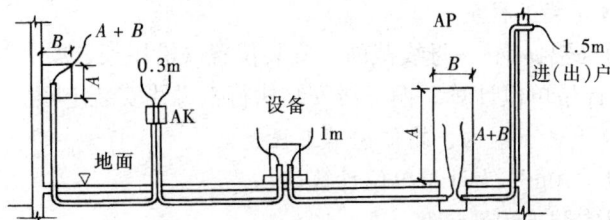

图 6-39　导线与柜、箱、设备等相连接的预留长度

灯具、明开关、暗开关、插座、按钮等预留线，已分别综合在相应定额内不另行计算。配线进入开关箱、柜、板的预留线，按表 6-31 规定的长度，分别计入相应的工程量。

表 6-31　　　　　　　　配线进入箱、柜、板的预留线（每一根线）

序　号	项　　目	预留长度	说　　明
1	各种开关、柜、板	宽+高	盘面尺寸
2	单独安装（无箱、盘）的铁壳开关、闸刀开关、启动器、线槽进出线盒	0.3m	从安装对象中心算起
3	由地面管子出口引至动力接线箱	1.0m	从管口计算
4	电源与管内导线连接（管内穿线与软、硬母线接点）	1.5m	从管口计算
5	出户线	1.5m	从管口计算

（四）配线工程量计算

1. 配线工程量计算

（1）绝缘子配线工程量，应区别绝缘子形式（针式、鼓形、蝶式）、绝缘子配线位置（沿屋架、梁、柱、墙，跨屋架、梁、柱，木结构，顶棚内，砖、混凝土结构，沿钢结构及钢索）、导线截面积，以"100m 单线"为计量单位计算。引下线按线路支持点至天棚下缘距离的长度计算。

（2）鼓形绝缘子（沿钢结构及钢索）、针式绝缘子、蝶式绝缘子的配线，金属线槽及车间带型母线的安装均已包括支架安装，支架制作另计。

（3）塑料槽板配线工程量，应区别配线位置（木结构，砖、混凝土结构）、导线截面、线式（二线、三线），以线路"100m"为计量单位计算。木质槽板执行塑料槽板配线定额。

（4）塑料护套线明敷工程量，应区别导线截面、导线芯数（二芯、三芯）、敷设位置（木结构、砖混凝土结构、沿钢索），按每束延长米以"100m"为计量单位计算。

（5）金属线槽安装区分不同的宽度，以"100m"为计量单位计算，线槽配线工程量，应区别导线截面，以单根线路"100m"为计量单位计算。金属线槽安装定额亦适用于线槽在地面内暗敷设。

2. 钢索架设工程量

应区别圆钢、钢索直径（φ6、φ9），按图示墙（柱）内缘距离，以"100m"为计量单位计算，不扣除拉紧装置所占长度。

3. 母线拉紧装置及钢索拉紧装置制作安装工程量

应区别母线截面、花篮螺栓直径（12、16、20），以"10 套"为计量单位计算。

4. 车间带型母线安装工程量

应区别母线材质（铝、钢）、母线截面、安装位置（沿屋架、梁、柱、墙，跨屋架、梁、柱），以"100m"为计量单位计算。铜母线安装执行钢母线安装定额。

5. 动力配管混凝土地面刨沟、墙体剔槽工程量

区别管直径，以"10m"为计量单位计算。

十三、照明器具安装工程量计算

照明灯具安装是照明工程的主要组成部分之一。归结起来照明工程一般包括配管配线工程、灯具安装工程、开关插座安装工程以及其他附件安装工程。配管配线工程前面已叙述。

灯具是固定电光源和控照器的一个组合体。灯具不但起照明作用，还起装饰作用，是现代化装饰要求"光、声、色、湿度、温度"中很重要的一个部分。灯具由灯架、灯罩、灯座

及其他附件组成。

（一）灯具安装方式与组成

灯具安装定额是按灯具安装方式与灯具种类划分定额的，简述如下：

（1）灯具安装方式最基本的有三类方式，见表 6-32。

表 6-32　　　　　灯具安装方式

安装方式		符号	安装方式		符号
吊式	线吊式	X	吸顶式	一般吸顶式	D
	链吊式	L		嵌入吸顶式	RD
	管吊式	G	壁装式	一般壁装式	B
				嵌入壁装式	RB

（2）灯具组成以常见灯具为准叙述，见图 6-40。

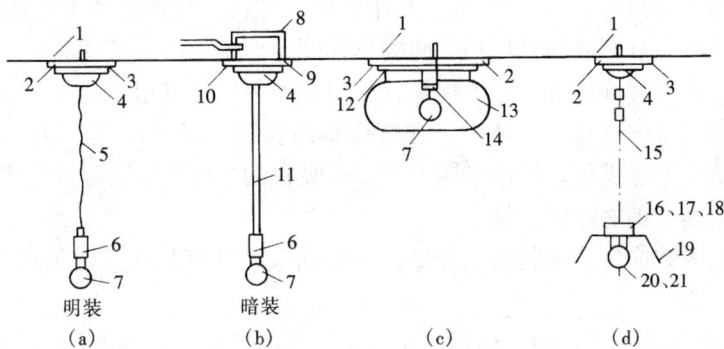

图 6-40　灯具组成

(a)、(b) 吊灯；(c) 吸顶灯；(d) 日光灯

1—固定木台螺钉；2—木台；3—固定吊线盒螺钉；4—吊线盒；5—灯线（花线）；
6—灯头（螺口 E，插口 C）；7—灯泡；8—灯头盒；9—塑料台固定螺栓；10—塑料台；
11—吊杆（吊链，灯线）；12—灯圈（灯架）；13—灯罩；14—灯头座；15—吊线（吊链、
吊杆、灯线）；16—镇流器；17—启辉器；18—电容器；19—灯罩；20—灯管灯脚
（固定和弹簧式）；21—灯管

（二）灯具安装工程量计算

1. 普通灯具安装的工程量

普通灯具安装工程量应区别灯具种类、型号、规格以"10 套"为计量单位计算。普通
灯具安装定额适用范围见表 6-33。

表 6-33　　　　　普通灯具安装定额适用范围

定额名称	灯具种类
圆球吸顶灯	材质为玻璃的螺口、卡口圆球独立吸顶灯
半圆球吸顶灯	材质为玻璃的独立的半圆球吸顶灯、扁圆罩吸顶灯、半圆形吸顶灯
方型吸顶灯	材质为玻璃的独立的矩形罩吸顶灯、方型罩吸顶灯、大口方吸顶灯
软线吊灯	利用软线为垂吊材料、独立的，材质为玻璃、塑料、搪瓷，形状如碗伞、平盘灯罩组成的各式软线吊灯
吊链灯	利用吊链作辅助悬吊材料、独立的，材质为玻璃、塑料罩的各式吊链灯
防水吊灯	一般防水吊灯
一般弯脖灯	圆球弯脖灯、风雨壁灯

定额名称	灯 具 种 类
一般墙壁灯	各种材质的一般壁灯、镜前灯
软线吊灯头	一般吊灯头
节能座灯头	一般节能座灯头
座灯头	一般塑胶、瓷质座灯头
吊花灯	一般花灯

2. 装饰灯具安装的工程量

(1) 吊式艺术装饰灯具安装的工程量，应根据装饰灯具示意图集，区别不同装饰物以及灯体直径和灯体垂吊长度，以"10套"为计量单位计算。灯体直径为装饰物的最大外缘直径，灯体垂吊长度为灯座底部到灯梢之间的总长度。

(2) 吸顶式艺术装饰灯具安装工程量，应根据《装饰灯具示意图集》，区别不同装饰物、吸盘的几何形状、灯体直径、灯体周长和灯体垂吊长度，以"10套"为计量单位计算。灯体直径为吸盘最大外缘直径，灯体半周长为矩形吸盘的半周长，吸顶式艺术装饰灯具的灯体垂吊长度为吸盘到灯梢之间的总长度。

(3) 荧光艺术装饰灯具安装的工程量，应根据《装饰灯具示意图集》，区别不同安装形式和计量单位计算。

1) 组合荧光灯光带安装的工程量，应根据《装饰灯具示意图集》，区别安装形式、灯管数量，按延长米以"10m"为计量单位计算。灯具的设计数量与定额不符时可以按设计数量加损耗量调整主材。

2) 内藏组合式灯安装的工程量，应根据《装饰灯具示意图集》，区别灯具组合形式，按延长米以"10m"为计量单位。灯具的设计数量与定额不符时，可根据设计数量加损耗量调整主材。

3) 发光棚安装的工程量，应根据《装饰灯具示意图集》，以"10m²"为计量单位，发光棚灯具按设计用量加损耗量计算。

4) 立体广告灯箱、荧光灯安装的工程量，应根据《装饰灯具示意图集》，按延长米以"10m"为计量单位。灯具设计数量与定额不符时，可根据设计数量加损耗量调整主材。

(4) 几何形状组合艺术灯具安装的工程量，应根据《装饰灯具示意图集》，区别不同安装形式及灯具的不同形式，以"10套"为计量单位计算。

(5) 标志、诱导装饰灯具安装的工程量，应根据《装饰灯具示意图集》，区别不同安装形式，以"10套"为计量单位计算。

(6) 水下艺术装饰灯具安装的工程量，应根据《装饰灯具示意图集》，区别不同安装形式，以"10套"为计量单位计算。

(7) 点光源艺术装饰灯具安装的工程量，应根据《装饰灯具示意图集》，区别不同安装形式、不同灯具直径，以"10套"为计量单位计算。

(8) 草坪灯具安装的工程量，应根据《装饰灯具示意图集》，区别不同安装形式，以"10套"为计量单位计算。

(9) 歌舞厅灯具安装的工程量，应根据《装饰灯具示意图》，区别不同灯具形式，分别以"10 套"、"10m"、"台"为计量单位计算。

装饰灯具安装定额适用范围见表 6-34。

表 6-34　　　　　　　　　　　装饰灯具安装定额适用范围

定额名称	灯具种类（形式）
吊式艺术装饰灯具	不同材质、不同灯体垂吊长度、不同灯体直径的蜡烛灯、挂片灯、串珠（穗）、串棒灯、吊杆式组合灯、玻璃罩（带装饰）灯
吸顶式艺术装饰灯具	不同材质、不同灯体垂吊长度、不同灯体几何形状的串珠（穗）、串棒灯、挂片、挂碗、挂吊碟灯、玻璃（带装饰）灯
荧光艺术装饰灯具	不同安装形式、不同灯管数量的组合荧光灯光带，不同几何组合形式的内藏组合式灯，不同几何尺寸、不同灯具形式的发光棚，不同形式的立体广告，荧光灯光沿
几何形状组合艺术灯具	不同固定形式、不同灯具形式的繁星灯、钻石星灯、礼花灯、玻璃罩钢架组合灯、凸片灯、反射挂灯、筒形钢架灯、U 型组合灯、弧形管组合灯
标志、诱导装饰灯具	不同安装形式的标志灯、诱导灯
水下艺术装饰灯具	简易形彩灯、密封型彩灯、喷水池灯、幻光型灯
点光源艺术装饰灯具	不同安装形式、不同灯体直径的筒灯、牛眼灯、射灯、轨道射灯
草坪灯具	各种立柱式、墙壁式的草坪灯
歌舞厅灯具	各种安装形式的变色转盘灯、雷达射灯、幻影转彩灯、维纳斯旋转彩灯、卫星旋转效果灯、飞碟旋转效果灯、多头转灯、滚筒灯、频闪灯、太阳灯、雨灯、歌星灯、边界灯、射灯、泡泡发生器、迷你满天星彩灯、迷你单灯（盘彩灯）、多头宇宙灯、镜面球灯、蛇光管

3. 荧光灯具安装的工程量

（1）应区别灯具的安装形式、灯具种类、灯管数量，以"10 套"为计量单位计算。

（2）荧光灯具安装定额适用范围见表 6-35。

表 6-35　　　　　　　　　　　荧光灯具安装定额适用范围

定 额 名 称	灯 具 种 类
组装型荧光灯	单管、双管、三管吊链式、吸顶式、现场组装独立荧光灯
成套型荧光灯	单管、双管、三管吊链式、吊管式、吸顶式、成套独立荧光灯

4. 医院灯具安装的工程量

应区别灯具种类，以"10 套"为计量单位计算。

医院灯具安装定额适用范围见表 6-36。

表 6-36　　　　　　　　　　　医院灯具安装定额适用范围

定额名称	灯 具 种 类	定额名称	灯 具 种 类
病房指示灯	病房指示灯	无影灯	3～12 孔管式无影灯
病房暗脚灯	病房暗脚灯		

5. 路灯安装的工程量

（1）立金属杆，按杆高，以"根"为计量单位。路灯挑灯架区别不同形式，按臂长以

"10 套"为计量单位。

（2）工厂厂区内、住宅小区内路灯安装执行本规定，城市道路的路灯安装执行《山东省市政工程预算定额》。

（3）路灯安装定额适用范围见表 6-37。

表 6-37 路灯安装定额适用范围

定额名称	灯 具 种 类
单臂悬挑灯架 1. 抱箍式	单抱箍臂长 1.2、3m 以内，双抱箍臂长 3、5m 以内、5m 以上
	双拉梗臂长 3.5m 以内、5m 以上
	双臂架臂长 3、5m 以内、5m 以上
2. 顶套式	成套型臂长 3、5m 以内、5m 以上
	组装型臂长 3、5m 以内、5m 以上
双臂悬挑灯架 1. 成套型	对称式 2.5、5m 以内、5m 以上
	非对称式 2.5、5m 以内、5m 以上
2. 组装型	对称式 2.5、5m 以内、5m 以上
	非对称式 2.5、5m 以内、5m 以上
路灯灯具	敞开式、双光源式、密封式、悬吊式
大马路弯灯	臂长 1200mm 以下、1200mm 以上
庭院路灯	柱灯三火以下、七火以上

6. 工厂灯及防水防尘灯安装的工程量

（1）应区别不同安装形式，以"10 套"为计量单位计算。工厂灯及防水防尘灯安装定额适用范围见表 6-38。

表 6-38 工厂灯及防水防尘灯安装定额适用范围

定额名称	灯 具 种 类
直杆工厂吊灯	配照（GC1-A 型）、广照（GC3-A 型）、深照（GC5-A 型）、斜照（GC7-A 型）、圆球（GC17-A 型）、双罩（GC19-A 型）
吊链式工厂灯	配照（GC1-B 型）、深照（GC3-B 型）、斜照（GC5-C 型）、圆球（GC7-B 型）、广照（GC19-B 型）、双罩（GC19-A 型）
吸顶式工厂灯	配照（GC1-C 型）、广照（GC3-C 型）、深照（GC5-C 型）、斜照（GC7-C 型）、双罩（GC19-C 型）
弯杆式工厂灯	配照（GC1-D/E 型）、广照（GC3-D/E 型）、深照（GC5-D/E 型）、斜照（GC7-D/E 型）、双罩（GC19-C 型）、局部深罩（GC26-F/H 型）
悬挂式工厂灯	配照（GC21-2 型）、深照（GC23-2 型）
防水防尘灯	广照（GC9-A、B、C 型）、广照保护网（GC11-A、B、C 型）、散照（GC15-A、B、C、D、E、F、G 型）

（2）工厂其他灯具安装的工程量，应区别不同灯具类型、安装高度，以"10 套"为计量单位计算。工厂其他灯具安装定额适用范围见表 6-39。

表 6-39　　　　　　　　　　　工厂其他灯具安装定额适用范围

定额名称	灯 具 种 类	定额名称	灯 具 种 类
防潮灯	GC-31 型扁形防潮灯、GC-33 型防潮灯	高压水银灯镇流器	125～450W 外附式镇流器具
		安全灯	AOB-1、2、3，AOC-1、2 型安全灯
腰形舱顶灯	CCD-1 型腰形舱顶灯	防爆灯	CB　C-200 型防爆灯
碘钨灯	DW 型、220V、300～1000W	高压水银防爆灯	CB　C-125/250 型高压水银防爆灯
管形氙气灯	自然冷却式 220V/380V、20kW 内	防爆荧光灯	CB　C-1/2 型单/双管防爆型荧光灯
投光灯	TG 型室外投光灯		

（三）开关、按钮、插座及其他器具安装工程量计算

（1）开关、按钮安装的工程量，应区别开关、按钮安装形式，开关、按钮种类，开关极数以及单控与双控，以"10 套"为计量单位计算。

（2）插座安装的工程量，应区别电源相数、额定电流、插座安装形式、插座插孔个数，以"10 套"为计量单位计算。地面防水插座安装按暗插座相应定额人工乘以系数 1.2，其接线盒执行防爆接线盒定额。

（3）安全变压器安装的工程量，应区别安全变压器容量，以"台"为计量单位计算。

（4）电铃、电铃号码牌箱安装的工程量，应区别电铃直径、电铃号牌箱规格（号），以"套"为计量单位计算。

（5）门铃安装工程量计算，应区别门铃安装形式，以"10 个"为计量单位计算。

（6）风扇安装的工程量，应区别风扇种类，以"台"为计量单位计算。风扇安装未包括风扇调速开关安装，可另执行开关安装相应项目。吊风扇安装只预留吊钩时，人工乘以系数 0.4，其余不变。

（7）盘管风机三速开关、请勿打扰灯、须刨插座、钥匙取电器、自动干手装置、卫生洁具自动感应器安装的工程量，均以"10 套"为计量单位计算。

（8）红外线浴霸安装的工程量，区分光源个数以"套"为计量单位计算。

（四）照明器具安装工程量注意问题

（1）各型灯具的引导线、支架制作安装，各种灯架元器件的配线，除另注明者外，均已综合考虑在定额内。

（2）装饰灯具、路灯、投光灯、碘钨灯、氙气灯、烟囱或水塔指示灯，均已考虑了一般工程的高空作业因素，其他器具安装高度如超过 5m，则应按册说明中规定的超高系数另行计算。装饰灯具定额项目与示意图号配套使用。

（3）本章仅列高度在 6m 以内的金属灯柱安装项目，其他不同材质、不同高度的灯柱（杆）安装可执行第十章相应定额。灯柱穿线执行定额第十二章配管、配线定额相应子目。

（4）灯具安装定额内已包括利用摇表测量绝缘及一般灯具的试亮工作（但不包括调试工作）。

（5）杆座安装工程，应区别不同的杆座，以"10 只"为计量单位计算。

（6）钢管杆基础制作按 C20 混凝土（钢筋混凝土）基础，以"m³"为计量单位计算。

十四、电梯电气装置安装工程量计算

适用于国内生产的各种客、货、病床和杂物电梯的电气装置安装，但不包括观光电梯。

（一）电梯电气装置工程量

（1）各种自动、半自动客、货电梯的电气安装工程量，应区别电梯类别、操纵方式、层数、站数，以"部"为计量单位计算。

（2）电厂专用电梯电气安装的工程量，应区别配合锅炉容量，以"部"为计量单位计算。

（3）自动扶梯、步行道电气安装的工程量分别以"部"、"段"为计量单位计算。

（4）电梯增加厅门、自动轿厢门及提升高度的工程量，应区别电梯类别、增加自动轿厢门数量、增加提升高度，分别以"个"、"m"为计量单位计算。

（5）电梯电气安装注意问题：

1）电梯是按每层一门为准，增或减时，另按增（减）厅门相应定额计算。

2）电梯安装的楼层高度，是按平均层高 4m 以内考虑的，如平均层高超过 4m 时，其超过部分可另按提升高度定额计算。

3）两部或两部以上并行或群控电梯，按相应的定额分别乘以系数 1.2。

4）本定额是以室内地坪±0.000 以下为地坑（下缓冲）考虑的，如遇有"区间电梯"（基站不在首层），下缓冲地坑设在中间层时，则基站以下部分楼层的垂直搬运应另行计算。

5）电梯安装材料、电线管及线槽、金属软管、管子配件、紧固件、电缆、电线、接线箱（盒）、荧光灯及其他附件、备件等，均按设备带有考虑。

6）小型杂物电梯是以载重量在 200kg 以内，轿厢内不载人为准。重量大于 200kg 的轿厢内有司机操作的杂物电梯，执行客货电梯的相应项目。

7）定额中已经包括程控调试。

（二）电梯电气装置安装定额不包括下列各项工作

（1）电源线路及控制开关的安装。

（2）电动发电机组的安装。

（3）基础型钢和钢支架制作。

（4）接地极与接地干线敷设。

（5）电气调试。

（6）电梯的喷漆。

（7）轿厢内的空调、冷热风机、闭路电视、步话机、音响设备。

（8）群控集中监视系统以及模拟装置。

第五节　工程预算实例

【例 6-1】　嘉陵饭庄电力及照明工程预算

（一）工程概况

（1）工程地址：该工程位于山东省某市嘉陵东路 985 号。

（2）工程用途及所属单位：该工程由山东省某市饮食公司投资，一般饭食营业厅，楼上有 20 个床位为一般旅客住宿客房。

（3）工程结构：该工程不属长期规划工程，所以为砖混结构两层；主墙为砖墙，隔墙为加气轻质混凝土砌块；底层楼板为钢筋混凝土预应力空心板；楼面为水砂浆地面，地面为玻璃条分割普通水磨石；屋盖为轻型钢屋架结构，轻型材料屋面；一、二层均为钙塑板吊顶。该工程主要尺寸见剖面图 6-41。

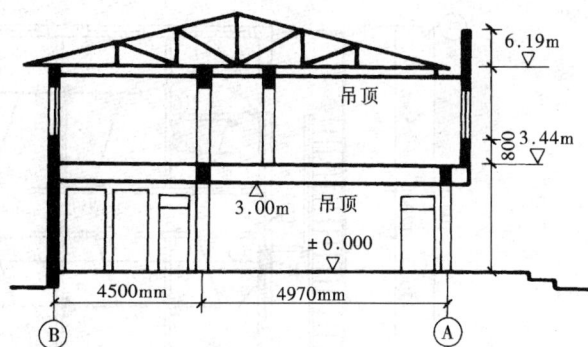

图 6-41　剖面图

（4）电力及照明工程：因食品加工及应用的电热水器，由临街电杆架空引入 380V 电源，作电力和照明用；进户线采用 BX 型；室内一律用 BV 型线穿 PVC 管暗敷；配电箱 4 台（M0，M1，M2，M3）均为工厂成品，一律暗装，箱底边距地 1.5m；插座暗装距地 1.3m；拉线开关暗装距顶棚 0.3m；跷板开头暗装距地 1.4m；配电箱可靠接地保护。一层、二层电气平面布置分别见图 6-42、图 6-43。电气系统图见图 6-44。回路情况说明见表 6-40。

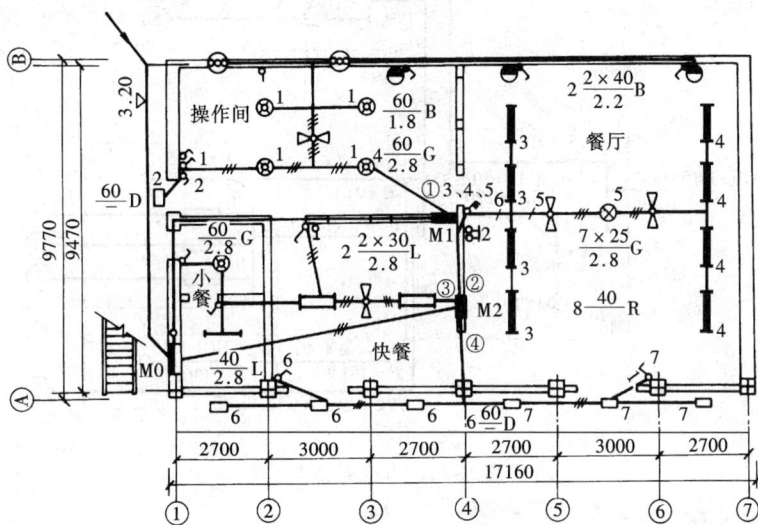

图 6-42　一层电气平面布置图

表 6-40　　　　　　　　　　　回 路 情 况 说 明

回　路	容量（W）	配管配线	回　路	容量（W）	配管配线
①	820	BV-2×2.5 VG15	⑤	480	BV-2×2.5 VG15
②	595	BV-2×2.5 VG15	⑥	640	BV-2×2.5 VG15
③	320	BV-2×2.5 VG15	⑦	1000	BV-4×2.5 VG20
④	360	BV-2×2.5 VG15			

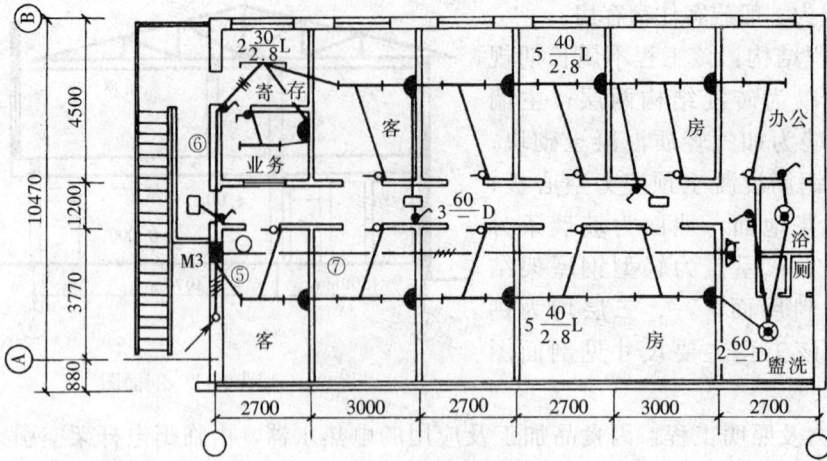

图 6-43　二层电气平面布置图

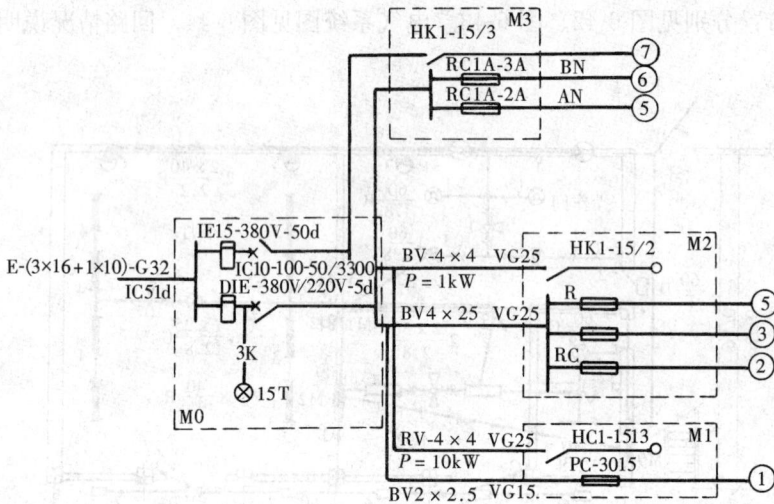

图 6-44　电气系统图

（二）工程承包情况

（1）发包单位：山东省某市饮食公司，资金到位，材料满足。

（2）安装单位：国营二级企业，驻地距工程 48km。

（3）按现行定额及配套取费标准，采用 2003 版《山东省安装工程消耗量定额》（第二册电气设备工程）和 2006 年《山东省安装工程价目表》。

（三）采用定额

本例题执行山东省安装工程消耗量定额 2003 和 2006 年《山东省安装工程价目表》。预算程序执行山东省费用计算程序（山东省鲁建标字［2006］2 号文件）。

（四）编制方法

（1）计算工程量见表 6-41。

（2）汇总工程量见表 6-41 后半部分。

（3）立项、套定额，见表 6-42。

（4）按工程费用计算程序表计算费用及造价，见表 6-43。

（5）编写编制预算书的说明。本工程说明如前。

（6）预算书封面（略）。

表 6-41　　　　　　　　　　　**汇总工程量计算表**

工程名称：嘉陵饭庄电力照明工程

序号	工程项目名称	单位	数量	部位提要	计　算　式
1	进户线支架	根	1	Ⓑ轴点处	
2	进（人）户线，PVC 管 VG32	m	10.5	沿①轴	7.82+0.98+(3.2−1.5)(埋墙)
	BX-10 型线	m	13.3	沿①轴	[10.5+1.5(预留)+(0.8+0.5)(预留)]×1
	BX-16 型线	m	39.9	沿①轴	[10.5+1.5(预留)+(0.8+0.5)(预留)]×3
3	配电箱（成品）	台	4		M0 电源箱(0.8×0.5) M1、M2、M3(0.8×0.5)
4	M0 至 M1,PVC 管 VG15	m	14.3	①−Ⓐ	(3.44−1.5−0.8+0.1)+(3.44−1.5−0.5+0.1)+11.53(全埋墙)
	BV-2.5 型线	m	32.8	①−④	[14.3+(0.8+0.5+0.5+0.3)(预留)]×2
	PVC 接线盒	个	3		
	M0 至 M1,PVC 管 VG25	m	14.3	①−Ⓐ	(3.44−1.5−0.8+0.1)+(3.44−1.5−0.5+0.1)+11.53(全埋墙)
	BV-4 型线	m	65.6	①−④	[14.3+(0.8+0.5+0.5+0.3)(预留)]×4
	PVC 接线盒	个		3	
5	M0 至 M2,PVC 管 VG25	m	11.2	①−Ⓐ	(3.44−1.5−0.8+0.1)+(3.44−1.5−0.5+0.1)(埋墙)+8.37
	线 BV-2.5	m	53.2		[11.2+(0.8+0.5+0.5+0.3)(预留)]×4
	M0 至 M2,PVC 管 VG25	m	11.2	①−④	(3.44−1.5−0.8+0.1)+(3.44−1.5−0.5+0.1)(埋墙)+8.37
	线 BV-4	m	53.2		[11.2+(0.8+0.5+0.5+0.3)(预留)]×4
6	M0 至 M3,PVC 管 VG20	m	5.2	①−Ⓐ	(3.44−1.5−0.8+0.1)+(1.5+0.1)+2.37(全埋墙)
	线 BV-2.5	m	21.9		[5.2+(0.8+0.5+0.5+0.3)(预留)]×3
	M0 至 M3,PVC 管 VG25	m	5.2	①−Ⓐ	(3.44−1.5−0.8+0.1)+(1.5+0.1)+2.37(全埋墙)
	线 BV-4	m	29.2		[5.2+(0.8+0.5+0.5+0.3)(预留)]×4

续表

序号	工程项目名称	单位	数量	部位提要	计 算 式
7	①回路，PVC管 VG15	m	43.3	操作间	<u>2根线</u>：(3.44－1.5－0.5＋0.1)(埋墙)＋2.84＋1.26＋2.84＋1.42＋1.26＋10.27＋(3.44－1.4)×6(开关引下埋墙)＋0.3(拉线开关)＝<u>34.0</u>，其余管吊顶棚内敷设 <u>3根线</u>：<u>7.1</u> <u>4根线</u>：<u>2.2</u>
	BV-2.5型线	m	99.7		[34.0＋(0.5＋0.3)(预留)]×2＋7.1×3＋2.2×4
	PVC暗盒	个	21		接线盒6，灯头盒8，开关盒7
8	②回路，PVC管 VG15	m	29.1	餐厅	<u>2根线</u>：(3.44－1.5－0.5＋0.1)(埋墙)＋2.69(埋墙)＋5.69×2＋1.58＋(3.44－1.4)×2(风扇开关)＝<u>21.3</u> <u>3根线</u>：<u>1.3</u> <u>4根线</u>：1.74＋(3.44－1.4)(三联开关埋墙)＝<u>3.8</u> <u>5根线</u>：<u>1.1</u> <u>6根线</u>：<u>1.6</u>
	线 BV-2.5	m	78.4		[21.3＋(0.5＋0.3)(预留)]×2＋1.3×3＋3.8×4＋1.1×5＋1.6×6
	PVC暗盒	个	17		接线盒3，灯头盒9，开关盒3，风扇盒2
9	③回路，PVC管 VG15	m	21.2	快餐、小餐	<u>2根线</u>：(3.44－1.5－0.5＋0.1)(埋墙)＋6.64＋(3.44－1.4)×4＝<u>16.3</u> <u>3根线</u>：<u>3.5</u> <u>4根线</u>：<u>1.4</u>
	BV-2.5型线	m	50.3	—	[16.3＋(0.5＋0.3)(预留)]×2＋3.5×3＋1.4×4
	PVC暗盒	个	11		接线盒2，灯头盒5，开关盒4
10	④回路，PVC管 VG15	m	25.7	门口处	<u>2根线</u>：(3.44－1.5－0.5＋0.1)(埋墙)＋14.54＋(3.44－1.4)×2开关引下＝<u>20.2</u> <u>3根线</u>：<u>5.5</u>
	BV-2.5型线	m	50.5		[20.2＋(0.5＋0.3)(预留)]×2＋5.5×3
	PVC暗盒	个	9		接线盒1，灯头盒6，开关盒2
11	⑤回路，PVC管 VG15	m	46.7	Ⓐ轴客房	<u>2根线</u>：(6.19－3.44－1.5－0.5＋0.1)(埋墙)＋(24.5＋2.28×5)＋(6.19－3.44－1.4)×2(开关引下)＋0.3×5(拉线开关)＋(6.19－3.44－1.3)×4(插座)＝<u>46.7</u>
	BV-2.5型线	m	95		[46.7＋(0.5＋0.3)(预留)]×2
	PVC暗盒	个	18		灯、插座盒11，开关盒7

续表

序号	工程项目名称	单位	数量	部位提要	计 算 式
12	⑥回路，PVC管 VG15	m	56.1	⑧轴客房	2 根线：(6.19－3.44－1.5－0.5+0.1)埋墙＋(31.15+2.8×5＋(6.19－3.44－1.4)×5 壁灯＋0.3×5 拉线开关＝54.3 3 根线：1.8
	BV-2.5 型线	m	119.2		[56.1＋(0.5+0.3)(预留)]×2+1.8×2
	PVC 暗盒	个	31		接线盒7，灯头、插座盒14，开关盒10
13	⑦回路，PVC管 VG20	m	16.4	⑧轴客房	4 根线：(6.19－3.44－1.5－0.5+0.1)(埋墙)＋(6.19－3.44－1.3)(插座盒埋墙)＋14.1＝16.4
	BV-2.5 型线	m	68.8		[16.4＋(0.5+0.3)]×4
	PVC 暗盒	个	1		插座盒1
14	链吊式荧光双管 30W	套	2	快餐	
	链吊式荧光单管 40W	套	10	客房	
	链吊式荧光单管 30W	套	2	寄存	
15	顶棚嵌入式单管荧光灯 40W	套	8	餐厅	
16	壁灯 60W	套	1	操作间	
	壁灯 40W	套	2	餐厅	
17	方吸顶灯 60W	套	7	大门、走道	
	防潮吸顶灯 60W	套	2	盥洗、浴室	
18	管吊花灯 7×25W	套	1	餐厅	
	管吊式防爆灯 60W	套	5	小餐、操作间	
19	吊扇 φ1000	台	4	餐厅、操作间	
	排风扇 φ350	台	2	操作间	
20	单相暗插座 5A	个	9	客房	
	三相暗插座 15A	个	1	客房	
21	跷板暗开关（单联）	个	17	餐厅等	
	跷板暗开关（三联）	个	1	餐厅	
	拉线暗开关	个	11	客房等	
	风扇开关	个	4	一层	
22	日光灯管 30W	支	6		
	日光灯管 40W	支	18		
	白炽灯泡 25W	个	7		
	白炽灯泡 40W	个	2		
	白炽灯泡 60W	个	15		
23	PVC15	m	236.4		汇总
	PVC20	m	21.6		
	PVC25	m	41.9		
	BV2.5	m	669.8		
	BV4	m	148		
	接线盒	个	77		
	开关盒	个	33		

表 6-42　　　　　　　　　　**工 程 计 价 表**

工程名称：电气照明工程　　　　　　　　　　　　　　　　　　　　　　　　　　　　元

| 序号 | 定额编号 | 项目名称 | 单位 | 工程量 | 预算价 | | | | | | | | 备注 |
| | | | | | 单价 | 合价 | 人工费 | | 材料费 | | 机械费 | | |
							单价	合价	单价	合价	单价	合价	
1	2-264	悬挂嵌入式成套配电箱 半周1m内	台	3	100.8	302.4	75.24	225.72	25.56	76.68			
2	2-265	悬挂嵌入式成套配电箱 半周1.5内	台	1	124.03	124.03	96.14	96.14	27.89	27.89			
3	2-1002	交流供电系统调试 1kV	系统	1	454.51	454.51	352	352	7.04	7.04	95.47	95.47	
4	2-1309	砖、混凝土结构暗配硬塑料管DN15内	100m	2.364	238.75	564.4	187.7	443.72	4.84	11.44	46.21	109.240 4	
		塑料管 VG15	m	250.75									
5	2-1310	砖、混凝土结构暗配硬塑料管DN20内	100m	0.216	250.78	54.16	199.41	43.07	5.16	1.11	46.21	9.981 36	
		塑料管 VG20	m	22.911									
6	2-1311	砖、混凝土结构暗配硬塑料管DN25内	100m	0.419	355.97	149.15	281.34	117.88	5.32	2.23	69.31	29.040 89	
		塑料管 VG25	m	44.59									
7	2-1312	砖、混凝土结构暗配硬塑料管DN32内	100m	0.105	373.68	39.24	298.89	31.38	5.48	0.58	69.31	7.277 55	
		塑料管 VG32	m	11.174									
8	2-1390	照明线路管内穿线 铜芯2.5mm²内	100m	6.698	53.25	356.67	41.8	279.98	11.45	76.69			
		绝缘导线 BV2.5	m	776.968									
9	2-1391	照明线路管内穿线 铜芯4mm²内	100m	1.48	40.61	60.1	29.26	43.3	11.35	16.8			
		绝缘导线 BV4	m	162.8									
10	2-1419	动力线路管内穿线 铜芯10mm²内	100m	0.133	56.32	7.49	39.73	5.28	16.59	2.21			
		铜芯绝缘导线 BX10	m	13.965									
11	2-1420	动力线路管内穿线 铜芯16mm²内	100m	0.399	63.22	25.23	45.98	18.35	17.24	6.88			

序号	定额编号	项目名称	单位	工程量	预算价							备注
					单价	合价	人工费		材料费		机械费	
							单价	合价	单价	合价	单价	合价	
		铜芯绝缘导线 BX16	m	41.895								
12	2-1563	暗装接线盒	10 个	8	23.41	187.28	18.83	150.64	4.58	36.64		
		接线盒	个	81.6								
13	2-1564	暗装开关盒	10 个	3.5	22.18	77.63	20.06	70.21	2.12	7.42		
		接线盒	个	35.7								
14	2-1573	矩形方罩型吸顶灯	10 套	0.7	197.92	138.54	90.29	63.2	104.3	73.01	3.33	2.331	
		成套灯具矩形方罩	套	7.07								
15	2-1579	成套灯具一般壁灯	10 套	0.1	130.78	13.07	84.44	8.44	42.43	4.24	3.91	0.391	
		一般壁灯 60W	套	1.01								
16	2-1579	一般壁灯	10 套	0.2	130.78	26.16	84.44	16.89	42.43	8.49	3.91	0.782	
		成套灯具一般壁灯 40W	套	2.02								
17	2-1585	吊式蜡烛灯 φ300/500 内	10 套	0.1	1888.74	188.87	1762.51	176.25	123.3	12.33	2.93	0.293	
		成套灯具 7×25W	套	1.01								
18	2-1776	吊链式成套单管荧光灯	10 套	0.2	160.86	32.18	90.73	18.15	70.13	14.03		
		成套灯具 30W	套	2.02								
19	2-1776	吊链式成套单管荧光灯	10 套	0.1	160.86	16.08	90.73	9.07	70.13	7.01		
		成套灯具 40W	套	1.01								
20	2-1777	吊链式成套双管荧光灯	10 套	0.2	184.27	36.86	114.14	22.83	70.13	14.03		
		成套灯具 2×30W	套	2.02								
21	2-1782	吸顶式成套单管荧光灯	10 套	0.8	117.1	93.68	90.73	72.58	26.37	21.1		
		成套灯具嵌入 40W	套	8.08								
22	2-1834	吊管式工厂罩灯	10 套	0.5	128.75	64.38	86.11	43.06	42.64	21.32		

续表

序号	定额编号	项目名称	单位	工程量	预算价 单价	预算价 合价	人工费 单价	人工费 合价	材料费 单价	材料费 合价	机械费 单价	机械费 合价	备注
		成套灯具 防爆60W	套	5.05									
23	2-1836	吸顶式工厂罩灯	10套	0.02	126.85	2.53	86.11	1.72	40.74	0.81			
		成套灯具 防潮60W	套	0.202									
24	2-1864	拉线开关明装	10套	1.1	57.45	63.19	34.72	38.19	22.73	25			
		拉线开关	只	11.22									
25	2-1864	扳把开关明装	10套	0.4	57.45	22.98	34.72	13.89	22.73	9.09			
		照明开关（风扇）	只	4.08									
26	2-1865	单联单控板式暗开关	10套	1.7	40.12	68.21	35.55	60.44	4.57	7.77			
		照明开关　单联	只	17.34									
27	2-1867	三联单控板式暗开关	10套	0.1	45.77	4.58	38.9	3.89	6.87	0.69			
		照明开关　三联	只	1.02									
28	2-1895	单相暗插座 15A 2孔	10套	0.9	45.84	41.26	34.72	31.25	11.12	10.01			
		成套插座 5A	套	9.18									
29	2-1908	三相暗插座 15A 4孔	10套	0.1	59.75	5.97	45.14	4.51	14.61	1.46			
		成套插座 15A	套	1.02									
30	2-1930	吊风扇安装	台	4	20.4	81.6	13.73	54.92	6.47	25.88	0.2	0.8	
		吊风扇 1000	台	4									
31	2-1932	轴流排气扇安装	台	2	27.5	55	25.52	51.04	1.69	3.38	0.29	0.58	
		轴流排气扇 350	台	2									
32	2-1187	砖、混凝土结构明配电线管 DN15 内	100m		627.05		447.26		126.88		52.91		
		安装工程总计	元			3357.43		2567.99		533.26		256.187 2	
		[措施费] 脚手架搭拆费（电气设备安装工程）		2567.99	4%	102.72	25%	25.68	75%	77.04			

表 6-43　　　　　　　　　　　　　　**单位工程费用表**

工程名称：电气照明工程（安装工程）

费用代号	费 用 名 称	计 算 公 式	费率（%）	费用金额（元）
F1	一、直接费	＝F11＋F13		4240.82
F11	（一）直接工程费			3357.43
F111	其中：人工费			2567.99
F112	材料费			533.26
F113	机械费			256.18
R1	其中：人工费（R1）			2567.99
F13	（二）措施项目费	＝F131＋F132＋F133		883.39
F131	1. 参照定额规定计取的措施费	＝定额措施费		102.72
F1311	其中：人工费			25.68
F132	2. 参照费率计取的措施费	＝F1321＋F1322＋F1323＋F1324＋F1325＋F1326＋F1327＋F1328		780.67
F131A	其中：人工费	＝F1324×50％＋（F1325＋F1326）×40％＋（F1321＋F1322＋F1323＋F1327）×25％		258.34
F1321	环境保护费	＝R1×环境保护费率	2.2	56.5
F1322	文明施工费	＝R1×文明施工费率	4.5	115.56
F1323	临时设施费	＝R1×临时设施费率	12	308.16
F1324	夜间施工费	＝R1×夜间施工费率	2.5	64.2
F1325	二次搬运费	＝R1×二次搬运费率	2.1	53.93
F1326	冬雨季施工增加费	＝R1×冬雨季施工增加费率	2.8	71.9
F1327	已完工工程及设备保护费	＝R1×保护费率	1.3	33.38
F1328	总承包服务费	＝R1×总包费率（属于分包工程）	3	77.04
R2	措施费中人工费之和（R2）	F1311＋131A		284.02
F2	二、企业管理费	＝（R1＋R2）×管理费费率	42	1197.84
F3	三、利 润	＝（R1＋R2）×利润率	20	570.4
F4	四、规 费	＝F41＋F42＋F43＋F44＋F45＋F46		319.08
F41	（一）工程排污费	＝（F1＋F2＋F3）×排污费率	0.26	15.62
F42	（二）定额测定费	＝（F1＋F2＋F3）×定额测定费率	0.1	6.01
F43	（三）社会保障费	＝（F1＋F2＋F3）×社保费费率	2.6	156.24
F44	（四）住房公积金	＝（F1＋F2＋F3）×住房公积金费率	0.2	12.02
F45	（五）危险工作意外伤害险	＝（F1＋F2＋F3）×保险费率	0.15	9.01
F46	（六）安全施工费	＝（F1＋F2＋F3）×安全施工费费率	2	120.18
F5	五、税 金	＝（F1＋F2＋F3＋F4）×税率	3.44	217.69
FZ	工程费用合计	＝F1＋F2＋F3＋F4＋F5－F43		6389.59

【例 6-2】　恒苑花园避雷工程预算

（一）工程概况恒苑花园避雷工程见图 6-45

（二）计算说明

（1）避雷网和避雷带计算图 6-45 中①～⑤轴，Ⅰ～Ⅱ以左。

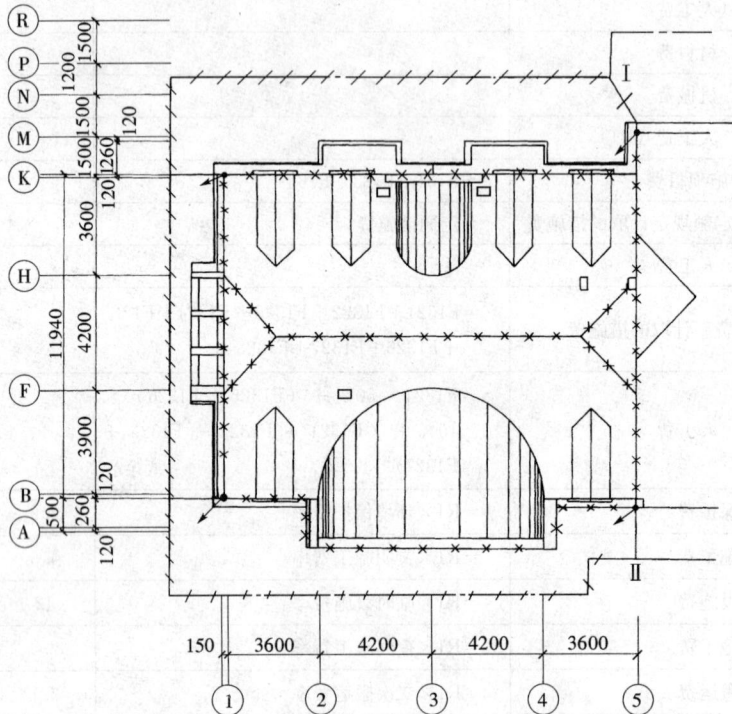

图 6-45　恒苑花园避雷工程

（2）接地网调试仍按一个系统考虑。

（3）由于缺乏屋顶的实际资料，计算工程量时仅按图示尺寸，没有考虑屋面起伏的因素。

（4）按现行定额及配套取费标准：采用 2003 版《山东省安装工程消耗量定额》（第二册电气设备工程），执行青岛市费率。

（三）编制方法

（1）计算工程量见表 6-44。

（2）汇总工程量见表 6-44。

（3）立项、套定额、分析工料机械费见表 6-45。为减少篇幅，取消工程材料汇总表、工程主材汇总表。

（4）按工程费用计算程序表（山东省鲁建标字［2003］5 号文件）计算费用及造价：见表 6-46。

（5）编写编制预算书的说明。本工程说明如前。

（6）预算书封面（略）。

表 6-44　　　　　　　　　　　**工程量计算表**

工程名称：恒苑花园避雷工程

序号	工程项目名称	单位	数量	计 算 式	部位提要
1	－40×4 镀锌扁钢接地母线	m	57.7	55.5×（1+0.039）	埋深 0.8m
2	φ16 主筋引下线	m	178.4	18.8（楼高）+0.6（室内外）+0.8（埋深）计 8 根引至接地网：2×（2×3+2.4）	柱子
3	φ12 避雷网	m	47.4	［11.94+（3.6+4.2+4.2+3.6）×2+1.26×2］×（1+0.039）	沿墙
			38.2	［1.2+11.94+（11.6+3×4）］×（1+0.039）	屋面
4	断接卡箱	个	4		柱
	断接卡	个	8		
5	接地跨接线	处	8		
6	接地网调试	系统	1		地下

表 6-45　　　　　　　　　　　**工 程 计 价 表**

工程名称：恒苑花园避雷工程

序号	定额编号	项目名称	单位	工程量	预 算 价							
					单价	合价	人工费		材料费		机械费	
							单价	合价	单价	合价	单价	合价
1	2-839	接地母线埋地敷设 200mm² 内	10m	5.77	132.17	762.62	127.51	735.73	2.04	11.77	2.62	15.117 4
		接地母线－40×4	m	60.585								
2	2-888	避雷引下线利用建筑物主筋引下	10m	17.84	83.24	1485.01	34.28	611.56	7.75	138.26	41.21	735.186 4
3	2-893	避雷网沿女儿墙支架敷设	10m	4.74	99.66	472.39	58.12	275.49	24.53	116.27	17.01	80.627 4
		镀锌避雷线 Φ12	m	49.77								
4	2-895	避雷网沿坡屋顶、屋脊敷设	10m	3.82	108.83	415.73	63.98	244.4	27.84	106.35	17.01	64.978 2
		镀锌避雷线 Φ12	m	40.11								
5	2-890	断接卡箱安装	个	4	42.99	171.96	37.31	149.24	5.68	22.72		
		断接卡箱	个	4								
6	2-889	避雷引下线断接卡子	10 套	0.8	196.3	157.04	150.48	120.38	45.66	36.53	0.16	0.128
7	2-1039	接地网调试	系统	1	577.54	577.54	352	352	7.04	7.04	218.5	218.5
		安装工程总计	元			4042.29		2488.8		438.94	296.51	1114.537
		［措施费］脚手架搭拆费（电气设备安装工程）		2488.8	4%	99.55	25%	24.89	75%	74.66		

表 6-46　　　　　　　　　　　　　**单 位 工 程 费 用 表**

工程名称：恒苑花园避雷工程

费用代号	费 用 名 称	计 算 公 式	费率（%）	费用金额（元）
F1	一、直接费	＝F11＋F13		4898.43
F11	（一）直接工程费			4042.29
F111	其中：人工费			2488.8
F112	材料费			438.94
F113	机械费			1114.55
R1	其中：人工费（R1）			2488.8
F13	（二）措施项目费	＝F131＋F132＋F133		856.14
F131	1. 参照定额规定计取的措施费			99.55
F1311	其中：人工费			24.89
F132	2. 参照费率计取的措施费	＝F1321＋F1322＋F1323＋F1324＋F1325＋F1326＋F1327＋F1328		756.59
F131A	其中：人工费	＝F1324×50％＋（F1325＋F1326）×40％＋（F1321＋F1322＋F1323＋F1327）×25％		250.37
F1321	环境保护费	＝R1×环境保护费率	2.2	54.75
F1322	文明施工费	＝R1×文明施工费率	4.5	112
F1323	临时设施费	＝R1×临时设施费率	12	298.66
F1324	夜间施工费	＝R1×夜间施工费率	2.5	62.22
F1325	二次搬运费	＝R1×二次搬运费率	2.1	52.26
F1326	冬雨季施工增加费	＝R1×冬雨季施工增加费率	2.8	69.69
F1327	已完工工程及设备保护费	＝R1×保护费率	1.3	32.35
F1328	总承包服务费	＝R1×总包费率（属于分包工程）	3	74.66
R2	措施费中人工费之和（R2）	＝R21＋R22＋R23		275.26
F2	二、企业管理费	＝（R1＋R2）×管理费费率	42	1160.91
F3	三、利润	＝（R1＋R2）×利润率	20	552.81
F4	四、规费	＝F41＋F42＋F43＋F44＋F45＋F46		351.1
F41	（一）工程排污费	＝（F1＋F2＋F3）×排污费率	0.26	17.19
F42	（二）定额测定费	＝（F1＋F2＋F3）×定额测定费率	0.1	6.61
F43	（三）社会保障费	＝（F1＋F2＋F3）×社保费率	2.6	171.92
F44	（四）住房公积金	＝（F1＋F2＋F3）×住房公积金费率	0.2	13.22
F45	（五）危险工作意外伤害险	＝（F1＋F2＋F3）×保险费率	0.15	9.92
F46	（六）安全施工费	＝（F1＋F2＋F3）×安全施工费费率	2	132.24
F5	五、税金	＝（F1＋F2＋F3＋F4）×税率	3.44	239.54
FZ	工程费用合计	＝F1＋F2＋F3＋F4＋F5－F43		7030.87

第七章 工业管道安装工程施工图预算的编制

工业管道工程在工业建设中占有非常重要的地位，特别是在石油化工、冶金工业中尤为突出。在一个大中型综合性的安装工程中，除了成群高大的设备外，最多的就是密布成行的工业管道。它们从地下到高空，从厂内到厂外，到处纵横交错，把厂区各个生产装置，各个工段，各种大小不同的设备连接起来。可以这样说，在石油、化工生产过程中，从原料的投入到产品的产出，几乎每道生产工序都离不开工业管道。

工业管道安装工程所需的各种管材、阀门、法兰和管件等，绝大多数价格都比较高，他们都以主材费的形式（即定额中的未计价材料）进入安装工程直接费，在整个安装工程费用中占很大比重。工艺管道的种类很多，如石油化学工业用的大量管道统称化工管道，发电厂的热力管道、水力冲灰管道，氧气站的氧气管道，乙炔站用的乙炔管道，煤气站用的煤气输送管道，压缩空气站用的压缩空气管道，冷库站用的氨制冷管道，天然气和石油压气站用的管道等，均属工业管道。

现扼要介绍管道工程常用材料、施工工序和施工方法等基本知识，并对工业管道工程量计算规则和方法及定额应用做系统说明。

第一节 工业管道常用管材

管道安装所用的管材种类很多，按材质可分为铸铁管、碳素钢管、有色金属管和非金属管四种；按制造方法可分为无缝管和有缝管。

管道规格的表示方法：镀锌焊接钢管、不镀锌焊接钢管、铸铁管、硬聚氯乙烯管、聚丙烯管等，管径应以公称直径 DN 表示（如 DN15、DN50 等）；耐酸陶瓷管、混凝土管、钢筋混凝土管、陶土管（缸瓦管）等，管径应以内径 d 表示（如 $d380$、$d230$ 等）；焊接直缝管（或螺旋缝电焊钢管）、无缝钢管等，管径应以外径×壁厚表示（如 $D108×4$、$D159×4.5$ 等）。

一、金属管材

金属管材一般分为两大类，一类是黑色金属管材，一类是有色金属管材。

（一）黑色金属管材

1. 铸铁管

铸铁管按使用范围划分大体上分为两种：

（1）一般用铸铁水管，使用灰口铁制造。铸铁水管中，按制造精度划分，可分为上水铸铁管和下水铸铁管；按连接方式划分，又可分为承插铸铁管和法兰铸铁管。

（2）工业用铸铁管，均为法兰连接。它的化学成分主要含 14.5%～16% 的 Si（硅），0.8% 的 Mn（锰）。由于表面与介质接触层有氧化硅保护膜制成，能抗腐蚀，因而它可以用以输送腐蚀性强的介质，如硫酸和碱类。

2. 焊接钢管

焊接钢管也称有缝钢管或水煤气输送钢管。焊接钢管是采用焊接加工制造的，焊接方式有高频焊和炉焊两种，每种又有镀锌（称白铁管）和不镀锌（称黑铁管）两种，镀锌钢管比不镀锌钢管重3%～6%。镀锌焊接钢管常用于输送介质要求比较洁净的管道，如给水、洁净空气等；不镀锌的焊接钢管用于输送蒸汽、煤气、压缩空气和冷凝水等。

焊接钢管又分管端带螺纹和不带螺纹两种，其长度为：无螺纹焊接钢管4～12m，带螺纹焊接钢管4～9m。

焊接钢管按管壁厚度不同，普通钢管和加厚钢管。工艺管道上用量最多的是普通钢管，其试验压力为2.0MPa。加厚焊接钢管的试验压力为3.0MPa。水、煤气输送钢管的规格见表8-1。

3. 无缝钢管

无缝钢管是工业生产中最常用的一种管材，品种繁多，使用数量大。无缝钢管以常用材质划分为碳素结构钢、低合金结构钢、不锈耐酸钢等。

（1）碳素结构钢无缝钢管，常用的制造材质为10、20号钢，使用于温度在475℃以下，输送各种对钢材无腐蚀的介质，如输送蒸汽、氧气、压缩空气和油品油气等。

（2）低合金无缝钢管，通常是指含一定比例铬钼金属的合金钢管，也称铬钼钢，常用钢号有12CrMo、15CrMo、Cr2Mo、Cr5Mo等，适用温度为-201～650℃，可输送各种温度较高的油品、油气和腐蚀性不强的介质，如盐水、低浓度有机酸等。

（3）不锈耐酸钢无缝钢管，根据铬、镍、钛各种金属的不同含量，品种很多，有1Cr13、Cr17Ti、Cr18Ni12Mo2Ti、1Cr18Ni9Ti等，而最常用的是1Cr18Ni9Ti。不锈耐酸钢无缝钢管适用温度800℃以下，可输送腐蚀性较强的介质，如硝酸、醋酸、尿素等。

（4）高压无缝钢管，制造材质同普通无缝钢管，只是管壁比中低压无缝钢管要厚，适用压力范围10～32MPa，工作温度-40～400℃。高压无缝钢管多用于化肥工业，输送合成氨的原料气、氮气、氨气、甲醇、尿素等。

4. 钢板卷管

钢板卷管是用钢板卷制焊接而成，故称钢板卷管，一般均由施工企业自制或委托加工厂造制，所用的材质有A3、10号、20号、16Mn、20g等，常用的规格范围为D219～1820mm，操作压力为1.5MPa以下，适用于输送水、蒸汽、油及一般物料。

5. 螺旋电焊钢管

螺旋电焊钢管是用钢板螺旋卷制焊接而成，焊缝为螺旋缠绕，故称螺旋缝电焊钢管。其规格范围为D219～720mm，壁厚7～10mm，单根管长度8～12m，所用材质常用A3、16Mn，适用于输送蒸汽、水、油及油气等管道。螺旋电焊钢管单根管较长，特别适用于长距离输送管道。这种管道是由专业工厂制造。

（二）有色金属管材

1. 铝管

铝管是化学工业常用管道，其制造材质有L2、L3、L4工业纯铝和防锈铝合金LF2、LF3、LF21。铝管的操作温度为200℃以下，当温度高于160℃时，不宜在压力下使用。铝管的规格用外径乘壁厚表示，常用规格范围为D14mm×2mm～D120mm×5mm，直径起120mm的铝管，需用3～8mm厚的铝板卷制。

铝管的特点是重量轻，不生锈，但机械强度较差，不能承受较高压力，适用于输送脂肪酸、硫化氢、二氧化碳、硝酸和醋酸，但不适用于输送盐酸和碱液。

2. 铜管

铜管分紫铜管和黄铜管两种。紫铜管含铜量占 99.7％以上。常用材料牌号有 T2、T3、T4 和 TUP 等；黄铜管的制造材料牌号有 H62、H68 等，都是锌和铜的合金，如 H62 黄铜管。其材料成分铜为 60.5％～63.5％，锌为 39.6％，其他杂质小于 0.5％。

铜管的制造方法分为拉制和挤制两种。常用无缝铜管的规格范围为外径 12～250mm，壁厚 1.5～5mm；铜板卷焊铜管的规格范围为外径 155～505mm，供货方式单根的和成盘的两种。

铜管的适用工作温度在 250℃以下，多用于油管道、保温伴热管和空分氧气管道。

3. 钛管

钛管是近年来新出现的一种管材，由于它具有重量轻、强度高、耐腐蚀性强和耐低温等特点，常被用于其他管材无法胜任的工艺部位。钛管是用 Ti1、Ti2 工业纯钛制造，适用温度范围为－140～250℃，当温度超过 250℃时，其机械性能下降。钛管的常用规格范围为公称直径 20～400mm。按其公称压力分为低、中压管，低压管壁厚 2.8～12.7mm，中压管壁厚 3.7～21.4mm。钛管虽然具有很多优点，但因价格昂贵，焊接难度大，还没有被广泛采用。

二、非金属管材

1. 硬聚氯乙烯管

硬聚氯乙烯管具有良好的化学稳定性，除强氧化剂（如浓度大于 50％硝酸、发烟硫酸等）及芳香族碳氢化合物、氯代碳氢化合物（如苯、甲苯、氯苯、酮类等）外，几乎能耐任何浓度的各类酸、碱、盐类及有机溶剂的腐蚀。它还具有机械加工性能好、成型方便，以及可焊性和一定的机械强度、比重小（约为钢的 1/5）等优点。

硬聚氯乙烯管分轻型和重型两种，其规格范围为 DN6～400mm，使用温度 0～60℃，使用压力范围：轻型管在 0.6MPa 以下，重型管在 1.0MPa 以下。这种管材使用寿命比较短。

2. 玻璃管

玻璃管的耐腐蚀性能好，除氢氟酸、氟硅酸、热磷酸及强碱外，能输送多种无机酸、有机酸及有机溶剂等介质。其特点是化学稳定性高、透明、光滑和耐磨。

玻璃管使用温度为 120℃以下，使用压力为 0.3MPa 以下。直管的公称直径为 DN25～100mm，其连接形式有平口管法兰连接、扩口管法兰连接、平口管法兰套管连接、平口管橡胶套管连接等多种。

3. 玻璃钢管

玻璃钢管是以玻璃纤维及其制品（玻璃布、玻璃带、玻璃毡）为增强材料，以合成树脂为粘结剂，经过一定的成型工艺制作而成。它具有质轻、高强、耐温、耐腐蚀、绝缘等特点，规格范围为 d25～300mm，使用温度为 150℃以下，使用压力为 3.0MPa，连接形式有法兰连接、活套法兰连接、承插固定连接等多种。

4. 橡胶管

橡胶管，有夹布输水胶管、夹布输油胶管、夹布空气胶管、夹布蒸汽胶管等。

夹布输水胶管，工作压力为 0.5～0.7MPa，规格范围为 d13～76mm 的 20m 长，d80～152mm 的 7m 长，输送常温水及一般中性液体。

夹布输油胶管输送常温汽油、煤油、润滑油以及其他矿物油类，适用于各种油压传递系统软性连接管,工作压力为 0.6、0.8、1.0MPa,常用规格为 $d13\sim51mm$ 的 20m 长,$d64\sim76mm$ 的 10m 长,$d89\sim152mm$ 的 7m 长。

夹布空气胶管,又称气压管,供输送常温空气及其他惰性气体,适用各型压缩空气机及风动工具,工作压力和规格同夹布输油胶管。

夹布蒸汽胶管用于输送温度在 150℃ 以下的饱和蒸汽或热水,工作压力,饱和蒸汽为 0.35MPa,热水为 0.8MPa,规格为 $d10mm$ 的长 30m,$d13\sim51mm$ 的长 20m,$d64\sim76mm$ 的长 10m。

5. 混凝土管

混凝土管有预应力钢筋混凝土管和自应力钢筋混凝土管,主要用于输水管道。管口连接是承插接口,用圆形截面橡胶圈密封。预应力钢筋混凝土管规格范围为内径 $d400\sim1400mm$,适用压力为 0.4~1.2MPa。自应力钢筋混凝土管规格范围为内径 $d100\sim600mm$,适用压力范围为 0.4~1.0MPa。钢筋混凝土管可以代替铸铁管和钢管输送低压给水、气等。

另外,还有混凝土排水管,包括素混凝土管和轻、重型钢筋混凝土管。

6. 陶瓷管

陶瓷管,有普通陶瓷管和耐酸陶瓷管两种,一般都是承插口连接。普通陶瓷管的规格范围为内径 $d100\sim300mm$,耐酸陶瓷管的规格范围为 $d25\sim800mm$。

三、其他管材

1. 衬里管道

衬里管道,一般是指在碳钢管的内壁,衬上耐腐蚀性强的材质,达到既有机械强度,有一定的受压能力,又有较好的防腐蚀性能。常用的衬里管有衬橡胶管、衬铅管、衬塑料管和衬搪瓷管等。衬里管一般是先将碳钢管预制安装好,拆下来以后再进行衬里,衬好里后再进行二次安装。为了衬里时操作方便,衬里的碳钢管多采用法兰连接,而且每根管不能很长,尤其是直径在 200mm 以下管,每根管过长时衬里就比较困难,不易保证质量。

2. 加热套管

加热套管,分直管和管件。全封闭加热套管和半封闭加热套管,简称为全加热套管和半加热套管。加热套管是在输送生产介质的管道外面,再加一层直径较大的套管,一般把输送生产介质直径较小的管称为内套管,把外层直径较大的管称为外套管。加热套管是为了防止内管所输送的生产介质,因输送过程中温度下降而凝结,所以在内管与外管之间接通蒸汽,达到加热保温的目的。

所谓全加热套管,就是使内管(包括直管和管件)始终处于有外套管加热保温的工作状态;所谓半加热套管,就是内管不能完全用外套管保温,有些管件或法兰接头部分要裸露在外面,此时在相邻两侧的外套管之间用旁通管连接以通汽加热。

加热套管的制作安装都比较复杂,质量要求很高。

3. 蒸汽伴热管

蒸汽伴热管,是伴随物料输送管一起敷设的蒸汽管。常用的伴热管直径都比较小,一般在 25mm 以下,常用的是单根和双根,特殊情况下也可以采用多根。蒸汽伴热管的作用与加热套管类似,都是起加热保温作用。为了防止蒸汽伴管的泄漏,一般设计要求采用无缝钢管或无缝钢管。伴热管所用的蒸汽压力，一般不超过 1.0MPa。

伴热管都设在主管的下半周，并在主管与伴管外皮之间加有隔热石棉板条垫层，以防止主管局部过热，达到加热温度均匀的效果。

第二节　工业管道常用管件

管件是工业管道工程的主要配件，无论是改变管道的走向，在主干管上接支管，还是改变管道的直径，都需要用管件来连接。常用的丝接管件见第八章。本章主要介绍中、低压无缝钢管管件。

一、中、低压无缝钢管管件

无缝钢管管件，大多是冲压或焊制，一般制作成弯头、异径管和三通等。

1. 弯头

无缝钢管管道使用的弯头，按制造方法分为冲压弯头、推制弯头、揻制弯头和焊接弯头。

冲压弯头有两种作法：一种是直径在 200mm 以下的，直接用无缝钢管压制，一次成形，不需要焊接，因此，又称无缝弯头；另一种是直径在 200mm 以上的，则采用 10 号、20 号或 16Mn 钢板冲压成两半，再组对焊接成形，也称冲压焊接弯头。

推制弯头是近几年采用的新工艺。它是用无缝钢管推制成形，成形钢管壁厚比冲压无缝弯头大，质量也较冲压弯头好。

煨制弯头是以管材直接揻制而成，一般用于小口径管道或弯半径没有要求的管道上。

焊接弯头是用钢板卷制或用钢管焊接（俗称虾体弯）制成，常用于低压管道上。

2. 异径管

异径管在管道上起变更管径的作用，有同心异径管和偏心异径管之分，一般多在施工现场焊接。在实际施工中，常将大口径管收口缩制成异径管，故称为摔制异径管。

3. 三通

无缝钢管和其他大口径的钢板卷管在安装中需从主管上接出支管时，多采用焊接三通，或直接在主管道上开孔焊接（挖眼三通）而成。

二、其他管件

1. 封头

封头是用于管端起封闭作用的堵头。常用的封头有椭圆形封头和平盖形两种。

封头也称为管帽，其规格范围为 DN25～500mm，多用于中低压管道上。

平盖封头，按其安装位置分为两种：一种是平盖封头略大于管外径，在管外焊接。另一种是平盖封头略小于管内径，把封头板放入管内焊接。平盖封头常用的规格范围为 DN15～200mm。这种封头多用于压力较低的管道上。

2. 凸台

凸台，也称管嘴，是自控仪表专业在工艺管道上的一次部件，是由工艺管道专业来安装，所以把凸台也列为管件。工艺管道用的单面管接头也属这一种，都是一端焊在主管上，另一端或者是安装其他部件，或者是另外再接管，其规格范围为 DN15～200mm，高、中、低压管道都使用。

3. 盲板

盲板的作用是把管道内介质切断。根据使用压力和法兰密封面的形式盲板分以下几种：

（1）光滑面盲板，与光滑式密封面法兰配合使用，适用压力范围为 1.0～2.5MPa。

（2）凸面盲板本身一面带凸面，另一面带凹面，与凸凹式密封面法兰配合使用，适用压力 4.0MPa，规格范围为 25～400mm。

（3）梯形槽面盲板，与梯形槽式密封面法兰配合使用，适用压力范围为 6.4～16.0MPa，规格范围为 25～300mm。

（4）8 字盲板，也分为光滑面、凸凹面和梯形槽面三种，适用压力与以上三种盲板相同。8 字盲板所不同的是，它把两种用途结合在一个部件上，即把盲板和垫圈相连接固定在一起。法兰内垫入盲板时，外面露出的垫圈作为管道是否切断的直观标志。

8 字盲板的制造材料有多种，根据输送的介质温度和压力来选择。一般低压管道，温度不超过 450℃时，所用的材质有 A3F、20 号钢和 25 号钢；温度在 450～550℃时，所用的材料有 15CrMo、Cr5Mo。当压力在 4.0～16.0MPa，温度大于 450℃时，要用 20 号或 25 号钢。

三、管子的弯曲

在管道安装中，除采用定型弯头改变管道的方向外，有时还要采用揻制弯管，这种弯管，一般都是在施工现场制作。

弯管的揻制分冷揻和热揻两种形式：

1. 冷揻弯管

冷揻弯管，弯曲半径不应小于管子直径的 4 倍，揻制时一般不用装砂子，通常使用手动弯管器或电动弯管机来揻制。冷揻弯管的直径一般在 150mm 以下。这种煨制方法除揻制碳钢管以外，还常用来揻制不锈钢管、铝管和铜管。

2. 热揻弯管

热揻弯管有人工揻制和机械揻制两种。热揻弯管的弯曲半径不应小于管子直径的 3.5 倍。

人工揻制大部分是在施工现场进行的，通常采用烘炉焦炭加热或氧乙炔加热方法来揻制。揻制前管子内要装干砂并打实，防止管子在弯曲时因受力使圆形截面变成椭圆形。管子装好砂子以后，按揻制弧长进行加热，加热到一定温度，将管子移至操作平台上进行揻制，达到所要求的弯曲度即可。

机械揻制，通常采用可控硅中频加热弯管机和氧乙炔加热的大功率火焰弯管机，可揻制直径 426mm 的管子。机械揻制弯管速度快，质量好，揻制时管内不需装砂子，但是，弯管机的造价较高。

除上述揻制方法以外，还有折皱揻弯和冷拉球芯揻弯等多种揻制方法。

第三节　工业管道常用法兰、垫片及螺栓

一、法兰

法兰是工业管道上起连接作用的一种部件，可连接两根直管，也可将设备、阀门（法兰

阀门）与管路连接起来。法兰紧密性可靠，装卸方便。

工艺管道所输送的介质，种类繁多，温度和压力也不同，因此对法兰的强度和密封，提出了不同的要求。

法兰的种类很多，按材质分有铸铁法兰、铸钢法兰、碳钢法兰、耐酸钢法兰，按连接形式分有平焊法兰、对焊法兰、螺纹法兰、活套法兰，按法兰接触面形式分有平面法兰、榫槽面法兰、凸凹面法兰及法兰盖，按压力分为低压、中压、高压法兰。

（一）平焊法兰

平焊法兰是中低压工艺管道最常用的一种。这种法兰与管子的固定形式，是将法兰套在管端，焊接法兰里口和外口，使法兰固定，适用公称压力不超过 2.5MPa。用于碳素钢管道连接的平焊法兰，一般用 A3 和 20 号钢板制造；用于不锈耐酸钢管道上的平焊法兰，应用与管子材质相同的不锈耐酸钢板制造。平焊钢法兰密封面一

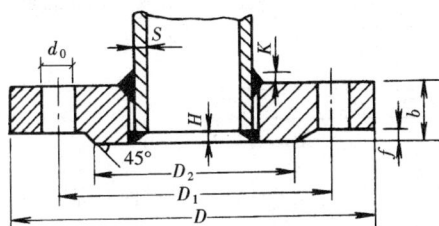

图 7-1　碳钢平焊法兰

般都为光滑式，密封面上加工有浅沟槽（一般 2～3 圈，深 2～3mm），通常称为水线，如图 7-1 所示。

（二）对焊法兰

1. 凸凹式密封面对焊法兰

这种法兰由于凸凹密封面严密性强，承受的压力大，每副法兰密封面，必须一个是凸面，另一个是凹面，不能搞错，常用公称压力范围为 4.0～16.0MPa，规格范围为 DN15～400mm，如图 7-2 所示。

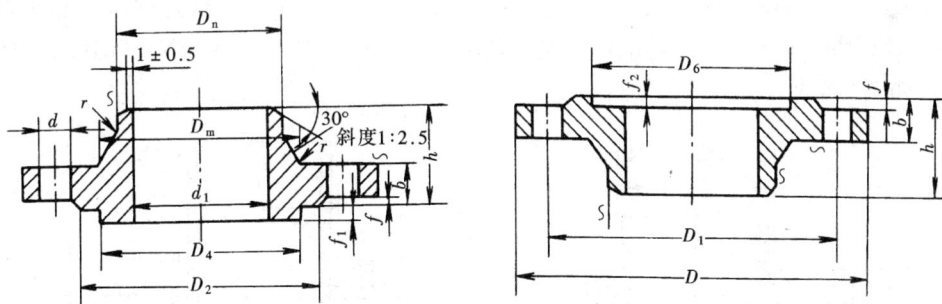

图 7-2　凹凸式密封面对焊法兰

2. 榫槽式密封面对焊法兰

这种法兰密封性能好，结构形式类似凸凹式密封面法兰，也是一副法兰必须两片配套使用，公称压力范围为 1.6～6.4MPa，常用规格范围为 DN15～400mm，如图 7-3 所示。

3. 梯形槽式密封面对焊法兰

这种法兰在石油工业管道比较常用，承受压力大，常用公称压力为 6.4、10.0、16.0MPa，规格范围为 DN15～250mm，如图 7-4 所示。

上述各种密封面对焊法兰，只是按其密封面的形式不同加以区别的。从安装的角度来看，不论是哪种形式的对焊法兰，其连接方法是相同的，因而所耗用的人工、材料和使用的

机械台班，基本上也是一致的。但由于密封面形式不同，法兰的加工制造成本相差悬殊，因此，法兰本身的价格，在编制预算时要特别注意，分别选价。

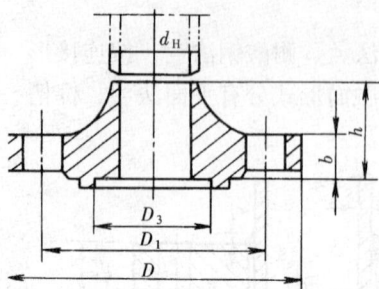

图 7-3　榫槽面对焊法兰　　　　　　　图 7-4　梯形槽面对焊钢法兰

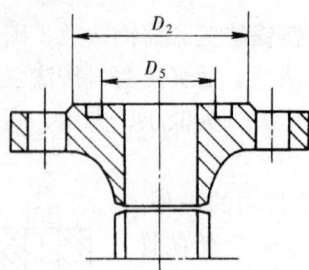

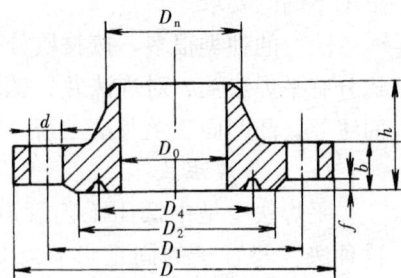

（三）管口翻边活动法兰

管口翻边活动法兰，也称卷边松套法兰。这种法兰与管道不直接焊在一起，而是以管口翻边为密封接触面。松套法兰起紧固作用，多用于铜、铝和铅等有色金属及不锈耐酸钢管道上。其最大的优点是由于法兰可以自由活动，法兰穿螺栓时非常方便，缺点是不能承受较大的压力，适用于公称压力 0.6MPa 以下的管道连接，规格范围为 DN10～500mm，法兰材料为 A3 号钢，如图 7-5 所示。

（四）焊环活动法兰

焊环活动法兰，也称焊环松套法兰，是将与管子相同材质的焊环，直接焊在管端，利用焊环作密封面，其密封面有光滑式和榫槽式两种。

焊环活动法兰多用于管壁较厚的不锈钢管和铜管法兰的连接。其公称压力和规格范围为：PN0.25MPa、DN10～450mm；PN1.0MPa、DN10～300mm；PN1.6MPa、DN10～200mm，如图 7-6 所示。

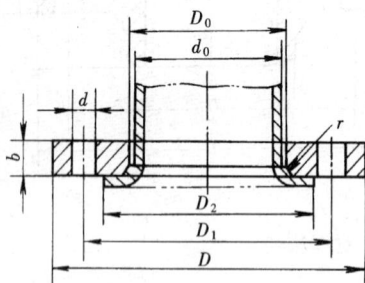

图 7-5　卷边松套钢法　　　　　　　图 7-6　焊环活动法兰

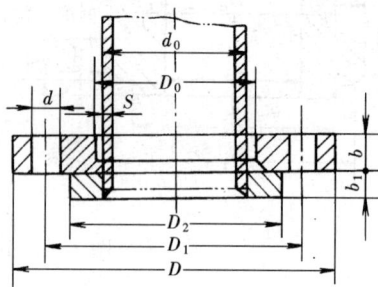

（五）螺纹法兰

螺纹法兰是用螺纹与管端连接的法兰，有高压和低压两种。

低压螺纹法兰，包括钢制和铸铁制造两种。这种法兰，在新中国成立初期，焊接条件很差情况下，曾被广泛应用。随着工业的发展，低压螺纹法兰已被平焊法兰所代替，除特殊情况外，基本不采用。

高压螺纹法兰被广泛应用于现代工业管道的连接，密封面由管端与透镜垫圈形成，螺纹

和管端垫圈接触面的加工要求精密
度很高。这种法兰的特点是法兰与
管内介质不接触，安装也比较方
便，适 用 压 力 为 PN22.0、
PN32.0MPa，其 规 格 范 围 为
DN6～150mm，如图 7-7 所示。

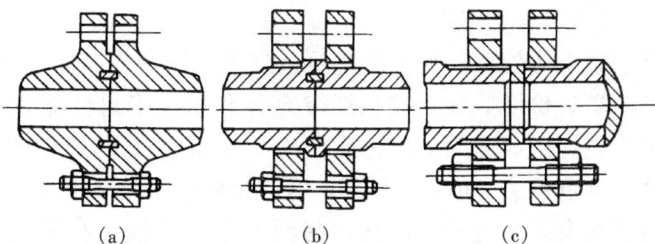

（六）其他法兰

图 7-7　高压管线法兰连接结构型式

（a）带颈对焊法兰；（b）活套法兰；（c）螺纹连接法兰

1. 对焊翻边短管活动法兰

其结构形式与翻边活动法兰基
本相同，不同之处是它不在管端直接翻边，而是在管端焊一个成品翻边短管。其优点是翻边
的质量较好，密封面平整，适用压力在 PN2.5MPa 以下的管道连接，规格范围为
DN15～300mm。

2. 插入焊法兰

其结构形式与平焊法兰基本相同，不同之处在于法兰内口有一环行凸台，平焊法兰没有
这个凸台。插入焊法兰适用压力在 PN1.6MPa 以下，其规格范围为 DN15～80mm。

3. 铸铁两半式活法兰

这种法兰可从灵活拆卸，随时更换。它是利用管端两个平面紧密结合以达到密封效果，
适用于压力较低的管道如陶瓷管道的连接，规格范围为 DN25～300mm。

（七）法兰盖

法兰盖是与法兰配套使用的部件，它和封头一样在管端起封闭作用，密封面有光滑式、
凸凹式及榫槽式。其规格和适用压力范围与配套法兰一致。

二、法兰垫片

法兰垫片是法兰连接起密封作用的材料，根据管道所输送介质的腐蚀性、温度、压力及
法兰密封面的形式，法兰垫片有很多种类。

（一）橡胶石棉垫片

橡胶石棉垫是法兰连接中用量最多的垫片，适用于输送空气、蒸汽、煤气、酸和碱
等的管道上。橡胶石棉垫的厚度，各专业不统一，通常都用 3mm 厚，公称直径小于
100mm 的法兰，其垫片厚度不超过 2.5mm。垫片的适用压力，用于光滑式密封面法兰
连接时，不超过 2.5MPa，用于凸凹式密封面时，其压力可达 10.0MPa，但一般只用于
4.0MPa 以下。

炼油工业常用的橡胶石棉垫有两种：一种是耐油橡胶石棉垫，适用于温度在 200℃下，
公称压力在 2.5MPa 以下，输送一般油品、液化气、丙烷和丙酮等介质；另一种是高温耐油
橡胶石棉垫，使用温度可达 350～380℃。

（二）橡胶垫片

橡胶垫片是用橡胶板制作的垫片，具有一定的耐腐蚀性，适用于温度在 60℃以下，输
送水、酸和碱等的低压管道上。橡胶垫片具有弹性，所以，密封性能较好。

（三）塑料垫片

塑料垫片，常用的有软聚氯乙烯垫片、聚四氟乙烯垫片和聚乙烯垫片等。塑料垫片多用
于输送酸和碱的管道上。

（四）缠绕式垫片

缠绕式垫片，简称缠绕垫，是用金属钢带及非金属填料带缠绕而成。这种垫片具有制造简单、价格低廉、材料能被充分利用、密封性能较好等优点，在石油化工工艺管道上被广泛应用，适用的公称压力为 4.0MPa 以下，适用温度范围，15 号钢制成的缠绕式垫片，温度可达 450℃，1Cr13 钢带制成的缠绕式垫片，适用温度可达 550℃。缠绕垫片多用于光滑式法兰连接，其密封面不用车水线。有的缠绕垫，还带有定位环，是为了防止垫片偏离法兰中心。垫片厚度一般在 4.5mm，直径大于 1000mm 时，垫片厚度为 6.7mm。其定位环的厚度为 3mm 左右，制造材质分别有 15 号钢、1Cr13 号钢和 1Cr18Ni9Ti 钢等，如图 7-8 所示。

（五）齿形垫片

齿形垫片是用各种金属制造，材质有普通碳素钢、低合金钢和不锈耐酸钢等，厚度约为 3～5mm。它是利用同心圆的齿形密纹与法兰密封面相接触，构成多道密封，因此密封性能较好，常用于凸凹式密封面法兰的连接，最高公称压力可达 20.0MPa，适用于工作温度较高的部位，如 1Cr13 钢材质的齿形垫，适用温度可达 530℃，如图 7-9 所示。

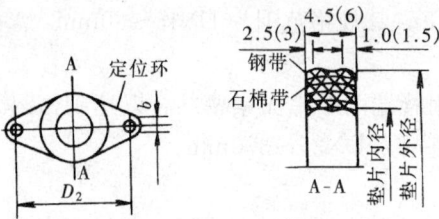

图 7-8　金属缠绕式垫片
（括号中的数字为厚度 6mm 垫片的尺寸）

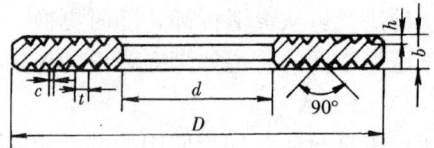

图 7-9　金属齿形垫片

（六）金属垫圈

金属垫圈的种类很多，按形状划分有金属平垫圈、截面为椭圆形及八角形金属垫圈和透镜式垫圈，按材质分有低碳钢、不锈耐酸钢、紫铜、铝垫圈和铅垫圈等。

（1）金属平垫圈，多用于光滑式平焊法兰，承受的温度和压力较低。

（2）椭圆形及八角形金属垫圈，多用于梯形槽对焊法兰，公称压力范围为 6.4～20.0MPa。这种垫圈虽然密封性能好，但制造复杂，精度高。

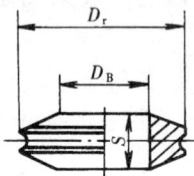

图 7-10　透镜式垫圈

（3）透镜式垫圈，因其形状似透镜而得名，密封性能好，在石油化工生产中的各种高温高压管道的法兰连接，广泛使用此种垫圈，常用公称压力范围为 16.0～32.0MPa，如图 7-10 所示。

金属垫圈的使用原则是，垫圈表面的硬度必须低于法兰密封面的硬度。

垫片的选用应根据管道所输送介质的温度、压力、腐蚀性和连接法兰的密封面形式来确定。专业性较强的垫片，如透镜垫，适用于高压法兰连接，所以现行《全国统一安装工程预算定额工业管道册》中，高压法兰安装所用的垫片均按透镜垫来考虑。其他各种中低压管道的法兰连接，采用什么垫片，不能一一确定，所以定额中法兰安装垫片，是按橡胶石棉垫片来考虑的，若实际的垫片与定额规定有出入时，垫片的价格可以换算。

三、法兰用螺栓

用于连接法兰的螺栓，有单头螺栓和双头螺栓两种。其螺纹一般都是三角形公制粗螺纹。

（一）单头螺栓

单头螺栓，也称六角头螺栓，分半精制和精制两种。在中低压工艺管道上使用最多的是半精制单头螺栓，如图 7-11 所示。

单头螺栓的名称、规格的表示方法，如直径为 16mm，长度为 75mm 的半精制单头螺栓，应写成：螺栓 M16×75。

单头螺栓常用的制造材质有 A3、25 号钢和 25Cr2MoVA 钢等，常用于公称压力 2.5MPa 以下的法兰连接。适用温度根据螺栓制造材质而定，如 35 号钢制造的螺栓适用温度可达 350℃；25Cr2MoVA 钢制造的螺栓，适用温度可达 570℃。

（二）双头螺栓

工艺管道上所用的双头螺栓，多数采用等长双头精制螺栓，适用于温度和压力较高的法兰连接，制造材质有 35、40 号钢和 37SiMn2MoVA 等，公称压力范围为 16.0～32.0MPa，适用温度可达 600℃，如图 7-12 所示。

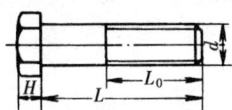

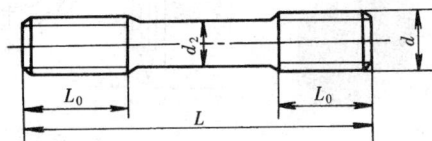

图 7-11　单头螺栓　　　　　　　　图 7-12　等长双头螺栓

（三）螺母

螺母，统称为六角螺母，分半精制和精制两种，按螺母结构形式还可分为 a 型螺母和 b 型螺母两种，如图 7-13 所示。

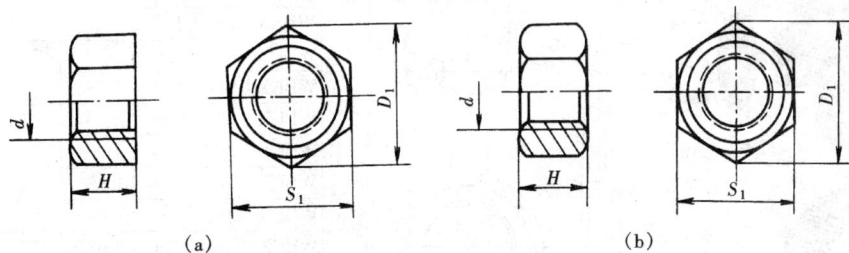

（a）　　　　　　　　　　　　（b）

图 7-13　六角螺母

半精制单头螺栓多采用 a 型螺母，精制双头螺栓多采用 b 型螺母。螺母与螺栓要配套使用，但螺母制造材质的硬度不能超过螺栓材质的硬度。

第四节　工业管道常用阀门

一、阀门分类

阀门是用来控制调节管道或设备内介质流量，能够随时开启或关闭的活门。按公称压力，阀门分为三种：1.6MPa 以下（包括 1.6MPa）为低压阀门，2.5～10.0MPa 为中压阀门，10～32.0MPa 为高压阀门。

　　阀门的种类很多，按材质分有铸铁阀、碳钢阀、铜阀、铬钼合金阀、不锈钢阀以及各种非金属阀等，按阀门的连接形式分有法兰阀门、螺纹阀门、焊接阀门等多种方式，按阀门的驱动方式分手动、电动、液动阀和气动阀。关于常用阀门的结构形式和使用范围及图示见本书给排水部分内容，本节主要介绍几种阀门新产品的图示及型号的表示方法。

　　1. 电动控制蝶阀（见图 7-14、图 7-15）

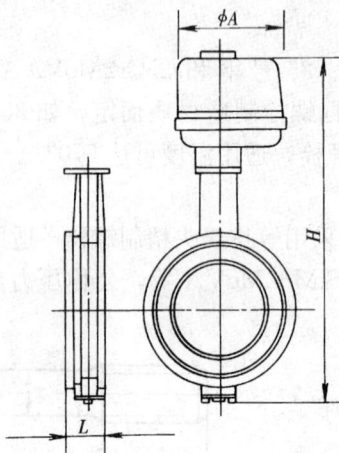

单位：mm

型号	φA	L	H	备注
WBEX-N050	160	43	395	无手轮操作
WBEX-N065	160	46	415	
WBEX-N080	160	46	440	
WBEX-N100	160	52	490	

图 7-14　无手轮操作电动控制蝶阀

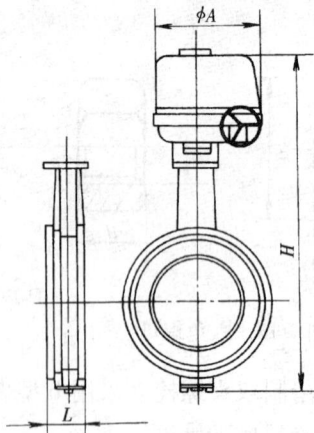

单位：mm

型号	φA	L	H	备注
WBEX-0050	190	43	430	附手轮操作
WBEX-0065	190	46	450	
WBEX-0080	190	46	475	
WBEX-0100	190	52	525	
WBEX-0125	190	56	560	
WBEX-0150	230	56	614	
WBEX-0200	230	60	673	
WBEX-0250	230	68	741	
WBEX-0300	230	83	808	
WBEX-0350	230	92	877	
WBEX-0400	300	102	1030	
WBEX-0450	300	114	1180	
WBEX-0500	300	127	1325	
WBEX-0600	330	154	1480	

图 7-15　有手轮操作电动控制蝶阀

　　特点：

　　（1）结构简单、启闭良好。

　　（2）体积小、重量轻。

（3）偏心蝶板能防止底座积污。

（4）底座具有浮动性，能不依靠外力连到360°完全密封。

（5）开关定位明确，不易故障或移位。

2.电动二通球阀（见图7-16～图7-18）

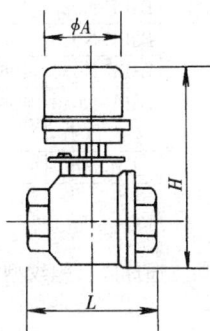

单位：mm

型号	ϕA	L	H	备注
B2PE-N015	70	65	138	无手轮操作
B2PE-N020	70	75	148	
B2PE-N025	106	87	200	
B2PE-N032	106	100	210	
B2PE-N040	106	110	220	
B2PE-N050	106	132	282	

图 7-16　电动二通球阀（螺纹型）

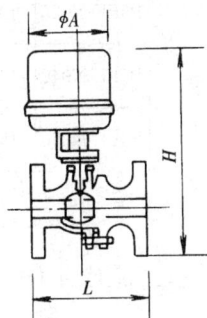

单位：mm

型号	ϕA	L	H	备注
FB2E-N015	106	108	251	无手轮操作
FB2E-N020	106	118	256	
FB2E-N025	106	128	276	
FB2E-N032	106	140	328	
FB2E-N040	106	165	338	
FB2E-N050	106	180	387	
FB2E-N065	106	190	411	
FB2E-N080	106	200	431	

图 7-17　电动二通球阀（法兰型）（一）

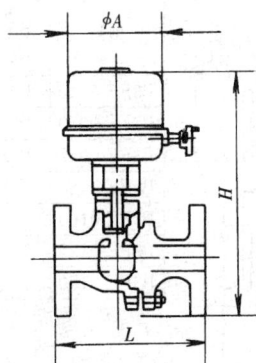

单位：mm

型号	ϕA	L	H	备注
FB2E-0032	190	140	386	附手轮操作
FB2E-0040	190	165	406	
FB2E-0050	190	180	426	
FB2E-0065	190	190	446	
FB2E-0080	190	200	466	
FB2E-0100	230	230	493	
FB2E-0125	230	285	533	
FB2E-0150	230	365	586	
FB2E-0200	230	450	636	

图 7-18　电动二通球阀（法兰型）（二）

特点：

（1）结构简单、体积小。

（2）流体阻力小，密封性能好。

（3）开关定位明确，不易故障或移位。

3. 电动三通球阀 (见图 7-19～图 7-21)

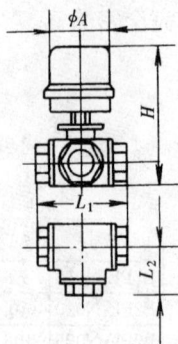

单位：mm

型号	ϕA	L_1	L_2	H	备注
B3PE-N015	106	79	40	192	无手轮操作
B3PE-N020	106	88	44	212	
B3PE-N025	106	108	54	226	
B3PE-N032	106	124	62	275	
B3PE-N040	106	135	68	290	
公称压力	1.0、1.6、2.5、4.0MPa				
工作温度	10～150℃				

图 7-19 无手轮操作电动三通球阀（螺纹型）

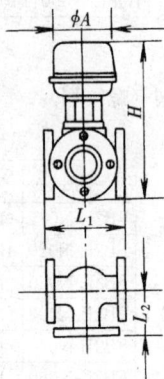

单位：mm

型号	ϕA	L_1	L_2	H	备注
B3FE-N025	106	160	90	290	无手轮操作
B3FE-N040	160	210	105	370	
B3FE-N050	160	220	110	380	

图 7-20 无手轮操作电动三通球阀（法兰型）

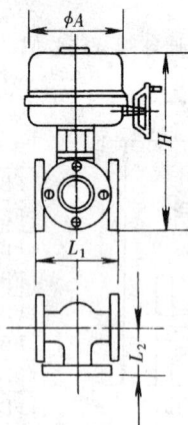

单位：mm

型号	ϕA	L_1	L_2	H	备注
B3FE-0040	190	210	105	416	附手轮操作
B3FE-0050	190	220	110	436	
B3FE-0065	190	250	125	466	
B3FE-0080	230	260	130	495	
B3FE-0100	230	330	165	535	
B3FE-0125	230	360	180	580	
B3FE-0150	230	430	215	660	

图 7-21 有手轮操作电动三通球阀（法兰型）

特点：

（1）结构简单、体积小。

（2）流体阻力小，密封性能好。

（3）开关定位明确，不易故障或移位。

4. 其他阀门（见图 7-22～图 7-28）

（a）

（b）

图 7-22 不锈钢球阀

（a）Q71F-100P 型；（b）Q11F-100P 型

图 7-23 气动球阀（Q641F-25 型）

图 7-24 手柄对夹式蝶阀（D71X-10 型）

图 7-25 气动对夹式蝶阀（D671X-10 型）

图 7-26 全聚四氟对夹式蝶阀（D71F-10 型）

图 7-27 全金属对夹式蝶阀（D373H-16 型）

图 7-28 对夹式蝶型止回阀（DH77X-10 型）

5. 静音式止回阀（见图 7-29）

静音式止回阀主要由阀体、阀座、导流体、阀瓣、轴承及弹簧等主要零件组成，内部水流通路采用流线形设计，水头损失极小，同时于停泵时其阀瓣关闭行程很短，可达快速关闭，防止巨大水击声，形成静音效果。该阀主要用于给排水、消防、暖通、工业管路系统，可安装于水泵出水口处，以防止倒流及水锤封泵的损害。

主要规格：

压力等级：PN10，PN16，PN25。

最高工作压力：1，1.6，2.5MPa。

阀座试验压力：1.1，1.76，2.75MPa。

阀体试验压力：1.5，2.4，3.75MPa。

试水标准：ZBJ16006—1990。

静音式止回阀结构、材质见图 7-30，外形尺寸见表 7-1。

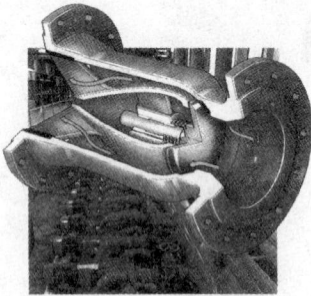

图 7-29　静音式止回阀

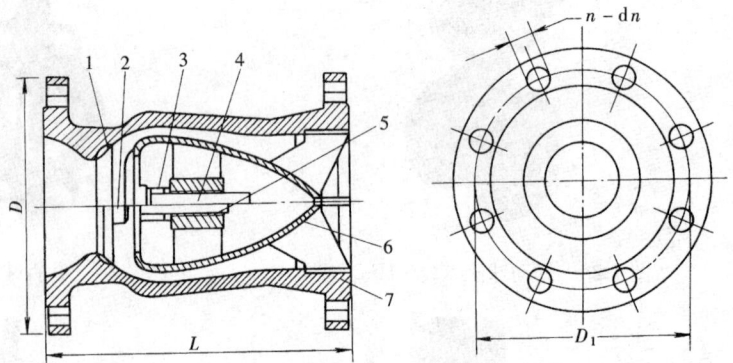

图 7-30　静音式止回阀结构

1—阀座（铝青铜）；2—阀瓣（铝青铜）；3—弹簧（不锈钢）；4—轴（铝青铜）；5—轴承（铝青铜）；6—导流体（灰铸铁）；7—阀体［灰铸铁（PN16），球墨铸铁（PN25）］

表 7-1　　　　　　　　　　　外　形　尺　寸　　　　　　　　　　单位：mm

公称直径	产品代号	L	D			D₁			dn			n 孔数		
			PN10	PN16	PN25	PN10	PN16	PN25	PN10	PN16	PN25	PN10	PN16	PN2
50	DRVZ-0050	120	165	165	165	125	125	125	17.5	17.5	17.5	4	4	4
65	DRVZ-0065	150	185	185	185	145	145	145	17.5	17.5	17.5	4	4	8
80	DRVZ-0080	180	200	200	200	160	160	160	17.5	17.5	17.5	8	8	8
100	DRVZ-0100	240	220	220	235	180	180	190	17.5	17.5	22	8	8	8
125	DRVZ-0125	300	250	250	270	210	210	220	17.5	17.5	26	8	8	8
150	DRVZ-0150	350	285	285	300	240	240	250	22	22	26	8	8	8
200	DRVZ-0200	450	340	340	360	295	295	310	22	22	26	8	12	12
250	DRVZ-0250	500	395	405	425	350	355	370	22	26	30	12	12	12

二、阀门型号

阀门型号由七个单元组成，分别表示阀门类型、传动方式、连接形式、结构形式、密封面或衬里材料、公称压力及阀体材料。

阀门型号表示为：

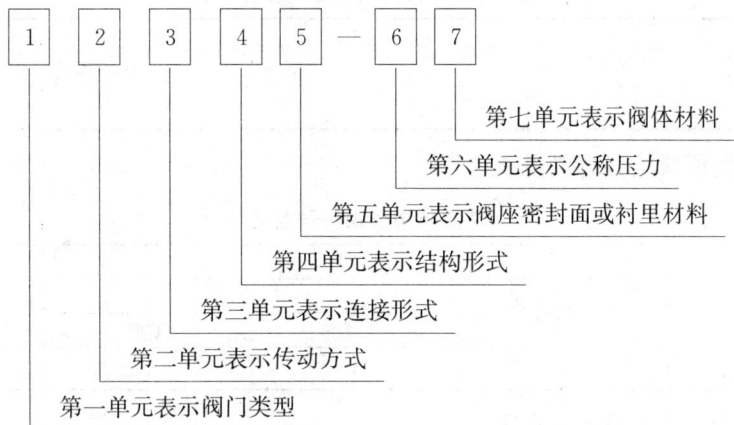

（一）型号各单元代号表示的意义

（1）第一单元——阀门类型代号意义见表 7-2。

表 7-2　　　　　　　　　　　　　阀门类型代号意义

类型	闸阀	截止阀	节流阀	球阀	蝶阀	隔膜阀	旋塞阀	止回阀和底阀	安全阀	减压阀	疏水阀
代号	Z	J	L	Q	D	G	X	H	A	Y	S

注　用于低温（低于−40℃）、保温（带加热套）和带波纹管的阀门，应在类型代号前分别加注代号"D"、"B"和"W"。

（2）第二单元——传动方式代号意义见表 7-3。

表 7-3　　　　　　　　　　　　　传动方式代号意义

传动方式	电磁动	电磁—液	电—液	蜗轮	正齿轮	伞齿轮	气动	液动	气—液	电动
代号	0	1	2	3	4	5	6	7	8	9

注　1. 用手轮、手柄或扳手传动的阀门以及安全阀、减压阀、疏水阀，省略本代号。

　　2. 对于气动或液动：常开式用 6K、7K 表示，常闭式用 6B、7B 表示，气动带手动用 6S 表示，防爆电动用 9B 表示。

（3）第三单元——连接形式代号意义见表 7-4。

表 7-4　　　　　　　　　　　　　连接方式代号意义

连接形式	内螺纹	外螺纹	法兰	焊接	对夹	卡箍	卡套
代 号	1	2	4	6	7	8	9

（4）第四单元——结构形式代号意义：

1）闸阀结构形式代号意义见表 7-5。

表 7-5　　　　　　　　　　　　　闸阀结构形式代号意义

结构形式	明　　　杆					暗　杆	
	楔　　式			平行式		楔　式	
	弹性闸板	刚　性		刚　性		刚　性	
		单闸板	双闸板	单闸板	双闸板	单闸板	双闸板
代号	0	1	2	3	4	5	6

2）截止阀和节流阀结构形式代号意义见表 7-6。

表 7-6 截止阀和节流阀结构形式代号意义

结构形式	直通式	角式	直流式	平衡	
				直通式	角式
代号	1	4	5	6	7

3）球阀结构形式代号意义见表 7-7。

表 7-7 球阀结构形式代号意义

结构形式	浮动			固定
	直通式	三通式		直通式
		L 型	T 型	
代号	1	4	5	7

4）蝶阀结构形式代号意义见表 7-8。

表 7-8 蝶阀结构形式代号意义

结构形式	杠杆式	垂直板式	斜板式
代号	0	1	3

5）隔膜阀结构形式代号意义见表 7-9。

表 7-9 隔膜阀结构形式代号意义

结构形式	屋脊式	截止式	闸板式
代号	1	3	7

6）旋塞阀结构形式代号意义见表 7-10。

表 7-10 旋塞阀结构形式代号意义

结构形式	填料			油封	
	直通式	T 形三通式	四通式	直通式	T 形三通式
代号	3	4	5	7	8

7）止回阀和底阀结构形式代号意义见表 7-11。

表 7-11 止回阀和底阀结构形式代号意义

结构形式	升降		旋启		
	直通式	立式	单瓣式	多瓣式	双瓣式
代号	1	2	4	5 / 1	6

8）安全阀结构形式代号意义见表 7-12。

表 7-12 安全阀结构形式代号意义

结构形式	弹簧式									脉冲式
	封闭				不封闭					
						带扳手				
	带散热片全启式	微启式	全启式	带扳手全启式	双弹簧微启式	微启式	全启式	微启式	机构全启式	
代号	0	1	2	4	3	7	8	5	6	9

注 杠杆式安全阀，在结构形式代号前加注代号 "G"。

9）减压阀结构形式代号意义见表 7-13。

表 7-13　　　　　　　　　　减压阀结构形式代号意义

结构形式	薄膜式	弹簧薄膜式	活塞式	波纹管式	杠杆式
代号	1	2	3	4	5

10）疏水阀结构形式代号意义见表 7-14。

表 7-14　　　　　　　　　　疏水阀结构形式代号意义

结构形式	浮球式	钟型浮子式	脉冲式	热动力式
代号	1	5	8	9

（5）第五单元——阀座密封面或衬里材料代号意义见表 7-15。

表 7-15　　　　　　　　　　阀座封面或衬里材料代号意义

阀座密封面或衬里材料	代号	阀座密封面或衬里材料	代号	阀座密封面或衬里材料	代号
铜合金	T	橡胶	X	硬橡胶*	J
合金钢	H	尼龙塑料	N	聚四氟乙烯*	SA
渗氮钢	D	氟塑料	F	聚三氟氯乙烯*	SB
渗硼钢	P	衬胶	J	聚氯乙烯*	SC
巴氏（轴承）合金	B	衬铅	Q	酚醛塑料*	SD
硬质合金	Y	搪瓷	C	衬塑料*	CS

注　1. 由阀体直接加工的阀座密封面材料代号用"W"表示。

　　2. 当阀座和阀瓣（闸板）密封面材料不同时，用低硬度材料代号表示（隔膜阀除外）。

* 过去曾用过的材料代号。

（6）第六单元——公称压力直接用压力数值表示，并用短横线与前五个单元分开。

（7）第七单元——阀体材料代号意义见表 7-16。

表 7-16　　　　　　　　　　阀体材料代号意义

阀体材料	代号	阀体材料	代号	阀体材料	代号
灰铸铁	Z	碳素钢	C	铬钼钒合金钢*	V
可锻铸铁	K	铬钼耐热钢	I	高硅铸铁*	G
球墨铸铁	Q	铬镍钛耐酸钢	P	铝合金*	L
铜合金	T	铬镍钼钛耐酸钢	R	铝合金*	B

注　对于 PN≤1.6MPa 的灰铸铁阀体和 PN≥2.5MPa 的碳素钢阀体，则省略本单元。

* 过去曾用过的材料代号。

（二）阀门型号举例

阀门产品的名称统一按传动方式、连接形式和结构形式三项确定，现举例如下：

（1）Z944W-1.0 型，表明电动机驱动，法兰连接，明杆平行式双闸板，密封面由阀体直接加工，公称压力为 1.0MPa，阀体为灰铸铁的闸阀。

产品名称统一为电动平行式双闸板闸阀。

（2）J11T-1.6 型，表明是手动，内螺纹连接，直通式，密封面材料为铜合金，公称压力为 1.6MPa，阀体为灰铸铁的截止阀。

产品名称统一为内螺纹截止阀。

（3）G6K41J-0.6 型，表明是气动常开式，法兰连接，屋脊式，密封面材料为衬胶，公称压力为 0.6MPa，阀体材料为灰铸铁的隔膜阀。

产品名称统一为气动常开式衬胶隔膜阀。

（4）D741X-2.5 型，表明是液动，法兰连接，垂直板式，密封面材料为橡胶，公称压力为 2.5MPa，阀体材料为碳素钢的蝶阀。

产品名称统一为液动蝶阀。

三、阀门试压和研磨

阀门是工艺管道上非常重要的部件，对管内所输送的介质起开和关的作用。这就要求阀门，开能开得起，关能关得住，必须保证阀门的安装质量。阀门从出厂到现场安装，一般都是经过多次装卸运输和长时间的存放，因此，在安装以前必须对阀门进行检查清洗、试压、更换盘根，必要时还需要进行研磨。

（一）阀门的检查

阀门在安装前先要进行外观检查，检查阀体、密封面、阀杆等是否有制造缺陷或撞伤。根据阀门出厂合格证，如果出厂日期较短，外观检查也没有发现问题，对此类同厂同批生产的阀门可进行比例抽查；如果经抽查检验和水压试验以后，确认阀门质量比较可靠时，其余的同批产品，可不必逐个细致检查。但对出厂时间和存放时间都比较长的阀门以及密封度要求较严的阀门，一定要做解体检查。

（二）阀门水压试验

经内部解体检查的阀门，应进行强度试验和严密性试验，一般都是进行水压试验。强度试验压力一般为阀门公称压力的 1.5 倍。进行强度试验时，阀门应处于开启状态，等阀门内水灌满以后再封闭，缓慢升压到试验压力，停压 5min 以后，进行检查，如果表压不下降，阀体和填料无渗漏现象，强度试验即为合格。然后将阀门关闭，关闭时手轮上不许加任何器械，只靠人工手力把阀门关好，缓慢降压至工作压力，停压不少于 5min，如果表压不降，密封圈和填料处无渗漏，则严密性试验即为合格。

（三）阀门研磨

阀门在严密性试验时，如发现密封圈渗漏，则应重新解体，详细检查密封接合面的缺陷。如有沟槽之处，其深度小于 0.05mm 时，可用研磨方法来消除；如果沟槽深度超过 0.05mm 时，应用车床车平；沟深很严重的要进行补焊，再度车平，然后再进行研磨。研磨时，研磨面要涂一层很细的研磨剂（也称为凡尔砂）。

对于截止阀、升降式止回阀和安全阀，可直接利用阀芯和阀座的密封接合面进行研磨，也可分开研磨。如果是闸阀，通常都是将闸板取出来，放在较大的平面上进行研磨，闸板上如有明显凸起处，可先用三角刮刀，刮平以后再研磨。

阀门经过研磨、清洗、组装以后，再进行水压严密性试验，合格后方可使用。这项工序有时要进行多次，才能合格。

第五节 工业管道附件和管架

一、管道附件

工业管道安装工程中，除了有大量的管件和阀门以外，还有管道附件。管道附件在管道上安装的数量虽不是很多，但所起的作用是别的任何阀件也代替不了的。管道附件包括过滤器、阻火器、视镜、阀门操纵装置、补偿器、钢漏斗、套管等。

（一）过滤器

管道过滤器多用于泵、仪表（如流量计）、疏水阀前的液体管路上，要求安装在便于清理的地方，作用是防止管道所输送的介质中的杂质进入传动设备或精密部位，避免生产发生故障或影响产品的质量。管道过滤器按结构形式有 Y 型过滤器、锥型过滤器、直角式过滤器和高压过滤器四种，如图 7-31 所示。其主体的制造材质有碳钢、不锈耐酸钢、锰钒钢、铸钢和可锻铸铁等。管道过滤器内部装有过滤网，材质有铜网和不锈耐酸钢丝网。其公称压力范围中低压为 1.6、2.5、4.0MPa，高压的为 22.0、32.0MPa；其规格范围为 DN15～400mm，最高工作温度为 350℃。

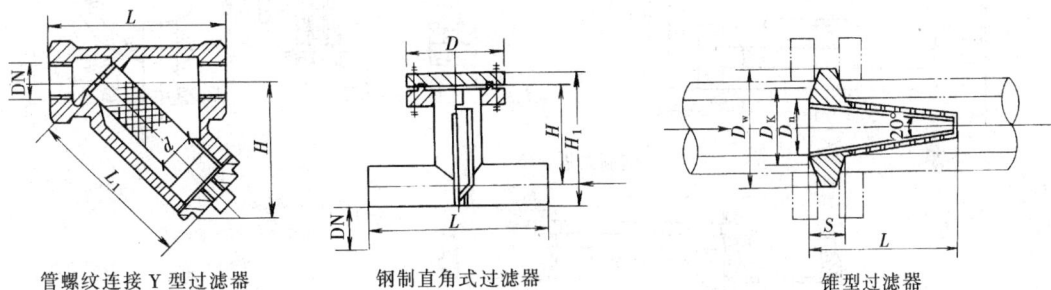

管螺纹连接 Y 型过滤器　　钢制直角式过滤器　　锥型过滤器

图 7-31　过滤器

（二）阻火器

阻火器是一种防止火焰蔓延的安全装置，通常安装在易燃易爆气体管路上。常用的阻火器种类有钢制砾石阻火器、碳钢壳体钢丝网阻火器和波形散热片式阻火器三种，如图7-32所示。其适用于压力较低的管道上，材料有碳钢、不锈耐酸钢、灰铸铁、铸铝等，公称直径为15～500mm。

（三）视镜

视镜，也称窥视镜，多用于排液或受潮前的回流、冷却水等液体管路上，以观察液体流动情况，常用的有直通玻璃板式视镜、三通玻璃板式视镜和直通玻璃管式视镜三种，如图7-33所示。视镜主体的材料有碳钢、不锈耐酸钢、铝、衬铅、衬胶、塑料等，公称压力范围有 PN0.25、0.6MPa 两种，金属的工作温度在 200℃ 以下，塑料的工作温度在 80℃ 以下，允许急变温度80℃，公称直径范围为 15～150mm，个别规格到 200mm。

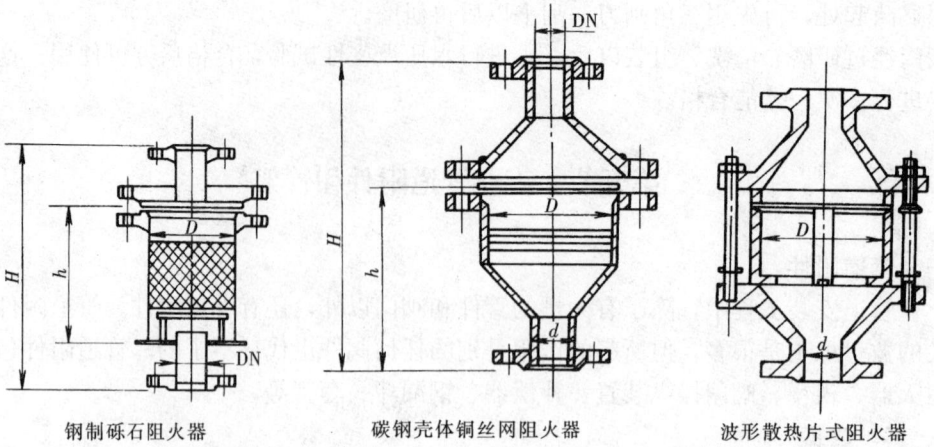

钢制砾石阻火器　　　　碳钢壳体铜丝网阻火器　　　波形散热片式阻火器

图 7-32　阻火器

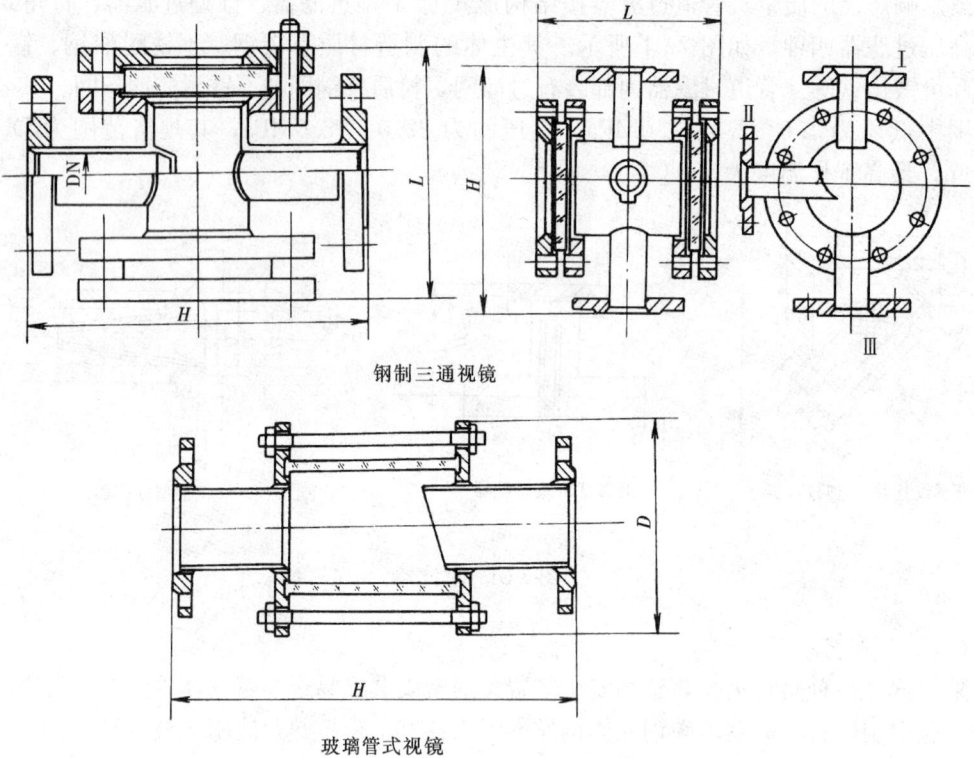

钢制三通视镜

玻璃管式视镜

图 7-33　视镜

（四）阀门操纵装置

　　阀门操纵装置，包括阀门伸长杆，都是为了在适当的位置能操纵比较远的阀门而设置的一种装置，如隔楼板、隔墙操纵管道上的阀门。阀门操纵装置有带支座和不带支座的两种。伸长杆与原阀杆的连接形式中闸阀一般为圆形带键槽，截止阀一般为四方头锥体连接。所操纵的阀门公称直径范围为 25～400mm。

（五）钢漏斗

钢漏斗是管道接受排放流体的部件，有直边型和内卷边形两种，直边型的可在现场加工制作，内卷边型的一般为成品件。钢漏斗通常用 A3 或 A3F 钢板制作，常用接管规格为 25～300mm。

（六）补偿器

工艺管道上所用的补偿器，也称膨胀节或"胀力"，作用是消除管道因温度变化而产生膨胀或收缩应力对管道的影响。常用的补偿器有方形的（Ⅱ形）和圆形的（Ω形）两种，用无缝钢管煨制而成的，现在有了成品管件，方形补偿器也可以用弯头焊接。这类补偿器一般都是在施工现场或加工厂制作。它的伸缩性能好，补偿能力大，但阻力也大，空间所占位置也比较大，多用于室外架空管道上。

波形补偿器，包括波形、盘形、鼓形、内凸形补偿器等，其中波形补偿器又分单波补偿器和多波补偿器两种。它是利用波形金属曲折面的变形起补偿作用的。其外形体积较小，适用于装置内设备之间管道的补偿，但因制作比较困难，补偿能力小，所以有时采用多波补偿器才能达到补偿能力。其适用于公称压力 0.6MPa 以下的低压管道上，公称直径要大于 150mm。

填料式补偿器，也称套管式补偿器，是利用外管套以内管，在两管空隙之间用填料密封，内管可以随着温度变化自由活动，从而起到补偿作用。它的结构紧凑，体积较小，补偿能力大，但填料容易损坏发生泄漏，多用于铸铁、陶瓷和塑料管道上，适用于公称压力 0.6MPa 以下，见图 7-34。

套管补偿器较常用在可通行地沟里，占地面积小，但须经常检修，在不可通行地沟内也可使用，但必须设检查井，以便定期检查。

若直线管路较长，须设置多个补偿器时，最好采用双向补偿器，如图 7-35 所示。

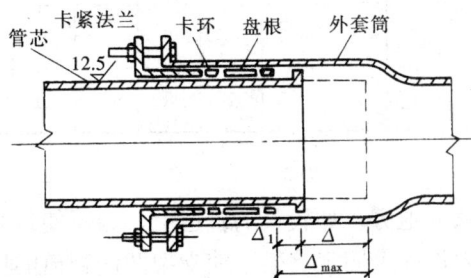

图 7-34　套管式补偿器　　　　　　　　　图 7-35　双向补偿器

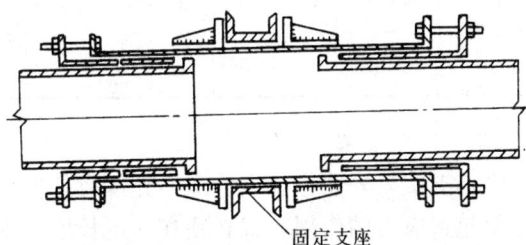

（七）套管

套管有柔性防水套管、刚性防水套管、一般钢套管和镀锌铁皮套管。刚性防水套管见图 7-36。柔性防水套管法兰盘与翼盘用双头螺栓连接，见图 7-37。

二、管道支架

管道支架起支承和固定管道的作用，常用的管道支架有滑动支架、固定支架、导向支架和吊架等，每种支架又有多种结构形式。在生产装置外部，有些管架属于大型管架，有的是钢筋混凝土结构，有的是大型钢结构。这些大型结构虽然也是管道的支承物，但通常都是按照独立的单项工程来设计和施工，属于建筑工程或金属结构安装工程范畴。下面介绍的是指属于工艺管道工程范围内的支架。

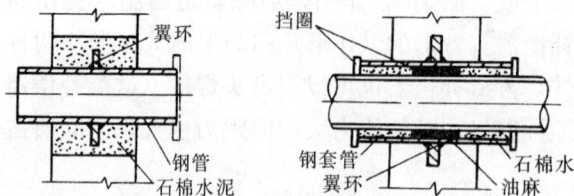

图 7-36　刚性防水套管

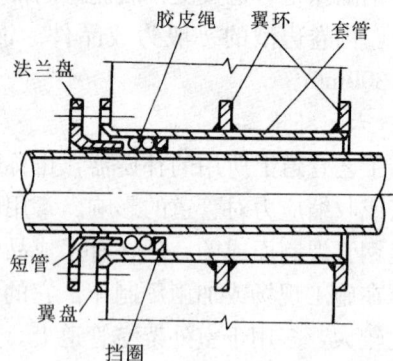

图 7-37　柔性防水套管

（一）滑动支架

滑动支架，也称为活动支架，一般都安装在水平敷设的管道上，一方面承受管道的重量，另一方面允许在管道受温度影响发生膨胀或收缩时，沿轴向前后滑动。此种管架一般安装在输送介质温度较高的管道上，且在两个固定管架之间。

管道承托于支架上，支架应稳固可靠。预埋支架时要考虑管道按设计要求的坡度敷设。为此可先确定干管两端的标高，中间支架的标高可由该两点拉直线的办法确定。支架的最大间距见表 7-17。间距过大会使管道产生过大的弯曲变形而使管内流体不能正常运转。

表 7-17 　　　　　　　　　　　　　钢管管道支架最大间距

管子公称直径 (mm)		15	20	25	32	40	50	70	80	100	125	150	200	250	300
支架最大间距 (m)	保温管	1.5	2	2	2.5	3	3.5	4	4	4.5	5	6	7	8	8.5
	非保温管	2.5	3	3.5	4	4.5	5	6	6	6.5	7	8	9.5	11	12

（二）固定支架

固定支架，安装在要求管道不允许有任何位移的地方。如较长的管道上，为了使每个补偿器都起到应有的作用，就必须在一定长度范围内设一个固定支架，使支架两侧管道的伸缩作用在补偿器上。

（三）导向支架

导向支架是允许管道向一定方向活动的支架。在水平管道上安装的导向支架，既起导向作用也起支承作用；在垂直管道上安装的导向支架，只能起导向作用，见图 7-38。

以上三种支架，如安装在保温管道上，还必须安装管托。管托一般都是直接与管道固定在一起，管托下面接触管道支架。不保温的管道可直接安装在钢支架上。有些管道不能接触碳钢的，还要另加垫片。

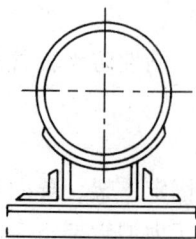

图 7-38　导向支座

（四）吊架

吊架是使管道悬垂于空间的管道支架，有普通吊架和弹簧吊架两种。弹簧吊架适用于有垂直位移的管道，管道受力以后，吊架本身可以起调节作用。

除此之外，还有大量的管托架和管卡子，管托架根据管径大小，有单支撑和双支撑等多种。管卡子是U形圆钢卡子，用量最多。

第六节　工业管道安装基本知识

工艺管道安装工程，在所有安装工程中，是一项比较复杂的专业工作。其特点是安装工程量大，质量要求高，施工周期长。随着国外先进技术的引进，我国的管道安装技术水平也在不断提高，旧的施工方法和验收规范，已不相适应。国家有关部门颁发了新的验收规范，对工艺管道施工工序的内容、加工方法、工程质量验收等都提出了新的标准。因管道的种类繁多，材质也各不相同，施工方法也有所不同，现按常用的金属管道安装的施工程序，作简要介绍。

一、施工前的准备
（一）工艺管道施工应具备的条件

（1）管道施工前，应提前向施工单位提供施工图纸和有关技术文件。大型工程项目或比较复杂的工艺管道，最少要提前1～2个月供齐图纸，以便施工单位编制施工方案和材料计划，统筹安排施工进度计划，做好施工前的一切准备工作。

（2）管道施工前，施工图纸必须经过会审，对会审中所发现的问题，有关部门应提出明确的解决办法。

（3）工程所需的管材、阀门和管件等，以及各种消耗材料的储备，应能满足连续施工的需要。

（4）现场的土建工程、金属结构和设备安装工程，已具备管道安装施工条件。

（5）现场施工所用的水、电、气源及运输道路，应能满足施工需要。

（6）对采用新技术、新材料的施工，应做好施工人员的培训工作，使其掌握技术操作要领，确保工程质量。

（二）施工班组的准备工作

（1）熟读施工图纸，搞好现场实测。目前我国设计的施工图，一般都不出工艺管道系统图（即轴测图，或称单线图），有些管道的安装尺寸，在平面图和剖面图上是无法标出的，即使标出，也与实际安装尺寸有较大误差。唯一的办法就是进行实测。实测是一项十分细致的工作，实测的尺寸是否准确，直接影响管道加工预制的质量。为了保证实测尺寸的准确性，最好是在设备安装和金属结构安装基本结束时进行。

（2）建立管道加工预制厂。一般比较大的工程，管道组装都采用工厂化施工，充分发挥机械作用。经验证明，采用工厂化施工，对于保证工程质量和进度，是行之有效的办法。

二、管道施工工序和方法

工艺管道安装工程，只要现场具备了安装条件，各项施工准备工作搞好以后，就可以进行施工。管道施工的工序很多，投入的人工、机械、材料也比较多，通常把施工中不可缺少且独立存在的操作过程，理解为施工工序。

（一）管材、管件和阀门的检查

管材、管件和阀门，在安装前应进行清理和检查，清除材料的污垢和杂质，并对材料的外观进行人工检查。主要检查以下几点：

（1）所有管材、成品管件和阀门，都应有制造厂的出厂合格证书，其标准应符合国家有关规定。

（2）认真核对材料的材质、规格和型号。

（3）所有安装材料是否有裂纹、砂眼、夹渣和重皮现象。

（4）法兰和阀门的密封面应保存完好。

如果是用于高温、高压和剧毒的材料，应严格执行施工及验收规范的有关规定。

（二）管材调直

管材出厂以后，一般都要经过多次运输，最后才到达施工现场安装地点。在运输装卸过程中，对管材的碰撞和摔压是很难避免的，容易造成管材弯曲变形。为了确保管道安装质量，使其达到验收标准，基本上作到横平竖直，就必须对管材进行调直。

调直的方法，常用的有人工调直和半机械化调直。一般直径较小的管材，用人工调直。直径大于 50mm 时，一般采用丝杠调直器冷调，特殊情况有时需加热后调直。当管材直径大于 200mm 时，一般不易弯曲变形，很少需要调直。定额中管材调直方法的选定，根据管径、材质及连接方法的不同，各有差异。如低压碳钢管丝接安装，公称直径小于等于 20mm 采用冷调，大于 20mm 时用气焊加热调直。低压碳钢管电弧焊安装，公称直径小于等于 100mm 用手动丝杠调直器调查，公称直径为 125～200mm 时用丝杠压力调直器调查，大于 200mm 时不调。

（三）管材切割

管材切割，也称管材切口。管材切割的目的，是在较长的管材上，切取一段有尺寸要求的管段，故又称管材下料。定额中选定的管材切割方法如下：

（1）中低压碳钢管的切割，公称直径小于等于 25mm 的管材，采用人工手锯切割；公称直径为 32～50mm 的管材，采用砂轮切管机切割；公称直径大于 50mm 的管材，采用氧乙炔气方法切割。

（2）中低压不锈耐酸钢管，采用砂轮切管机切割。

（3）中低压铬钼钢管，公称直径小于等于 150mm 的管材，采用弓型锯床切割；公称直径大于 150mm 的管材，采用 9A151 型切管机切割。

（4）有缝低温钢管和中低压钛管，均采用砂轮切管机切割。

（5）高压钢管，采用弓型锯床和 9A151 型切管机切割。

（6）铝、铜、铅等有色金属管和直径小于等于 51mm 的硬聚氯乙烯塑料管，均采用手工锯切割；直径大于 51mm 的塑料管，采用木圆锯机切割。

管材切割是比较重要的一个工序，管材切口的质量，对下一道工序（坡口加工和管口组对）都有直接影响。

（四）坡口加工

坡口加工是为了保证管口焊接质量而采取的有效措施。坡口的型式有多种，选择什么坡口型式，要考虑以下几个方面：

（1）能够保证焊接质量；

（2）焊接时操作方便；

（3）能够节省焊条；

（4）防止焊接后管口变形。

管道焊接常采用的坡口型式有以下几种：

（1）Ⅰ型坡口，适用于管壁厚度在3.5mm以下的管口焊接。根据壁厚情况，调整对口的间隙，以保证焊接穿透力。这种坡口管壁不需要倒角，实质上是不需要加工的坡口，只要管材切口的垂直度能够保证对口的间隙要求，就可以直接对口焊接。

（2）Ⅴ型坡口，适用于中低压钢管焊接，坡口的角度为60°～70°，坡口根部有钝边，钝边厚度为1～2mm。

（3）U型坡口，适用于高压钢管焊接，管壁厚度在20～60mm之间，坡口根部有钝边，厚度为2mm左右。

坡口的加工，不同的材质应采取不同的方法，对于有严格要求的管道，坡口应采用机械方法加工。低压碳钢管坡口，一般可以用氧乙炔气切割，但必须除净坡口表面的氧化层，并打磨平整。

定额中管道坡口的加工方法如下：

低压碳钢管的坡口，管道公称直径小于等于50mm时，采用手提砂轮机磨坡口；直径大于50mm的用氧乙炔气切割坡口，然后用手提砂轮机打掉氧化层并打磨平整。

中压碳钢管、中低压不锈钢管和低合金钢管以及各种高压钢管，用车床加工坡口。

不锈钢板卷管的坡口，用手提砂轮机磨坡口；有色金属管，用手工锉坡口。

（五）焊接

焊接是管道连接的主要形式。管道在焊接以前，要检查管材切口和坡口是否符合质量要求，然后进行管口组对。两个管子对口时要同轴，不许错口。规范规定：Ⅰ、Ⅱ级焊缝内错边不能超过壁厚的10%，并且不大于1mm；Ⅲ、Ⅳ级焊缝不能超过壁厚的20%，并且不能大于2mm。对口时还要按设计有关规定，管口中间要留有一定的间隙。组对好的管口，先要进行点焊固定，根据管径大小，点焊3～4处，点焊固定后的管口才能进行焊接。

焊接的方法有很多种，常用的有气焊、电弧焊、氩弧焊和氩电联焊。

1. 气焊

气焊是利用氧气和乙炔气混合燃烧所产生的高温火焰来熔接管口的。所以，气焊也称为氧气乙炔焊或火焊。

气焊所用的氧气，在正常状态下是一种无色无味的气体，氧气本身不能燃烧，但它是一种很好的助燃气体。施工常用的氧气，一般分为两个级别，一级氧气的纯度不低于99.2%，二级氧气的纯度不低于98.5%。氧气的纯度对焊接效率和质量有一定影响。一般情况下，氧气厂和氧气站所供应的氧气都可以满足焊接需要。对于焊接质量有特殊要求时，应尽量采用一级纯度的氧气。

气焊所用的乙炔气，在正常状态下，是一种无色无味的气体，是碳氢化合物。乙炔气本身具有爆炸性，当压力在0.15MPa（1.5个大气压）时，如果温度达到580～600℃时，就可能发生爆炸。常用的乙炔气，是用水分解工业电石取得的，这个分解过程，是放热反应过程。为了避免乙炔发生器温度过高发生爆炸，要求乙炔发生器应有较好的散热性能。常用的电石，是由生石灰和焦炭在电炉中熔炼而成，一级电石能发生乙炔气300L/kg。定额中切口、坡口用氧气比电石为 1∶1.7；焊口用氧气比电石为 1∶3.4。

气焊所用焊条也称焊丝，管道焊接常用的焊丝规格，直径为 2.5、3、3.5mm，使用时根据管材壁厚选择。

气焊适用于管壁厚 3.5mm 以下的碳素钢管、合金钢管和各种壁厚的有色金属管的焊接。公称直径在 50mm 以下的焊接钢管，用气焊焊接的较多。

2. 电弧焊

电弧焊是利用电弧把电能转变成热能，使焊条金属和母材熔化形成焊缝的一种焊接方法。

电弧焊所用的电焊机，分交流电焊机和直流电焊机两种。交流电焊机多用于碳素钢管的焊接；直流电焊机多用于不锈耐酸钢和低合金钢管的焊接。电弧焊所用的电焊条种类很多，应按不同材质分别选用。电焊条的规格也有多种，管道安装常用的直径有 2.5、3、2.4mm。电焊条在使用前要进行检查，看药皮是否有脱落和裂纹现象，并按照出厂说明书的要求进行烘干，并在使用过程中保持干燥。

管道电弧焊接，应有良好的焊接环境，要避免在大风、雨、雪中进行焊接，无法避免时要采取有效地防护措施，以保证焊接质量。管道焊口，在施工中分为活动焊口和固定焊口两种。活动焊口是管口组对好经点固焊以后，仍能自由转动焊接，使熔接点始终处于最佳位置。管道在加工预制过程中，多数是活动焊口。固定焊口是管口组对完以后，不能转动的焊口，是靠电焊工人移动焊接位置来完成焊接的。这种焊口多发生在安装现场。

3. 氩弧焊

氩弧焊是用氩气作保护气体的一种焊接方法。在焊接过程中，氩气在电弧周围形成气体保护层，使焊接部位、钨极端头和焊丝不与空气接触。由于氩气是惰性气体，不与金属发生化学反应，因此，在焊接过程中焊件和焊丝中的合金元素不易损坏；另外，氩气不溶于金属，因此不产生气孔。由于上述这些特点，采用氩弧焊可提高焊接质量。有些管材的管口焊接难度较大，质量要求很高，为了防止焊缝背面产生氧化、穿瘤、气孔等缺陷，在氩弧焊打底焊接的同时，要求在管内充氩保护。氩弧焊和充氩保护所用的氩气纯度，不能低于99.9%，杂质过多会影响焊缝质量。

氩弧焊多用于焊接易氧化的有色金属管（如钛管、铝管等）、不锈耐酸钢管和各种材质的高压、高温管道的焊接。

4. 氩电联焊

氩电联焊是把一个焊缝的底部和上部分别采用两种不同的焊接方法的焊接，即在焊缝的底部采用氩弧焊打底，焊缝的上部采用电弧焊盖面。这种焊接方法，越来越被广泛应用，既能保证焊缝质量，又能节省很多费用，适用于各种钢管的Ⅰ、Ⅱ级焊缝和管内要求洁净的管道。

（六）焊口的检验

管道每个焊口焊完以后，都应对焊口进行外观检查，打掉焊缝上的药皮和两边的飞溅物。首先查看焊缝是否有裂纹、气孔、夹渣等缺陷；焊缝的宽度以每边超过坡口边缘 2mm 为宜；咬肉的深度不得大于 0.5mm。

按规定管道必须进行无损探伤检验的焊口，要对参加焊接的每个焊工所焊的焊缝，按规定比例抽查检验，在每条管线上，抽查探伤的焊缝长度，不得少于一个焊口。如发现某焊工所焊的焊口不合格时，应对其所焊的焊缝按规定比例加倍抽查探伤；如果仍不合格时，应对其在该管线所焊的焊缝全部进行无损探伤。所有经过无损探伤检验不合格的焊缝，必须进行返修，返修的焊缝仍按原规定进行检验。

（七）管道其他连接方法

焊接是管道连接最常用的方法，但除此之外还有很多其他连接方法。

（1）螺纹连接，也称丝扣连接，主要用于焊接钢管、铜管和高压管道的连接。焊接钢管的螺纹大部分可用人工套丝，目前多种型号的套丝机不断涌现，并且被广泛应用，已基本上代替了过去的人工操作。对于螺纹加工精度和粗糙度要求很高的高压管道，都必须用车床加工。

（2）承插口连接，适用于承插铸铁管、水泥管和陶瓷管。承插铸铁管所用的接口材料有石棉水泥、水泥、膨胀水泥和青铅等，使用最多的是石棉水泥。此种接口操作简便，质量可靠。青铅接口，操作比较复杂，费用较高，且铅对人体有害，因此，除用于抢修等重要部位或有特殊要求时，其他工程一般不采用。

（3）法兰连接，主要用于法兰铸铁管、衬胶管、有色金属管和法兰阀门等连接，工艺设备与管道的连接也都采用法兰连接。

法兰连接的主要特点是拆卸方便。安装法兰时要求两个法兰保持平行，法兰的密封面不能碰伤，并且要清理干净。法兰所用的垫片，要根据设计规定选用。

三、管道压力试验及吹扫清洗

在一个工程项目中，某个系统的工艺管道安装完毕以后，就要按设计规定对管道进行系统强度试验和气密性试验，其目的是为了检查管道承受压力情况和各个连接部位的严密性。一般输送液体介质的管道都采用水压试验，输送气体介质的管道多采用气体进行试验。

管道系统试验以前应具备以下条件：

（1）管道系统安装完以后，经检查符合设计要求和施工验收规范规定的有关规定；

（2）管道的支、托、吊架全部安装完；

（3）管道的所有连接口焊接和热处理完毕，并经有关部门检查合格，应接受检查的管口焊缝尚未涂漆和保温；

（4）埋地管道的坐标、标高、坡度及基础垫层等经复查合格；

（5）试验用的压力表最少要准备 2 块，并要经过校验，其压力范围应为最大试验压力的 1.5～2 倍；

（6）较大的工程应编制压力试验方案，并经有关部门批准后方可实施。

（一）液压试验

液压试验，在一般情况下都是用清洁的水做试验，如果设计有特殊要求时，按设计规定进行。水压试验的程序：

（1）首先做好试验前的准备工作：安装好试验用临时注水和排水管线；在试验管道系统的最高点和管道末端，安装排气阀；在管道的最低处安装排水阀；压力表应安装在最高点，试验压力以此表为准。

管道上已安装完的阀门及仪表，如不允许与管道同时进行水压试验时，应先将阀门和仪表拆下来，阀门所占的长度用临时短管连接起来串通；管道与设备相连接的法兰中间要加上盲板，使整个试验的管道系统成封闭状态。

（2）准备工作完成以后，就可开始向管道内注水，注水时要打开排气阀，当发现管道末端的排气阀流水时，立即把排气阀关闭，等全系统管道最高点的排气阀也见到流水时，说明全系统管道已经全部注满水，把最高点的排气阀也关好。这时对全系统管道进行检查，如没有明显的漏水现象，就可升压。升压时应缓慢进行，达到规定的试验压力以后，停压应不少于10min，经检查无泄漏，目测管道无变形为合格。

各种管道试验时的压力标准，一般设计都有明确规定，如果没有明确规定可按管道施工及验收规范的规定执行。

（3）管道试验经检查合格以后，要把管内的水放掉，排放水以前应先打开管道最高点处的排气阀，再打开排水阀，把水放入排水管道；最后拆除试压用临时管道和连通管及盲板，拆下的阀门和仪表复位，把好所有法兰，填写好管道系统试验记录。

管道系统水压试验，如环境气温在0℃以下时，放水以后管道要即时用压缩空气吹除，避免管内积水冻坏管道。

（二）气压试验

气压试验，大体上分为两种情况：一种是用于输送气体介质管道的强度试验；另一种是用于输送液体介质管道的严密性试验。气压试验所用的气体，大多数为压缩空气或惰性气体。

使用气压作管道强度试验时，其压力应逐级缓升，当压力升到规定试验压力一半的时候，应暂停升压，对管道进行一次全面检查，如无泄漏或其他异常现象，可继续按规定试验压力的10%逐级升压，每升一级要稳压3min，一直到规定的试验压力，再稳压5min，经检查无泄漏无变形为合格。

使用气压作管道的严密性试验时，应在液压强度试验以后进行，试验的压力要按规定进行。若是气压强度试验和气压严密性试验结合进行时，可以节省很多时间。其具体做法是，当气压强度试验检查合格后，将管道系统内的气压降至设计压力，然后用肥皂水涂刷管道所有焊缝和接口，如果没有发现气泡现象，说明无泄漏，再稳压0.5h，如压力不下降，则气压严密性试验合格。

工业管道，除强度试验和严密性试验以外，有些管道还要作特殊试验，如真空管道要作真空度试验；输送剧毒及有火灾危险的介质，要进行泄漏量试验。这些试验都要按设计规定进行，如设计无明确规定，可按管道施工及验收规范的规定进行。

（三）管道的吹扫和清洗

工业管道的安装，每个管段在安装前，都必须清除管道内的杂物，但也难免有些锈蚀物、泥土等遗留在管内，这些遗留物必须清除。清除的方法一般是用压缩空气吹除或水冲洗，所以统称为吹洗。

1. 水冲洗

管道吹洗的方法很多，根据管道输送介质使用时的要求及管道内脏污程度来确定。

工业管道中，凡是输送液体介质的管道，一般设计要求都要进行水冲洗。冲洗所用的水，常选用饮用水、工业用水或蒸汽冷凝水。冲洗水在管内的流速，不应小于1.5m/s，排放管的截面积不应小于被冲洗管截面积的60%，并要保证排放管道的畅通和安全。水冲洗要连续进行，冲洗到什么程度为合格，按设计规定，如设计无明确规定时，则以出口的水色和透明度与入口的水目测一致为合格。定额中是按冲洗3次，每次20min考虑计算水的消耗量。

2. 空气吹扫

工业管道中，凡是输送气体介质的管道，一般都采用空气吹扫，忌油管道吹扫时要用不含油的气体。

空气吹扫的检查方法，是在吹扫管道的排气口，安设用白布或涂有白漆的靶板来检查，如果 5min 内靶板上无铁锈、泥土或其他脏物即为合格。

3. 蒸汽吹扫

蒸汽吹扫适用于输送动力蒸汽的管道。因为蒸汽吹扫温度较高，管道受热后要膨胀和位移，故在设计时就考虑这些因素，在管道上装了补偿器，管道支架、吊架也都考虑到受热后位移的需要。输送其他介质的管道，设计时一般不考虑这些因素，所以不适用蒸汽吹扫，如果必须使用蒸汽吹扫时，一定要采取必要的补偿措施。

蒸汽吹扫时，开始先输入管内少量蒸汽，缓慢升温暖管，经恒温 1h 以后再进行吹扫，然后停汽使管道降温至环境温度；再暖管升温、恒温，进行第二次吹扫，如此反复一般不少于 3 次。如果是在室内吹扫，蒸汽的排汽管一定要引到室外，并且要架设牢固。排汽管的直径应不小于被吹扫管的管径。

蒸汽吹扫的检查方法，中、高压蒸汽管道和蒸汽透平入口的管道要用平面光洁的铝板靶，低压蒸汽用刨平的木板靶来检查，靶板放置在排汽管出口，按规定检查靶板，无脏物为合格。

4. 油清洗

油清洗适用于大型机械的润滑油、密封油等油管道系统的清洗。这类油管道管内的清洁程度要求较高，往往都要花费很长时间来清洗。油清洗一般在设备及管道吹洗和酸洗合格以后，系统试运转之前进行。

油清洗是采用管道系统内油循环的方法，用过滤网来检查，过滤网上的污物不超过规定的标准为合格。常用的过滤网规格有 100 目$/cm^2$ 和 200 目$/cm^2$ 两种。

5. 管道脱脂

管道在预制安装过程中，有时要接触到油脂，有些管道因输送介质的需要，要求管内不允许有任何油迹，这样就要进行脱脂处理，除掉管内的油迹。管道在脱脂前应根据油迹脏污情况制订脱脂施工方案，如果有明显的油污或锈蚀严重的管材，应先用蒸汽吹扫或喷砂等方法除掉一些油污，然后进行脱脂。脱脂的方法有多种，可采用有机溶剂、浓硝酸和碱液进行脱脂，有机溶剂包括二氯乙烷、三氯乙烯、四氯化碳、丙酮和工业酒精等。

脱脂后应将管内的溶剂排放干净，经验收合格以后，将管口封闭，避免以后施工中再被污染；要填写好管道脱脂记录，经检验部门签字盖章后，作为交工资料的一部分。

管道的清洗，除上面介绍的方法以外，还有酸洗、碱洗和化学清洗钝化。管道的清洗吹扫，是施工中很重要的项目，编制施工图预算时容易漏掉。

第七节　工业管道施工图预算的编制

前面各节简要介绍了有关工业管道的基本知识，是编制施工图预算必须具备的前提。工业管道工程在石油化工、冶金生产装置中，不但工程数量和造价上占有很大的比重，而且在编制施工图预算时所需投入的业务工作量也是最繁重的。下面简要介绍工业管道施工图预算的编制方法。

一、编制施工图预算应具备下列条件

（1）工业管道施工项目的整套施工图纸应完整，包括平面图、立面图、流程图、管道与设备接点图、标准图和大样图等，还包括设计说明书和配管技术说明。

（2）现行的《全国统一工业管道安装工程预算定额》（2000 年版）或各地区编制的《安装工程消耗量定额》和《安装工程价目表》。

（3）工程所在地区现行的材料预算价格及材料调价的有关规定，本部门及工程所在地区的工程取费标准（或费用定额）。

（4）大型生产装置的工艺管道安装工程比较复杂，编制施工图预算时应有经批准的施工方案。

二、管道安装工程识图要点

看懂图纸、熟悉图纸是正确提出工程量，编好施工图预算的先决条件。

识图也要有个程序，当拿到一套生产装置的工艺管道施工图纸时，首先要找到这套图的图纸目录，按图纸目录的编号，核对这套图纸是否齐全。工艺管道施工图，少则数十张，多则数百张，其中主要的图纸，一张也不能少。图纸核对完后，先看首页图和设计说明书，以对这套施工图有个大概的了解。首页图很重要，有些设计说明和施工技术要求就写在首页图上。对于多层生产装置，首页图往往也是底层平面图，除底层平面图以外，还要有二层、三层等多层平面图。每层平面图上都标有楼层平面的高度，一般建筑结构以楼板高度划分，钢结构以钢平台高度划分。

平面图上所画的管线是表明在一定高度的空间内，基本平行于地面的管道，除表明管道的走向位置、管道编号和规格以外，还按一定比例画出工艺设备的位置。垂直于地平面的管道，在平面图上只能表示管道安装位置而不能表示管道的长度，图上看到的只是一个圆圈或者是一个圆点。

剖面图有时也称立面图，在剖面图上能表明平行于剖面的管道长度和平行于地面管道的安装高度。

流程图是按生产过程中物料的流动情况，用直观的示意形式，表明工艺设备与管道的关系，表明各种管道输送介质的流向。流程图上的管线长度，不代表管线实际的走向和长度，不能在流程图上丈量管线长度。

识图时要把各种图结合起来看，要搞清楚每条管线从哪里开始，到哪里结束。通过看图要达到以下几个目的：

（1）掌握生产装置内工艺管道大体有几个系统，如物料系统、循环水系统、蒸汽系统、压缩空气系统等，同时了解各系统管道安装的位置。

（2）各系统管道所用的材质，输送介质的工作压力、温度等，是否有易燃易爆和剧毒物质，与此同时，了解各类管道的焊缝等级。

（3）管道安装有哪些特殊技术要求，有哪些管道焊口规定要进行无损探伤，哪些管道焊口要求进行焊后热处理。

（4）哪些系统的管道要进行防腐保温，需要哪些材料。

除了熟悉施工图纸以外，还应了解施工现场情况，如哪些管道的安装，由于施工进度的需要必须进行夜间施工；地下管道的土方工程，哪些地段是普通土，哪些地段是坚土或硬质岩；施工现场的地下水位如何；沿管线施工地段有无障碍物需要清除。诸如此类与工程造价有关联的问题都应事先查勘清楚。

三、熟悉预算定额

工业管道安装工程预算定额是确定工业管道安装工程造价的依据，是由国家定额编制部门组织编制的，具有一定的指导性质。

对工业安装定额应熟悉以下几点：

（1）熟悉定额说明。定额的说明分为两个部分：一是册说明，内容包括本册定额的适用范围，定额的编制原则，人工、材料、机械的表现形式和内容，与其他各分册定额的关系等；其次是章说明和有关附录，内容包括定额适用范围，定额内所包括的工序内容和不包括的内容，以及各种必需的数据。

（2）熟悉定额的工程量计算规则。工业管道工程量计算规则是与定额的编制原则、应用方法相吻合的，是预算人员共同遵守的准绳，必须正确理解，熟练运用。

第八节　工业管道工程定额的应用

一、工业管道定额的主要内容

定额分八部分共 3091 个子目：

（1）管道安装；

（2）管件连接；

（3）阀门安装；

（4）法兰安装；

（5）板卷管制作与管件制作；

（6）管道压力试验、吹扫与清洗；

（7）无损探伤与焊口热处理；

（8）其他。

二、定额的适用范围及与其他专业的界定

（一）适用范围

本册定额包括工业生产厂区范围内生产车间内管道、生产车间外管道，工艺装置内管道、工艺装置外管道，罐区管道，井场及各类站区（如冷冻站、空压站、制氧站、水压机蓄势站、煤气站和加压站、加温站、阀站等）范围以内的输送各种压力的生产用介质的管道。

本册定额适用于上述管道的新建、扩建工程。具体适用范围是：

（1）厂区范围内的车间、装置、站、罐区及其相互之间各种生产用介质输送管道；

（2）厂区第一个连接点以内的生产用（包括生产与生活共用）的给水、排水、蒸汽、燃气输送管道。

本册定额管道压力等级的划分：

低压：$0 < p \leqslant 1.6\text{MPa}$；

中压：$1.6\text{MPa} < p \leqslant 10\text{MPa}$；

高压：$10\text{MPa} < p \leqslant 42\text{MPa}$。

蒸汽管道 $p \geqslant 9\text{MPa}$、工作温度 $\geqslant 500\text{°C}$ 时为高压。

（二）工业管道与其他管道界限划分

（1）与油（气）田管道应以施工图标明的站、库分界划分。如果施工图没有明确界线，

应以站、库围墙（或以站址边界线）为界，以内为工业管道，以外为油（气）田管道。

（2）与长输管道应以进站第一个阀池为界，阀池以内为工业管道，阀池以外为长输管道。

（3）与给水管道以入口水表井或阀池为界，水表以内为工业管道，水表以外为供水管道。

（4）与排水管道以出厂围墙第一个排水检查井为界，第一个检查井以内为工业管道，以外为污水管道。

（5）蒸汽和燃气以进厂第一个计量表（或阀门）为界，第一个计量表（或阀门）以内为工业管道，以外为供汽（气）管道。

（三）本定额不适用的范围

本册定额不适用除上述说明界线以外的管道，不适用核能装置专用管道，矿井专用管道，设备本体管道，民用给排水、卫生、采暖、燃气管道，长距离输送管道以及设计压力大于 42MPa 的超高压管道。

三、与其他有关册定额的关系

（1）本册定额不适用设备本体管道安装，因设备本体管道是随设备带来的，并已预制成型，其安装应包括在设备安装定额内；主机与附属设备之间连接的管道以设备与管道连接的第一片法兰为分界线，法兰以外的管道执行本定额。

（2）仪表系统除安装在各种管道上的一次部件执行本册管件连接定额外，其他仪表部件使用第十册《自动化控制仪表安装工程》相应定额。

（3）单件重 100kg 以上的管道支架制作安装、管道预制钢平台的搭拆等分别执行第五册《静置设备与工艺金属结构制作安装工程》定额有关项目。

（4）管道的除锈、刷油、防腐绝热执行第十一册《刷油、防腐蚀、绝热工程》定额；耐火、隔热内衬执行第四册《炉窑砌筑工程》定额。

（5）各种板卷管与板卷管件制作，不包括卷筒钢板展开、分段切割、平直，发生时应执行第五册《静置设备与工艺金属结构制作安装工程》有关项目。

（6）电动阀门的电动机的检查、接线、调试，执行第二册《电气设备安装工程》定额。

（7）生产生活共用的给水、排水、蒸汽、燃气输送管道执行本定额；厂区车间内、办公室、仓库内采暖系统及生活给排水系统，执行第八册《给排水、采暖、燃气工程》定额。

（8）地下管道的管沟、井类砌筑及其土石方工程执行《山东省建筑工程消耗量定额》。

四、本册定额与原全统第六册《工艺管道工程》比较有以下主要变化

（一）适用范围

（1）本定额取消了原定额中适用于厂区范围外距离在 10km 以内的各种生产用介质输送管道的相关规定。

（2）管道压力等级划分，原定额规定高压 $10\text{MPa}<p\leqslant32\text{MPa}$，现规定高压 $10\text{MPa}<p\leqslant42\text{MPa}$。

（二）系数调整

这里提到的只是共性的系数变化。

取消了以下调整系数：

（1）厂外运距超过 1km 时，其超过部分的人工、机械乘以系数 1.10。

（2）钢铁厂高炉、热电厂锅炉的工艺管道，施工高度在 20m 以上者，按超过部分定额人工、机械台班乘以系数 1.25。

（3）民用建筑工程的工艺管道系统调试，可按其工程人工费的 15% 计取，其中人工工资占 20%。

（4）管道及管件的焊缝探伤的配合用工已考虑在定额内，如实际工程要求不作探伤时，管道安装定额乘以系数 0.91，管件安装定额乘以系数 0.87。

保留或增加了以下调整系数：

（1）当施工操作高度超过 20m 时，其超过部分的定额人工和机械乘以系数 1.30，或按施工方案另行计算。

（2）凡需预安装（衬里钢管除外）的管道工程，其人工乘以系数 2，其余不变。

（3）整体封闭式地沟管道，其人工和机械乘以系数 1.2（管道安装后盖板封闭地沟除外）。

（三）项目设置

管道安装定额项目中取消了铝管（氧乙炔焊），有缝低温钢管（电弧焊、氩电联焊），低中压钛管（氩弧焊），铝镁、铝锰合金管（氩弧焊），铝镁、铝锰合金板卷管（氩弧焊），搪瓷管，石墨管，铝管（氢氧焊），硅铁管，承插陶土管；增加了不锈钢管（螺纹连接）、铜管（卡套式连接）（螺纹连接）、碳钢板卷管（埋弧自动焊）、合金钢管（氩弧焊）、塑料管（承插粘接、螺纹连接）、中压螺旋卷管（电弧焊）等。玻璃钢管法兰连接改为胶泥连接。

随上述管道安装定额项目的调整，管件安装项目也相应进行了调整。

（1）取消了原定额中搪瓷阀门、陶瓷阀门；增列了焊接阀门、调节阀门、安全阀门安装，其中高压焊接阀门按承插焊、对焊（电弧焊、氩电联焊）分别编列。

（2）取消了原定额中铸铁法兰、钛管翻边活动法兰、铝管翻边活动法兰（氧乙炔焊），法兰保护罩制作安装；增加了低压碳钢对焊法兰、低压不锈钢对焊法兰（电弧焊）、中压不锈钢对焊法兰（氩弧焊）安装项目。

（3）取消了原定额中铜三通、异径管制作，塑料三通，波形补偿器制作和地炉灌砂揻弯；增加了不锈钢直管、管件制作（氩电联焊）、碳钢板直管制作（埋弧自动焊）以及碳钢、不锈钢、合金钢管中频揻弯等。

（4）根据 GBJ 50235—1997《施工及验收规范》规定：压力试验包括强度试验及严密性试验且一并进行，故本定额取消了气密性试验，增加泄漏性试验项目。

（5）根据 GB 50235—1997《工业金属管道工程施工及验收规范》对管道表面及焊缝无损探伤提出的具体要求，定额中编制了管道无损探伤的项目，改变了原定额管道无损探伤执行板材项目乘以系数的计算方法。

（6）增加了管外充氩保护、一般穿墙钢套管制作项目，套管制作与安装、集气罐制作与安装均合并为一项，并包括刷油内容。

（7）手摇泵安装项目移入第一册《机械设备安装工程》泵设备安装一章内。

（8）增加了金属软管（螺纹连接、法兰连接），铜、铝、不锈钢翻边短管加工制作项目。

（四）工程量计算规则

（1）原定额规定直管安装，按照管壁厚选定压力等级套用定额；如设计为低压管道而实际采用的管道壁厚已达到中压管道取定的厚度时，可套用中压管道的相应项目。本定额规定为：管道壁厚范围已综合考虑，不作调整；管道、管件、阀门及法兰安装均按设计公称压力及材质套用定额。

（2）钢板卷管安装主材耗用量的计算：

原定额规定为：直管＝管道延长米×（1＋直管的损耗率）－管件所占长度；本定额规定为：各种管道安装工程量，均按设计的管道中心线长度，以延长米计算，不扣除阀门及各种管件等所占长度，主材应按定额用量计算。

（3）原定额规定主管上挖眼焊接三通，其支管管径小于主管管径 1/2 时，不计管件工程量。本定额修改为，支管管径小于等于主管管径 1/2 时，按支管管径计算管件工程量（本规定属于山东省自行修订，与 2000 全统定额规定并不一致）。

五、定额中主要因素的确定

（一）定额编制所依据的现行技术标准规范

（1）GB 50235—1997《工业管道工程施工及验收规范　金属管道篇》。

（2）GB 50236—1998《现场设备、工业管道焊接工程施工及验收规范》。

（3）GB 3323—1987《钢熔化焊对接接头射线照相和质量分级》。

（4）GB 985—1988《手工电弧焊接接头的基本形式与尺寸》。

（5）GB 986—1988《埋弧焊焊缝坡口的基本形式和尺寸》。

（二）场内运输

（1）管道水平运输：管径≤100mm 按人工运输，管径＞100mm 按机械运输。运输配备 8t 载重汽车和汽车起重机装运。

（2）管道垂直运输：每 10m 单位中 100kg 以上采用机械配合安装，100kg 以内采用手动工具配合安装。配合安装机械选型，采用室内室外相结合的原则，室内考虑卷扬机、室外考虑汽车吊，不分规格和型号均按综合吊装机械列入定额。

（三）安装高度

定额内的施工操作高度综合取定为 20m，超过 20m 时，其超过部分的工程人工、机械消耗量可按规定系数计算，也可按施工方案另行计算。

（四）材料消耗量

（1）定额中管道主材消耗量是已扣除了管件、阀门所占长度后的净用量加损耗量。

主材损耗率见表 7-18。

表 7-18   管道安装主材损耗率

材料名称	损耗率（%）	材料名称	损耗率（%）
低、中压碳钢管	4.00	塑料管	3.00
高压碳钢管	3.60	玻璃钢管	2.00
低、中、高压合金钢管	3.60	玻璃管	4.00
低、中、高压不锈钢管	3.60	承插铸铁管	2.00
不锈钢板卷管	4.00	法兰铸铁管	1.00
碳钢板卷管	4.00	预应力混凝土管	1.00
衬里钢管	4.00	冷冻排管	2.00
无缝铝管	4.00	螺纹管件	1.00
铝板卷管	4.00	螺纹阀门 DN20 以下	2.00
无缝铜管	4.00	螺纹阀门 DN20 以上	1.00
铜板卷管	4.00	带帽螺栓	3.00

（2）管材的取定长度见表 7-19。

表 7-19　　　　　　　　　　　　　管材取定长度

序号	项目名称	取定长度（m）	序号	项目名称	取定长度（m）
1	碳钢、合金钢管 DN≤250	6	7	铜管、铜板卷管	6
	DN≥300	8	8	塑料管	4
2	不锈钢管	6	9	玻璃钢管	3
3	不锈钢板卷管	5	10	玻璃管	3
4	碳钢板卷管	3.6～6.4	11	承插铸铁管 DN≤250	4
5	螺旋卷管	12		DN≥300	5
6	铝管、铝板卷管	6	12	预应力混凝土管	5

（3）本册管道安装所需辅助材料的损耗量是按表 7-20 给出的损耗率计算的。

表 7-20　　　　　　　　　　　管道安装辅助材料损耗率

材料名称	损耗率（%）	材料名称	损耗率（%）
型钢	5.00	油纸	1.00
氧气	17.00	焦炭	5.00
乙炔气	17.00	木柴	5.00
螺栓	3.00	油麻	5.00
铁丝	1.00	线麻	5.00
橡胶石棉板	15.00	青铅	8.00
石棉板	15.00	砂子	10.00
石棉绳	4.00	铅油	2.50
石棉水泥	10.00	机油	3.00
石油沥青	2.00	煤油	3.00
沥青玛碲脂	10.00	黄干油	2.00
水泥砂浆	5.00	白粉	5.00

（4）常用配合使用材料的比例：

氧乙炔切割：乙炔气∶氧气＝1kg∶3m³；

氧乙炔焊接：乙炔气∶氧气＝1kg∶2.6m³；

氩弧焊：焊丝∶氩气＝1kg∶2.8m³；氩气∶铈钨棒＝1m³∶2g；

焊丝∶焊药＝1∶1.5。清根用碳棒每米焊缝用 1.5 根。

（五）施工机械台班

定额中的施工机械选型是根据大多数施工企业机械装备水平、施工方法及选用的机械种类取定的。

（1）综合机械台班取定。定额中电弧焊接及吊装机械未列具体规格，以综合机械列出，其综合内容组成见表 7-21、表 7-22。

表 7-21　　　　　　　　　　　　　　电焊机综合台班

交流电焊机规格（kV·A）	21	30	40	备　注
权重（100%）	20%	55%	25%	电焊机（综合）台班按交流与直流焊机各 50%取定
直流电焊机规格（kW·h）	14	20	30	
权重（100%）	20%	60%	20%	

表 7-22   吊装机械综合台班

汽车式起重机规格（t）	8	16	25	50
权重（%）	20	60	15	5

（2）本定额中的焊接机械、加工机械、热处理机械及无损探伤机械均含相应机上人工消耗量，所以在计算以上四类机械台班单价时，不要重复计算机上人工费。

（六）管口处理

（1）低中压碳钢、合金钢管氩电联焊项目，高压碳钢、合金钢管项目，采用了半自动切割机切口，坡口采用了车床加工。

（2）不锈钢管、铝管、铜管采用了等离子切割机切口或坡口，砂轮机磨平。

（3）管口焊前预热和焊缝热处理，选用了电加热片和电感应两种方法，焊前预热还增加了氧乙炔焰加热项目。

（4）碳钢卷管焊接，除保留了电弧焊项目外，又增加了埋弧自动焊项目。

（七）主要机械台班与人工比例的确定

手工焊接：焊接机械∶人工=1∶1；

自动埋弧焊：焊接机械∶人工=1∶3；

焊条烘干：焊条烘干箱∶焊接人工=0.1∶1；

切口、坡口：半自动切割机∶人工=1∶1；

等离子切割机∶空压机∶人工=1∶1∶1；

砂轮切割机∶人工=1∶2；

管车床∶人工=1∶2；

普通车床∶电动双梁起重机=1∶1；

刨边机∶人工=1∶0.8；

卷板机∶人工=1∶1；

剪板机∶人工=1∶1；

水平运输：载重汽车∶汽车起重机=1∶1。

六、定额应用注意事项

（1）与本定额有关的下列内容，发生时应按有关规定或施工方案另行计算：

1）单体试运转所需的水、电、蒸汽、气体、油（油脂）、燃气等。

2）配合联动试车费。

3）管道安装完后的充气保护和防冻保护。

4）设备、材料、成品、半成品、构件等在施工现场范围以外的运输。

（2）管道安装工程操作高度超过 20m 时，其超过部分的定额人工和机械消耗量乘以系数 1.30，或按照施工方案另行计算。该系数为子目系数。

（3）管道安装工程如果在封闭式地沟内施工时，其管道、管件、阀门、支架、刷油、保温等项目定额中人工和机械乘以系数 1.20，但不包括管件制作项目。如先安装，后盖地沟盖板则不计此系数。该系数为子目系数。

（4）脚手架搭拆费按定额消耗量为基础计价后进行测算综合取定，计算时可按定额人工费的 7% 计算，其中人工工资占 25%。单独承担的埋地管道工程，不计取脚手架费用。该系数属于综合系数。

（5）本册定额中的下列内容属于措施性项目：脚手架搭拆，管道胎具制作，管道焊接环境防雨、雪、风、冻的措施，管道系统试压吹扫清洗时排放口至排放点的临时管线等。

第九节　工业管道安装工程量计算

一、管道安装

（一）本定额项目设置及适用范围

管道安装包括碳钢管、不锈钢管、合金钢管及有色金属管、非金属管、生产用铸铁管安装。本册中各类管道适用材质范围：

（1）碳钢管适用于焊接钢管、无缝钢管、16Mn 钢管。

（2）不锈钢管除超低碳不锈钢管按定额册说明调整外，适用于各种材质。

（3）碳钢板卷管安装适用于普通碳钢板卷管和 16Mn 钢板卷管。

（4）铜管适用于紫铜、黄铜、青铜管。

（5）合金钢管除高合金钢管按定额册说明调整外，适用于各种材质。

（二）各管道安装项目包括的工作内容

（1）管道安装包括直管安装过程的全部工序内容：现场准备、测量放线、场内运搬、切口坡口、组对连接（焊接、丝接、法兰及承插连接等）就位、固定等。铜（氧乙炔焊）管道安装还包括焊前预热，不锈钢管包括了焊后焊缝钝化。

（2）本定额内管道安装（衬里钢管、卡套式连接铜管、玻璃管和法兰铸铁管除外）不包括管件连接内容，其工程量可按设计用量执行本册第二章管件连接项目。

（3）玻璃管、法兰铸铁管及衬里钢管包括直管、管件、法兰含量的全部安装工序内容。不包括衬里管道的衬里，应另行计算。

（三）工程量的计算

（1）管道安装按设计压力等级、材质、规格、连接形式分别列项，以"10m"为计量单位。

（2）各种管道安装工程量，均按设计管道中心线长度，以延长米计算，不扣除阀门及各种管件等所占长度；材料应按定额用量计算，定额用量已含损耗量。

（3）定额的管道壁厚是考虑了压力等级所涉及的壁厚范围综合取定的。执行定额时不区分管道及管件壁厚，均按工作介质的设计压力及材质、规格执行定额。

（4）管道规格与实际不符时，按接近规格，中间值按大者计算。

（5）衬里钢管预制安装，管件按成品，弯头两端按接短管焊法兰考虑，定额中包括了直管、管件、法兰全部安装工作内容（二次安装、一次拆除），但不包括衬里。

（6）有缝钢管螺纹连接项目已包括丝堵、补芯及对丝安装内容。

（7）伴热管项目已包括揻弯工作内容。

（8）加热套管安装按内、外管分别计算工程量，执行相应项目。

（四）定额使用时应注意的问题

（1）管道安装定额中除另有说明外不包括以下工作内容，应执行本册有关章节相应项目：

1）管件连接；

2）阀门安装；

3）法兰安装；

4）管道压力试验、吹扫与清洗；

5）焊口无损探伤与热处理；

6）管道支架制作与安装；

7）管口焊接管内、外充氩保护；

8）管件制作、撖弯；

9）穿墙套管制作与安装。

（2）使用本定额不但要了解管道的材质及其规格，也一定弄清管道连接或焊接方式。管道安装时，管道壁厚超出正常范围，也不再调整，均按管道设计压力使用定额。

（3）不锈钢管（焊接）定额中已包括焊后焊缝的钝化工作内容及其材料。

（4）卡套式连接铜管、玻璃管和法兰铸铁管定额项目中未列出管件及螺栓数量，应按设计用量进行计算；衬里钢管定额中已列有管件、法兰、螺栓数量，如实际与此不同，可按实调整。

（5）方型补偿器安装，直管部分可按延长米计算，套用定额第一章"管道安装"相应定额；弯头可套用定额第二章"管件连接"定额相应项目。

（6）加热套管的内外套管的旁通管、弯头组成的方型补偿器，其管道和管件应分别计算工程量。

（7）加热套管的内、外套管应分别计算，执行相应管道定额。例如内管直径为76mm，外套管直径为108mm，两种规格的管道应分别计算。

（8）凡需预安装（衬里钢管除外）的管道工程，其人工乘以系数2，其余不变。

（9）超低碳不锈钢管执行不锈钢管项目，其人工和机械乘以系数1.15，焊条消耗量不变。

（10）高合金钢管执行合金钢管项目，其人工和机械乘以系数1.15，焊条消耗量不变。

（11）钢板卷管在计算工程量时，不扣除管件、阀门所占的长度，按定额标注计算直管主材用量。

在计算板卷管的主材数量时，对于挖眼三通、抽条大小头，不扣除所占长度，但在套用管件连接定额时，不再计算其主材用量；对于成品三通、焊制弯头、异径管等也不扣除所占长度，在套用管件连接定额时要根据工程实际情况计入管件成品价，或另套定额第五章管件制作定额。

二、管件连接

（一）定额项目设置及其工作内容

（1）管件安装定额与定额第一章管道安装配套使用，适用范围与管道安装相对应。

（2）管件安装包括弯头（含冲压、撖制、焊接弯头）、三通（四通）、异径管、管接头、管帽、仪表凸台、焊接盲板等。

（3）管件安装的工作内容包括管子切口、套丝、坡口、管口组对、连接或焊接，不锈钢管件焊缝钝化，铝管件焊缝酸洗，铜管件（氧乙炔焊）的焊前预热。

（二）工程量的计算

（1）各种管件连接均按压力等级、材质、规格、连接形式，不分种类，以"10个"为计量单位。

(2) 管件连接中已综合考虑了弯头、三通、异径管、管帽、管接头等管口含量的差异，应按设计图纸用量，执行相应项目。

(3) 现场摔制异径管，应按不同压力、材质、规格，以大口管径执行管件连接相应项目，不另计制作工程量和主材用量。

(4) 在管道上挖眼焊接管接头、凸台等配件，按配件管径计算管件工程量；挖眼接管三通支管径小于等于主管径 1/2 时，按支管径计算管件工程量（山东省规定）；支管径大于主管径 1/2 时，按主管径计算管件工程量。

(三) 管件安装定额应用时注意事项

(1) 本定额只适用于管件安装，管件制作、管子揻弯等均按本册第五章相应项目执行。

(2) 在安装现场直接在主管上挖眼接管三通和摔制异径管时，其工程量计算与成品管件的计算方法相同，但此类管件只套用连接定额，不得另计制作费和主材费。

(3) 对于焊接管帽、焊接盲板（死盲板），均按管件连接定额执行。螺纹连接的管道中，丝堵、补芯已含在管道安装内，不得再套用螺纹管件定额，但其本身价值应计入材料费内。

(4) 成品四通的安装，可按相应管件连接定额乘以 1.40 的系数计算。

(5) 管件采用法兰连接时，除另有说明外，执行定额第四章法兰安装相应项目，管件本身安装不再计算。

(6) 全加热套管的外套管件安装，定额是按两半管件考虑的，包括二道纵缝和 2 个环缝。

(7) 半加热外套管摔口后焊在内套管上，每个焊口按 1 个管件计算。外套碳钢管如焊在不锈钢管内套管上时，焊口间需加不锈钢短管衬垫，每处焊口按 2 个管件计算，衬垫短管按设计长度计算，如设计无规定时，可按 50mm 长度计算。

(8) 仪表的温度计扩大管制作安装，执行管件连接项目乘以系数 1.5，工程量按大口径计算。

三、阀门安装

(一) 定额项目划分及其工作内容

(1) 阀门安装包括低中高压管道上的各种阀门安装，也适用于螺纹连接、焊接（对焊、承插焊）或法兰连接形式的减压阀、疏水阀、除污器、阻火器、窥视镜、水表等阀件、配件的安装。

(2) 阀门安装工作内容均包括阀门（除高压对焊阀门外）壳体压力试验，阀门解体检查研磨，管口切坡口组对、连接或焊接安装等。

(3) 阀门解体检查及研磨定额中是按实际测算的比例综合考虑的，使用时不论实际发生多少，均不再另计。

(二) 工程量的计算

(1) 各种阀门按不同压力、规格、连接形式，分型号、类型以“个”为计量单位，执行相应定额项目。压力等级以设计规定为准。

(2) 各种法兰阀门安装与配套法兰的安装，应分别计算工程量，但塑料阀门安装定额中已包括配套的法兰安装，不要另计。

（3）减压阀直径按高压侧计算。

（三）定额使用中应注意的问题

（1）高压对焊阀门除另有说明外是按碳钢焊接考虑的，如设计要求其他材质，其电焊条材质可以换算，消耗量不变。本项目未包括壳体压力试验、解体研磨工序，发生时应另行计算。

（2）安全阀包括壳体压力试验及调试内容。螺纹安全阀套螺纹阀安装人工×2.0。

（3）电动阀门安装包括电动机的安装，但检查接线及电气调试应按第二册《电气设备安装工程》项目计算。

（4）调节阀门安装仅包括安装工序内容，配合安装工作内容由仪表专业考虑。

（5）各种法兰阀门安装，定额中只包括一个垫片（或透镜垫）和一副法兰用的螺栓。公称直径 600mm 以上的中压阀门和公称直径 300mm 以上的高压阀门安装定额项目中，未列螺栓数量，发生时按实另计。定额内垫片材质与实际不符时，可按实调整。

（6）阀门安装综合考虑了壳体压力试验（包括强度试验和严密性试验）、解体研磨工序内容，执行本章项目时不得因现场情况不同而调整。

（7）阀门壳体液压试验介质是按普通水考虑的，如设计要求用其他介质时，可作调整。

（8）阀门安装不包括阀体磁粉探伤、密封、做气密性试验、阀杆密封填料的更换等特殊要求的工作内容。

（9）直接安装在管道上的仪表流量计，执行阀门安装相应项目乘以系数 0.7，螺栓数量不变。

（10）阀门安装如采用翻边活动法兰连接时，应套用本定额法兰阀门安装和定额第八章翻边短管加工制作和第四章翻边活动法兰安装三项计算。

（11）阀门安装定额不包括阀门延长杆的制作安装费用，如设计要求安装延长杆时，应另行计算。

（12）焊接法兰或焊接阀门项目中所用焊条如与实际不符时可以调整，但耗用量不得改变。

四、法兰安装

（一）定额项目设置及工作内容

（1）本定额法兰安装包括低、中、高压管道、管件、法兰阀门上使用的各种材质的法兰安装。法兰种类有螺纹法兰、平焊法兰、对焊法兰、翻边活动法兰等。

（2）法兰安装工作内容包括切管套丝、坡口、焊接、制垫、加垫、组对、紧螺栓；另外，还包括不锈钢法兰焊接后的焊缝钝化，铝管的焊前预热、焊后酸洗，高压法兰螺栓涂二硫化钼等工作内容。

（二）工程量的计算

（1）低、中、高压管道、管件、阀门上的各种法兰安装，应按不同压力、材质、规格和种类，分别以"副"为计量单位，执行相应定额项目。压力等级以设计图纸规定为准。

（2）不锈钢、有色金属的焊环活动法兰安装，可执行翻边活动法兰安装相应项目，但应将定额中的翻边短管换为焊环，并另行计算其价值。

（三）定额使用中应注意的事项

（1）各种法兰安装，消耗量中只包括一个垫片（或透镜垫）和一副法兰用的螺栓。公称直径 300mm 以上的高压法兰安装定额中未列螺栓数量，应按实际发生另计。

（2）中、低压法兰安装的垫片是按石棉橡胶板考虑的，如设计有特殊要求时可作调整。

（3）法兰安装不包括安装后系统调试运转中的冷、热态紧固内容，发生时可另行计算。

（4）高压对焊法兰包括了密封面涂机油工作内容。硬度检查应按设计要求另行计算。

（5）中压螺纹、平焊法兰安装，按相应低压螺纹、平焊法兰项目乘以系数 1.2，螺栓规格数量按实调整。

（6）用法兰连接的管道安装，管道与法兰分别计算工程量，执行相应项目。

（7）在管道上安装的节流装置执行法兰安装相应项目乘以系数 0.8，螺栓规格数量按实调整，定额已包括了短管装拆工作内容。

（8）焊接盲板（平盖封头）执行定额第二章管件连接相应项目乘以系数 0.6。

（9）配法兰的盲板只计算主材，安装已包括在单片法兰安装工作内容中。

（10）与设备相连接的法兰或管路末端盲板封闭的法兰安装，以"片"为单位计算时，执行相应项目乘以系数 0.61，螺栓数量不变。

（11）全加热套管法兰安装，按内套管法兰直径执行相应项目乘以系数 2，螺栓规格数量按实调整。

（12）翻边活动法兰安装所用的翻边短管加工制作，可按照定额第八章相应项目计算。

五、板卷管制作与管件制作

（一）定额项目设置及其工作内容

（1）本定额适用于各种板卷管及管件制作。

板卷管制作适用于碳钢板、不锈钢板、铝板直管制作，管件制作适用于各种材质用成品板或成品管制作的弯头，三通、异径管以及管子煨弯等。定额还编列了三通补强圈、塑料法兰的制作安装。中频揻弯、钢板卷管（埋弧自动焊）属于新增项目，不适用螺旋卷管的制作。

（2）卷板管及管件制作工作内容包括画线、切割、坡口、卷制、组对、焊口处理、焊接、检验等。

另外，不锈钢板卷管与管件制作还包括焊后焊缝钝化，铝板管与管件制作包括焊缝酸洗。

煨制弯头（管）包括更换胎具，加热、煨弯成型。中频煨弯不包括煨制时胎具更换内容。

（3）三通补强圈制作安装工作内容包括画线、切割、坡口、板弧液压、钻孔、锥丝、组对、安装。以"个"为单位。

（4）塑料法兰制作安装工作内容包括塑料板画线、切割、钻孔、组对、安装。

（5）三通补强圈和塑料法兰制作安装只适用于现场制作的管件上需用的三通补强圈和塑料法兰。

（二）工程量的计算

（1）板卷管制作，按不同材质、规格以"t"为计量单位，主材用量包括规定的损耗量。钢板卷管的制作长度取定：$\phi \leqslant 100mm$ 时长度为 3.6m，$\phi \leqslant 1800mm$ 时长度为 4.8m，$\phi \leqslant 4000mm$ 时长度为 6.4m。

（2）板卷管件制作，按不同材质、规格、种类以"t"为计量单位，主材用量包括规定的损耗量。

（3）成品管材制作管件，按不同材质、规格、种类以"10 个"为计量单位，主材用量包括规定的损耗量。

（4）三通不分同径或异径，均按主管径计算，异径管不分同心或偏心，按大管径计算。

（三）定额应用中的注意事项

（1）成品管材加工的管件，按标准管件考虑，符合现行规范质量标准。

（2）各种板卷管与管件制作，其焊缝均按透油试漏考虑，不包括单件压力试验和无损探伤。发生时按本册相关项目计算。

（3）用管材制作管件项目，其焊缝均不包括试漏或无损探伤工作内容，应按相应管道焊缝等级和设计要求计算探伤工程量。

（4）煨弯按 90°考虑，煨 180°时，定额乘以系数 1.5。

（5）各种板卷管与板卷管件制作，是按在结构（加工）厂制作考虑的，不包括原材料（板材）及成品的水平运输、卷筒钢板展开平直工作内容，发生时应按相应项目另行计算，并计入措施费用中。

（6）直管上挖眼三通及用管材摔制异径管均按定额第二章管件安装计算。

六、管道压力试验、吹扫与清洗

（一）定额项目划分及工作内容

（1）本定额适用于高中低压管道压力试验，管道系统吹扫、清洗、脱脂等项目。不适用于设备的清洗脱脂。

（2）本定额根据现行规范规定取消了原定额中的气密性试验，增设泄漏性试验。泄漏性试验适用于剧毒、易燃易爆介质的管道。

（3）管道压力试验工作内容包括临时试压泵或压缩机临时管线安装拆除、制堵盲板、灌水或充气加压、强度试验、严密性试验、检查处理，现场清理。

（4）管道系统吹扫工作内容包括临时管线安装拆除、通水冲洗或充气（汽）吹洗、检查、管线复位及场地清理。

（5）管道清洗脱脂工作内容包括临时管线设施的安装拆除、配制清洗剂、清洗、中和处理、检查、料剂回收及场地清理等。

（二）工程量计算规则

（1）管道压力试验、吹扫与清洗按不同的压力、规格、不分材质以"100m"为计量单位。

（2）泄漏性试验适用于输送剧毒、有毒及可燃介质的管道，按压力、规格，不分材质以"100m"为计量单位。

（三）定额应用中注意事项

（1）管道液压试验是按普通水考虑的，如试压介质有特殊要求，介质可按实调整。

（2）定额内均已包括用空压机和水泵作动力进行试压、吹扫、清洗管道时连接的临时管线、盲板、阀门、螺栓等材料摊销；不包括管道之间的串通临时管线及管道排放点的临时管线，其工程量应按施工方案另行计算，计入措施项目费内。

（3）液压试验和气压试验都已分别包括强度试验和严密性试验工作内容。

（4）管道油清洗项目适用于传动设备输送油管道的油冲洗，按系统循环法考虑，包括油冲洗、系统连接和滤油机用橡胶管的摊销，但不包括管内除锈，发生时另行计算。

七、无损探伤与焊口热处理

本定额包括金属管道的无损探伤及焊口热处理两部分。原定额规定管道无损探伤使用板材无损探伤定额乘以系数的办法。本定额则新增列了管道无损探伤项目，焊口热处理也增加了焊口焊缝预热及后热项目。下面将分别介绍应用中的有关问题。

（一）无损探伤

（1）无损探伤定额适用于金属管材表面及管道焊缝的无损探伤，包括磁粉、超声波、X射线、γ射线及渗透探伤。

（2）无损探伤的工作内容包括：

1）焊口及检验部位的清理。

2）材料的配制、涂抹、片子固定、拆装。

3）探伤设备仪器等搬运、固定、拆除，开机检查。

4）无损检验、技术分析、鉴定报告。

（3）无损探伤定额中不包括固定射线探伤仪器的各种支架的制作和超声波探伤所需的各种对比试块的制作，发生时可根据现场实际情况另行计算。

（4）工程量计算规则

1）管材表面磁粉探伤和超声波探伤，不分材质、壁厚以"10m"为计量单位。

2）焊缝 X 射线、γ 射线探伤，按管壁厚不分规格、材质以"10 张"（胶片）为计量单位。

3）焊缝超声波、磁粉及渗透探伤，按管道规格不分材质、壁厚以"10 口"为计量单位。

4）计算 X 光、γ 射线探伤工程量时，按管材的双壁厚执行相应定额项目。

例如：无缝钢管 $\phi 630 \times 10$，需进行 X 射线无损检验，采用胶片规格为 80mm×300mm。选用定额时应按厚度 $2 \times 10 = 20$（mm）厚，选定额子目 6-2599，切记不可按壁厚 10mm，选定额子目 6-2598。

（5）应用中应注意的问题

1）管道对接焊接过程中的渗透探伤检验，执行管材焊缝渗透探伤项目。

2）无损探伤定额已综合考虑了高空作业降效因素。不论现场操作高度多高，均不再计超高费。

3）管道焊缝应按照设计要求的检验方法和数量进行无损探伤。当设计无规定时，管道焊缝的射线探伤检验比例应符合规范规定。管口射线探伤胶片的数量按现场实际拍摄张数计算。计算拍片数量应考虑胶片的搭接长度，设计没有明确规定时，一般按每边预留 25mm 计。

例如：按前一例子计算拍片工程量，应为：（630×3.14）÷（300−2×25）=7.91（张），应采取收尾法，取 8 张。

注意：一定要以每个焊口计算，不要以全部焊缝的总长度计。

（二）预热与热处理

（1）本定额适用于碳钢、低合金钢和中高合金钢各种施工方法的焊前预热或焊后热处理。

本定额选用了电感应及电加热片以及氧乙炔焰加热的方法，取消了原定额中的电阻丝加热处理方法。

（2）预热与热处理工作内容包括现场工机具材料准备，热电偶、电加热片或感应加热线的装拆、包扎、连线、通电升温或恒温，材料回收、清理现场等。

（3）工程量计算规则：焊前预热和焊后热处理，按管道不同材质、规格及施工方法以"10口"为计量单位。

（4）定额应用中需要注意的问题：

1）热处理的有效时间是依据 GB 50235—1997《工业管道工程施工及验收规范》规定的加热速率、恒温时间及冷却速率公式计算的，并考虑了必要的辅助时间、拆除和回收材料等工作内容。

2）执行焊前预热及后热定额时，如施焊后立即进行焊口局部热处理，人工乘以系数 0.87。

3）用电加热片加热进行焊前预热或焊后局部热处理时，如要求增加一层石棉布保温，石棉布的消耗量与高硅（氧）布相同，人工不再增加。

4）用电加热片或电感应法加热进行焊前预热或焊后局部热处理的项目中，除石棉布和高硅（氧）布为一次性消耗材料外，其他各种材料均按摊销量计入定额。

（5）电加热片是按履带式考虑的，如与实际不符时可按实调整。

（6）预热及热处理项目中不包括硬度测定。

（三）硬度测定

（1）硬度测定适用于金属管材测定硬度值，包括硬度测定和技术报告等内容。

（2）硬度测定是以测定点的多少，以"10个点"为计量单位。

八、其他

本定额适用于管道系统中有关附件及部件的安装，包括管道支架制作安装，管口焊接充氩保护及冷排管、蒸发分汽缸、集气罐、空气分气筒、排水漏斗、套管制作安装，空气调节器喷雾管、金属软管、水位计、阀门操纵装置安装以及翻边短管加工等项目。

（一）管道支架制作安装

（1）本定额适用于单件重量 100kg 以内的管架制作安装，单件重量大于 100kg 的管架制作安装，套用第五册《静置设备与工艺金属结构制作安装工程》相应定额项目。

（2）工程量计算规则：一般管架制作安装以"100kg"为计量单位。

（3）管道支架制作安装已包括了除锈与刷防锈漆，如发生刷面漆应按设计要求套用定额第十一册《刷油、防腐蚀、绝热工程》。

（4）管架制作安装定额按重量列项，已包括所需螺栓、螺母耗用量。

（5）除木垫式、弹簧式管架外，其他类型管架均执行一般管架项目。

（6）木垫块及弹簧盒的安装已包括在相应定额内，但其主材应另行计算。木垫式管架工程量不包括木垫重量。

（7）有色金属管、非金属管的管架制作安装，定额乘以系数 1.10。设计需要增加隔垫时，其垫板另计材料费。

（8）采用成型钢管焊接的管架制作安装，定额乘以系数 1.30。

（二）管口焊接充氩保护

（1）管口焊接充氩保护项目包括管内局部充氩保护和管外充氩保护两部分。适用于各种材质管道氩弧焊接或氩电联焊的项目。

（2）管口焊接充氩保护以"10口"为计量单位。

（3）在执行定额时，应根据设计及规范要求，按不同的规格分管内、管外选用不同项目。

（三）冷排管制作安装

（1）冷排管制作安装项目包括翅片墙排管、顶排管、光滑顶排管、蛇形墙排管、立式墙排管、搁架式排管等项目。定额内包括准备、切管、挖眼、煨弯、组对、焊接、钢带的轧绞、绕片固定、试压等工作内容，不包括钢带退火和冲套翅片，其消耗量应另行计算。

（2）冷排管制作与安装按每排根数及长度以"100m"为计量单位。

（3）冷排管的刷油及支架制作安装刷油应按相应定额规定另行计算。

（四）蒸汽分汽缸制作安装

（1）本定额项目适用于随工艺管道进行现场制作安装、试压、检查、验收的小型分汽缸（通常情况下缸体直径不超过DN400，容积不超过0.2m³），包括采用钢管制作及采用钢板制作两种情况，不同于压力容器设备制作安装。

（2）钢管制作是缸体采用无缝钢管制作，钢板制作是缸体采用钢板进行卷制，封头均采用钢板制作。定额不包括其附件制作安装，可按相应定额另行计算。

（3）分汽缸制作根据选用的材料及重量，以"100kg"为计量单位，安装按重量以"个"为计量单位。

（4）分汽缸及其附件的刷漆，应按相关定额另行计算。

（五）集气罐制安装

（1）集气罐制作与安装合并为一项，其工作内容包括下料、切割、坡口、组对、焊接、安装、试压、刷防锈漆等，但不包括附件制作安装，可按相应定额另行计算。

（2）集气罐按公称直径以"个"为计量单位。

（3）集气罐的支架、面漆等内容，应按有关定额另行计算。

（六）空气分气筒制作安装

（1）空气分气筒均按采用无缝钢管制作考虑的，其长度为400mm，直径分 ϕ100、ϕ150、ϕ200三种规格，以"个"为计量单位。

（2）空气分气筒除筒体制作安装以外的内容如刷漆、支架、附件等应另行计算。

（七）空气调节器喷雾管安装

空气调节器喷雾管安装，按T704—12《全国通用采暖通风标准图集》以六种形式分列，可按不同形式以"组"为计量单位分别选用。

（八）钢制排水漏斗制作安装

钢制排水漏斗按公称直径以"个"为计量单位。

（九）套管制作安装

（1）套管制作与安装合为一项，分一般穿墙套管和柔性、刚性防水套管。根据介质管径的规格以"个"为计量单位。制作所需的钢管和钢板用量已包括在定额内，应按设计及规范要求选用相应项目。套管的除锈和刷防锈漆已包括在定额内。

（2）套用本定额时特别注意：套管的规格是以套管内穿过的介质管道直径确定的，而不是指现场制作的套管实际直径。

（3）一般穿墙套管适用于各种管道穿墙或穿楼板需用的碳钢保护管。

（十）金属软管安装

（1）金属软管适用于连接设备、器具、附件或管道等的挠性短管，包括螺纹连接和法兰连接两种形式。

（2）金属软管不分长短，均按不同管径、分连接方式以"个"为计量单位。

（十一）水位计安装

水位计安装仅适用管式和板式两种型式的水位计，其计量单位为"组"，包括全套组件的安装。

（十二）调节阀临时短管装拆

（1）调节阀临时短管制作装拆项目，适用于管道系统试压、吹扫时需要拆除阀件而以临时短管代替连通管道，其工作内容包括完工后短管拆除和原阀件复位等。

（2）工程量的计算是按调节阀公称直径，以"个"为计量单位。

（3）本项目也适用于同类情况的其他阀件临时短管的装拆。

（十三）翻边短管加工制作

（1）本定额设置了不锈钢管、铝管、铜管三种管材的翻边短管加工制作。

（2）定额工作内容包括设备机具拆装，管子切断、翻胀管口等内容。消耗量中已考虑胀翻管口的模具材料摊销。

（3）翻边短管加工制作，按不同的管道外径，以"个"为计量单位。

（4）本定额中只编制了管径 $\phi \leqslant 219$ 的活动法兰用翻边短管，超出规格的翻边短管，可根据实际情况另行计算。

（十四）有关问题的说明

（1）管口焊接充氩保护 6-2910～6-2921 定额以"10 个口"为计量单位，在施工前如何计算充氩保护的口数按以下方法计算：

施工之前直管和管件的焊口数量不能准确计量时，可暂按表 7-23 中数据计算，结算时按实调整：

表 7-23

项　目	10 米直管焊口含量（个）	10 个管件焊口含量（个）
碳钢、不锈钢、合金钢管	1.27	20.60
碳钢板卷管 DN200～600	1.56	20.60
碳钢板卷管 DN700～900	1.96	20.60
碳钢板卷管 DN1000～1400	2.48	20.60
碳钢板卷管 DN1600～3000	2.38	20.60
不锈钢板卷管	2.20	20.60
铝管	1.27	22.30
铝板卷管	1.27	22.80

（2）钢制排水漏斗制作安装定额中，钢制排水漏斗现场如为成品安装时，可按其公称直

径套用第二章管件连接相应定额子目并乘以系数 0.60。

（3）焊接盲板指平盖形封头，可分为管外焊接的平盖封头（盖板直径略大于管外径）和管内焊接的平盖封头（堵板直径略小于管内径，俗称堵头），常用于压力较低的管路上。焊接盲板安装执行第二章管件连接相应项目并乘以系数 0.6；焊接管帽指椭圆形管封头，管帽安装可直接套用管件连接定额项目，不需调整。焊接盲板及管帽都要计算主材费。

（4）有关本册中管道主材耗用量明显减少的问题。大家可以将消耗量定额与原全统定额第六册后面附录的"主要材料损耗率表"对比一下就可以发现，本册定额中取定的各种管道的主材损耗率较过去都有所提高，如低、中压碳钢管由过去的 2.2％调整为 4％；低、中压不锈钢管由过去的 1.5％调整为 3.6％等。本册定额给出的管材耗用量的减少，其原因是此次定额编制时对各种管道规格、长度、管件管口工序含量等基础数据重新进行了测算、整理、分析，对原定额不合理的部分进行了修改、调整。本册主材耗用量是经测算减去阀门、法兰及管件所占管道延长米的长度后的直管段，加损耗量确定。也就是说，第六册中管道主材耗用量的减少并不是下调了主材损耗率，而是由于调整了综合取定的阀门、法兰及管件所占管道延长米的长度数据所致。

（5）磁粉探伤定额（6-2614～2621）中，材料消耗量相同，有误，准备出的勘误表已改正。

（6）本册补充定额包括低压碳钢板卷管及管件安装（氩电联焊）、钢套钢预制直埋保温管及其管件、附件、外套管接口安装、各种新型埋地塑料排水管（电热熔带、橡胶密封圈、热收缩带等连接方式）、玻璃纤维缠绕增强熟固性树脂夹砂管（橡胶密封圈、法兰、粘接等连接方式）以及排水管道闭水试验等共 216 个定额子目。

（7）低压碳钢板卷管及管件安装（氩电联焊）。

本部分补充项目使用时的问题及注意事项，详见消耗量定额第六册《工业管道工程》中第一章与第二章说明。

1）本补充定额按钢套钢预制直埋保温直管、管件、附件、外套管接口制作安装分别编制。

2）钢套钢预制直埋保温管附件系指固定支架、滑动支架以及膨胀节（补偿器）；所有管件、附件等均按成品件考虑。

3）套用定额时，直管、管件、附件均以介质管道（内管）管径为准；外套管接口以外管管径为准。

4）工程量计算规则与现行消耗量定额第六册《工业管道工程》同类项目一致，即按钢套钢预制直埋保温管设计中心线以延长米计算，不扣除管件、附件、阀门所占长度，以"10m"为计量单位，但管道主材耗用量以管道安装工程量扣除管件、附件、阀门所占长度后，另加 4％损耗计算。

5）管件、附件安装分别以"10 个"及"个"为计量单位，不考虑损耗。

6）外套管接口制作安装以"个"为计量单位。接头处的除锈、刷油（防腐）、绝热补口工作，按发生数量套用第十一册相应定额项目，其中，刷油（防腐）、绝热定额人工、机械乘以系数 2.0，材料乘以系数 1.20。套用第十章《补口补伤》项目的，定额不作调整。

7）如管道设计有阀门、法兰时，套用第六册《工业管道工程》相应定额项目。

8）管道无损检验以及试压、冲洗、吹扫等，按设计规定，套用第六册《工业管道工程》

相应定额项目。

9) 本补充定额发布后，原《山东省安装工程消耗量定额解释（2004年)》第27页22条停止使用。

（8）新型埋地塑料排水管。

1) 本补充定额中所称新型埋地塑料排水管，系指聚乙烯（PE）和高密度聚乙烯（HDPE）、增强聚丙烯（FRPP）等材质的埋地排水塑料双壁波纹管、埋地塑料中空缠绕结构壁管。

2) 本补充定额依据国家标准《埋地用聚乙烯(PE)结构管道系统》(GB/T 19472—2004)，《山东省埋地塑料排水管道工程建设技术导则》(JD—002—2004)，有关企业标准(Q/GTEY002—2003)编制。

3) 管道安装执行定额时，不区分管道壁厚，按其规格、连接形式分别列项，以"10m"为计量单位。

4) 工程量按设计管道中心线长度以延长米计算，不扣除接头检查井所占的长度。

（9）玻璃钢夹砂管。

1) 本补充定额依据国家标准《埋地用聚乙烯（PE）结构管道系统》（GB/T 19472—2004)，《玻璃纤维增强塑料夹砂管》(CJ/T 3079—1998)，以及有关企业标准编制。

2) 管道安装执行定额时，不区分管道壁厚，接其规格、连接形式分别列项，以"10m"为计量单位。

3) 工程量按设计管道中心线长度，以延长米计算，不扣除管件、阀门以及井类所占长度。

（10）排水管道闭水试验。

1) 本补充定额依据国家标准《埋地用聚乙烯（PE）结构管道系统》（GB/T 19472—2004)，《给水排水管道工程施工及验收规范》（GB 50268—1997)，《埋地给水排水玻璃纤维增强垫固性树脂夹砂管管道工程施工及验收规范》（CECS 129—2001）编制。

2) 本补充定额也适用于现行消耗量定额第六册中已有的其他材质的排水管道。

3) 闭水试验按试验管道规格列项，以"100m"为计量单位。

（11）卡箍式连接（沟槽式、环型、肩型）的钢管、管件及法兰安装。

1) 本补充定额依据《沟槽式连接管道工程技术规程》（CECS 151—2003)，《卡箍式柔性环型管接头》(GB/T 8260—1987)，《卡箍式柔性肩型管接头》(GB/T 8261—1987)，现行基础定额，消耗量定额及其他省（市）预算定额编制。

2) 卡箍式连接（沟槽式、环型、肩型）的钢管、管件及法兰安装定额中均包括卡箍的安装，环型、肩型卡箍式连接还包括与卡箍配套的端管的焊接。

3) 管道与卡箍端管的焊接均按电弧焊考虑。

4) 钢管（卡箍式连接）、卡箍管件定额中，卡箍式管接头的主材用量应按实计算。

（12）钢套钢外套弯头、三通制作安装。

1) 钢套钢外套弯头制作安装是按已安装内管弯头、内管保温的情况下，将与外套钢管同直径的成品弯头切割，再拼装焊接，并与外套钢管连接考虑的。定额包括的工作内容：场内运输、号料、切割、坡口加工、组对、焊接；不包括的工作内容：内管弯头安装、所有保温层安装及有可能发生的除锈、刷油（防腐）项目。

2）钢套钢外套三通制作安装是按内管现场做挖眼三通，外套保护管现场按成品三通切割，再拼装焊接考虑的。定额包括的工作内容：主管做挖眼三通处切割外套钢管、拆除保温层、外套三通号料、切割、坡口加工、组对、焊接，支管外套钢管与三通之间的连接短管的制作安装。不包括的工作内容：主管上挖眼接管：所有保温层安装及有可能发生的除锈、刷油（防腐）项目。如内管三通为成品三通，用与外护套同直径的成品三通切割后拼装焊接作为外护套，则外套三通制作安装执行钢套钢外套弯头制作安装定额。

3）如采用钢套钢成品弯头、三通，按《山东省安装工程消耗量定额补充册》钢套钢预制直埋保温管管件相应定额执行。

4）钢套钢外套弯头、三通制作安装定额未包括的工作内容，发生时可分别套用消耗量定额第六册《工业管道工程》和第十一册《刷油、防腐蚀、绝热工程》相关定额项目。

（13）不锈钢防水套管制作安装。

本补充定额依据国家建筑标准设计图集《防水套管》02S404 编制，制作所需的不锈钢管和不锈钢板用量已包括在定额内。

（十五）有关补充内容的工程量计算规则

（1）卡箍式连接钢管安装工程量，均按设计管道中心线长度，以延长米计算，不扣除阀门及各种管件、连接件所占长度。

（2）卡箍管件安装按不同连接形式，以"10 个"为计量单位。

（3）卡箍式法兰安装按不同连接形式，以"副"为计量单位。

（4）钢套钢外套弯头、三通制作安装按外保护管公称直径，以"个"为计量单位。

（5）不锈钢防水套管制作安装按介质管径的规格，以"个"为计量单位。

第十节　工 程 预 算 实 例

【例 7-1】　×油泵车间工业管道施工图预算

（一）工程概况

（1）本例题为山东省济南市市区某工厂油泵车间工业管道安装工程，油泵车间设备及管道平面图见图 7-39。

（2）本工程采用热轧无缝钢管，手工电弧焊连接，焊缝不进行无损探伤，公称压力为1.6MPa，要求压缩空气吹扫和液压试验。

（3）管道中的阀门为法兰截止阀（J41T—1.6）、法兰止回阀（H44T—1.6），采用碳钢平焊法兰连接。

（4）三通为主管现场挖制，大小头为成品大小头，弯头为成品冲压弯头。

（二）采用定额

采用《山东省安装工程价目表（下册）》和《山东省安装工程消耗量定额　第六册工业管道工程》（2003 年出版）中的有关内容。

（三）编制方法

（1）本例题暂不计主材费、管道除锈、刷油，保温等内容。

（2）管道支架综合计算为 86kg（支架计算方法：根据型钢规格、长度查材料设备手册或五金手册，换算成重量）。

（3）未尽事宜均参照有关标准或规范执行。

（4）工程量计算结果见表 7-24，安装工程施工图预算结果见表 7-25。

表 7-24 　　　　　　　　　　 **工 程 量 计 算 书**

工程名称：×油泵车间工业管道　　　年　月　日　　　　　　　　 共　页　第　页

序号	分部分项工程名称	单位	工程量	计 算 公 式
1	热轧无缝钢管（焊接）$D89 \times 4$	m	12.84	$4.90+0.69+(3.40-2.50)+0.35+0.50+(2.90-1.70)+2.30+0.20+(2.90-1.10)$
2	热轧无缝钢管（焊接）$D76 \times 4$	m	8.45	$6.40+0.52+(0.60-0.40)+0.65-0.20+0.28+0.20+0.20+0.20$
3	热轧无缝钢管（焊接）$D57 \times 3.5$	m	12.33	$0.68+1.13+(2.50-1.10) \times 3+0.28 \times 3+0.20 \times 3+1.25 \times 3+0.65-0.2+0.28+0.20+0.20$
4	挖眼三通 $D89 \times 89$	个	1	
5	挖眼三通 $D89 \times 57$	个	2	
6	挖眼三通 $D76 \times 57$	个	1	
7	成品大小头 $D89 \times 76$	个	1	
8	成品大小头 $D89 \times 57$	个	2	
9	成品大小头 $D76 \times 57$	个	1	
10	冲压弯头 $D89$	个	5	
11	冲压弯头 $D76$	个	3	
12	冲压弯头 $D57$	个	9	
13	法兰截止阀 DN80	个	1	
14	法兰截止阀 DN65	个	1	
15	法兰截止阀 DN50	个	6	
16	法兰止回阀 DN50	个	3	
17	法兰过滤器 DN65	个	1	
18	法兰挠性短管 DN50	个	6	
19	碳钢平焊法兰 DN80	副	1	
20	碳钢平焊法兰 DN80	片	1	
21	碳钢平焊法兰 DN65	副	4	
22	碳钢平焊法兰 DN65	片	1	
23	碳钢平焊法兰 DN50	副	3	
24	碳钢平焊法兰 DN50	片	6	
25	管道液压试验 DN100 以内	m	33.62	$12.84+8.45+12.33$
26	管道空气吹扫 DN50 以内	m	12.33	
27	管道空气吹扫 DN100 以内	m	21.29	$12.84+8.45$
28	刚性防水套管 DN80 以内	个	2	
29	一般管架制作安装	kg	86	

表 7-25　　　　　　　　　　　　　　工 程 计 价 表

工程名称：工业管道工程

序号	定额编号	项 目 名 称	单位	工程量	预算价							备注
					单价	合价	人工费		材料费		机械费	
							单价	合价	单价	合价	单价	合价	
1	6-27	碳钢管（电弧焊）D57×3.5	10m	1.233	36.53	45.04	28.42	35.04	1.19	1.47	6.92	8.532 36	
		热轧无缝钢管 D57×3.5	m	11.8									
2	6-28	碳钢管（电弧焊）D76×4	10m	0.845	51.29	43.34	36.39	30.75	3.95	3.34	10.95	9.252 75	
		热轧无缝钢管 D76×4	m	8.087									
3	6-29	碳钢管（电弧焊）D89×4	10m	1.284	60.39	77.54	43.03	55.25	4.54	5.83	12.82	16.4609	
		热轧无缝钢管 D89×4	m	12.288									
4	6-678	挖眼三通（电弧焊）D76×57	10个	0.1	297.8	29.78	131.7	13.17	37.31	3.73	128.8	12.876	
5	6-679	挖眼三通（电弧焊）D89×57	10个	0.2	343.5	68.7	149.9	29.98	43.28	8.66	150.3	30.056	
6	6-679	挖眼三通（电弧焊）D89×89	10个	0.1	343.5	34.35	149.9	14.99	43.28	4.33	150.3	15.028	
7	6-678	成品大小头（电弧焊）D76×57	10个	0.1	297.8	29.78	131.7	13.17	37.31	3.73	128.8	12.876	
		成品大小头 D76×57	个	1									
8	6-679	成品大小头（电弧焊）D89×57	10个	0.2	343.5	68.7	149.9	29.98	43.28	8.66	150.3	30.056	
		成品大小头 D89×57	个	2									
9	6-679	成品大小头（电弧焊）D89×76	10个	0.1	343.5	34.35	149.9	14.99	43.28	4.33	150.3	15.028	
		成品大小头 D89×76	个	1									
10	6-677	冲压弯头（电弧焊）D57	10个	0.9	202.1	181.9	104.2	93.77	16.17	14.55	81.76	73.584	
		冲压弯头 D57	个	9									
11	6-678	冲压弯头（电弧焊）D76	10个	0.3	297.8	89.33	131.7	39.51	37.31	11.19	128.8	38.628	
		冲压弯头 D76	个	3									
12	6-679	冲压弯头（电弧焊）D89	10个	0.5	343.5	171.74	149.9	74.96	43.28	21.64	150.3	75.14	
		冲压弯头 D89	个	5									
13	6-1311	法兰阀门 DN50 内	个	6	27.26	163.56	14.65	87.9	7.15	42.9	5.46	32.76	
		法兰截止阀 DN50	个	6									
14	6-1311	法兰阀门 DN50 内	个	3	27.26	81.78	14.65	43.95	7.15	21.45	5.46	16.38	
		法兰止回阀 DN50	个	3									
15	6-3035	法兰挠性接头 DN50	个	6	19.58	117.48	13.86	83.16	5.72	34.32			
		法兰挠性接头 DN50	个	6									
16	6-1312	法兰阀门 DN65 内	个	1	36.49	36.49	23.23	23.23	7.39	7.39	5.87	5.87	
		法兰截止阀 DN65	个	1									
17	6-1312	法兰过滤器 DN65	个	1	36.49	36.49	23.23	23.23	7.39	7.39	5.87	5.87	
		法兰过滤器 DN65	个	1									
18	6-1313	法兰阀门 DN80 内	个	1	47.68	47.68	27.94	27.94	13.46	13.46	6.28	6.28	
		法兰截止阀 DN80	个	1									

续表

序号	定额编号	项目名称	单位	工程量	预算价							备注
					单价	合价	人工费		材料费		机械费	
							单价	合价	单价	合价	单价	合价	
19	6-1566	碳钢平焊法兰（电弧焊）DN50 内	副	3	28.55	85.65	13.07	39.21	7.78	23.34	7.7	23.1	
		碳钢平焊法兰 DN50	片	6									
20	6-1566	单片法兰（电弧焊）DN50 内	副	6	10.62	63.72	4.86	29.16	2.89	17.34	2.87	17.22	{基×0.61；人×0.61；机×0.61；材×0.61；}
		碳钢平焊法兰 DN50	片	6									
21	6-1567	碳钢平焊法兰（电弧焊）DN65 内	副	4	33.62	134.48	15.14	60.56	9.01	36.04	9.47	37.88	
		碳钢平焊法兰 DN65	片	8									
22	6-1567	单片法兰（电弧焊）DN65 内	副	1	12.5	12.5	5.63	5.63	3.35	3.35	3.52	3.52	{基×0.61；人×0.61；机×0.61；材×0.61；}
		碳钢平焊法兰 DN65	片	1									
23	6-1568	碳钢平焊法兰（电弧焊）DN80 内	副	1	43.27	43.27	16.81	16.81	15.54	15.54	10.92	10.92	
		低（中）压碳钢平焊法兰	片	2									
24	6-1568	单片法兰（电弧焊）DN80 内	副	1	16.1	16.1	6.26	6.26	5.78	5.78	4.06	4.06	{基×0.61；人×0.61；机×0.61；材×0.61；}
		碳钢平焊法兰 DN80	片	1									
25	6-2490	低中压管道液压试验 DN100 内	100m	0.347	254.1	88.17	203.7	70.69	29.09	10.09	21.31	7.394 57	
26	6-2543	管道空气吹扫 DN50 内	100m	0.123	104	12.79	63.8	7.85	10.14	1.25	30.01	3.691 23	
27	6-2544	管道空气吹扫 DN100 内	100m	0.213	136.4	29.05	75.68	16.12	27.11	5.77	33.61	7.158 93	
28	6-2994	刚性防水套管制安 DN80 内	个	2	176.9	353.86	67.19	134.38	93	186	16.74	33.48	
29	6-2907	一般管架制安	100kg	0.86	806.9	693.96	469.5	403.75	134.5	115.7	202.9	174.52	
		型钢	kg	91.16									
		安装工程总计	元			2891.6		1525.4		638.6		727.623	
		[措施费] 脚手架搭拆费（工业管道工程）			1525.4	7%	106.78	25%	26.69	75%	80.08			

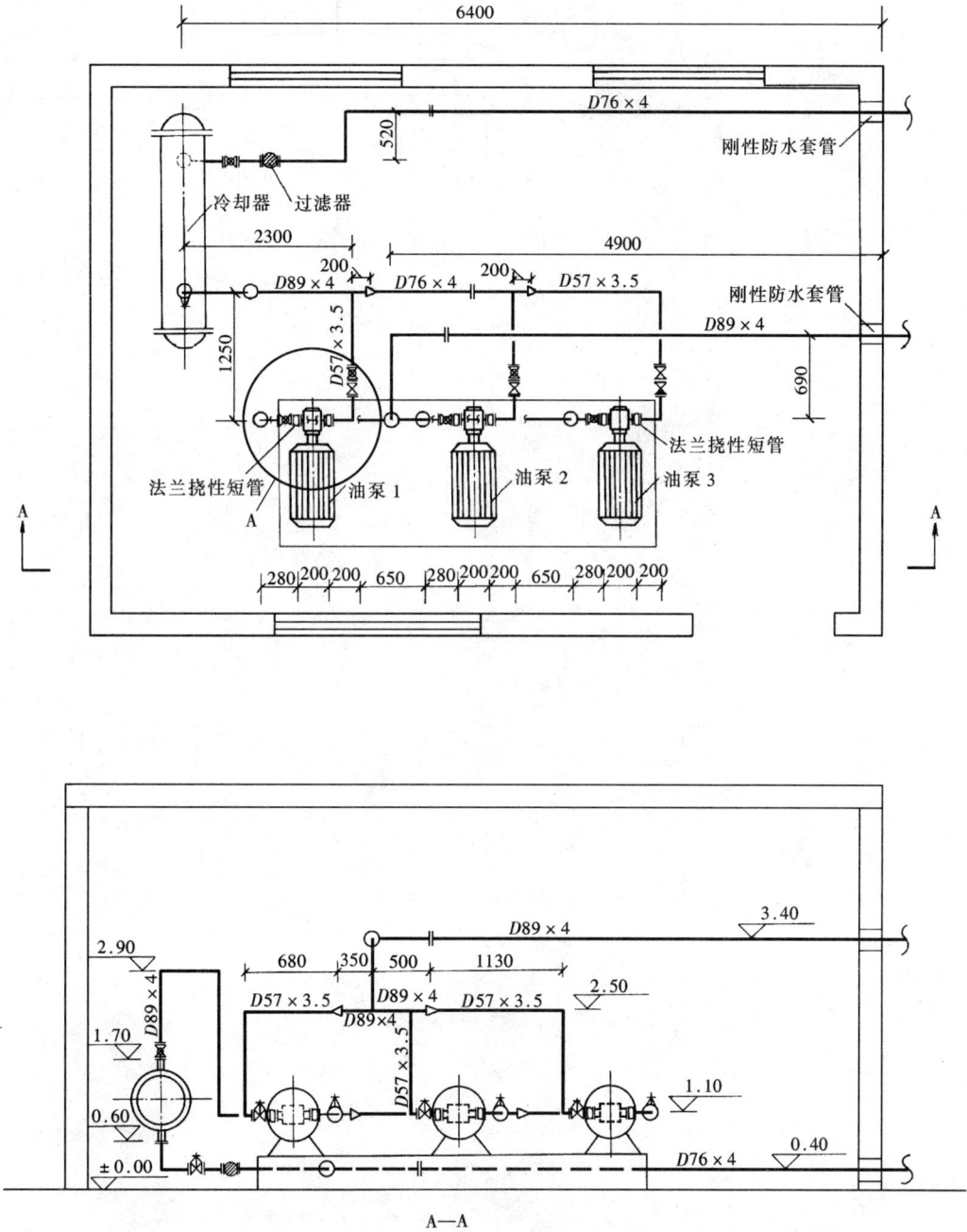

图 7-39　油泵车间设备及管道平面图
（标高单位：m；尺寸单位：mm）

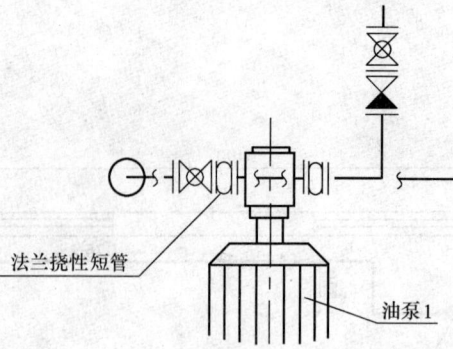

图 7-40　A 视图

第八章　给排水安装工程施工图预算的编制

第一节　给排水工程基本知识

给水排水工程由给水工程和排水工程两大部分组成。给水工程分为建筑内部给水和室外给水两部分。它的任务是从水源取水，按照用户对水质的要求进行处理，以符合要求的水质和水压，将水输送到用户区，并向用户供水，满足人们生活和生产的需要。排水工程也分为建筑内部排水和室外排水两部分。它的任务是将污、废水等收集起来并及时输送至适当地点，妥善处理后排放或再利用。

一、室外给水工程

室外给水工程是指向民用和工业生产部门提供用水而建造的构筑物和输配水管网等工程设施，一般包括取水构筑物、水处理构筑物、泵站、输水管渠和管网及调节构筑物。

（1）取水构筑物，从选定的水源（包括地表水和地下水）取水。

（2）水处理构筑物，将取水构筑物的来水进行处理，符合用户对水质的要求。

（3）泵站，抽取原水的一级泵站、输送清水的二级泵站和设于管网中的增压泵站等，用以将所需水量提升到要求的高度。

（4）输水管渠和管网，输水管渠指将原水送到水厂的管渠，管网则指将处理后的水送到各个给水区的全部管道。

（5）调节构筑物，指各种类型的储水构筑物，用以储存和调节水量。

二、室外排水工程

室外排水工程是指把室内排出的生活污水、生产废水及雨水和冰雪融化水等，按一定系统组织起来，经过处理，达到排放标准后再排入天然水体。室外排水系统包括排水设备、检查井、管渠、水泵站、污水处理构筑物及除害设施等。

三、建筑内部给水工程

建筑内部的给水系统的任务是在满足各用水点对水量、水压和水质的要求下，将城镇给水管网或自备水源给水管网的水引入室内，经配水管送至生活、生产和消防用水设备。按不同的用途可分为：

（1）生活给水系统，供生活、洗涤用水。

（2）生产给水系统，供生产设备所需用水。

（3）消防给水系统，供消防设备用水。

建筑内部给水系统如图8-1所示，其组成可分为：

（1）引入管，也称进户管，自室外给水管将水引入室内的管段。

（2）水表节点指安装在引入管上的水表及其前后设置的阀门和泄水装置的总称。

（3）给水管道，包括干管、立管和支管。

（4）配水装置和用水设备指各类卫生器具和用水设备的配水龙头和生产、消防等用水设备。

（5）给水附件指管道系统中调节水量、水压，控制水流方向，以及关断水流，便于管

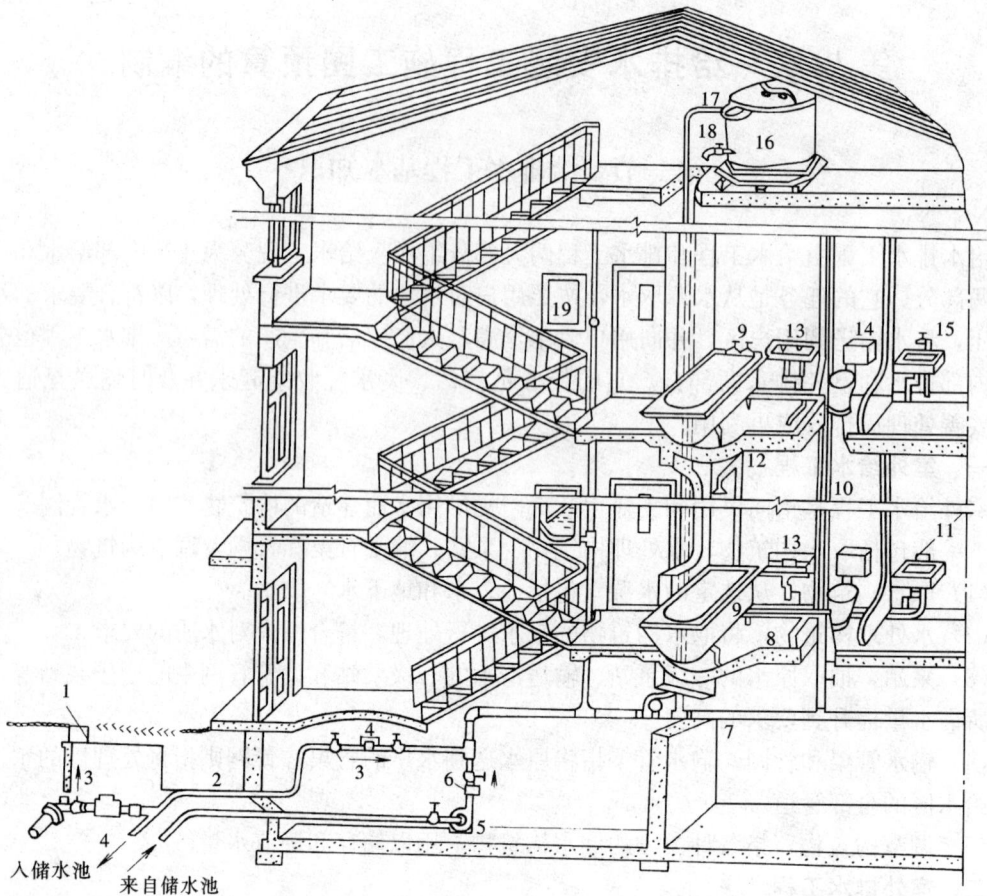

图 8-1 建筑内部给水系统

1—阀门井；2—引入管；3—闸阀；4—水表；5—水泵；6—逆止阀；7—干管；
8—支管；9—浴盆；10—立管；11—水龙头；12—淋浴器；13—洗脸盆；
14—大便器；15—洗涤盆；16—水箱；17—进水管；18—出水管；19—消火栓

道、仪表和设备检修的各类阀门。

（6）增压和储水设备指设置的水泵、气压给水设备和水池、水箱等。

四、建筑内部排水工程

建筑内部排水系统是将建筑内部人们在日常生活和工业生产中使用过的水以及屋面上的雨、雪水加以收集，及时排到室外。按系统接纳的污、废水类型不同，建筑内部排水系统可分为：

生活排水系统，排除居住建筑、公共建筑及工厂生活间的污废水。

工业废水排水系统，排除工艺生产过程中产生的污废水。

屋面雨水排水系统，收集排除降落到多跨工业厂房、大屋面建筑和高层建筑屋面上的雨雪水。

建筑内部排水最终要排入室外排水系统。室内排水体制是指污水与废水的分流与合流；室外排水体制是指污水和雨水的分流与合流。当室外只有雨水管道时，室内宜分流；当室外有污水管网和污水厂时，室内宜合流。

建筑内部排水系统如图 8-2 所示。其组成可分为：

（1）卫生设备和生产设备受水器是满足日常生活和生产过程中各种卫生要求，收集和排除污废水的设备。

（2）排水管道，包括器具排水管、排水横支管、立管、埋地干管和排出管。

（3）清通设备，疏通建筑内部排水管道，保障排水通畅。

（4）提升设备，某些工业或民用建筑的地下建筑物内的污废水不能自流排至室外检查井，必须设置污废水提升设备。

（5）污水局部处理构筑物，当建筑内部污水未经处理，不允许直接排入市政排水管网或水体时，必须设置污水局部处理构筑物。

（6）通气管道系统，防止因气压波动造成的水封破坏，防止有毒有害气体进入室内。

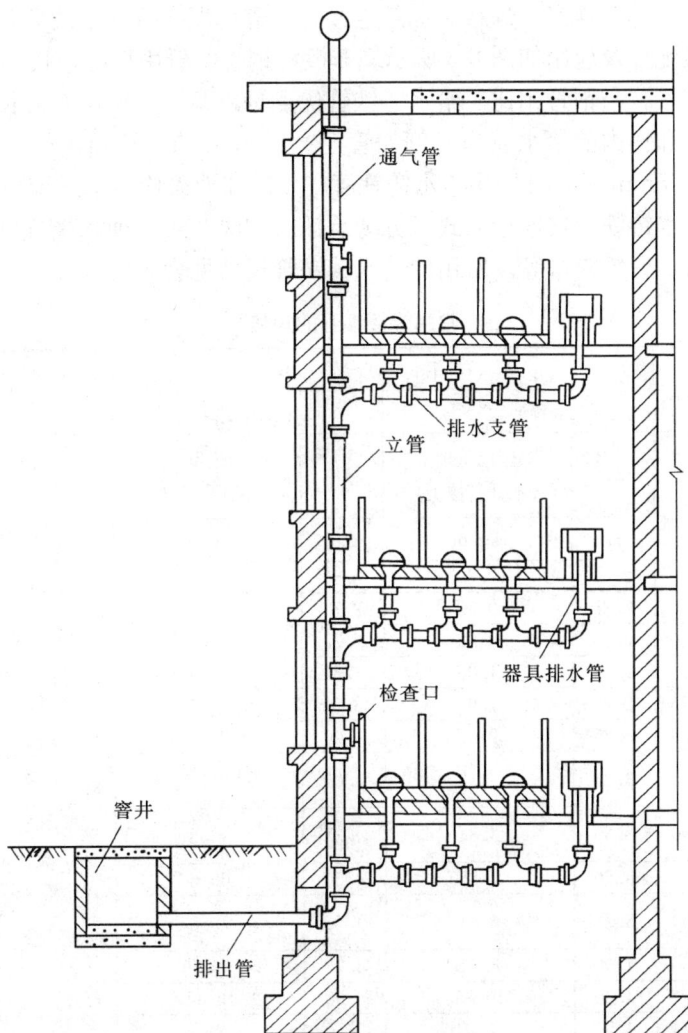

图 8-2 建筑内部排水系统

第二节　给排水工程常用管材、管件及附件

一、室内给水工程常用管材、管件及附件

给水管道常用的管材按制造材质分，可分为钢管、铸铁管和塑料管；按制造方法分，可分为有缝钢管和无缝钢管。

（1）无缝钢管。无缝钢管分为分冷拔和热轧两种，通常使用在需要承受较大压力的管道上，一般生产、工艺用水管道常用无缝钢管，或者使用在自动喷水灭火系统的给水管上。

（2）有缝钢管。有缝钢管又称为焊接钢管，分为镀锌钢管（白铁管）和非镀锌钢管（黑铁管）两种。镀锌钢管和非镀锌钢管相比，具有耐腐蚀、不易生锈、使用寿命长等特点。生活给水管管径≥150mm 时，应采用热浸锌工艺生产的镀锌钢管；生活、消防公用给水系统应采用镀锌钢管。

常用焊接钢管的规格见表 8-1。

钢管连接方法有螺纹连接、焊接和法兰连接。为避免焊接时锌层破坏，镀锌钢管必须用螺纹连接，其连接配件及应用如图 8-3 所示。非镀锌钢管一般用螺纹连接，也可以焊接。

（3）给水铸铁管。与钢管相比，给水铸铁管优点是耐腐蚀，使用寿命长，价格较低，多用于室外给水工程和室内的给水管道。例如管径＞150mm 的生活给水管，可采用给水铸铁管；埋地管管径≥75mm 时，宜采用给水铸铁管；生产和消火栓给水系统可采用非镀锌钢管和给水铸铁管。给水铸铁管按连接方式可分为承插式和法兰式两种，接口材料有石棉水泥接口、膨胀水泥接口、青铅接口等。常用的给水铸铁管规格见表 8-2。

表 8-1　　　　　　　　　　　　　常用焊接钢管的规格

公称口径		外径	钢　管				备　注
			普通管		加厚管		
mm	in	mm	壁厚	理论重量（不计管接头）	壁厚	理论重量（不计管接头）	
			mm	kg/m	mm	kg/m	
6	1/8	10.00	2.00	0.39	2.50	0.46	
8	1/4	13.50	2.25	0.62	2.75	0.73	
10	3/8	17.00	2.25	0.82	2.75	0.97	
15	1/2	21.25	2.75	1.25	3.25	1.44	
20	3/4	26.75	2.75	1.63	3.50	2.01	
25	1	33.50	3.25	2.42	4.00	2.91	
32	$1\frac{1}{4}$	42.25	3.25	3.13	4.00	3.77	1. 公称口径是钢管的规格称呼，它不一定等于管外径减 2 倍壁厚之差
40	$1\frac{1}{2}$	48.00	3.50	3.84	4.25	4.58	
50	2	60.00	3.50	4.88	4.50	6.16	2. 镀锌钢管比普通管（不镀锌）重 3%～6%
70	$2\frac{1}{2}$	75.50	3.75	6.64	4.50	7.88	
80	3	88.50	4.00	8.34	4.75	9.81	
100	4	114.00	4.00	10.85	5.00	13.44	
125	5	140.00	4.50	15.04	5.50	18.24	
150	6	165.00	4.50	17.81	5.50	21.63	

表 8-2 　　　　　　　　　　　　　　　　**给水铸铁管规格**

内径 (mm)	壁厚 (mm)	有效长度 (m)	重量（kg/m）			备　注
			承　插	双　盘	单　盘	
75	9.0	3	19.50	19.83	20.57	
100	9.0	3	25.17	25.47	36.67	
150	9.0	3	38.40	38.67	49.75	每米重量中已包括
200	10.0	4	51.75	51.75	67.00	承口部位（法兰盘部
250	10.8	4	69.25	70.00		位）的重量
300	11.4	5	87.00	88.25		
350	12.0	5	106.50	108.50		

给水铸铁管的配件有承插渐缩管、三承三通、三承四通、双盘三通、双盘四通、90°承插弯头、45°承插弯头等，如图 8-4 所示。

（4）给水塑料管。给水塑料管有硬聚氯乙烯管、聚乙烯管、聚丙烯管和聚丁烯管等。塑料管具有耐化学腐蚀性强，水流阻力小，重量轻，运输安装方便等优点。

（5）管道附件。管道附件可分为配水附件和控制附件。

1）配水附件，指装在给水支管末端，供给各类卫生器具和用水设备的配水龙头和生产、消防等用水设备。常用的配水龙头如图 8-5 所示。

球形阀式配水龙头［见图 8-5（a）］，一般装在洗涤盆、污水盆、盥洗槽等卫生器具上；旋塞式配水龙头［见图 8-5（b）］，适用于洗衣房、开水间等用水设备；普通洗脸盆水龙头［见图 8-5（c）］，为单放水型，单供冷水或热水；单手柄浴盆水龙头［见图 8-5（d）］，喷头处有转向接头，可转动一定角度。近年来各种节水、节能和低噪声的龙头在工程中得到较广泛的应用。如单手柄洗脸盆水龙头［见图 8-5（e）］，在它的出水口端部装有节水消声装置，可减小出水压力和噪声，使水流柔和而不四溅；自动水龙头［见图 8-5（f）］，利用光电元件控制启闭，不但节水节能，而且实现了无接触操作，清洁卫生可防止疾病的传染。

2）控制阀门，指控制水流方向，调节水量、水压以及关断水流，便于管道、仪表和设备检修的各类阀门，如图 8-6 所示。

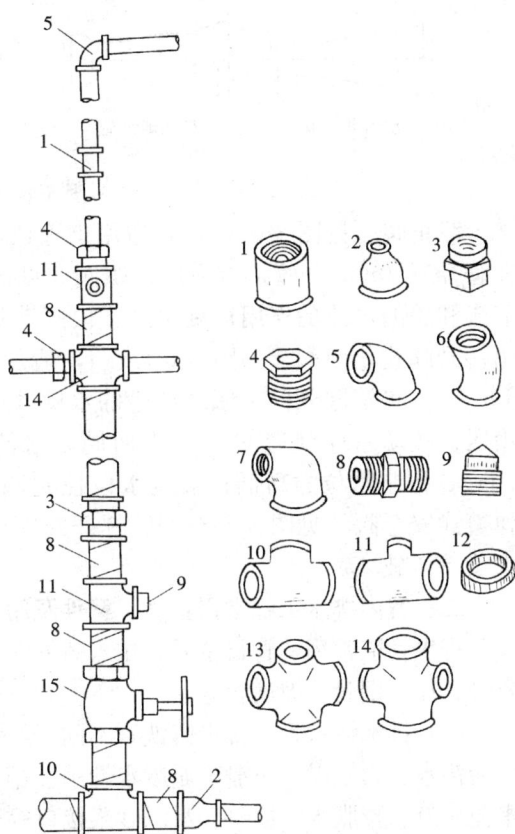

图 8-3　钢管螺纹连接配件及连接方法

1—管箍；2—异直径箍；3—活接头；4—补心；

5—90°弯头；6—45°弯头；7—异径弯头；

8—内管箍；9—管塞；10—等径三通；

11—异径三通；12—根母；13—等径四通；

14—异径四通；15—阀门

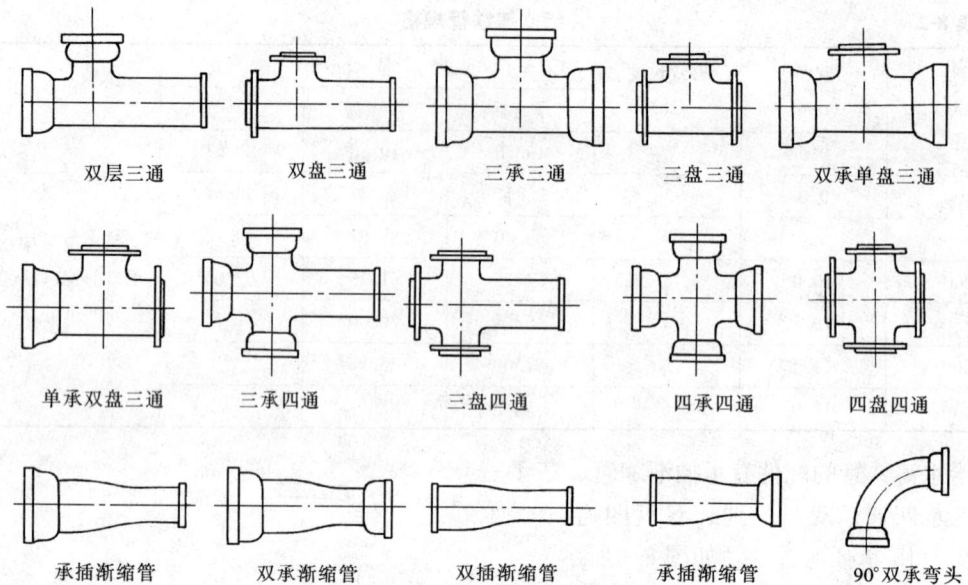

双层三通　双盘三通　三承三通　三盘三通　双承单盘三通

单承双盘三通　三承四通　三盘四通　四承四通　四盘四通

承插渐缩管　双承渐缩管　双插渐缩管　承插渐缩管　90°双承弯头

图 8-4　给水铸铁管件

　　截止阀［见图 8-6（a）］，适用于管径≤50mm 的管道上；闸阀［见图 8-6（b）］，宜在管径＞50mm 的管道上采用；蝶阀［见图 8-6（c）］，阀板在 90°翻转范围内可起调节、节流和关闭水流的作用；旋启式止回阀［见图 8-6（d）］，不宜在压力大的管道系统中采用；升降式止回阀［见图 8-6（e）］，适用于小管径的水平管道上；消声止回阀［见图 8-6（f）］，可消除阀门关闭时产生的水锤冲击和噪声；梭式止回阀［见图 8-6（g）］，是利用压差梭动原理制造的新型止回阀，水流阻力小，且密闭性能好；浮球阀［见图 8-6（h）］，控制水位的高低；液压水位控制阀［见图 8-6（i）］，是浮球阀的升级换代产品；弹簧式安全阀［见图 8-6（j）］、杠杆式安全阀［见图 8-6（k）］，避免管网、用具或密闭水箱超压破坏。

　　二、室内排水工程常用管材、管件及附件

　　排水管道常用的管材主要有排水铸铁管、排水塑料管、带釉陶土管，工业废水还可用陶瓷管、玻璃钢管、玻璃管等。

　　（1）排水铸铁管。排水铸铁管不同于给水铸铁管，管壁较薄，不能承受高压，主要作为生活污水、雨水以及一般工业废水管用。排水铸铁管，接口方式为承插式，连接方法有石棉水泥接口、膨胀水泥接口、水泥砂浆接口等。常用的排水承插铸铁管的规格见表 8-3。

表 8-3　　　　　　　　　　　　　　　排水承插铸铁管规格

公称口径 （mm）	壁厚 （mm）	有效长度 （mm）	理论重量（kg/根）	
			承插直管	双承直管
50	5	1500	10.3	11.2
75	5	1500	14.9	16.5
100	5	1500	19.6	21.2
125	6	1500	29.6	31.7
150	6	1500	34.9	37.6
200	7	1500	53.7	57.9

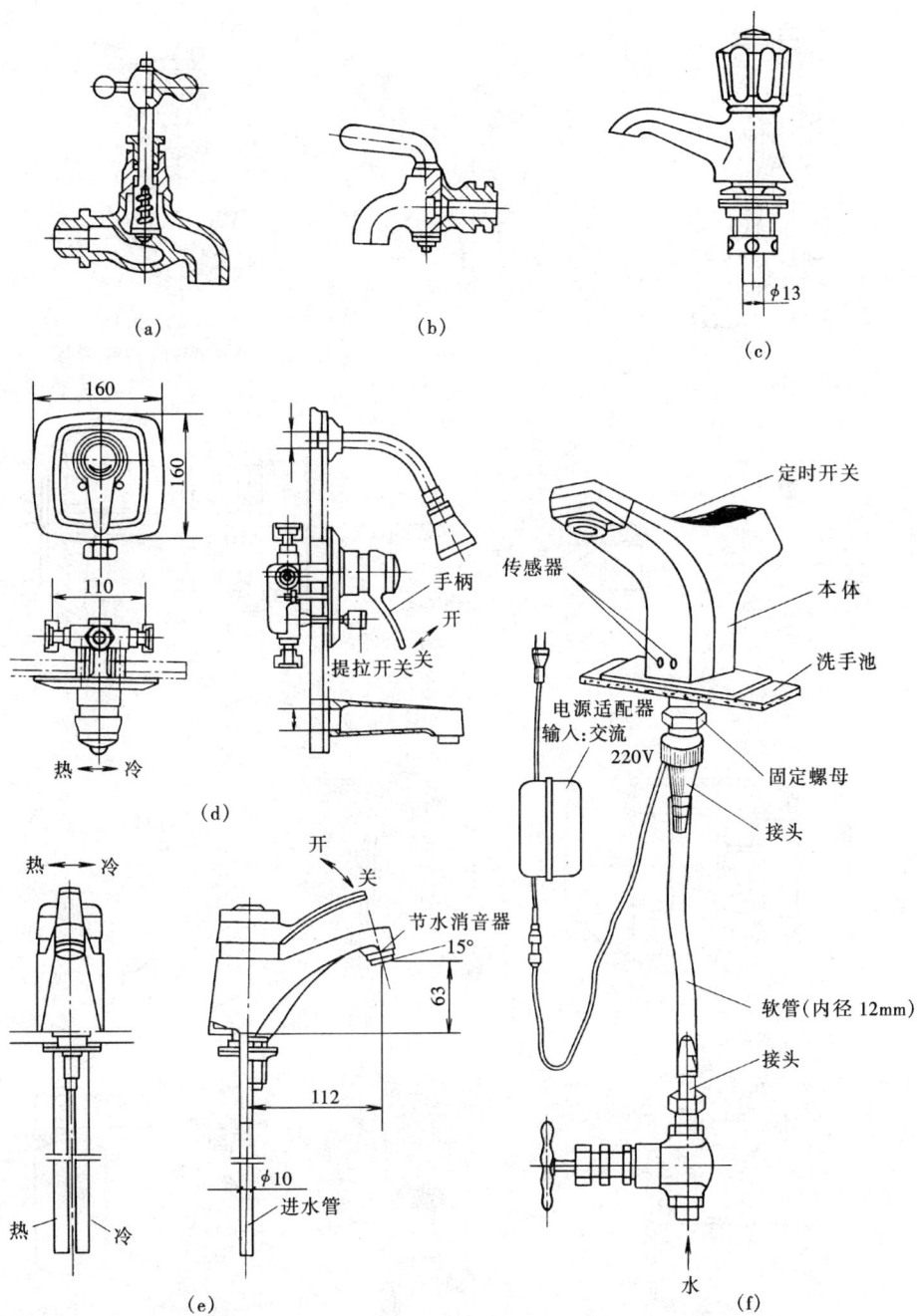

图 8-5 各类配水龙头
（a）球形阀式配水龙头；（b）旋塞式配水龙头；（c）普通洗脸盆配水龙头；
（d）单手柄浴盆水龙头；（e）单手柄洗脸盆水龙头；（f）自动水龙头

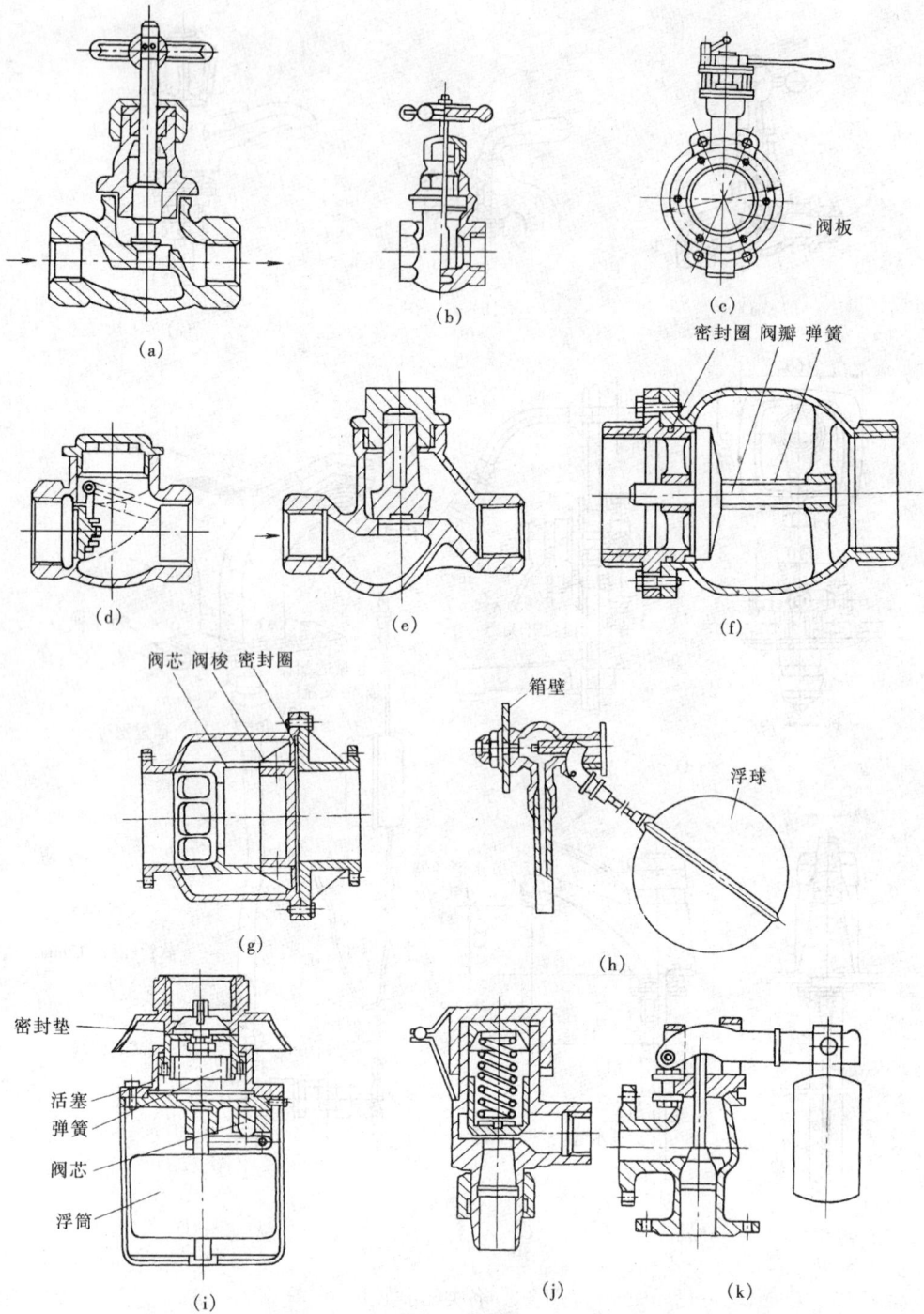

图 8-6　各类阀门
(a) 截止阀；(b) 闸阀；(c) 蝶阀；(d) 旋启式止回阀；(e) 升降式止回阀；(f) 消声止回阀；
(g) 梭式止回阀；(h) 浮球阀；(i) 液压水位控制阀；(j) 弹簧式安全阀；(k) 杠杆式安全阀

常用铸铁排水管件见图 8-7。

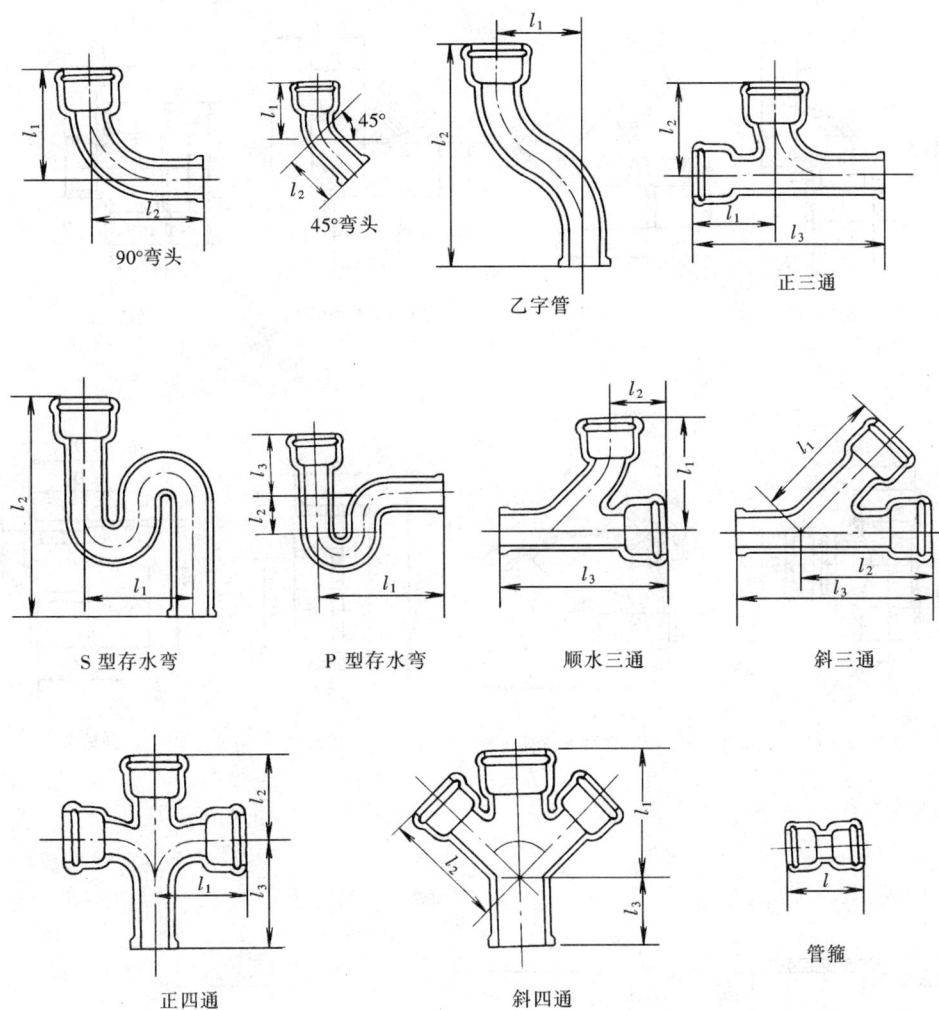

图 8-7　常用铸铁排水管件

（2）排水塑料管。目前建筑内使用的排水塑料管是硬聚氯乙烯塑料管（简称 UPVC 管），具有光滑、重量轻、耐腐蚀、加工方便、便于安装等特点，连接多以粘接为主，配以适当橡胶柔性接口的连接方式。常用塑料排水管件见图 8-8。

（3）带釉陶土管。带釉陶土管耐酸碱腐蚀，主要用于排放腐蚀性工业废水，室内生活污水埋地管也可以用陶土管。

（4）清通设备。为使排水管道排水畅通，需在横支管上设清扫口或带清扫门的 90°弯头和三通，在立管上设检查口，在室内埋地横干管上设检查口井，如图 8-9 所示。

90°弯头　　　　45°弯头　　　　带检查口 90°弯头　　　　三通

立管检查口　　　　带检查口存水弯　　　　变径　　　　伸缩节

管件粘接承口　　　　套筒　　　　通气帽

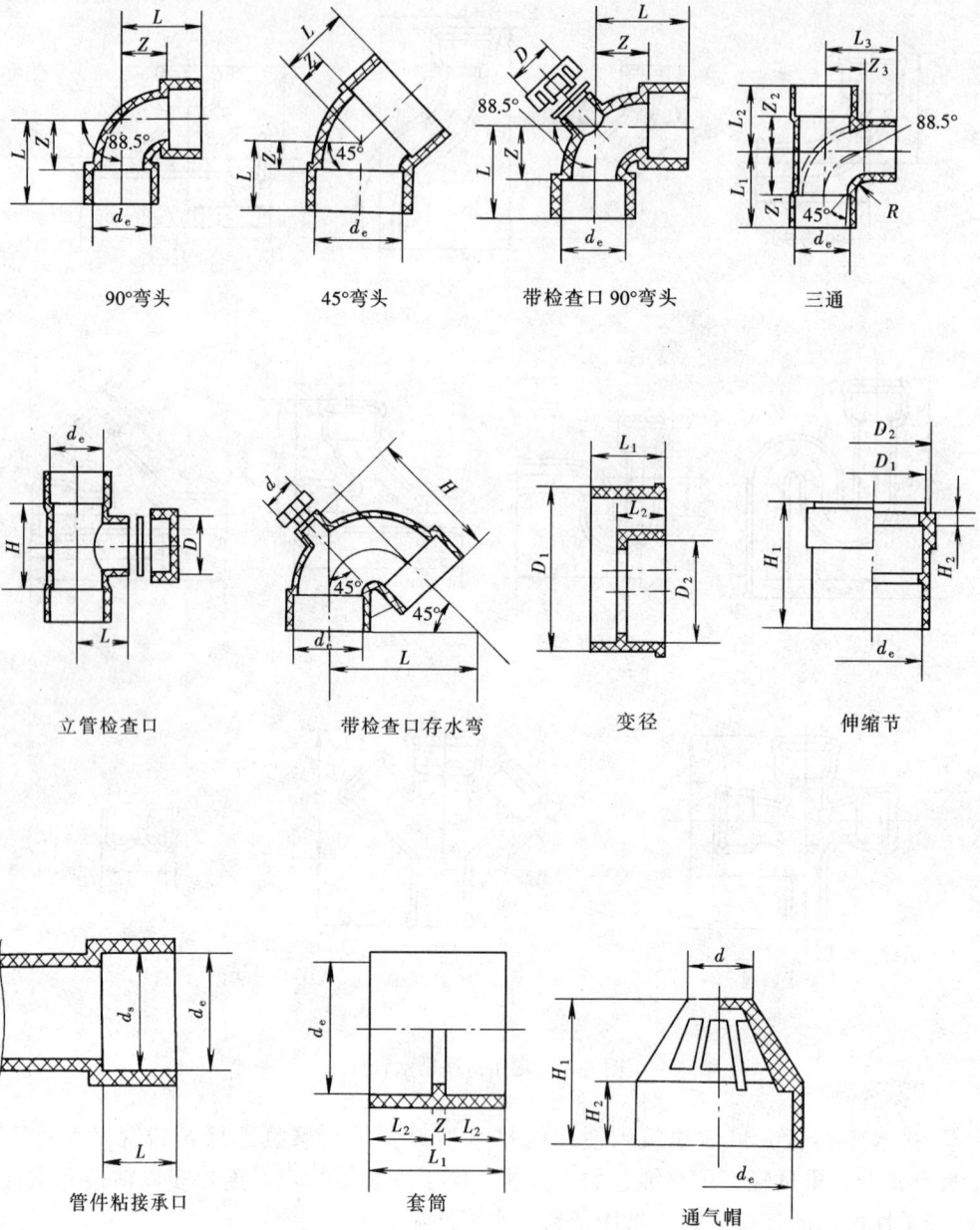

图 8-8　　常用塑料排水管件

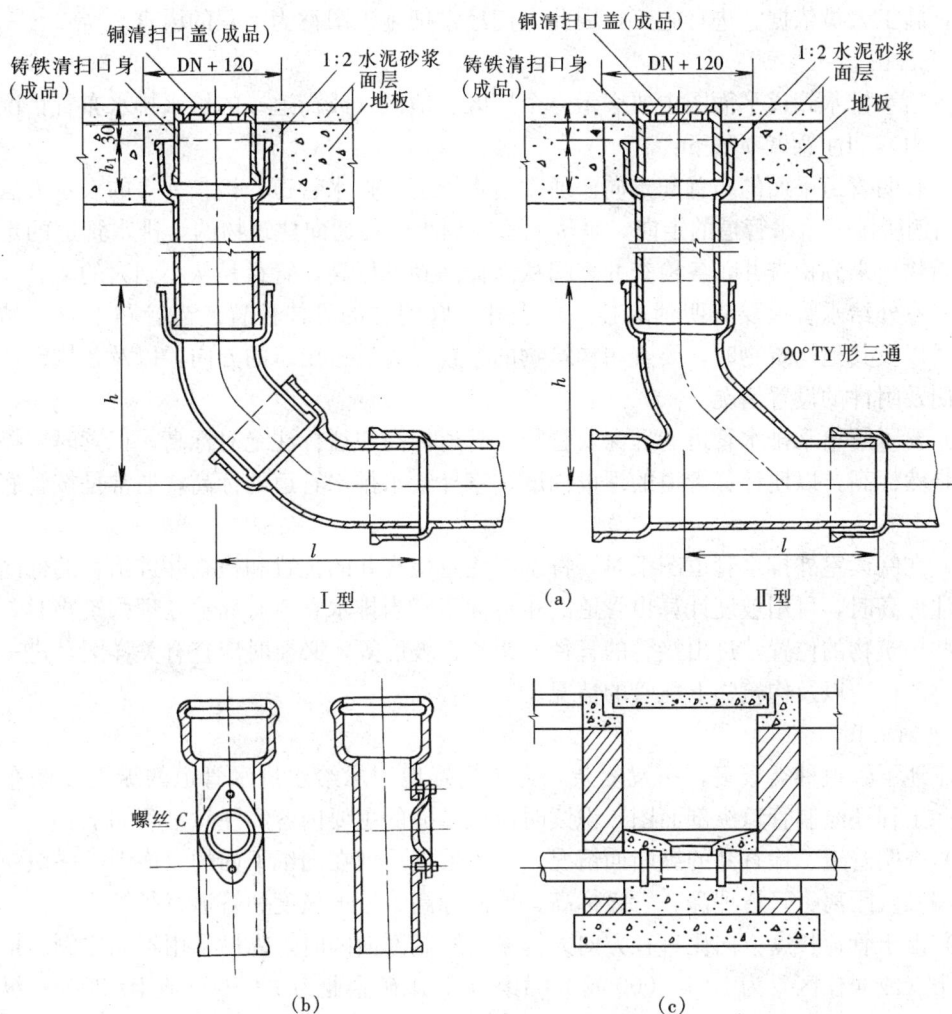

图 8-9　清通设备
(a) 清扫口；(b) 检查口；(c) 检查口井

第三节　给排水工程施工图的组成与识图

一、给水排水工程施工图的组成

给水排水工程施工图分为室外给水排水和室内给水排水两部分。室外给排水工程施工图表示的是一个区域的给排水管网，主要由平面图、纵断面图和详图等组成。室内给排水工程施工图表示一幢建筑物的给排水工程，主要由平面图、系统图（轴测图）和详图等组成。

在上述施工图中均有施工说明，说明中对所采用的设备、材料名称、规格、型号、施工质量要求，采用的标准图集名称、代号、编号和图例等一般都有交代。

二、室外给水排水工程施工图的识读

给水排水施工图是用来表达和交流工程中技术思想的重要工具，设计人员用它来表达设计意图，施工人员依据它进行施工，因此人们经常把施工图称为工程的语言。

1. 平面图

室外给水排水管道平面图主要表示一个厂区、地区（或街道）的给水排水布置情况。识读的主要内容和注意事项如下：

（1）查明管道平面的布置和走向。通常给水管道、排水管道、检查井等的表示方法，如表 8-4 图例所示。给水管道的走向，是从大管径到小管径通向建筑物的，排水管道的走向则是从建筑物出来到检查井，各检查井之间从高标高到低标高，管径是从小到大的。

（2）室外给水管道要查明消火栓、水表井、阀门井的具体位置。当管路上有泵站、水池、水塔以及其他构筑物时，要查明构筑物的位置，管道进出口的方向，以及各构筑物上管道、阀门及附件的设置情况。

（3）要了解给水排水管道的埋深及管径。管道标高往往标注绝对标高，识读时要搞清楚地面的自然标高，以便计算管道的埋设深度。室外给水排水管道的标高，通常是按管底来标注的。

（4）在阅读室外排水管道图纸时，特别要注意检查井的位置和检查井进出管的标高。当没有标注标高时，可用坡度计算出管道的相对标高。当排水管道有局部处理构筑物时，还要查明这些构筑物的位置，进出接管的管径、距离、坡度等，必要时应查有关详图，进一步搞清构筑物的构造以及构筑物上配管的情况。

2. 纵剖面图

由于地下管道种类繁多，布置复杂，为了更好地表示给水排水管道的纵剖面图布置情况，有些工程还绘制管道纵剖面图，识读时应该掌握的主要内容和注意事项如下：

（1）查明管道、检查井的纵断面情况，有关数据均列在图纸下面的表格中，一般应列有检查井编号及距离、管道埋深、管底标高、地面标高、管道坡度和管道直径等。

（2）由于管道长度方向比直径方向大得多，绘制剖面图时，纵横采用不同比例。横向比例，城市（或居住区）为 1：50 000 或 1：10 000，工矿企业为 1：1000 或 1：2000；纵向比例为 1：100 或 1：200。

3. 详图

室外给水排水工程详图主要是表示管道节点、检查井、室外消火栓、阀门井、水塔水池构件、水处理设备及各种污水处理设备等，有些已经制成标准图，在全国或某一地区内通用。

三、室内给水排水工程施工图的识读

1. 平面图

室内给排水平面图是以建筑物各层平面为依据绘制的，是施工图纸中最基本和最重要的图样，常用的比例有 1：100 和 1：50 两种，主要表明管道在各楼层的平面位置及编号，管道和设备器具的规格型号，以及给水引入管和排水出户管与室外给排水管网的关系。这种图纸上的线条都是示意性的，管配件（如管箍、活接头、补芯等）不直接画在图纸上，因此在识读时，必须熟悉给水排水管道的施工工艺。

（1）查明卫生器具、用水设备及升压设备的类型、数量、安装位置、定位尺寸。卫生设备和其他设备通常用图例表示，在平面图中只能说明器具和设备的类型，而不能表示各部分的具体结构和外部尺寸。所以，必须参考技术资料和有关详图，将其构造、配管方式、安装尺寸等查明，便于准确地计算工程量和施工。

（2）弄清楚给水引入管和污水排出管的平面位置、走向、定位尺寸、管径、坡度以及与室外管网的连接方式等。给水引入管上一般都装设阀门，若阀门设在室外阀门井中，在平面图上就能表示出来，要查明阀门的规格型号及离建筑物的距离。污水排出管与室外排水管的连接，是通过检查井来实现的，要了解排出管的管径、埋深及离建筑物的距离。

（3）查明给水排水干管、立管、支管的平面位置、走向、管径及立管编号。平面图上的管线虽然是示意性的，但还是按照一定比例绘制的，因此，在计算平面图的工程量时，可以结合详图，用图注尺寸或用比例尺进行计算。在计算时，每一个立管都要进行编号，且要与引入（出）管的编号统一。

（4）消防给水管道要查明消火栓的布置、口径大小及消防箱的形式与安装位置。若图中有自动喷水消防系统或水幕灭火系统，则要查明喷头的型号、构造、安装方式及安装要求。

（5）查明水表的安装位置、型号、水表前后阀门的设置情况，以及所采用的安装标准图号。

（6）室内排水管道要查明检查井进出管的连接方向以及清通口、清扫口的布置情况；对于雨水管道，要查明雨水斗的型号、数量及布置情况，结合详图弄清雨水斗与天沟的连接方式。

2. 系统图

系统图分为给水系统图和排水系统图两部分。系统图采用轴测投影的方法，表明的是管道和楼层的标高，系统中各管道和设备器具的上下、左右、前后之间的空间位置及相互连接关系，在系统图中标注有管道的直径尺寸、立管的编号、管道的标高和排水管的坡度。

（1）查明给水管道系统的具体走向、干管的敷设方式、管径及其变径情况，阀门的位置，引入管、干管和各支管的标高也需明确。识读时，可按引入管→干管→支管→给水配件及附件的顺序进行阅读和计算。

（2）查明排水管道系统的具体走向、管路分支情况、管径、水平管道坡度、标高、存水弯形式等，结合平面图，弄清楚卫生器具的种类、型号、位置等。识读时，可按卫生设备器具→卫生器具排水管→排水横支管→立管→出户管的顺序进行阅读和计算。

（3）在给水排水施工图上一般不表示管道支架，但在识图时要按照有关规定，确定其数量和位置。给水管道支架一般采用管卡、钩钉、吊环和角钢托架；铸铁排水立管通常用铸铁立管卡子固定在承口下面，排水横管上则采用吊卡，一般为每根管一个，最多不超过 2m。

3. 详图

详图又称大样图，是为了详细表明用水设备、器具和管道节点的详细构造、尺寸及安装要求的图样。详图分为标准详图与非标准详图，是用正投影法绘制的，图中标注的尺寸可供计算工程量和材料量时使用。

四、常用图例符号

给排水工程施工图是用图例符号来表示管线、卫生器具、附件、阀门及附属设备的，常用的图例符号见表 8-4。

表 8-4　　给水排水施工图常用图例

名称	图例	名称	图例
生活给水管	—— J ——	混合水龙头	
热水给水管	—— RJ ——		
循环给水管	—— XJ ——	浴盆带喷头混合水龙头	
消火栓给水管	—— XH ——		
污水管	—— W ——	室内消火栓（单口）	平面　系统
废水管	—— F ——		
雨淋灭火给水管	—— YL ——	水泵接合器	
管道立管	XL-1 平面　XL-1 系统	自动喷洒头（闭式）	平面　系统
立管检查口		蒸汽管	—— Z ——
清扫口	平面　系统	凝结水管	—— N ——
		中水给水管	—— ZJ ——
通气帽	成品　铅丝球	自动喷水灭火给水管	—— ZP ——
		通气管	—— T ——
雨水斗	YD- 平面　YD- 系统	雨水管	—— Y ——
		水幕灭火给水管	—— SM ——
放水龙头		保温管	
洒水（栓）龙头		圆形地漏	
化验龙头		方形地漏	

名 称	图 例	名 称	图 例
排水漏斗	平面 系统	挂式洗脸盆	
自动冲洗水箱		化验盆、洗涤盆	
皮带龙头		盥洗槽	
肘式龙头		妇女卫生盆	
脚踏开关		壁挂式小便器	
旋转水龙头		立式小便器	
室外消火栓		淋浴喷头	
室内消火栓（双口）	平面 系统	圆形化粪池	HC
自动喷洒头（开式）	平面 系统	水表井	
干式报警阀	平面 系统	水泵	平面 系统
湿式报警阀	平面 系统	阀门井、检查井	
		预作用报警阀	平面 系统
		台式洗脸盆	
立式洗脸盆		浴盆	

续表

名 称	图 例	名 称	图 例
带沥水板洗涤盆		矩形化粪池	HC
污水池		雨水口（单口）	
坐式大便器		雨水口（双口）	
蹲式大便器		水表	
小便槽		开水器	

第四节 给排水管道安装工程量计算

定额适用于室内外生活用给水、排水、雨水管道安装，按室内、外各类管道材质与连接方式分列项目，共 289 个子目。

一、界线划分

1. 给水管道

（1）室内外界线：入口处设阀门者以阀门为界，无阀门者以建筑物外墙皮 1.5m 为界。

（2）与市政管道界线以水表井为界，无水表井者，以与市政管道碰头点为界。

2. 排水管道

（1）室内外以出户第一个排水检查井为界。

（2）室外管道与市政管道界线以与市政管道碰头井为界。

二、定额应用中应注意的问题

（1）本章管道安装定额内均包括管道与管件安装、水压试验及消毒冲洗（排水管道则为灌水试验）；室内管道（室内铸铁给水管和 DN≥200 的排水管除外）还包括了管卡（座）、托钩、管道吊托支架的制作安装及其除锈刷漆（防锈漆与银粉各二道）。若室内上述两类管道以及室外给水管道需要设置支（吊）架时，可按本册定额第一章中管道支架项目计算。

（2）室外给水碳钢管（非镀锌）、室内排水铸铁管及雨水钢管已包括除锈和刷底漆（防锈漆二道），其面漆或防腐层按设计要求另行计算。室外排水铸铁管已包括除锈、刷底漆和沥青防腐（各二道），不要重复计算。

（3）钢制雨水管定额中已包括钢制雨水斗的制作与安装；其他雨水管道的雨水斗已综合在相应管件含量内（参见本册定额附录）。

（4）室内给水铝塑复合管、塑料管等，若设计要求嵌墙或楼（地）面暗敷时，定额人工乘以系数0.80，同时按实调整管件及管卡、扣座、支架类材料用量。这两类管道的施工与验收可参见山东省标准《建筑给水铝塑复合管（PAP）管道工程技术规程》DBJ14-BS7—1999及《建筑给水聚丙烯（PP-R）管道工程技术规程》DBJ14-BS11—2001。

（5）法兰、阀门、水表以及铝塑管、塑料管分水器件，使用本册定额第六、七章相应项目计算。

（6）管道穿墙（或楼板）采用钢套管，管道穿越地下室墙体、基础外墙、储水池壁等采用防水套管时，按第六册相应项目计算。

（7）管道保温绝热及绝热外保护层，按第十一册《刷油、防腐蚀、绝热工程》相应项目计算。

（8）给水铸铁管（包括采用给水铸铁管材的雨水管）按管材出厂带有沥青防腐涂层考虑，若需现场防腐或加强防腐时，按设计要求另行计算。

（9）室内外管沟、土方、井类砌筑、管道基础以及墙（地）面暗敷管道的填、抹水泥砂浆保护层等，应使用建筑工程消耗量定额相应项目计算。

（10）其他：

1）塑料管热熔、电熔连接定额综合列为一项，使用时管件价格可按实换算，其余不变。

2）室外给水管道安装不分地上与埋设，均使用同一定额。

3）室外排水管道工程量计算时，一般检查井所占长度可不扣除，但化粪池所占长度应予扣除。

4）如设计采用本定额未编列的材质（如不锈钢等）或者超出本定额最大规格的管道，可按第六册《工业管道工程》相应项目计算。

5）目前有的住宅采暖设计，其散热器供、回水采用铝塑复合管（耐温型）或聚丙烯管（PP—R）沿楼（地）面暗敷，这种情况可参照使用本章相应管道安装项目及其暗敷调整办法处理。

第五节　卫生器具安装工程量计算

一、卫生器具简介

卫生器具是提供洗涤，收集排除生活、生产的污废水的设备。为满足卫生清洁的要求，卫生器具一般采用不透水、无气孔、表面光滑、耐腐蚀、耐磨损、耐冷热、便于清扫、有一定强度的材料制造，常用的材质有陶瓷、搪瓷生铁、塑料、水磨石、复合材料等。按用途不同可分为以下几类：

1. 便溺器具

（1）大便器。常用的大便器有坐式大便器、蹲式大便器和大便槽三种。

坐式大便器常用于要求较高的住宅、宾馆、医院等建筑物的卫生间内。图8-10为低水箱坐式大便器安装图。

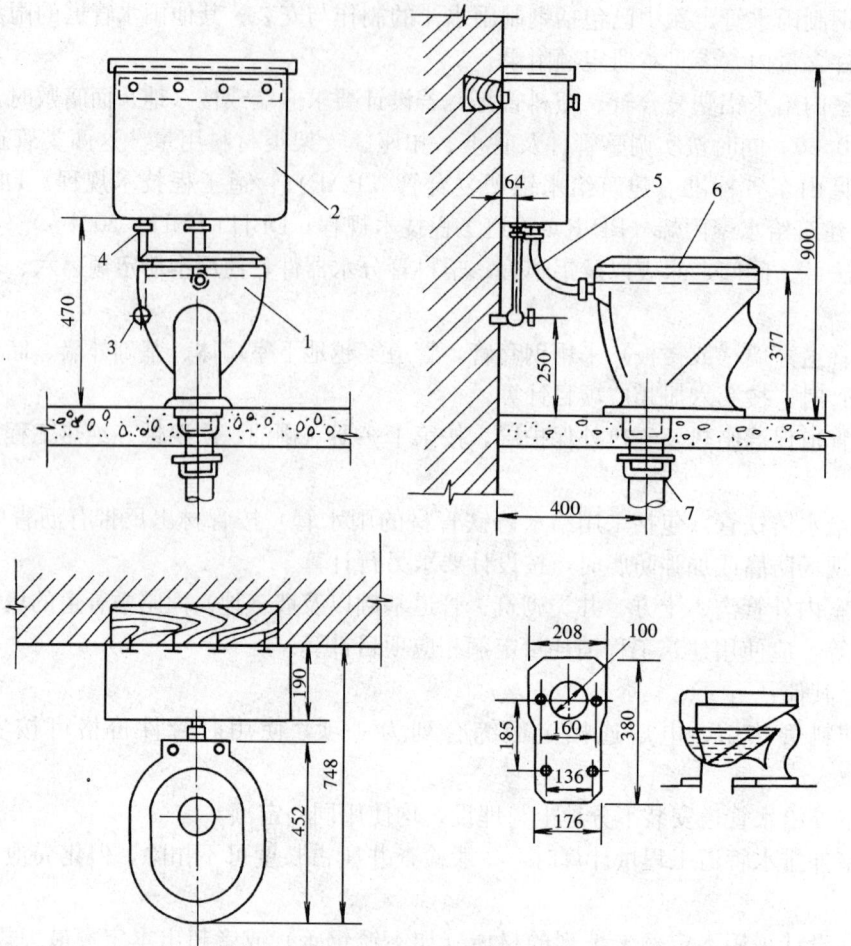

图 8-10 低水箱坐式大便器安装图

1—坐式大便器；2—低水箱；3—DN15 角阀；4—DN15 给水管；
5—DN50 冲水管；6—木盖；7—DN100 排水管

　　蹲式大便器一般用于集体宿舍和公共建筑物的公共厕所及防止接触传染的医院内厕所，采用高位水箱或延时自闭式冲洗阀冲洗。图 8-11 为高水箱蹲式大便器安装图。

　　大便槽用于学校、火车站、汽车站、游乐场等人员较多的场所，用砖或混凝土制成，表面用瓷砖或水磨石等材料建造，采用集中自动冲洗水箱和红外线数控冲洗装置。

　　(2) 小便器。小便器设于公共建筑男厕所内，有挂式、立式和小便槽三类。挂式小便器用于一般公共建筑；立式小便器用于卫生标准要求较高的公共建筑；小便槽用于工业企业、公共建筑和集体宿舍等建筑。图 8-12 为挂式小便器安装图。图 8-13 为立式小便器安装图。

　　(3) 冲洗设备。冲洗设备是便溺器具的配套设备，其作用是以足够的水压和水量冲走便溺器具中的污物，保持器具的洁净，常用冲洗设备有冲洗水箱和冲洗阀两种。

　　冲洗水箱分为自动、手动两种，有高位水箱和低位水箱之分，多采用虹吸式。高位水箱用于蹲式大便器和大小便槽。公共厕所宜采用自动式冲洗水箱，见图 8-14；住宅和宾馆多用手动式，见图 8-15。低位水箱用于坐式大便器，一般为手动式。

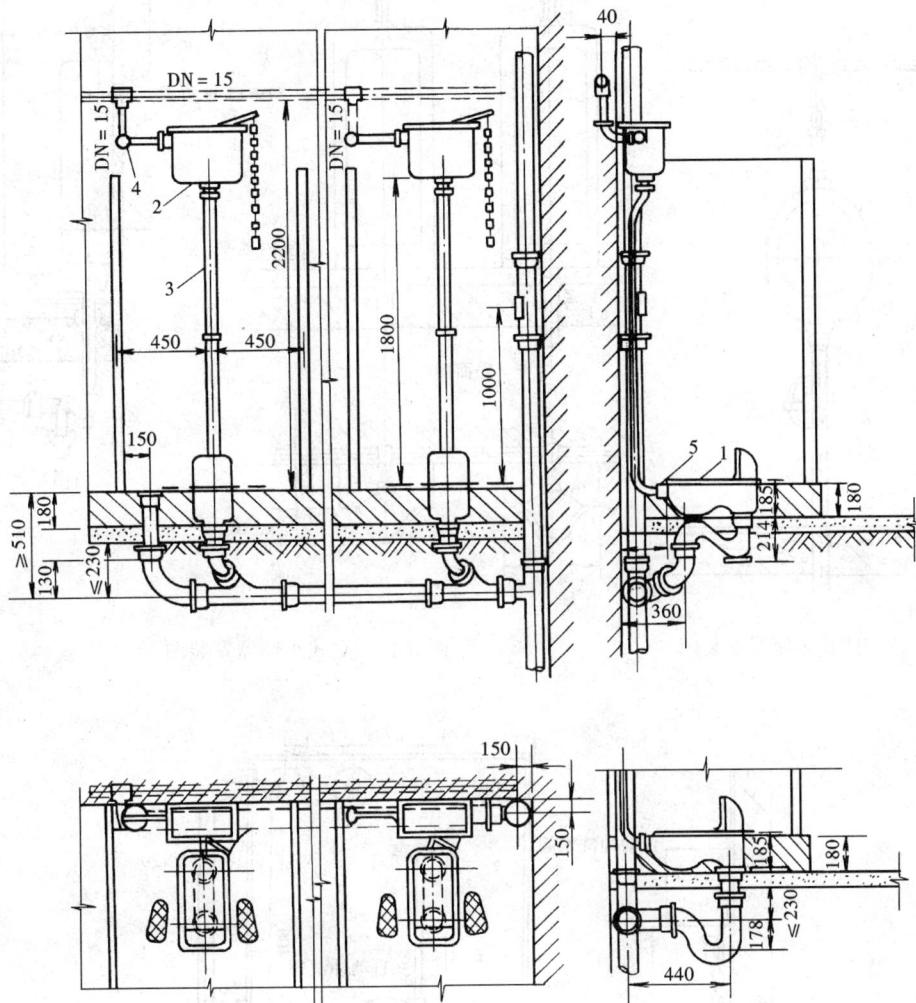

图 8-11　高水箱蹲式大便器安装图

1—蹲式大便器；2—高水箱；3—DN32 冲水管；4—DN15 角阀；5—橡胶碗

　　冲洗阀直接安装在大小便器冲洗管上，多用于公共建筑、工厂及火车厕所内，如图 8-16 所示。

　　2. 盥洗、沐浴器具

　　(1) 洗脸盆。洗脸盆设置在盥洗室、浴室、卫生间及理发室内供洗漱用，外形有长方形、椭圆形和三角形，安装方式有墙架式、柱脚式和台式。图 8-17 为墙架式洗脸盆安装图。

　　(2) 盥洗槽。盥洗槽多设置在集体宿舍、车站、工厂生活间等同时有多人使用的地方，用瓷砖、水磨石等材料现场建造。

　　(3) 浴盆。浴盆常设置在住宅、宾馆、医院等卫生间或公共浴室内，多为长方形，配有冷热水管或混合龙头，有的还配有淋浴设备。图 8-18 为浴盆安装图。

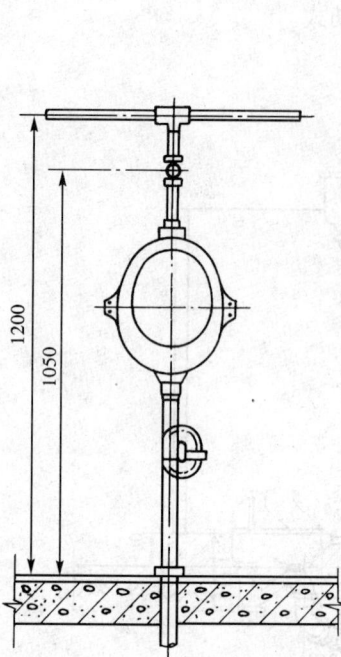

图 8-12 挂式小便器安装图

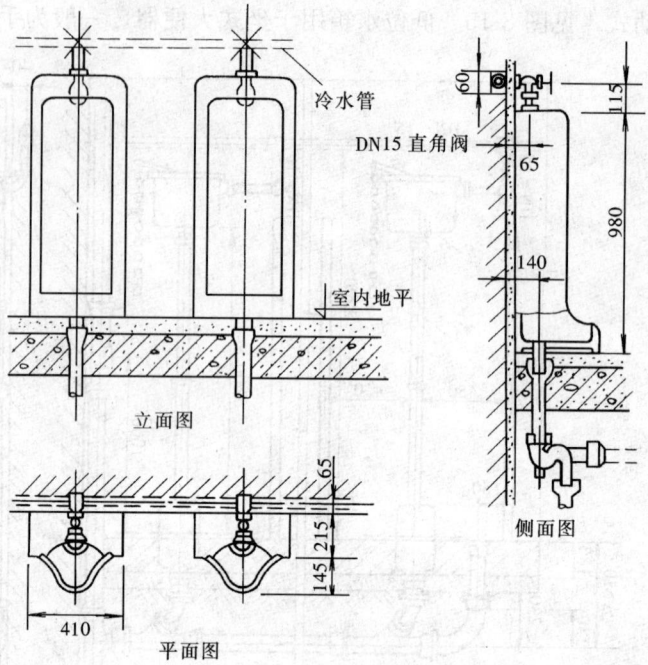

图 8-13 立式小便器安装图

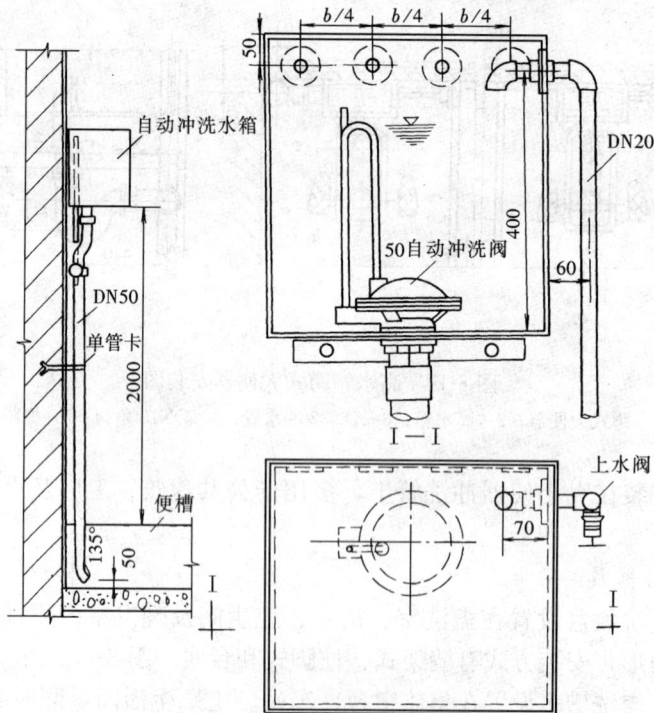

图 8-14 自动式冲洗水箱安装图

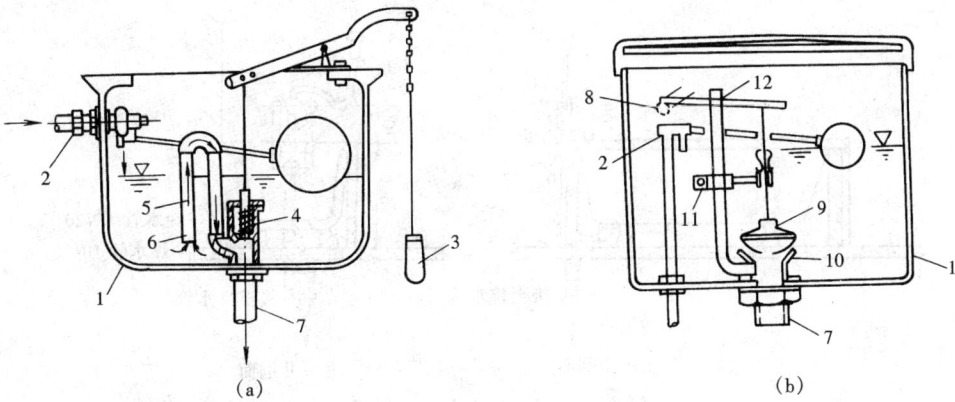

图 8-15　手动式冲洗水箱安装图

（a）虹吸冲洗水箱；（b）水力冲洗水箱

1—水箱；2—浮球阀；3—拉链；4—弹簧阀；5—虹吸管；6—小孔；7—冲洗管；
8—扳手；9—橡胶球阀；10—阀座；11—导向装置；12—溢流管

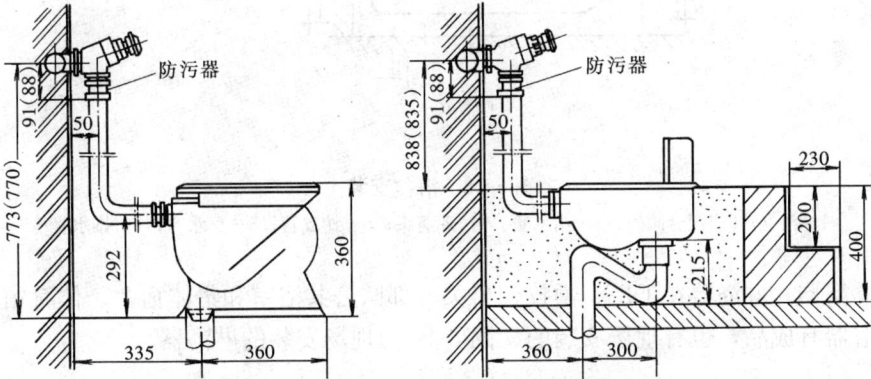

图 8-16　延时自闭式大便冲洗阀安装图

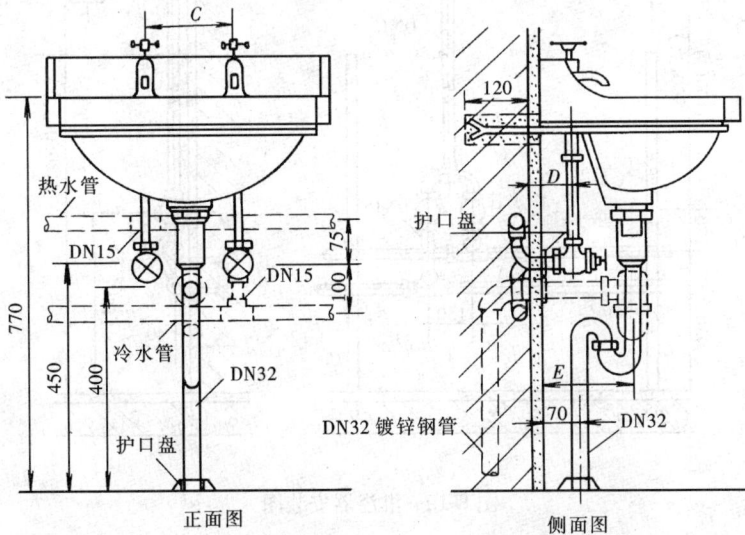

图 8-17　墙架式洗脸盆安装图

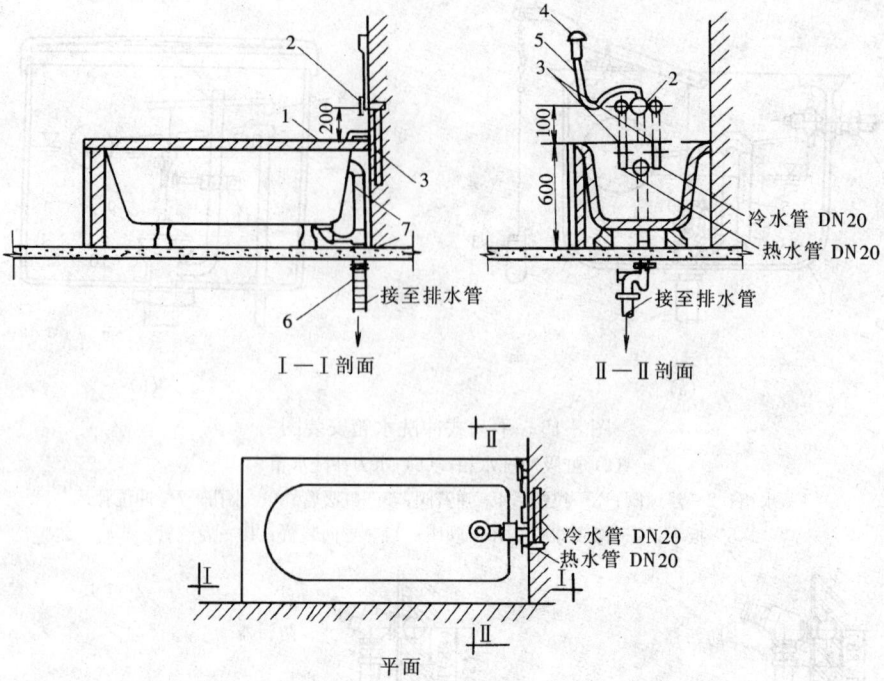

图 8-18　浴盆安装

1—浴盆；2—混合阀门；3—给水管；4—莲蓬头；5—蛇皮管；6—存水弯；7—排水管

（4）淋浴器。淋浴器在工厂、学校、机关、部队公共浴室和集体宿舍、体育馆内被广泛使用，淋浴器有成品，也有现场安装的。图 8-19 为现场安装的淋浴器。

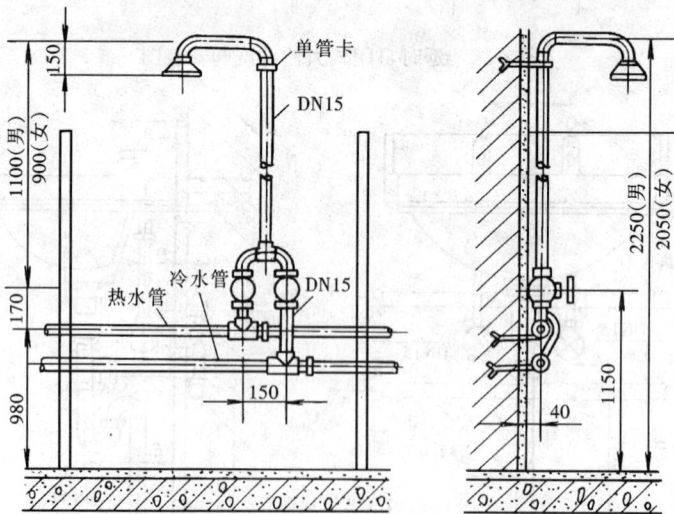

图 8-19　淋浴器安装图

（5）净身盆。净身盆与大便器配套安装，供便溺后洗下身用，一般用于宾馆高级客房的卫生间内，也用于医院、工厂的妇女卫生室内。图 8-20 为净身盆安装图。

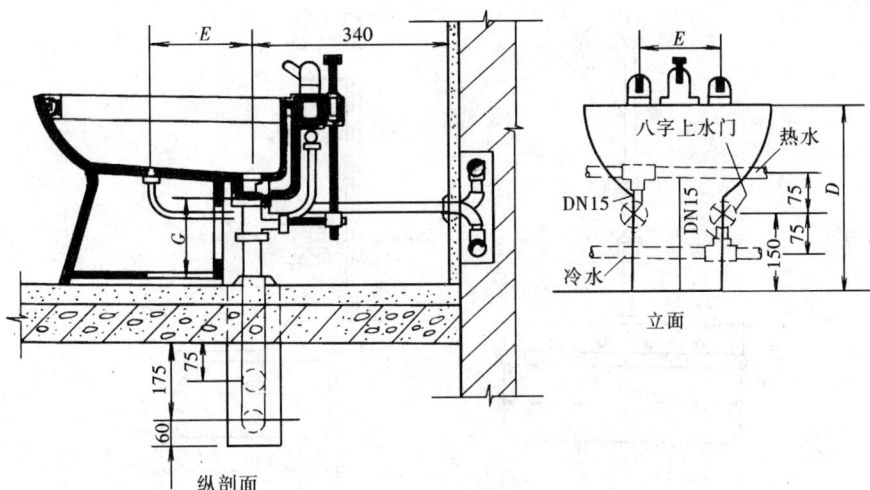

图 8-20　净身盆安装图

3. 洗涤器具

（1）洗涤盆。装设在厨房或公共食堂内，用来洗涤碗碟、蔬菜等。洗涤盆有单格和双格之分。图 8-21 为双格洗涤盆安装图。

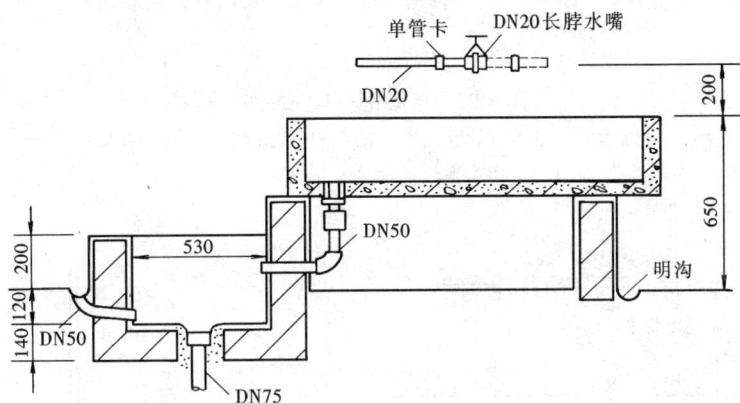

图 8-21　双格洗涤池安装图

（2）化验盆。化验盆设置在工厂、学校和科研机关的化验室或实验室内，按需要有单联、双联、三联鹅颈龙头。图 8-22 为单联化验盆安装图。

（3）污水盆。污水盆设置在公共建筑的厕所、盥洗室内，供洗涤拖把、打扫厕所或倾倒污水用。图 8-23 为污水盆安装图。

（4）地漏。地漏装在食堂、餐厅等地面须经常清洗处，或淋浴间、水泵房、厕所、盥洗室、卫生间等地面有水需排泄处，有扣碗式、多通道式、双篦杯式、防回流式、密闭式、无水式、防冻式、侧墙式等多种类型。图 8-24 为地漏安装图。

二、卫生器具安装说明

卫生器具安装项目均参照了《全国通用给水排水标准图集》中有关标准图编列，包括各种浴盆、洗脸（手）盆、洗涤盆与化验盆、淋浴器、各式大小便器及自动冲洗水箱、冲洗水管以及水龙头、排水栓、地漏、扫除口等供、排水配件、附件安装，新增水力按摩浴盆和整体式淋

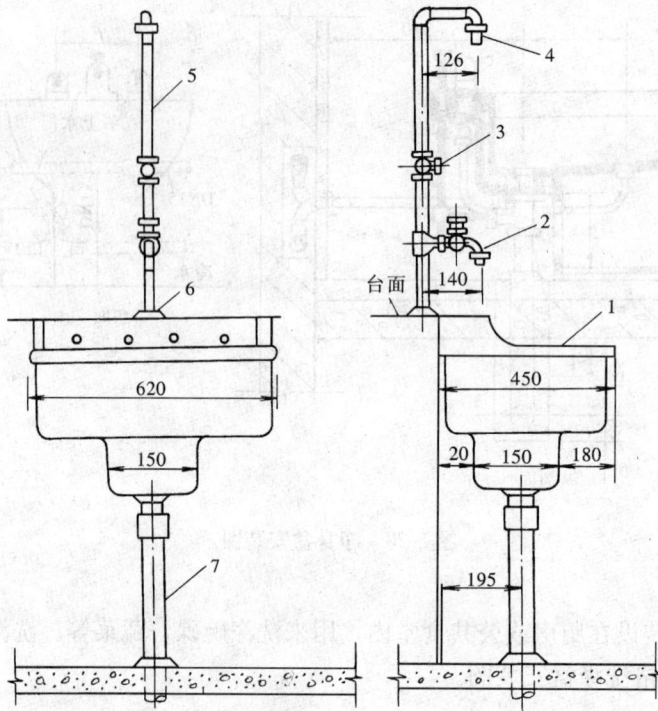

图 8-22　单联化验盆安装图

1—化验盆；2—DN15 化验龙头；3—DN15 截止阀；4—螺纹接口；

5—DN15 出水管；6—压盖；7—DN50 排水管

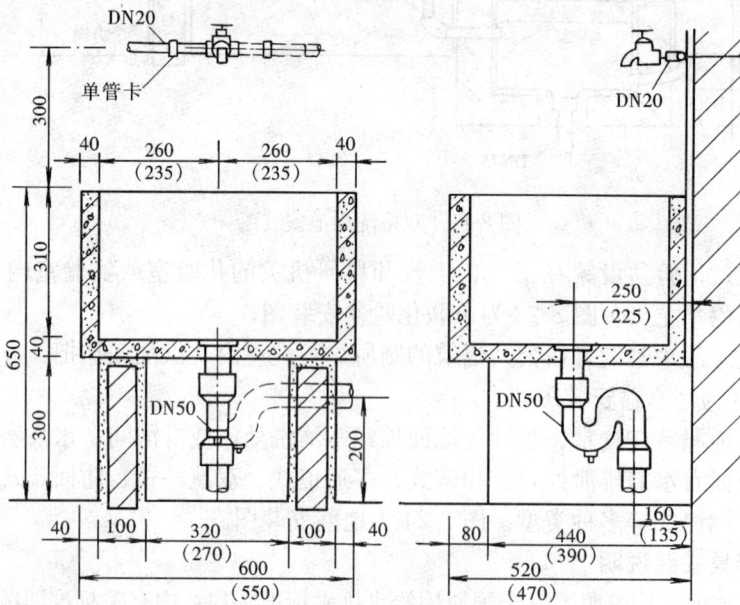

图 8-23　污水盆安装图

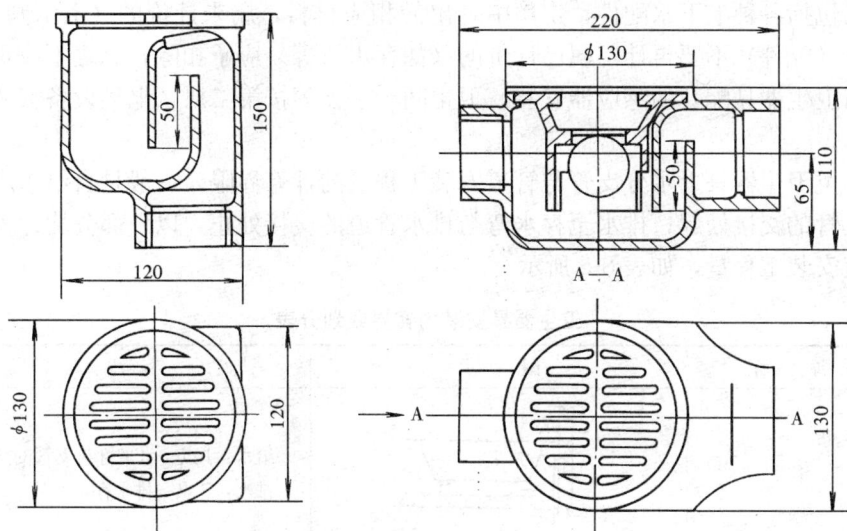

图 8-24 地漏安装图

浴房安装项目，共编列 88 个子目。除定额另有说明者外，设计无特殊要求均不作调整。

三、工程量计算规则

（1）各种卫生器具安装以"10 组（套）"为计量单位，已按标准图综合了卫生器具与给水管、排水管连接的人工与材料用量，以及短管、支托架等零星刷漆工料，不再另行计算。

（2）蹲式大便器安装已包括了固定大便器的垫砖，但不包括大便器蹲台的砌筑。

（3）大便槽、小便槽自动冲洗水箱安装，以"10 套"为计量单位，已包括了水箱托架的制作安装，不再另行计算。

（4）小便槽冲洗管制作与安装以"10m"为计量单位，不包括阀门安装，其工程量可按相应定额另行计算。

（5）脚踏开关安装，已包括了弯管与喷头的安装，不再另行计算。

（6）水嘴、地漏、地面扫除口安装以"10 个"为计量单位。

四、定额应用中应注意的问题

（1）浴盆安装适用于各种型号的浴盆，定额中未包括其支座和周边的砌砖及瓷瓦粘贴，应按建筑工程消耗量定额另行计算。

（2）成品水力按摩浴盆包括配套小型循环设备（过滤罐、水泵、按摩泵、气泵等）安装，其循环管路材料、配件等按生产厂家成套供货考虑。定额内未包括相关的电气检查、接线工作，应按第二册《电气设备安装工程》相应项目另行计算。

（3）洗脸盆、洗手盆、洗涤盆适用于各种型号，洗脸盆肘式开关安装不分单双把，均使用同一项目。化验盆安装中鹅颈水嘴及化验单嘴、双嘴三联化验水嘴适用于成品件安装。脚踏开关安装包括弯管和喷头的安装人工和材料，喷头主材另计。

（4）洗脸盆、淋浴器组成安装定额中分别列有钢管组成与铜管制品子目，其区别在于上水管连接时前者按标准图尺寸切管、套丝现场组成，后者一般是在器具进水阀（角形截止阀）之后的部分均采用与器具配套的铜质（镀铬）成品短管与管件、配件（也称铜活）连接安装，有些器具的下水配件也是如此（如立式与理发洗脸盆安装），使用中应加以区分。

另外，现在常有业主方自己选定各种卫生洁具与配件，成套采购供应至现场，如果其成套价格中已包括各种上下水配件，定额中列出的相应材料，属未计价的（上水阀、下水口、坐便器桶盖等配件）不要再计，属已计价的（如存水弯等）应予扣除，总之不应重复计价。

（5）与卫生器具配套的感应器安装、卫生间干手器等按第二册《电气设备安装工程》相应项目计算。

（6）各类卫生器具上水分支管与管道安装工程量的计算界限，一般是自给水水平管与器具进水分支管的交接处起；排水至存水弯与排水管道的交接处止，以外部分均计入相应给水与排水管道安装工程量，如表8-5所示。

表 8-5　　　　　　　　　　　　卫生器具安装内容界线划分表

序号	名　称	图　示	界线划分
1	浴盆		给水：J 点—水平管与支管的交接处 排水：P 点—排水存水弯处
2	洗脸盆		给水：J 点—水平管与支管的交接处 排水：P 点—排水塑料存水弯处
3	淋浴器		给水：J 点—水平管与支管的交接处 排水：定额中未包括
4	蹲式高水箱大便器		给水：J 点—水平管与接水箱支管的交接处 排水：P 点—瓷排水存水弯末端
5	阀门冲洗大便器		给水：J 点—水平管与支管的交接处 排水：P 点—排水存水弯处

续表

序号	名　称	图　示	界　线　划　分
6	坐式低水箱大便器		给水：J点—水平管与低水箱支管的交接处 排水：P点—大便器与排水管的交接处
7	普通挂斗小便器	明装　暗装	给水：J点—水平管与支管的交接处 排水：P点—排水存水弯处与排水管交接处
8	普通立式小便器	明装　暗装	给水：J点—水平管与支管的交接处 排水：P点—楼板下排水存水弯与排水管交接处
9	自动冲洗挂式小便器		给水：J点—水平管与水箱支管的交接处 排水：P点—排水存水弯与排水管道的交接处
10	自动冲洗立式小便器		给水：J点—水平管与水箱支管的交接处 排水：P点—楼板下排水存水弯末端处

（7）其他：实际施工中，如用金属软管做卫生器具上水分支管时，定额内分支管材料可以换算，其余不变，其他类似情况，如蹲便高水箱冲洗管使用塑料管代替镀锌管时，均可照此办理。

五、阀门、法兰、水位标尺等安装定额说明

定额包括阀门、法兰、水位标尺、排气装置、补偿器及法兰橡胶软（挠性）接头安装，共141个子目，与本册其他章各类管道安装项目配套使用。其中螺纹阀门项目适用于各种内、外螺纹连接的阀门安装；法兰阀门按螺纹法兰阀、焊接法兰阀以及带铸铁短管法兰阀分列项目。各种法兰阀门以及法兰式补偿器、橡胶接头等定额中均已包括配套安装的一副法兰（或铸铁承盘与插盘短管）及相应的成套螺栓消耗量；法兰安装定额中也已包括了螺栓消耗量。另外集气罐制作安装、自动排气阀安装项目则都已按标准图将其支架制安综合在内，不需再计算其工程量。

（一）工程量计算规则

（1）各种阀门安装均以"个"为计量单位。法兰阀门安装如仅为一侧法兰连接时，定额所列法兰、带帽螺栓及垫圈数量减半，其余不变。

（2）各种法兰连接用垫片，均按石棉橡胶板计算。如用其他材料可作调整。

（3）法兰阀（带短管甲乙）安装，如接口材料不同时，可作调整。

（4）浮球阀安装均以"个"为计量单位，已包括了联杆及浮球的安装。

（5）浮标液面计、水位标尺是按国标编制的，如设计与国标不符时，可作调整。

（6）自动排气阀安装以"个"为计量单位，已包括了支架制作安装，不再另行计算。

（7）各种伸缩器安装均以"个"为计量单位。

（二）定额应用说明

（1）螺纹阀门安装适用于各种法兰阀门安装，定额中各种阀门、法兰连接用垫片均按石棉橡胶板考虑，如用其他材质垫片，可以换算调整。

（2）浮标液面计 FQ-Ⅱ型安装是按《采暖通风国家标准图集》N102-3 编制的，水塔、水池浮标水位标尺制作安装，是按《全国通用给水排水标准图集》S318 编制的，如实际工程设计与国标不符时可按实调整。

（3）定额编列了法兰套筒式补偿器项目，波纹管式补偿器也可使用；若为对口焊接型式的，应扣减定额中法兰与螺栓用量，其余不变。

（4）法兰式橡胶软接头安装定额也适用于法兰连接的金属软管接头；螺纹连接的橡胶软接头（或金属软管）安装，可按第六册《工艺管道工程》定额中相应项目计算；安全阀安装页按第六册《工艺管道工程》定额中相应项目计算。

六、低压器具、水表组成与安装定额说明

定额包括减压器、疏水器、水表组成安装和分水器安装项目，共 66 个子目。

（一）工程量计算规则

（1）减压器、疏水器组成安装以"组"为计量单位，如设计组成与定额不同时，阀门和压力表数量可按设计用量进行调整，其余不变。

（2）减压器安装按高压侧的直径计算。

（3）法兰水表安装以"组"为计量单位，按设计选用的不同安装型式计算。

（4）减压阀、疏水阀单位安装的，不得使用本章项目，应按阀门安装相应项目计算。

（二）定额应用说明

（1）减压器、疏水器组成与安装是按《采暖通风国家标准图集》N108 编制的，如实际组成与此不同时，阀门和压力表数量可按实际调整，其余不变。

（2）螺纹水表安装包括表前闸阀；法兰水表安装是按《全国通用给水排水标准图集》S145 编制的，分为带旁通管及止回阀、带旁通管无止回阀、无旁通管有止回阀、无旁通管无止回阀四种形式，可根据设计选用相应项目。

（3）分水器安装适用于室内给水和采暖系统中采用 PAP、PEX、PP-R（C）等管材的分水配件安装，按不同分支路选用。如设计选用成品托架，可按外购成品价计算并将定额中型钢用量扣除，其余不变。

七、开水炉及箱、罐工程量安装定额说明

定额包括开水炉、加热器安装和小型容器制作安装两部分，共 56 个子目。

（一）工程量计算规则

（1）电热水器、电开水炉安装以"台"为计量单位，只考虑本体安装，连接管、连接件等工程量可按相应定额另行计算。

（2）容积式热交换器安装以"台"为计量单位，已包括了其中的附件，不包括安全阀安装、本体保温、油漆和基础砌筑工程量，可按相应定额另行计算。

（3）冷热水混合器安装以"10 套"为计量单位，包括了温度计安装，但不包括支座制作安装，可按相应定额另行计算。

（4）蒸汽—水加热器安装以"10 套"为计量单位，包括莲蓬头安装，不包括支架制作安装及阀门、疏水器安装，其工程量可按相应定额另行计算。

（5）饮水器安装以"套"为计量单位，未包括阀门和脚踏开关安装，其工程量可按相应定额另行计算。

（6）钢板水箱制作按施工图所示尺寸，包括箱体、人孔及连接短管的重量，以"100kg"为计量单位；其水位计安装和内、外人梯制作安装可按相应定额另行计算。

（7）钢板水箱安装均以"个"为计量单位，按国家标准图集水箱容量"m³"使用相应定额。

（二）定额应用说明

（1）各种水箱制作定额中已包括水箱的给水、出水、排污、溢流等连接短管的制作及焊接，其接管材料（包括法兰件）应按设计需用的种类、规格、数量计入主材用量。水箱制作定额中未包括支架制作安装，小容量水箱的型钢支架可使用本册定额第一章中管道支架项目，混凝土或砖砌支座则应按建筑工程消耗量定额相应项目计算。

（2）钢板水箱制作定额中已将箱体内外除锈刷底漆（防锈漆二道）综合在内；其面漆或保温绝热按设计要求另计。大、小便冲洗水箱制作定额中底漆与面漆均已包括（各二道）。另外蒸汽间断式开水炉、蒸汽—水加热器安装，消耗量中也已将标准图所示的本体溢流管或出水管计入，使用定额时请注意一下各项目工作内容，以免重复计算。

八、其他事宜

（1）山东省安装工程消耗量定额第八册《给排水、采暖、燃气工程》（以下简称本定额）适用于新建、扩建和整体更新改造项目中的生活用给水、排水、燃气、采暖热源管道以及附件、配件安装，小型容器制作安装。

（2）本定额主要依据的标准、规范有：

1)《采暖与卫生工程施工及验收规范》（GBJ 242—82）。

2《室外给水设计规范》(GBJ 13—86)(97版)。

3)《建筑给水排水设计规范》(GBJ 15—88)(97版)。

4)《建筑采暖卫生与煤气工程质量检验评定标准》(GBJ 302—88)。

5)《城镇燃气设计规范》(GB 50028—93)(98版)。

6)《城镇燃气输配工程施工及验收规范》(CJJ 33—89)。

7)《全国统一施工机械台班费用定额》(2001年)。

8)《全国统一建筑安装劳动定额》(1988年)。

9)《山东省安装工程综合定额》(1996年)。

10)《全国统一安装工程预算定额》(GYD—208—2000)。

(3)以下内容使用其他册相应定额:

1)工业管道、生产生活共用的管道、锅炉房、泵房、站类管道以及高层建筑物内加压泵间、空调制冷机房、消防泵房的管道使用第六册《工业管道工程》相应项目。

2)消防工程中的自动喷淋、气体灭火系统使用第七册《消防及安全防范设备安装工程》相应项目。

3)本册定额内未包括的刷油、防腐蚀、绝热工程使用第十一册《刷油、防腐蚀、绝热工程》相应项目。

(4)本册定额各类管道安装项目中,均已包括相应管件安装,其管件数量系综合取定,使用时一般不做调整。

(5)遇有下列情况,按相应定额项目调整消耗量:

1)设置于管道间、管廊、已封闭的地沟、吊顶内的管道系统(含阀门、法兰、支架、刷油、绝热等全部工程),定额人工乘以系数1.3。

2)超高增加消耗量:定额中操作物高度以距楼地面3.6m为限,如超过3.6m时,其定额人工消耗量(含3.6m以下)乘以表8-6中的系数。

表8-6

操作物高度(m)	≤10	≤15	≤20	>20
系　数	1.10	1.15	1.20	1.40

3)在洞库、暗室内施工时,其定额人工、机械的消耗量增加15%。

(6)关于下列工程内容,是按相应定额消耗量为基础计价后进行测算综合取定,其计算方法规定如下:

1)高层建筑(指高度在6层或20m以上的工业与民用建筑)增加费,可按表8-7计算(其中人工工资占70%,其余为机械费)。

表8-7

层　数(高度)	9层以下(30m)	12层以下(40m)	15层以下(50m)	18层以下(60m)	21层以下(70m)	24层以下(80m)	27层以下(90m)	30层以下(100m)	33层以下(110m)
按定额人工费的%	17	22	25	28	32	35	40	45	50
层　数(高度)	36层以下(120m)	39层以下(130m)	42层以下(140m)	45层以下(150m)	48层以下(160m)	51层以下(170m)	54层以下(180m)	57层以下(190m)	60层以下(200m)
按定额人工费的%	55	58	62	66	69	72	75	78	80

2)脚手架搭拆费可按定额人工费的5%计算,其中人工工资占25%。

　　3）采暖工程系统调整费可按采暖工程定额人工费的 15% 计算，其中人工工资占 20%。

九、注意的问题

　　（1）目前在洗手盆、洗脸盆上安装的感应式水嘴大多都是感控一体的，即感应装置、电源（干电池或光电池）等均内藏在阀体内，此种水嘴虽然价格较高，但安装时没有什么太大区别，可直接套用对应组成形式的定额子目并换算调整材料（水嘴）价格。对于在墙体上另外安装（明装或暗装）自动感应装置的卫生洁具，如电子（红外）感应自动冲洗的大、小便器等，可另外套用第二册电气定额第十三章中卫生洁具自动感应器子目。

　　（2）淋浴器使用感应开关的，可同上处理。如若淋浴器安装脚踏开关时，除调整阀门材料外，定额人工消耗量乘以系数 1.20。

　　（3）小区内或居民区内的给水管道安装，水表前管道执行安装定额。这里所说的"用户"可以有两种情况：第一种情况下所称的"用户"指的是广义的用户（即单位用户，如工厂、学校、机关、住宅小区等），这种情况下，"水表井"指单位用户的总计量表井，"进户管"即是自市政供水管网（干管）接至总表井的分支管道，此时的供水流程是：市政管网（干管）→分支（总进户）管→用户总水表井→区域内（厂区、校区、住宅小区等）供水管网（加压或不加压）→分户（或单元）水表井→进户管→室内管路系统。根据相关定额规定，住宅小区内的给水管道安装应使用安装定额第八册相应项目，其中分户水表井以外管道安装使用室外管道项目，分户水表井以内管道安装使用室内管道项目，小区总水表井（阀门井）以外使用市政定额（无表、阀井的以与市政管道碰头点或小区规划红线为界）。工厂厂区内给排水管道定额使用问题则按第六册定额相关规定。另一种情况是由市政供水管网直接供水的"分散"用户〔如沿街商铺、住户、不属住宅小区的单幢住宅楼（单元）等〕；此时的供水流程是：市政管网（包括干管与分支管线）→用户水表井（或一户一表井）→进户管→室内管路系统，水表井以外管道使用市政定额，水表井以内管道使用安装定额（具体分界线以实际碰头点为界）。

　　所以定额规定，住宅小区内的给水管道安装应使用安装定额第八册相应项目；小区总水表井以外管道使用市政定额。安装定额与市政定额的规定并不矛盾。

　　（4）本册管道安装各定额项目中管件（接头零件）耗用量系综合取定，当实际工程中管道接头零件消耗数量与定额存在明显差异时，可按发承包双方在合同中约定的调整范围、调整方法等进行调整。如合同中无约定调整范围及方法，则不能调整。

　　（5）住宅楼设置户外水井表，每户一根给水立管，在室内形成管束，并集中暗设在一根套管内，套管使用排水 PVC 塑料管材，给水管的保护套管可按其材质、连接方式（或方法）参照使用定额中相近项目。

　　（6）大型工业园区、大型社区以及大专院校校区室外给排水管道设计、施工，依据的标准为市政工程相关标准，该室外给排水管道，如设计文件明确规定执行市政工程相关施工及验收规范、质量检验评定标准时，可使用市政工程定额。

　　（7）定额内未包括立管根部防水台施工的项目内容。发生时，承发包双方可根据实际办理现场签证。

　　（8）室内、外衬塑刚性复合管定额。适用于衬塑钢管、衬塑铜管与衬塑不锈钢管的安装。衬塑钢管安装直接使用本补充定额；衬塑铜管安装时，定额人工、机械乘以系数 0.85；衬塑不锈钢管安装时，定额人工、机械乘以系数 1.15。

（9）室内给水管道安装定额内，均已包括了管卡（座），托钩、支吊架制作安装及其除锈刷漆，以及管道试压、消毒冲洗等工作内容，不再另行计算。

（10）室外给水管道的试压、消毒冲洗。排水管道灌水试验等工作内容也已包括在定额内，不再另行计算。

（11）对于热熔连接的（PP-R）塑铝稳态复合管安装，可按消耗量定额第八册中室如、外塑料给水管（热、电熔连接）项目，定额人工乘以系数1.10。

（12）钢管（沟槽式连接）定额中，已考虑了沟槽式管件及法兰安装，管件、法兰及螺栓的主材用量应按设计图纸另行计算；其中法兰螺栓按设计用量另加3％损耗计算。连接法兰阀门的螺栓用量已考虑在沟槽法兰阀门安装定额中，不另计算。

（13）沟槽式法兰阀门安装，如仅为一侧法兰连接时，定额所列带帽螺栓及垫圈数量减半，其余不变。

（14）关于工程量计算规则：工程量计算规则与现行消耗量定额第八册规定一致。各类给排水管道分材质、管径按施工图所示中心线长度，不扣除阀门、管件、器具组成和井类所占长度，以"10m"为计量单位。沟槽式法兰阀门安装以"个"为计量单位。

（15）塑料排水管阻火圈：安装方式以膨胀螺栓固定考虑；如为预埋件焊接固定，只换算连接材料，其余不变。

（16）组合式水箱：

1）定额适用于模压不锈钢和玻璃钢矩形水箱安装，组装所需密封橡胶条及螺栓紧固件，可根据不同型号产品的实际需用量计算。

2）定额不包括水箱支座（基础）和箱底槽钢托架制作安装，发生时另行计算。

（17）本册补充定额包括室外塑套钢预制直埋保温管及管件安装、太阳能热水器安装、室外钢丝网骨架聚乙烯给水管、室外承插塑料排水管（粘接、密封胶圈连接）、室外塑料排水管（电热熔带连接）、室内给水铜管（卡套、卡压连接）、不锈钢管（氩弧焊）、室内柔性抗震铸铁排水管（柔性接口）、W型（无承口）柔性接口铸铁排水管（接套连接）、室内HDPE雨水管（熔接）、塑料阀门（热熔连接）、钢丝网骨架聚乙烯管法兰安装等。共99个定额子目。

（18）塑套钢管道、管件安装适用于住宅小区及厂区内塑套钢室外采暖管道安装，其与室内管道的界限划分同安装工程消耗量定额第八册《给排水、采暖、燃气工程》中的规定一致。

（19）太阳能热水器安装不包括管道安装，应另行执行相应定额；如支架现场制作。定额人工乘以系数0.9，支架制作安装另行执行第八册管道支架制作安装相应定额。

（20）室外给水管道水压试压及消毒冲洗，排水管道灌水试验等工作内容已包括在定额内。

（21）室内给水管道安装定额内，均已包括管卡（座），托钩、支吊架制安及其除锈刷漆，以及管道试压、消毒冲洗等工作内容。

（22）给水铜管卡套、卡压连接均执行同一定额项目，给水不锈钢薄壁管（卡压连接）执行给水不锈钢薄壁管（卡套连接）相应项目。

（23）室内铸铁排水管（DN≥200mm）未包括管卡（座）、托钩、管道吊（托）支架制作安装及其除锈刷漆，若需设置支（吊）架时，可按消耗量定额第八册第一章中管道支架项目计算。

（24）室内 HDPE 雨水管（熔接）的固定均按成品管卡考虑。

（25）钢丝网骨架聚乙烯管法兰安装包括钢制法兰及配套电、热熔连接件的安装，法兰阀门安装套用第八册相应法兰阀门安装子目。

（26）塑套钢管道安装工程量计算以施工图所示中心线长度，以"10m"为计量单位，不扣除管件、阀件所占长度。但在计算塑套钢管道主材消耗量时需扣除管件、阀门及其他成品附件所占长度。主材损耗率按 4% 考虑。其计算公式为

管道主材消耗量＝（管道安装工程量－管件、阀门及其他成品附件长度）×1.04

十、补充定额工程量计算规则

（1）塑套钢管件安装以"个"为计量单位。

（2）各类给排水管道分材质、管径，按施工图所示中心线长度以"10m"为计量单位，不扣除阀门、管件、器具组成和井类所占长度。

（3）塑料阀门（热熔连接）以"个"为计量单位。

（4）太阳能热水器安装按不同重量以"台"为计量单位。

第六节　工 程 预 算 实 例

【例 8-1】　×市区×住宅楼一个单元的室内给排水工程预算

（一）工程概况

（1）×市区×住宅楼一个单元的室内给排水工程给排水平面图见图 8-25、图 8-26，给水系统见图 8-27，排水系统见图 8-28。图中标高均以 m 计，其他尺寸标注均以 mm 计。

（2）给水管道采用 PP-R 管，热熔连接，PP-R 管采用专用管件连接，专用管卡固定。排水立管采用 UPVC 螺旋消音管，承插式胶粘剂粘接；排水横支管采用铸铁排水管，石棉水泥接口。

（3）各用户室内冷水计量采用旋翼干式远传水表，卫生洁具采用节水型。

（4）洗脸盆水龙头为冷水嘴，洗涤盆水龙头为普通冷水嘴。

（5）给水管、排水管穿越楼板时设钢套管，管道穿基础侧墙设柔性防水套管。

（6）施工完毕，给水系统进行静水压力试验，试验压力为 0.6MPa；排水系统安装完毕进行灌水试验，施工完毕再进行通水、通球试验。

（7）管道及卫生器具安装参照山东省标准设计《给水排水设备安装图集》。

（8）本例题排水管道按存水弯直接接排水横管考虑，如另加短立管时，需另计工程量。

（二）采用定额

本例题采用《山东省安装工程价目表》（下册）《山东省安装工程消耗量定额》（第八册给排水、采暖、燃气工程）中的有关内容为计算依据。（2003 年出版）

（三）编制方法

（1）本例题暂不计刷油、保温等工作内容。

（2）未尽事宜执行现行施工及验收规范的有关规定。

（3）工程量计算结果见表 8-8，安装工程施工图预算结果见表 8-9。

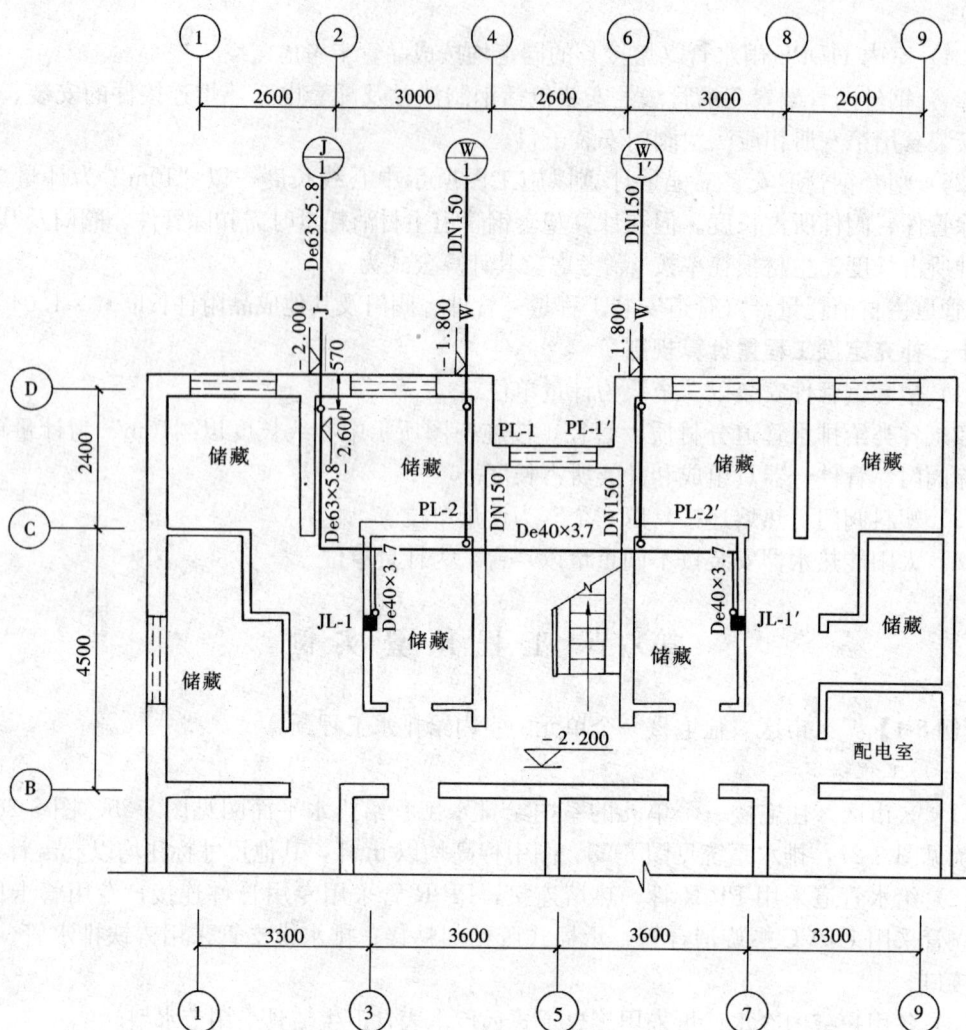

图 8-25 半地下室给排水平面图

表 8-8 　　　　　　　　工 程 量 计 算 书

工程名称：××住宅给水排水工程

序号	分部分项工程名称	单位	工程量 (m)	计 算 公 式
	给水管道			
1	塑料给水管 De63×5.8	m	5.97	1.5+0.57+〔−2.0−（−2.6）〕+2.3+1
2	塑料给水管 De40×3.7	m	27.3	①1.3+2.6+2.8×2+1=10.5
				②6.3+1.3+2.6+2.8×2+1=16.8
3	塑料给水管 De32×2.9	m	5.6	2.8+2.8
4	塑料给水管 De25×2.3	m	38.6	2.8×2+〔（1.3+0.8+1.2）×5×2〕
5	塑料给水管 De20×2.3	m	109	（2.3+0.3×2+1.5+2.4+0.3×3）×5×2+（0.8×8×5）（注：0.8×8×5为每层接卫生器具水龙头支管增加长度）
	排水管道			
6	铸铁排水管 DN150	m	8.8	（1.5+2.9）×2

续表

序号	分部分项工程名称	单位	工程量(m)	计 算 公 式
7	塑料排水管 D110	m	44.8	① (1.8+14+0.6)×2
				②1.2×5×2
8	塑料排水管 D75	m	52.8	① (1.8+14+0.6)×2
				②2×5×2
9	塑料排水管 D50	m	15	1.5×5×2
	卫生器具			
10	坐式大便器	套	10	10
11	洗脸盆	组	10	10
12	洗涤池	组	10	10
13	地漏 DN100	个	10	10
14	地漏 DN75	个	10	10
15	水表 DN25	组	10	10
16	水龙头 DN15	个	10	10
17	丝扣阀门 DN40	个	2	2
18	丝扣阀门 DN20	个	10	10
	其他			
19	柔性防水套管制作安装 DN150	个	2	2
20	柔性防水套管制作安装 De63	个	1	1
21	一般钢套管制作安装 De63	个	2	2
22	一般钢套管制作安装 De40	个	10	8+2
23	一般钢套管制作安装 De32	个	2	2
24	一般钢套管制作安装 De25	个	2	2
25	一般钢套管制作安装 De20	个	20	2×2×5
26	一般钢套管制作安装 DN150		2	2

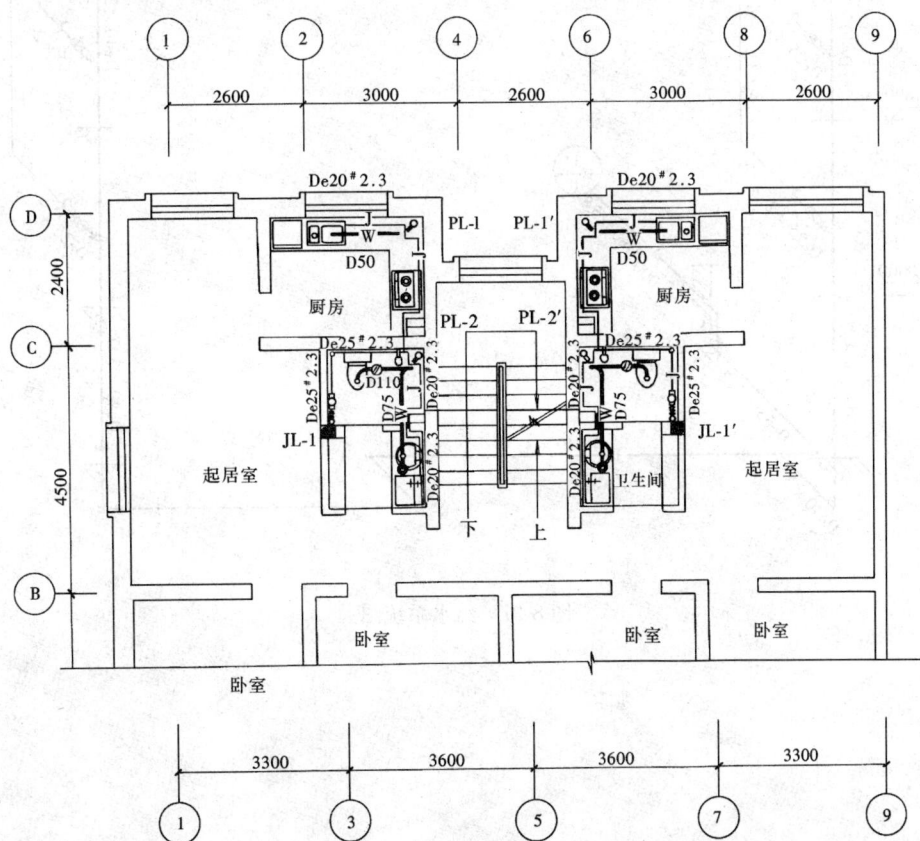

图 8-26 一～五层给排水平面图

接洗涤槽
De20 × 2.3

De20 × 2.3

接淋浴喷头

接坐便器

12.200
De25 × 2.3

接淋浴喷头
接坐便器
接洗面器

De25 × 2.3
De25 × 2.3 De20 × 2.3

De25 × 2.3

接洗衣机

11.200
De25 × 2.3

De20 × 2.3
De25 × 2.3

De20 × 2.3
De25 × 2.3
De20×2.3

De25 × 2.3
De25 × 2.3

JL-1

De25 × 2.3

JL-1'
De25 × 2.3

8.400

De32 × 2.9
De25 × 2.3

De32 × 2.9
De25 × 2.3

同五层

同五层

5.600
De40 × 3.7
De25 × 2.3

De40 × 3.7
De25 × 2.3

2.800

De25 × 2.3

De25 × 2.3

$\frac{J}{1}$

± 0.0000
De40 × 3.7

J
−2.000 De63×5.8

De40 × 3.7

De63×5.8 −2.600

J De40 × 3.7

De40 × 3.7

De40 × 3.7

De40 × 3.7

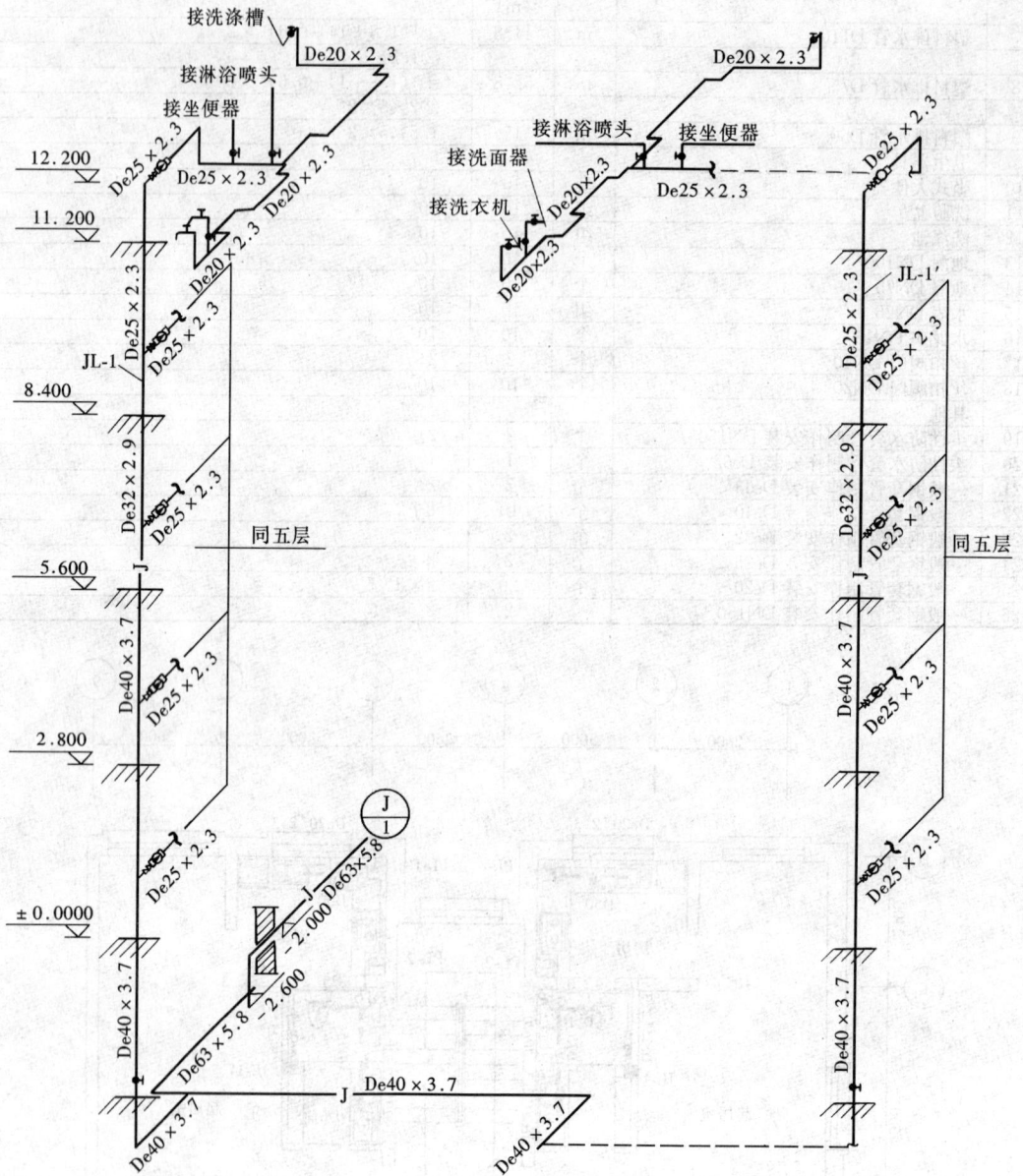

图 8-27　给水系统图

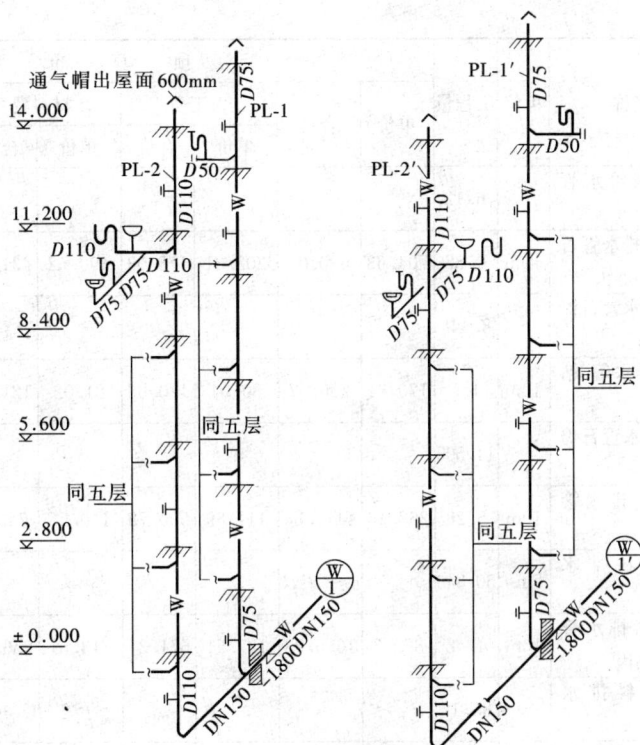

图 8-28 排水系统图

表 8-9 **工 程 计 价 表**

工程名称：住宅楼给排水工程

序号	定额编号	项目名称	单位	工程量	预 算 价							备注
					单价	合价	人工费		材料费		机械费	
							单价	合价	单价	合价	单价	合计
1	8-352	室内塑料给水管熔接 φ20 内	10m	10.9	113.2	1233.88	53.2	579.88	58.26	635.03	1.74	18.966
		塑料给水管 熔接 φ20		111.18								
2	8-353	室内塑料给水管熔接 φ25 内	10m	3.86	123.46	476.55	56.54	218.24	65.18	251.59	1.74	6.716 4
		塑料给水管 熔接 φ25		39.372								
3	8-354	室内塑料给水管熔接 φ32 内	10m	0.56	131.58	73.69	63.67	35.66	65.82	36.86	2.09	1.170 4
		塑料给水管 熔接 φ32		5.712								
4	8-355	室内塑料给水管熔接 φ40 内	10m	2.73	142.03	387.74	67.76	184.98	72.18	197.05	2.09	5.705 7
		塑料给水管 熔接 φ40		27.848								
5	8-357	室内塑料给水管熔接 φ63 内	10m	0.6	230.61	138.37	92.8	55.68	125.7	75.42	12.11	7.266

续表

序号	定额编号	项目名称	单位	工程量	预算价 单价	预算价 合价	人工费 单价	人工费 合价	材料费 单价	材料费 合价	机械费 单价	机械费 合计	备注
		室内塑料给水管熔接 φ63		6.12									
6	8-389	内承铸铁排水管石棉水泥 DN150 内	10m	0.88	704.63	620.07	202.31	178.03	490.52	431.66	11.8	10.384	
		承铸铁排水管石棉水泥 DN150		8.448									
7	8-412	承塑料排水管 粘接 DN50	10m	1.5	170.91	256.37	80.04	120.06	81.02	121.53	9.85	14.775	
		承铸铁排水管石棉水泥 DN50		14.505									
8	8-413	内承塑料排水管粘接 DN75 内	10m	5.28	268.16	1415.88	111.89	590.78	140.55	742.1	15.72	83.001 6	
		承插塑料排水管 DN75	m	50.846									
9	8-414	内承塑料排水管粘接 DN100 内	10m	4.48	360.7	1615.93	127.51	571.24	213.51	956.52	19.68	88.166 4	
		承插塑料排水管 DN100	m	38.17									
10	8-481	坐式大便器 低水箱	10套	1	467.44	467.44	354.51	354.51	112.93	112.93			
		坐式低水箱	个	10.1									
		坐便器桶盖	套	10.1									
		低水箱配件	套	10.1									
		低水箱坐便器	个	10.1									
11	8-448	洗脸盆 钢管组成 普通冷水嘴	10组	1	426.97	426.97	220.75	220.75	206.22	206.22			
		洗脸盆下水口(铜) DN32	个	10.1									
		洗脸盆	个	10.1									
12	8-457	洗涤盆 单嘴	10组	1	856.36	856.36	222.2	222.2	634.16	634.16			
		洗涤盆	个	10.1									
13	8-515	地漏 75	10个	1	205.34	205.34	166.45	166.45	38.89	38.89			
14	8-516	地漏 100	10个	1	217.32	217.32	167.11	167.11	50.21	50.21			
15	8-698	螺纹水表组成．安装 DN25 内	组	10	38.16	381.6	21.12	211.2	17.04	170.4			
16	8-505	水龙头 DN15 内	10个	1	13.07	13.07	12.32	12.32	0.75	0.75			
		水嘴	个	10.1									
17	8-527	螺纹阀 DN20 内	个	10	8.13	81.3	4.4	44	3.73	37.3			
		螺纹阀门 DN20	个	10.1									
18	8-530	螺纹阀 DN40 内	个	2	20.83	41.66	11	22	9.83	19.66			

序号	定额编号	项目名称	单位	工程量	预算价							备注
					单价	合价	人工费		材料费		机械费	
							单价	合价	单价	合价	单价	合计	

序号	定额编号	项目名称	单位	工程量	单价	合价	人工费单价	人工费合价	材料费单价	材料费合价	机械费单价	机械费合计	备注
		螺纹阀门 DN40	个	2.02									
19	6-2977	柔性防水套管制安 De63	个	1	338.8	338.8	101.55	101.55	193.84	193.84	43.41	43.41	
20	6-2980	柔性防水套管制安 De150	个	2	517.81	1035.62	155.06	310.12	289.11	578.22	73.64	147.28	
21	6-3010	一般穿墙套管制安 De20	个	20	15.45	309	4.88	97.6	9.62	192.4	0.95	19	
22	6-3011	一般穿墙套管制安 De32	个	2	19.72	39.44	6.2	12.4	12.57	25.14	0.95	1.9	
23	6-3011	一般穿墙套管制安 De25	个	2	19.72	39.44	6.2	12.4	12.57	25.14	0.95	1.9	
24	6-3012	一般穿墙套管制安 De40	个	10	32.73	327.3	10.21	102.1	21.47	214.7	1.05	10.5	
25	6-3013	一般穿墙套管制安 De63	个	2	42.31	84.62	13.55	27.1	27.71	55.42	1.05	2.1	
26	6-3014	一般穿墙套管制安 D150	个	2	50.81	101.62	17.73	35.46	31.94	63.88	1.14	2.28	
		安装工程总计	元			11 185.38		4653.82		6067.02		464.521 5	
		[措施费]脚手架搭拆费（给排水、采暖、燃气工程）		3955.09	5%	197.75	25%	49.44	75%	148.32			
		[措施费]脚手架搭拆费（工业管道工程）		698.73	7%	48.91	25%	12.23	75%	36.68			

第九章　消防及安全防范工程施工图预算的编制

第一节　消防灭火工程基本知识

消防工程按区域划分，可分为室外消防工程和室内消防工程。

室外消防工程一般为环状供水，进户供水管有 2 根以上，其最小管径不得小于 100mm。消火栓应放置在交通方便、易于发现的地方。消火栓的布置要充分考虑灭火半径范围，可分为地上式和地下式两种，可设井或直埋。

室内消防工程根据使用灭火剂的种类和灭火方式，可分为水消防灭火系统和非水灭火剂的固定灭火系统，其中水消防灭火系统又分为消火栓灭火系统和自动喷水灭火系统。

一、消火栓灭火系统

消火栓灭火系统是把室外给水系统提供的水量，在外网压力满足不了需要时，经过加压输送到用于扑灭建筑物内的火灾而设置的固定灭火设备。消火栓灭火系统一般由水枪、水带消火栓、消防管道、消防水池、高位水箱、水泵接合器及增压水泵等组成。

1. 消火栓设备

由水枪、水带和消火栓组成，安装于消火栓箱内，如图 9-1 所示。水枪按其水流控制方向，可分为直流式和开关式两种，一般采用直流式较多，喷嘴直径有 13、16、19mm 三种，水带口径有 50、65mm 两种，水带长度一般为 15、20、25、30m 四种，材质有麻织和化纤两种。消火栓均为内扣式接口的球形阀式龙头，有单出口和双出口之分，单出口消火栓直径有 50mm 和 65mm 两种，双出口消火栓直径为 65mm，安装形式有明装、暗装和半暗装三种。图 9-2 所示为双出口消火栓。

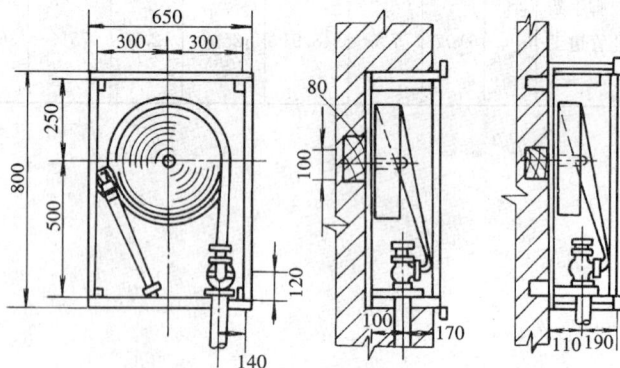

图 9-1　消火栓箱

消防软管卷盘由阀门、输入管路、轮辐、支撑架、摇臂、软管及喷枪等部件组成，以水作灭火剂，一般安装在室内消火栓箱内，是新型的室内固定消防装置，适用于扑救 A 类碳水化合物如纸质、木质和棉麻织物等物质的初起火灾，如图 9-3 所示。

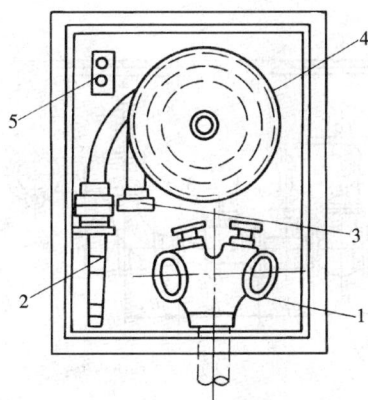

图 9-2　双出口消火栓

1—双出口消火栓；2—水枪；3—水带接口；

4—水带；5—按钮

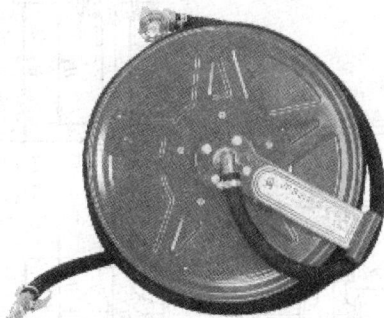

图 9-3　消防软管卷盘

2. 水泵接合器

消防水泵接合器（见图 9-4）通常与建筑物内的自动喷水灭火系统或消火栓等消防设备的供水系统相连接。当发生火灾时，消防车的水泵可迅速方便地通过该接合器的接口与建筑物内的消防设备相连接，并加压供水，从而使室内的消防设备得到充足的压力水源，用以扑灭不同楼层的火灾，有效地解决了建筑物发生火灾后，消防车灭火困难或因室内的消防设备得不到充足的压力水源而无法灭火的情况。

地下式　　　　　墙壁式　　　　　多用式　　　　　地上式

图 9-4　消防水泵接合器

水泵接合器是连接消防车向室内消防给水系统加压供水的装置，一端由消防给水管网水平干管引出，另一端设于消防车易于接近的地方。水泵接合器有地上、地下和墙壁式三种。图 9-5 所示为水泵接合器安装图。

二、自动喷水灭火系统

自动喷水灭火系统是一种在发生火灾时，能自动打开喷头喷水灭火并同时发出火警信号的消防灭火设施。自动喷水灭火系统由水源、加压贮水设备、喷头、管网、报警装置等组成。

（一）系统分类

根据喷头的常开、闭形式和管网充水与否，分为以下几种自动喷水灭火系统：

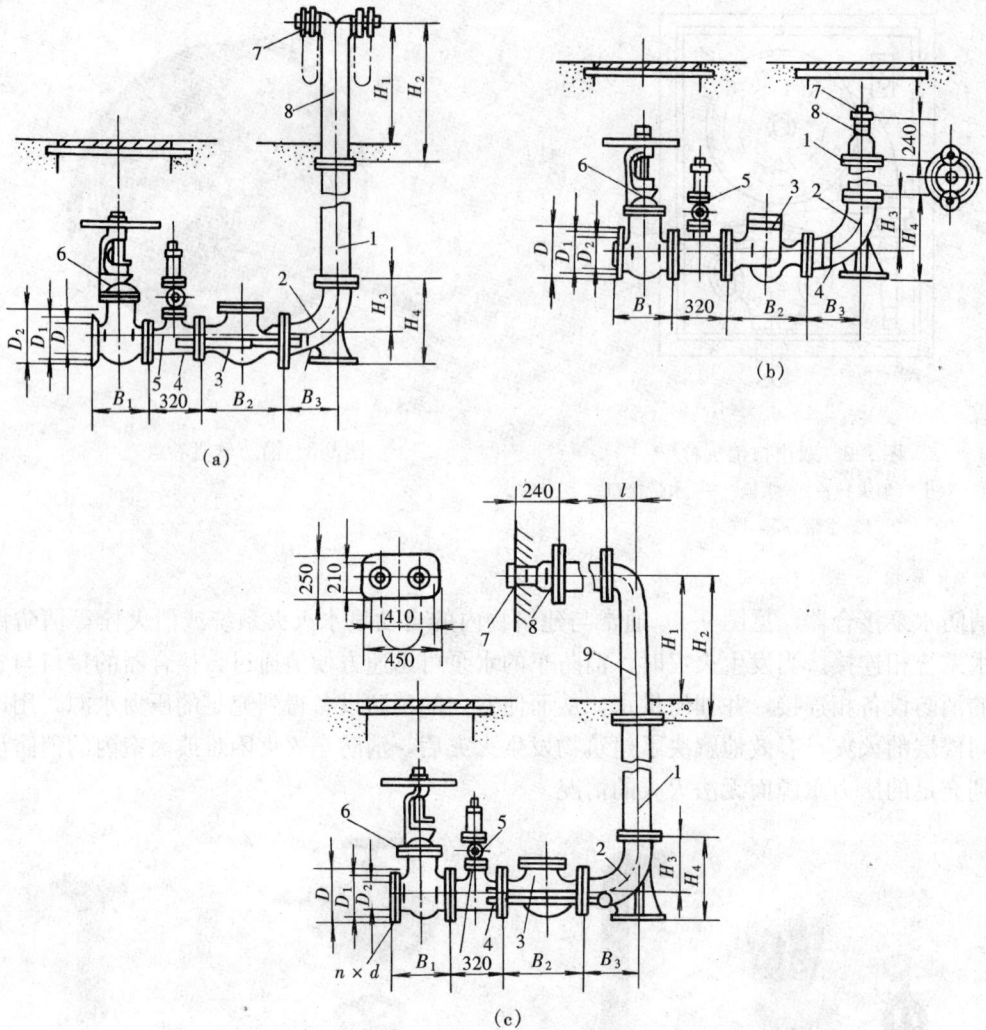

图 9-5　水泵接合器安装图

(a) SQ 型地上式；(b) SQ 型地下式；(c) SQ 型墙壁式

1—法兰接管；2—弯管；3—升降式单向阀；4—放水阀；5—安全阀；6—楔式闸阀；
7—进水用消防接口；8—本体；9—法兰弯管

1. 湿式自动喷水灭火系统

该系统为喷头常闭的灭火系统，管网中充满有压水，当建筑物发生火灾，火点温度达到开启闭式喷头时，喷头出水灭火。图 9-6 所示为湿式自动喷水灭火系统图。

2. 干式自动喷水灭火系统

该系统为喷头常闭的灭火系统，管网中平时不充水，充有有压空气或氮气，当建筑物发生火灾，火点温度达到开启闭式喷头时，喷头开启，排气、充水、灭火。图 9-7 所示为干式自动喷水灭火系统图。

3. 预作用自动喷水灭火系统

该系统为喷头常闭的灭火系统，管网中平时不充水，无压，发生火灾时，火灾探测器报警后，自动控制系统控制闸门排气、充水，由干式变为湿式系统。图 9-8 所示为预作用自动喷水灭火系统图。

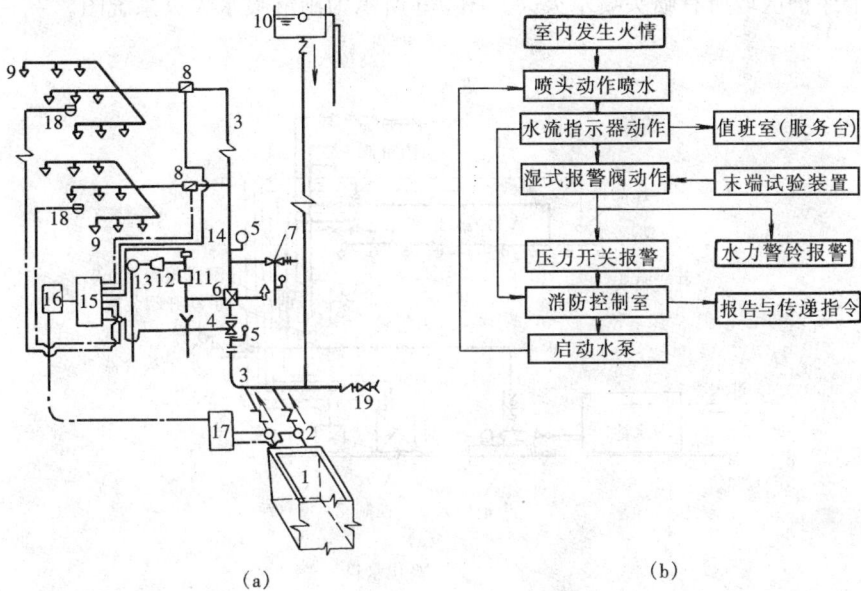

(a)　　　　　　　　　　　　　　　(b)

图 9-6　湿式自动喷水灭火系统图

(a) 组成示意图；(b) 工作原理流程图

1—消防水池；2—消防泵；3—管网；4—控制蝶阀；5—压力表；6—湿式报警阀；7—泄防试验阀；8—水流指示器；9—喷头；10—高位水箱、稳压泵或气压给水设备；11—延时器；12—过滤器；13—水力警铃；14—压力开关；15—报警控制器；16—非标控制箱；17—水泵启动器；18—探测器；19—水泵接合器

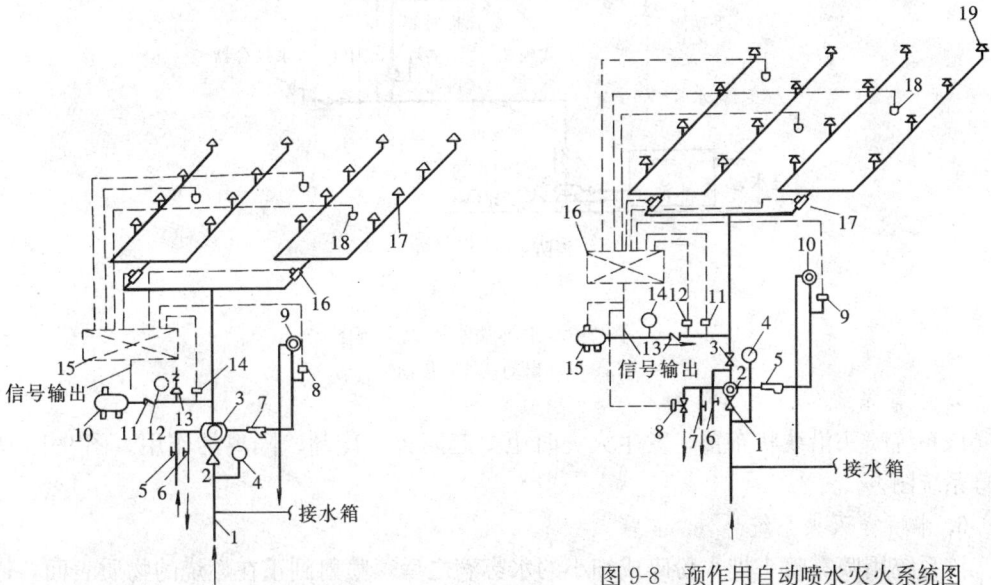

图 9-7　干式自动喷水灭火系统图

1—供水管；2—闸阀；3—干式阀；4—压力表；5、6—截止阀；7—过滤器；8—压力开关；9—水力警铃；10—空压机；11—止回阀；12—压力表；13—安全阀；14—压力开关；15—火灾报警控制箱；16—水流指示器；17—闭式喷头；18—火灾探测器

图 9-8　预作用自动喷水灭火系统图

1—总控制阀；2—预作用阀；3—检修闸阀；4—压力表；5—过滤器；6—截止阀；7—手动开启截止阀；8—电磁阀；9—水力警铃；10—压力开关（启动空压机）；11—压力表；12—低气压报警压力开关；13—止回阀；14—压力表；15—空压机；16—火灾报警控制箱；17—水流指示器；18—火灾探测器；19—闭式喷头

4. 雨淋喷水灭火系统

该系统为喷头常开的灭火系统，当建筑物发生火灾时，由自动控制装置打开集中控制闸门，使整个保护区域所有喷头喷水灭火。图9-9所示为雨淋喷水灭火系统图。

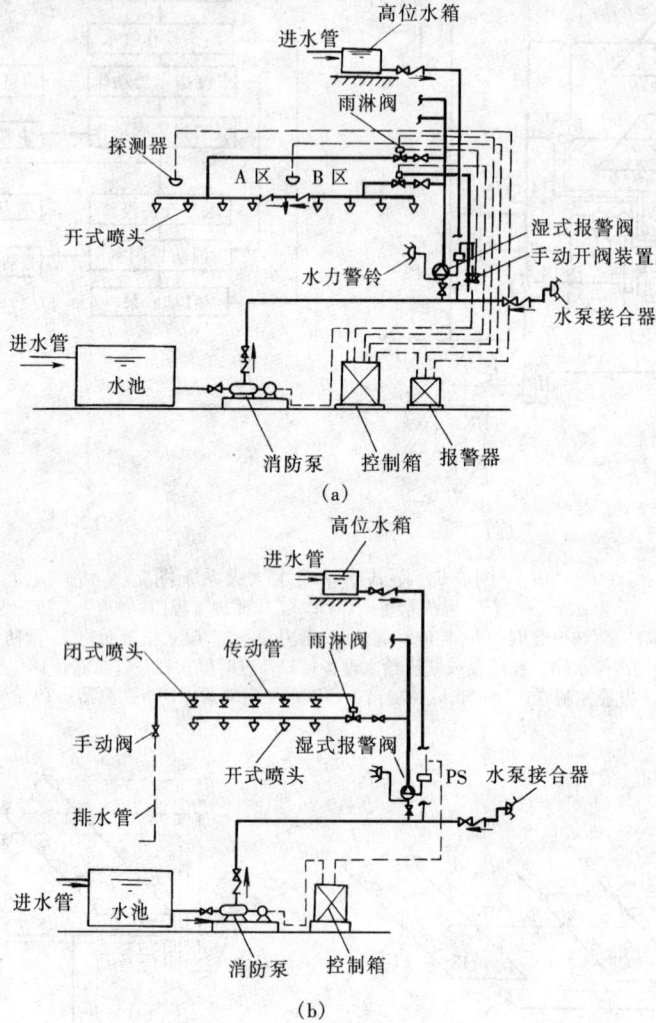

图 9-9 雨淋喷水灭火系统图

(a) 电动启动；(b) 传动管启动

5. 水幕系统

该系统喷头沿线状布置，发生火灾时主要起阻火、冷却、隔离的作用。图9-10所示为水幕系统图。

6. 水喷雾灭火系统

该系统用喷雾喷头把水粉碎成细小的水雾滴之后，喷射到正在燃烧的物质表面，通过表面冷却、窒息以及乳化、稀释的同时作用实现灭火。

(二) 喷头及控制配件

1. 喷头

(1) 闭式喷头

闭式喷头的喷口用由热敏元件组成的释放机构封闭，当达到一定温度时能自动开启，如用玻璃球爆炸、易熔合金脱落等方式开启。其构造按溅水盘的形式和安装位置有直立型、下垂型、边墙型、普通型、吊顶型和干式下垂型等。

玻璃球洒水喷头主要由喷头架、密封件及玻璃球组成，具有探测火灾及自动喷水灭火的作用，通常安装于有火灾危险的轻危险级、中危险级、严重危险级的建筑物或构筑物内，如车间、仓库、宾馆、商场、娱乐场所、医院、影剧院、办公楼及车库等场所。图 9-11 所示，为 15 型玻璃球洒水喷头。

隐蔽型玻璃球洒水喷头主要由玻璃球洒水喷头、支撑环、外壳及盖板等组成，可隐蔽安装于天花板内，具有探测火灾及自动喷水灭火的作用，可广泛安装于装饰豪华的场所，以及因装潢而导致天花板太低或人流密集、货物搬运频繁容易碰撞到外露喷头的场所，如高级宾馆、商场、娱乐场所、办公楼等。图 9-12 所示，为 15 隐蔽型玻璃球洒水喷头。

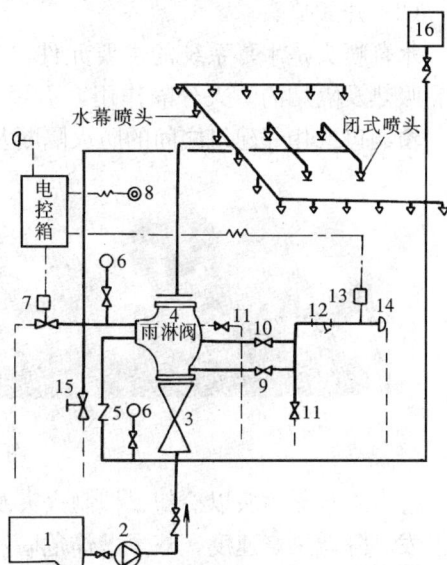

图 9-10　水幕系统图

1—水池；2—水泵；3—供水闸阀；4—雨淋阀；5—止回阀；6—压力表；7—电磁阀；8—按钮；9—试警铃阀；10、11—警铃管阀；12—滤网；13—压力开关；14—警铃；15—手动快开阀；16—水箱

大口径玻璃球洒水喷头具有保护面积大、射程远等优点，适用于学校、饭店、宾馆、商场、娱乐场所、医院、影剧院、办公楼等类似场所。扩展覆盖边墙型喷头特别适用于宾馆客房等不便在天花板下安装其他类型喷头的场所。图 9-13 所示为 20 型大口径玻璃球洒水喷头。

图 9-11　15 型玻璃球洒水喷头

图 9-12　15 隐蔽型玻璃球洒水喷头

图 9-13　20 型大口径玻璃球洒水喷头

（2）开式喷头

水幕喷头是水幕系统的主要元件，它将压力水分布成一定的幕帘状，起到阻隔火焰穿透、吸热及隔烟的防火分隔作用，适用于大型厂房、车间、厅堂、戏剧院、舞台及建筑物门、窗洞口或相邻建筑之间的防火隔断及降温。图 9-14 所示为水幕喷头。

图 9-14　水幕喷头

撞击式水雾喷头以冷却、抑制火灾及灭火为目的，主要特点是通过吸热，促使蒸汽稀释和散发，降低燃烧速度，减少爆炸危险和火灾破坏，通常用来保护闪点在 66℃ 以下的易燃液体、可燃气体和固体危险区，如危险品储罐、化学品仓库、锅炉房、车库等。图 9-15 所示为撞击式水雾喷头。

图 9-15　撞击式水雾喷头

离心式水雾喷头具有良好的高压绝缘性能，对油类火灾扑灭效果良好，对电气火灾能带电灭火，火灾扑灭后，复燃的可能性极小，通常用来保护闪点在 66℃ 以上的易燃液体和电气设备，如液化石油储罐、变压器、发电机组、感应器、油浸开关、油槽等的保护。图 9-16 所示为离心式水雾喷头。

2. 报警阀

湿式报警阀是湿式自动喷水灭火系统的一个重要组成部件，主要由湿式阀、延迟器及水力警铃等组成，具有止回阀的作用，由阀体、阀座和阀瓣等组成，在阀座的密封端面上设有通向延迟器报警管路的沟槽和小孔，适用于环境温度为 4～70℃、且允许用水灭火的建筑物或构筑物内，如车间、仓库、宾馆、商场、娱乐场所、医院、影剧院、办公楼及车库等类似场所。图9-17所示为自动喷水灭火系统湿式报警阀。

雨淋报警阀是通过湿式、干式、电气或手动等控制方式进行启动，使水能够自动单方向流入喷水系统，同时进

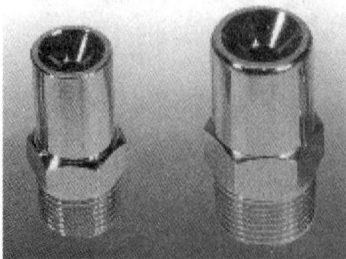

图 9-16　离心式水雾喷头

行报警的一种单向阀，主要由阀体、阀座、阀瓣组件、隔膜室顶杆组件、复位机构等组成，广泛用于雨淋系统、预作用系统、水雾系统和水幕系统。图 9-18 所示为自动喷水灭火系统雨淋报警阀。

图 9-17　自动喷水灭火系统湿式报警阀　　　　　图 9-18　雨淋报警阀

温感雨淋阀主要由阀体、阀座、隔膜片及阀盖组成，适用于窗口、门洞的防火分隔及设备的防护冷却等。图 9-19 所示为温感雨淋阀。

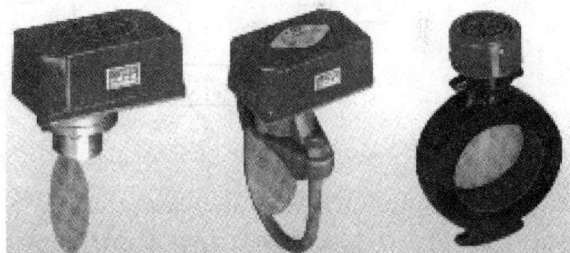

3. 水流指示器

水流指示器是自动喷水灭火系统的一个组成部分，安装于管网配水干管或配水管的始端，用于显示火警发生区域，启动各种电报警装置或消防水泵等电气设备，适用于湿式、干式及预作用等自动喷水灭火系统。图 9-20 所示为水流指示器。

图 9-19　温感雨淋阀　　　　　　　图 9-20　水流指示器

三、非水灭火剂的固定灭火系统

1. 干粉灭火系统

以干粉为灭火剂的灭火系统称为干粉灭火系统。干粉灭火剂是一种干燥的、易于流动的细微粉末，平时储存于干粉灭火器或干粉灭火设备中，灭火时靠加压气体的压力将干粉从喷嘴射出，形成一股携加着加压气体的雾状粉流射向燃烧物。

干粉灭火系统按安装方式有固定式、半固定式之分；按控制启动方法有自动控制、手动控制之分；按喷射干粉方式有全淹没和局部应用系统之分。图 9-21 所示为干粉灭火系统的组成。

2. 泡沫灭火系统

泡沫灭火工作原理是应用泡沫灭火剂，使其与水混溶后产生一种可漂浮、粘附在可燃、易燃液体、固体表面，或者充满某一着火物质的空间，达到隔绝、冷却的目的，使燃烧物质熄灭。泡沫灭火系统按使用方式有固定式、半固定式和移动式之分；按泡沫喷射方式有液上喷射、液下喷射和喷淋方式之分；按泡沫发泡倍数有低倍、中倍和高倍之分。固定式泡沫喷淋灭火系统如图9-22所示。图9-23所示为泡沫灭火工作框图。

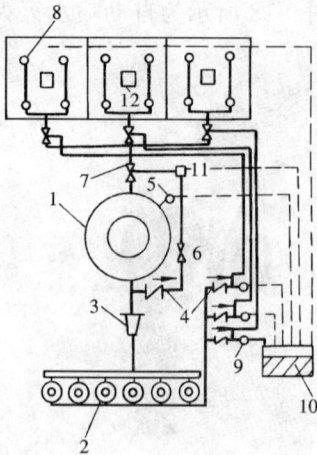

图9-21　干粉灭火系统的组成

1—干粉储罐；2—氮气瓶和集气管；3—压力控制器；4—单向阀；5—压力传感器；6—减压阀；7—球阀；8—喷嘴；9—压力开关；10—消防控制中心；11—电磁阀；12—火灾探测器

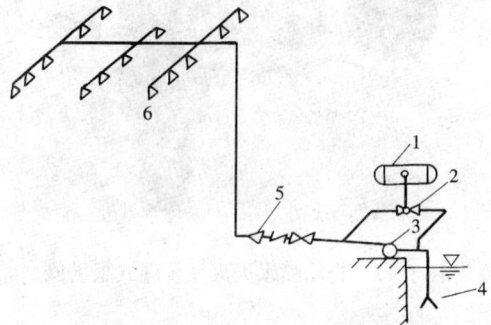

图9-22　固定式泡沫喷淋灭火系统

1—泡沫储液罐；2—消防泵；3—消防泵；4—水池；5—泡沫产生器；6—喷头

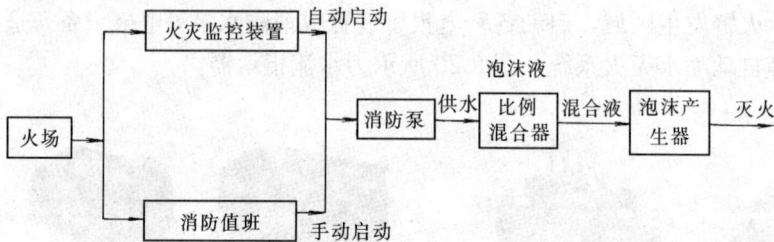

图9-23　泡沫灭火工作框图

3. 卤代烷灭火系统

卤代烷灭火系统是把具有灭火功能的卤代烷碳氢化合物作为灭火剂的消防系统。卤代烷灭火系统有全淹没、局部应用两类。全淹没卤代烷灭火系统能在一定的封闭空间内，保持一定浓度的卤代烷气体，从而达到灭火所需浸渍时间。局部应用卤代烷灭火系统是由灭火装置直接向燃烧物喷射灭火剂灭火，系统的各种部件是固定的，可自动喷射灭火剂。卤代烷灭火系统如图9-24所示，卤代烷灭火系统灭火工作框图如图9-25所示。

卤代烷（1301）灭火系统在国内外早已开发应用，1301灭火剂具有灭火效能高、低

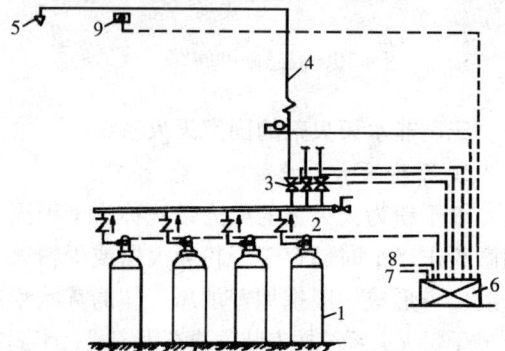

图9-24　卤代烷灭火系统的组成

1—灭火剂储瓶；2—容器阀；3—选择阀；4—管网；5—喷嘴；6—自控装置；7—控制联动；8—报警；9—火警探测器

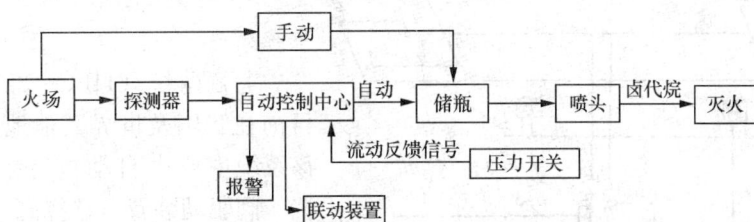

图 9-25　卤代烷灭火系统灭火工作框图

毒、电绝缘性好、灭火后对设备无污染等特点。该灭火系统主要由自动报警控制器、储存装置、阀驱动装置、选择阀、单项阀、压力讯号器、框架、喷头、管网等部件组成，适用于电子计算机房、电讯中心、地下工程、海上采油、图书馆、档案馆、珍品库、配电房等重要场所的消防保护。卤代烷（1301）灭火系统如图 9-26 所示。

悬挂式卤代烷 1301/七氟丙烷灭火装置是将储存容器、容器阀、喷头等预先装配成独立的可悬挂安装（或固定于墙壁上）的，火灾时可自动或手动启动，喷放灭火剂的一类灭火装置，主要适用于电子计算机房、配电房、变压器房、档案文物资料室、小型油库、电信中心等小型防护区的消防保护。悬挂式卤代烷 1301 灭火装置如图 9-27 所示。

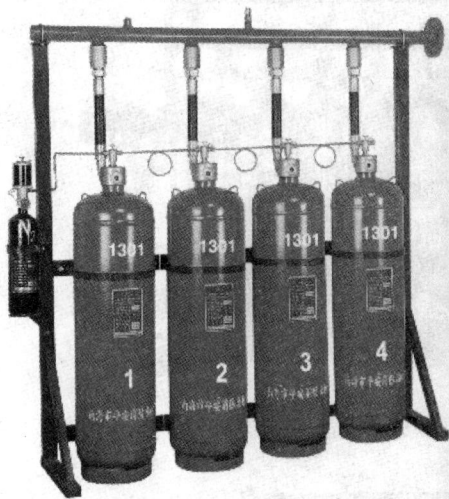

图 9-26　卤代烷（1301）灭火系统

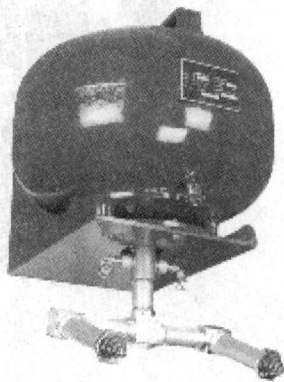

图 9-27　悬挂式卤代烷 1301 灭火装置

4．二氧化碳灭火系统

二氧化碳灭火系统是一种纯物理的气体灭火系统，可用于扑灭某些气体、固体表面、液体和电器火灾，一般可以使用卤代烷灭火系统的场合均可以采用二氧化碳灭火系统。图9-28 所示为二氧化碳灭火系统组成。

二氧化碳灭火设备是目前应用非常广泛的一种现代化消防设备，是常温储存系统，主要由自动报警控制器、储存装置、阀驱动装置、选择阀、单项阀、压力信号器、称重装置、框架、喷头、管网等部件组成，适用于计算机房、图书馆、档案馆、珍品库、配电房、电信中心等重要场所的消防保护。图 9-29 所示为二氧化碳灭火设备。

5. 七氟丙烷（HFC—227ea）灭火系统

七氟丙烷（HFC—227ea）灭火系统目前在我国及世界其他地区已广泛应用。该系统主要由自动报警控制器、贮存装置、阀驱动装置、选择阀、单项阀、压力信号器、框架、喷头、管网等部件组成。七氟丙烷灭火剂是无色、无味的气体，具有清洁、低毒、电绝缘性好、灭火效能高等特点，对臭氧层的耗损潜能值为零，是目前卤代烷灭火剂较理想的替代物。该系统主要适用于电子计算机房、电信中心、地下工程、海上采油、图书馆、档案馆、珍品库、配电房等重要场所的消防保护。图 9-30 所示为七氟丙烷（HFC—227ea）灭火系统。

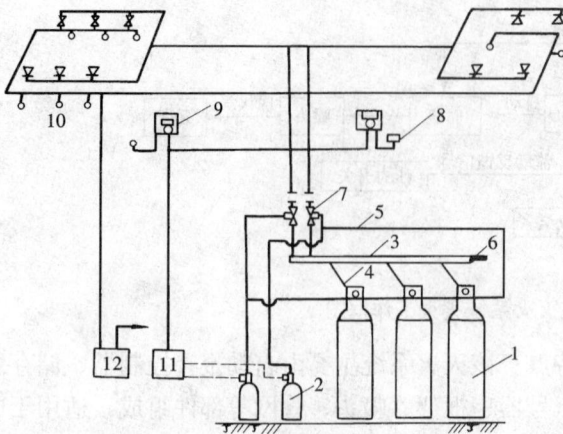

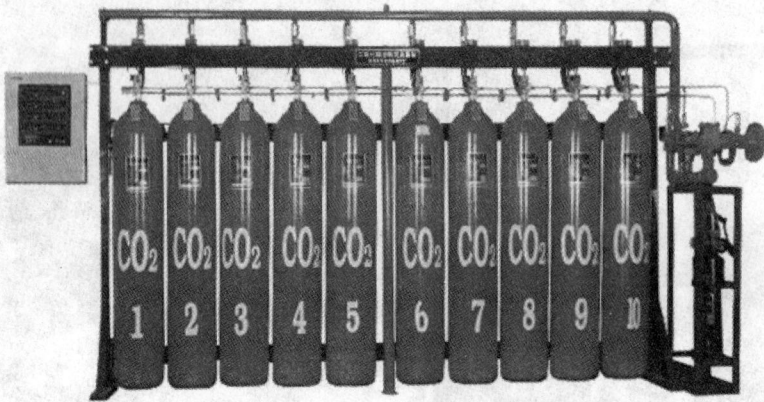

图 9-28　二氧化碳灭火系统组成

1—二氧化碳储存器；2—启动用气容器；3—总管；4—连接管；5—操作管；6—安全阀；7—选择阀；8—报警器；9—手动启动装置；10—探测器；11—控制盘；12—检测盘

图 9-29　二氧化碳灭火设备

图 9-30　七氟丙烷（HFC—227ea）灭火系统

第二节 消防灭火安装工程量计算

一、水灭火系统安装定额说明

该定额适用于自动喷水灭火系统的管道、各种组件、消火栓、气压水罐的安装。项目设置了镀锌钢管（螺纹连接、法兰连接）安装，喷头、湿式报警装置、温感式水幕装置、水流指示器、减压孔板、末端试水装置、集热板等组件安装，室内、外消火栓、消防水泵接合器安装，隔膜式气压水罐安装共 5 节 58 个子目。

（一）界线划分

（1）室内外界线：入口处设阀门者以阀门为界，无阀门者以建筑物外墙皮 1.5m 为界。

（2）与设在高层建筑内的消防泵间管道界线，以泵间外墙皮为界。

（二）管道安装定额

（1）管道安装定额包括管道、管件安装、管道支架制作安装及除锈刷漆、管道强度及严密性试验、冲洗、吹扫等。

（2）镀锌钢管法兰连接定额中的管件，是按成品管件现场（接短管）焊法兰考虑的，管件、法兰及螺栓的主材数量应按设计图纸另行计算。

（3）镀锌钢管螺纹连接适用于公称直径小于或等于 100mm 的管道；镀锌钢管法兰连接适用于公称直径大于 100mm 的管道。镀锌钢管安装定额也适用于镀锌无缝钢管。

（三）工程量计算规则

（1）管道安装按设计管道中心线长度，以"10m"为计量单位，不扣除阀门、管件及各种组件所占长度。

（2）喷头安装按有吊顶、无吊顶分别以"10 个"为计量单位。

（3）报警装置安装按成套产品以"组"为计量单位。

（4）温感式水幕装置安装，按不同型号和规格以"组"为计量单位。定额中已包括给水三通后至水幕系统的管道、管件、阀门、喷头等全部安装内容，但管道主材数量按设计管道中心线长度另加损耗计算，喷头数量按设计数量另加损耗计算。

（5）水流指示器、减压孔板安装，按不同规格以"个"为计量单位。

（6）末端试水装置按不同规格以"组"为计量单位。

（7）集热板制作安装以"个"为计量单位。

（8）室内消火栓安装，区分单口栓、双口栓、自救式三种形式，以"套"为计量单位，所带消防按钮的安装另行计算。

（9）室外消火栓安装，工作压力按 1.6MPa 考虑，区分不同规格和覆土深度，以"套"为计量单位。

（10）消防水泵接合器安装，区分不同安装方式和规格，以"套"为计量单位。如设计要求用短管时，其本身价值可另行计算，其余不变。

（11）隔膜式气压水罐安装，区分不同规格以"台"为计量单位。

（四）定额应用说明

（1）管道安装定额只适用于自动喷水灭火系统，若管道公称直径大于 100mm 采用焊接时，其管道和管件安装等应执行第六册《工业管道工程》相应项目。

（2）喷头、报警装置及水流指示器均按管网系统试压、冲洗合格后安装考虑的，定额中已包括丝堵、临时短管的安装、拆除及其摊销，不要重复计算。

（3）雨淋、干式（含干湿两用）及预作用报警装置的安装，执行湿式报警装置安装定额，人工乘以系数1.14，其余不变。

（4）室内消火栓组合卷盘安装，执行室内消火栓安装定额乘以系数1.2。

（5）隔膜式气压水罐安装，定额中地脚螺栓是按设备带有考虑的，定额中已包括指导二次灌浆用工，但二次灌浆费另计。

（6）阀门、法兰安装、自动喷淋、室内外栓套第八册，其余水喷雾、气体灭火及泡沫灭火套第六册，各种套管的制作安装、泵房间管道安装以及水喷雾灭火系统管道安装，可执行第六册《工业管道工程》相应项目。

（7）消火栓管道、室外给水管道安装及水箱制作安装，执行第八册《给排水、采暖、燃气工程》相应项目。

（8）各种消防泵、稳压泵等的安装及二次灌浆，执行第一册《机械设备安装工程》相应项目。

（9）各种仪表的安装，水流指示器、压力开关的接线、校线，执行第十册《自动化控制仪表安装工程》相应项目。

（10）各种设备支架的制作安装等，执行第五册《静置设备与工艺金属结构制作安装工程》相应项目。

（11）设备及支架、法兰焊口除锈刷油，执行第十一册《刷油、防腐蚀、绝热工程》相应项目。

（12）系统调试执行本册第八章相应项目。

二、气体灭火系统安装定额说明

该定额包括无缝钢管（螺纹连接、法兰连接）安装，气体驱动装置管道安装，喷头、选择阀、储存装置等系统组件安装及二氧化碳称重检漏装置安装，共3节31个子目，适用于二氧化碳灭火、卤代烷1211灭火系统和卤代烷1301灭火系统中的管道、管件、系统组件等的安装。

（一）工程量计算规则

（1）各种管道安装按设计管道中心线长度，以"10m"为计量单位，不扣除阀门、管件及各种组件所占长度，主材数量应按定额用量计算。管道安装综合管件安装，支架制作安装及除锈刷油，管道强度及严密性试验、吹扫等。

（2）喷头安装按不同规格以"10个"为计量单位。定额内已包括水压强度试验和气压严密性试验。

（3）选择阀安装按不同规格和连接方式分别以"个"为计量单位。

（4）储存装置安装按储存容器，驱动气瓶按规格（L），以"套"为计量单位。

（5）二氧化碳称重检漏装置以"套"为计量单位。

（二）定额中有关问题的说明

（1）定额中的无缝钢管安装包括：管道、管件安装，支架制作安装及除锈刷漆，管道强度及严密性试验、吹扫等。选择阀安装中综合了本体安装、强度和严密性试验。

（2）无缝钢管螺纹连接，适用于公称直径小于等于80mm的管道；无缝钢管法兰连接，适用于公称直径大于80mm的管道。

（3）无缝钢管法兰连接定额，管件是按成品管件现场（接短管）焊法兰考虑的，定额中包括了直管、管件、法兰等预装和安装的全部工作内容，但管件、法兰和螺栓的主材数量应按设计图纸另行计算。

（4）储存装置安装中包括支框架、灭火剂储存容器和驱动气瓶的安装固定，系统组件（集流管、容器阀、单向阀、高压软管）安装、强度试验和严密性试验、安全阀安装等及氮气增压。二氧化碳储存装置安装时不需增压，执行定额时应扣除定额中高纯氮气，其余不变。

（5）二氧化碳称重检漏装置包括泄漏报警开关、配重、支架等。

（6）喷头安装定额中包括管件安装及配合水压试验、安装拆除丝堵的工作内容。

（三）定额应用中应注意的问题

（1）本章定额中只编制了无缝钢管（内外镀锌）的项目，当设计采用不锈钢管或铜管螺纹连接时，若螺纹连接可按无缝钢管安装相应定额（不包括主材）乘以系数1.20。焊接或法兰连接的不锈钢管、铜管及管件，各种套管的制作安装等执行第六册《工业管道工程》相应项目。

（2）二氧化碳灭火系统中的无缝钢管、选择阀安装，按相应定额（不包括主材）乘以系数1.16。

（3）本章定额中未包括无缝钢管和钢制管件内外镀锌及场外运输费用，应另行计算。

（4）本章气动驱动装置管道安装定额，已包括卡套连接件的安装，其数量按设计用量另行计算。

（5）定额中的二氧化碳灭火系统属高压二氧化碳系统，本定额不适用低压二氧化碳灭火系统，其管道安装等执行第六册《工业管道工程》相应项目。

（6）本章定额系统不包括系统调试，可执行本册第八章相应项目。

（7）阀驱动装置与泄漏开关的电气接线等执行第十册《自动化控制仪表安装工程》相应项目。

（8）由于灭火剂的不断开发，已出现很多新品种，但由于没有统一的国家标准和规范，故本定额未编入。发生时，可根据系统的设置和工作压力参照执行本定额。

三、泡沫灭火系统安装定额说明

该定额包括泡沫发生器、泡沫比例混合器安装共2节16个子目，适用于高、中、低倍数固定式或半固定式泡沫灭火系统的发生器及泡沫比例混合器安装。

定额中有关问题的说明及工程量的计算：

（1）泡沫发生器及泡沫比例混合器安装中已包括整体安装、焊法兰、单体调试及配合管道试压时隔离本体所消耗的人工和材料，但不包括支架的制作安装和二次灌浆的工作内容，其工程量应按相应定额另行计算，地脚螺栓按本体带有考虑。

（2）泡沫和泡沫混合液的管道应采用钢管，管外壁应进行防腐处理，法兰用石棉橡胶垫。

（3）泡沫灭火系统的管道、管件、法兰、阀门、管道支架的安装及管道系统水冲洗、强度试验、严密性试验等执行第六册《工业管道工程》相应项目。

（4）泡沫喷淋系统的管道组件、气压水罐等安装执行定额第七册第二章相应项目及有关规定。

（5）泡沫液充装是按生产厂在施工现场充装考虑的，若由施工单位充装时，可另行计算。

（6）泡沫液储罐、设备支架制作安装以及油罐上安装的泡沫发生器和泡沫化学室等，发生时执行第五册《静置设备与工艺金属结构制作安装工程》相应项目。

（7）消防泵等机械设备安装及二次灌浆执行第一册《机械设备安装工程》相应项目。

（8）除锈、刷油、保温等执行第十一册《刷油、防腐蚀、绝热工程》相应项目。

（9）泡沫灭火系统调试应按批准的施工方案另行计算。

（10）定额中的子目一律按型号套用，泡沫发生器、泡沫比例混合器均按不同型号以"台"为计量单位，法兰、螺栓按设备带来考虑。

四、其他事宜

（1）定额中操作物高度以距楼地面 5m 为限，如超过 5m 时，定额人工（含 5m 以下）乘以表 9-1 系数。

表 9-1　超高增加消耗量系数表

操作物高度（m）	≤10	≤15	≤20	>20
系　数	1.10	1.15	1.20	1.40

（2）设置于管道间、管廊、已封闭的吊顶、地沟内的管道安装，其定额人工乘以系数 1.30。

（3）在洞库、暗室内施工时，定额人工、机械消耗量增加 15%。

（4）脚手架搭拆费，可按定额人工费的 5% 计算，其中人工工资占 25%。

（5）高层建筑（指高度在 6 层或 20m 以上的工业与民用建筑）增加费，可按表 9-2 计算（其中人工工资占 70%，其余为机械费）。

表 9-2　高层建筑增加系数表

层　数（高度）	9 层以下（30m）	12 层以下（40m）	15 层以下（50m）	18 层以下（60m）	21 层以下（70m）	24 层以下（80m）	27 层以下（90m）	30 层以下（100m）	33 层以下（110m）
按定额人工费的百分数（%）	12	15	19	22	25	28	33	37	43
层　数（高度）	36 层以下（120m）	39 层以下（130m）	42 层以下（140m）	45 层以下（150m）	48 层以下（160m）	51 层以下（170m）	54 层以下（180m）	57 层以下（190m）	60 层以下（200m）
按定额人工费的百分数（%）	47	50	53	56	59	62	66	69	72

五、定额应用说明

（1）减压器、疏水器组成与安装是按《采暖通风国家标准图集》（N108）编制的，如实际组成有不同时，阀门和压力表数量可按实际调整，其余不变。

（2）螺纹水表安装包括表前闸阀；法兰水表安装是按《全国通用给水排水标准图集》（S145）编制的，分为带旁通管及止回阀、带旁通管无止回阀、无旁通管有止回阀、无旁通管无止回阀四种形式，可根据设计选用相应项目。

（3）分水器安装适用于室内给水和采暖系统中采用 PAP、PEX、PP-R（C）等管材的分水配件安装，按不同分支路选用。

（4）减压器、疏水阀单体安装时，不得使用本章项目，应按本册第六章阀门安装相应项目计算。

六、使用本定额应注意的问题

（1）本册第八章系统调试中："自动报警系统装置调试"与"水灭火系统控制装置调试"定额设置最小点分别为"128 点"、"200 点"，如实际调试点数不足定额最少点数的 1/2 时，可按下面方法计算。

最少点数定额子目的消耗量/最少点数（128 或 200）×实际调试点数

（2）消防及采暖管道为适应建筑物结构而需加工成大弧度弯管时，现行的安装工程消耗量定额相关管道安装内容中，均为包括此项加工内容。工程发、承包双方可根据工程实际情况（管材规格、撖制半径、加工方法等）协商解决处理。

（3）凡采用沟槽式连接的消防系统管道，不分材质（镀锌钢管、普通焊接钢管或无缝钢管），均执行同一项目。

（4）沟槽式管件、法兰的制作安装及刷油，管道强度试验、水冲洗、吹扫等，均已综合在管道安装定额中，沟槽式管件、法兰及螺栓的主材用量，应按设计图纸数量另行计算，其中法兰用螺栓按设计用量另加 3‰ 损耗计算。

（5）沟槽式法兰阀门的安装，可执行第八册补充定额相应子目。

第三节　消防灭火工程预算实例

【例 9-1】　消火栓及自动喷淋工程预算

（一）工程概况

（1）本例题为某市区某娱乐中心消火栓和自动喷水系统的一部分，消防平面图见图9-31、图

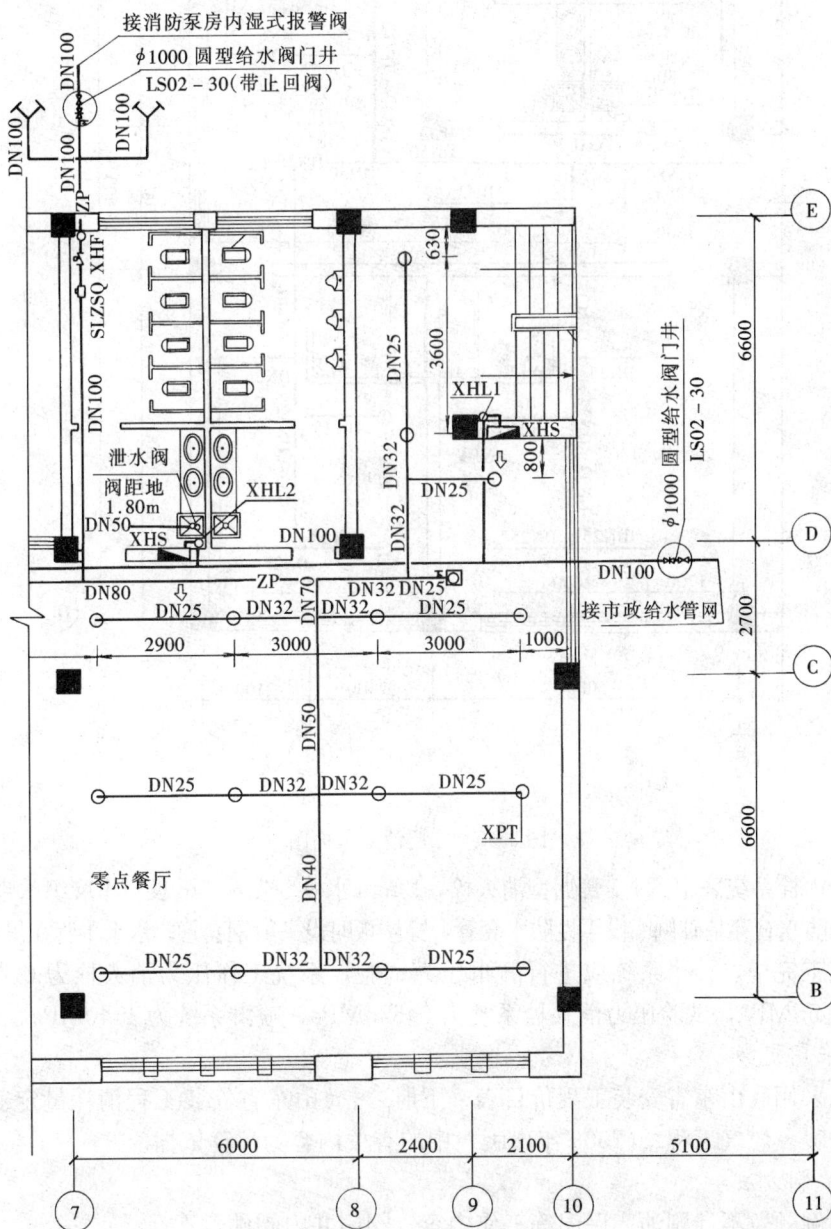

图 9-31　一层消防平面图

9-32，自动喷水系统见图 9-33，消火栓系统见图 9-34。图中标高均以 m 计，其他尺寸标注均以 mm 计。消火栓和喷淋系统均采用热镀锌钢管，螺纹连接。

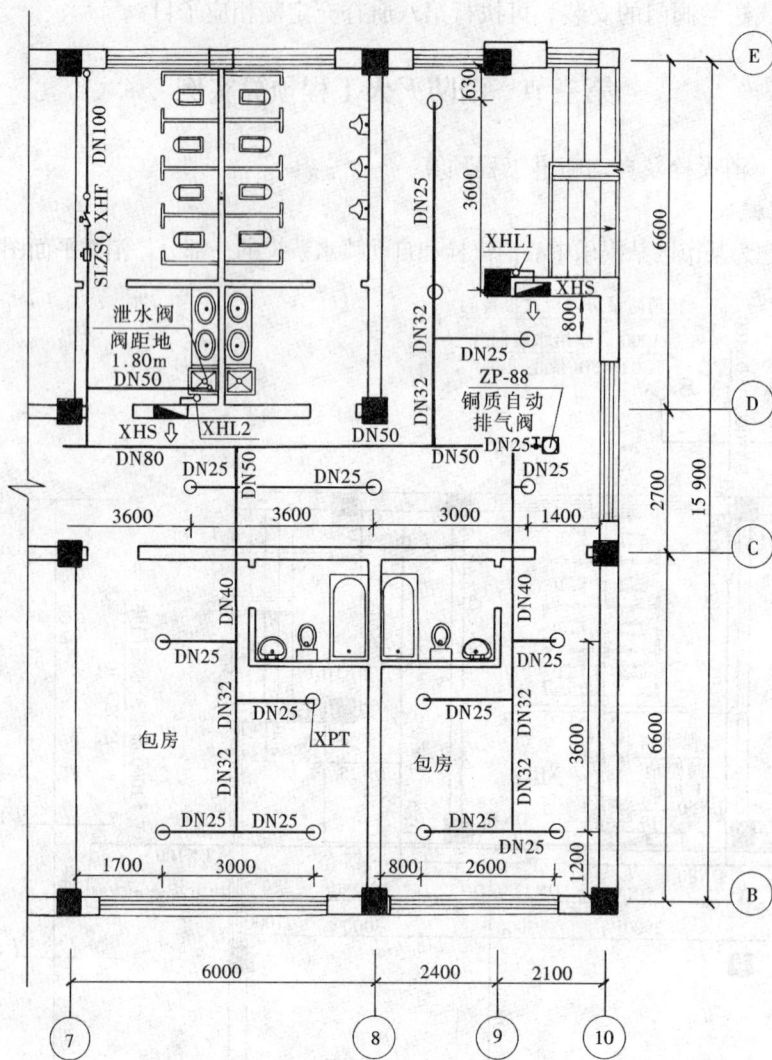

图 9-32　二层消防平面图

（2）消火栓系统采用 SN65 普通型消火栓，19mm 水枪一支，25m 长衬里麻织水带一条。

（3）消防水管穿基础侧墙设柔性防水套管，穿楼板时设一般钢套管；水平干管在吊顶内敷设。

（4）施工完毕，整个系统应进行静水压力试验，系统工作压力消火栓为 0.40MPa，喷淋系统为 0.55MPa，试验压力消火栓系统为 0.675MPa，喷淋系统为 1.40MPa。

（二）采用定额

本例题采用《山东省安装工程价目表（下册）》、《山东省安装工程消耗量定额　第八册给排水、采暖、燃气工程》（2003 年出版）中的有关内容为计算依据。

（三）编制方法

（1）本例题暂不计刷油、保温等工作内容，阀门井内阀件暂不计。

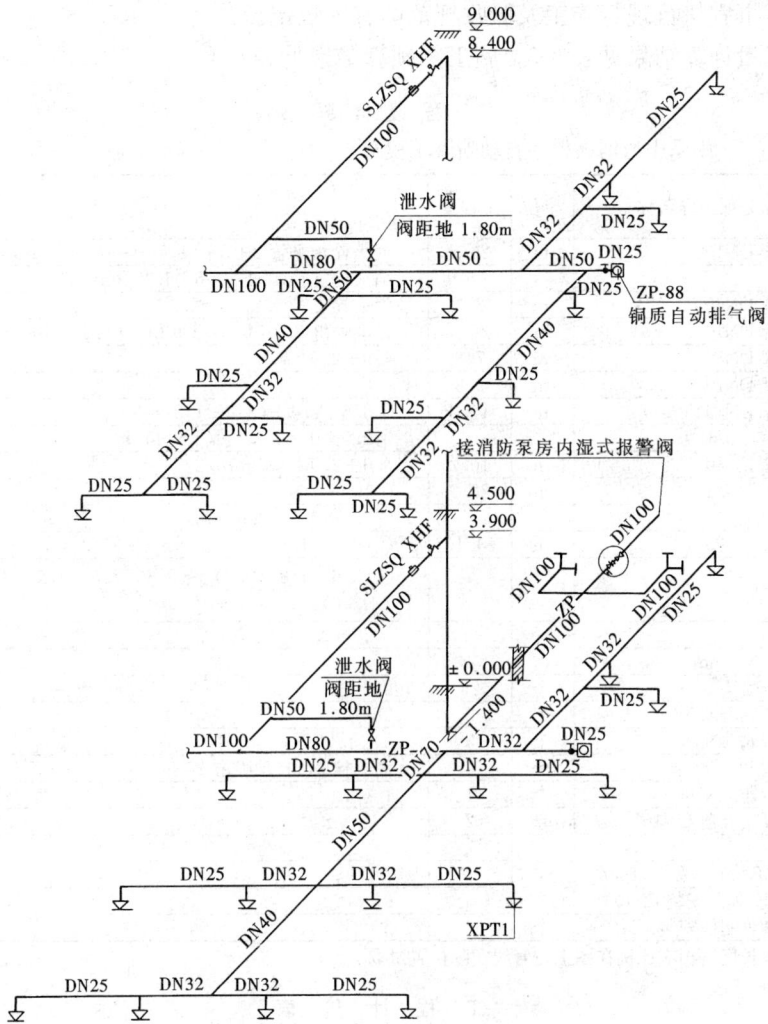

图 9-33　自动喷水系统图

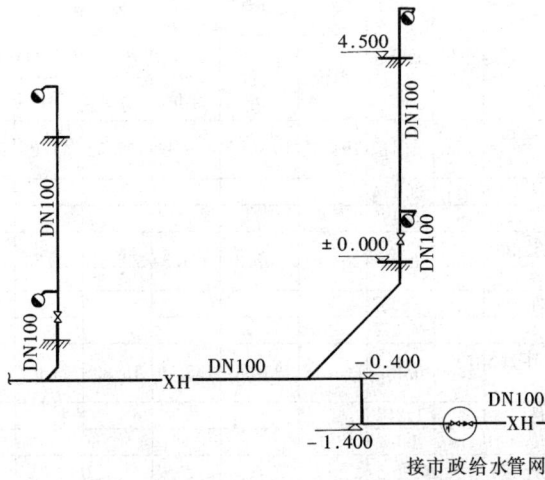

图 9-34　消火栓系统图

（2）未尽事宜执行现行施工及验收规范的有关规定。

（3）工程量计算结果见表 9-3，施工图预算结果见表 9-4。

表 9-3 工 程 量 计 算 书

工程名称：××娱乐中心消火栓、自动喷淋工程

序号	分部分项工程名称	单位	工程量	计算公式
1	镀锌钢管 DN100	m	26.5	消火栓水平管 2+8+(1.4-0.4)+0.5+3=14.5
				消火栓立管(0.4+4.5+1.1)×2=12
2	镀锌钢管 DN65	m	2.4	消火栓支管 0.6×4=2.4
3	镀锌钢管 DN100	m	26.5	自动喷淋 2.2+0.37+0.13+1.4+8.4+7+7=26.5
4	镀锌钢管 DN80	m	7.8	4.9+2.9=7.8
5	镀锌钢管 DN70	m	0.8	0.8
6	镀锌钢管 DN50	m	17.3	①3.6+2.4+(3.9-1.8)=8.1
				②3.9+0.8+2.4+(3.9-1.8)=9.2
7	镀锌钢管 DN40	m	10.2	3.6+2.9+3.7=10.2
8	镀锌钢管 DN32	m	23.9	①1.9+2.9+3×3=13.8
				②2.9+3.6+3.6=10.1
9	镀锌钢管 DN25	m	54.10	①(3.6+1.8+1)+(2.9×3+3×3)=24.1
				②(3.6+1.8+0.8)+(3.6+1.5+1.5+3)+(0.3+0.9+1.7+2.6)=21.3
				③29×0.30=8.70
10	消火栓 DN65mm	组	4	4
11	快速反应喷头	个	29	29
12	自动排气阀 DN25	个	2	2
13	丝扣泄水阀 DN50	个	2	2
14	信号蝶阀 DN100	个	4	消火栓2，自动喷淋2
15	水流指示器 DN100	个	1	1
16	消防水泵接合器 DN100	套	2	2
	其他			
17	柔性防水套管制作安装 DN100	个	2	2
18	一般钢套管制作安装 DN100	个	6	6
19	一般钢套管制作安装 DN40	个	2	2

注 表中管线长度按相应比例在图上按管线实际位置量取。

表 9-4 工 程 计 价 表

工程名称：消防自动喷淋

序号	定额编号	项 目 名 称	单位	工程量	预 算 价		人工费		材料费		机械费		备注
					单价	合价	单价	合价	单价	合价	单价	合计	
1	7-44	镀锌钢管（螺纹连接）DN25 内	10m	5.41	194.22	1050.73	136.14	736.52	42.19	228.25	15.89	85.964 9	
		镀锌钢管接头零件	个	39.114									
		镀锌钢管 DN25	m	55.182									
2	7-45	镀锌钢管（螺纹连接）DN32 内	10m	2.39	208.03	497.2	141.5	338.19	47.76	114.15	18.77	44.860 3	
		镀锌钢管接头零件	个	19.287									
		镀锌钢管 DN32	m	24.378									
3	7-46	镀锌钢管（螺纹连接）DN40 内	10m	0.102	231.18	23.58	155.19	15.83	53.92	5.5	22.07	2.251 14	
		镀锌钢管接头零件	个	1.248									
		镀锌钢管 DN40	m	1.04									
4	7-47	镀锌钢管（螺纹连接）DN50 内	10m	1.73	247.94	428.94	163.72	283.24	61.27	106	22.95	39.703 5	
		镀锌钢管接头零件	个	16.141									

续表

序号	定额编号	项目名称	单位	工程量	预算价							备注
					单价	合价	人工费		材料费		机械费	
							单价	合价	单价	合价	单价	合计	
		镀锌钢管 DN50	m	17.646									
5	7-48	镀锌钢管（螺纹连接）DN70 内	10m	0.08	298.57	23.89	183.83	14.71	89.16	7.13	25.58	2.046 4	
		镀锌钢管接头零件	个	0.713									
		镀锌钢管 DN70	m	0.816									
6	7-49	镀锌钢管（螺纹连接）DN80 内	10m	0.78	352.74	275.14	214.1	167	108.11	84.33	30.53	23.813 4	
		镀锌钢管接头零件	个	6.443									
		镀锌钢管 DN80	m	7.956									
7	7-50	镀锌钢管（螺纹连接）DN100 内	10m	2.65	404.45	1071.79	239.49	634.65	131.88	349.48	33.08	87.662	
		镀锌钢管接头零件	个	13.754									
		镀锌钢管 DN100	m	27.03									
8	8-295	消防室内给水镀锌钢管丝接 DN100 内	10m	2.65	377.7	1000.9	179.08	474.56	156.71	415.28	41.91	111.061 5	
		镀锌钢管丝接 DN100	m	27.03									
9	8-293	消防室内给水镀锌钢管丝接 DN65 内	10m	0.24	269.21	64.61	141.59	33.98	104.93	25.18	22.69	5.445 6	
		镀锌钢管丝接 DN65	m	2.448									
10	7-54	有吊顶喷头安装 DN15 内	10 个	2.9	117.06	339.47	85.36	247.54	26.23	76.07	5.47	15.863	
		喷头 DN15	个	29.29									
11	7-83	室内消火栓单栓 DN65 内	套	4	55.04	220.16	41.36	165.44	13.21	52.84	0.47	1.88	
		室内消火栓	套	4									
12	8-640	自动排气阀 DN25	个	2	23.25	46.5	12.5	25	10.75	21.5			
		自动排气阀 DN25	个	2									
13	7-92	地下式消防水泵接合器 DN100	套	2	196.94	393.88	77.88	155.76	109.46	218.92	9.6	19.2	
		消防水泵接合器	套	2									
14	8-531	螺纹阀 DN50 内	个	2	23.95	47.9	11	22	12.95	25.9			
		泄水阀 DN50	个	2.02									
15	8-546	信号蝶阀 DN100 内	个	4	238.61	954.44	40.92	163.68	171.97	687.88	25.72	102.88	
		信号蝶阀门 DN100	个	4									
16	8-546	水流指示器 DN100 内	个	2	238.61	477.22	40.92	81.84	171.97	343.94	25.72	51.44	
		水流指示器 DN100	个	2									
17	6-2978	柔性防水套管制安 DN100 内	个	2	406.06	812.12	123.16	246.32	217.76	435.52	65.14	130.28	
18	6-3015	一般穿墙套管制安 DN100 内	个	6	69.38	416.28	24.73	148.38	43.51	261.06	1.14	6.84	
19	6-3012	一般穿墙套管制安 DN40 内	个	2	32.73	65.46	10.21	20.42	21.47	42.94	1.05	2.1	
20	7-370	水灭火系统控制装置调试 200 点内	系统	1	2482.87	2482.87	2106.72	2106.72	85.97	85.97	290.18	290.18	
		安装工程总计	元			10 693.08		6081.78		3587.84		1023.471 7	
		[措施费]脚手架搭拆费（第七册）		4865.6	5%	243.28	25%	60.82	75%	182.46			
		[措施费]脚手架搭拆费（第八册）		801.06	5%	40.05	25%	10.01	75%	30.04			
		[措施费]脚手架搭拆费（第六册）		415.12	7%	29.06	25%	7.26	75%	21.79			

【例 9-2】 气体灭火工程预算

(一) 工程概况

车间作为一个防护区，净面积为 436.7m²，吊顶高 3.4m。灭火平面图、系统图分别见图 9-35、图 9-36。灭火系统采用高压 CO_2 全淹没灭火系统，CO_2 设计浓度为 62%，物质系数采用 2.25，CO_2 设计用量为 3196kg，剩余量按设计用量的 8% 计算。设置 74 个高压 CO_2 储蓄钢瓶，单瓶容量 70L，一个启东钢瓶 40L，充装系数为 0.67kg/L。CO_2 <喷射时间为 1min。

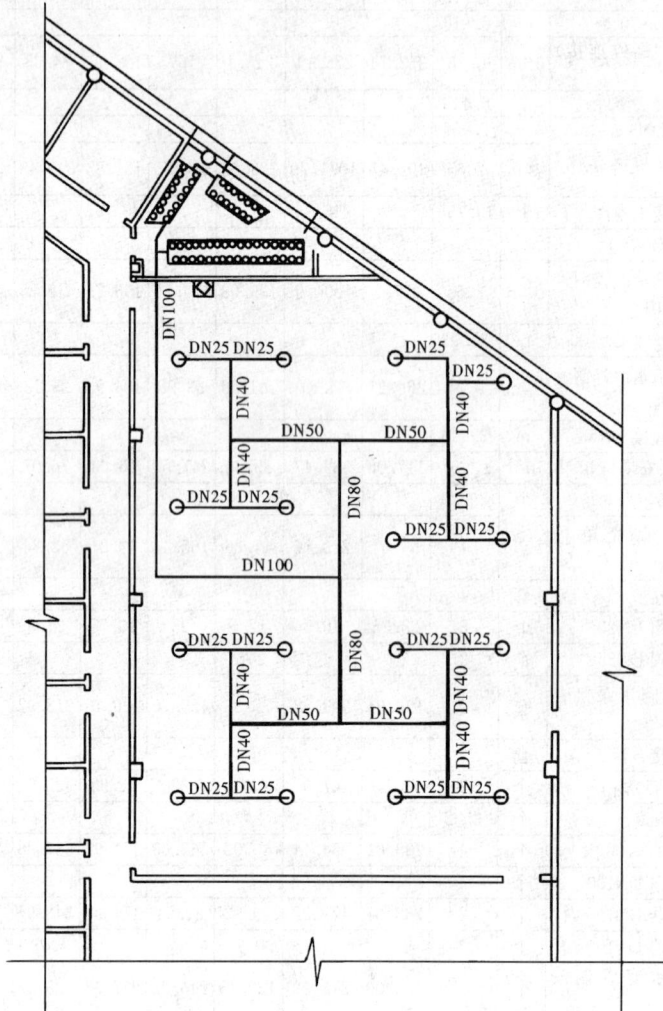

图 9-35 气体灭火平面图

(1) 控制方式：

1) 设自动控制、手动控制和机械应急操作三种启动方式。

2) 当采用火灾探测器时，灭火系统的自动控制应在接受到两个独立的火灾信号后才能启动。根据人员疏散要求，系统延迟启动，延迟时间不大于 30s。

(2) 管材及其连接方式：

1) 管材采用内外镀锌防腐处理的无缝钢管，并应符合并应符合 GB 8163《输送流体用

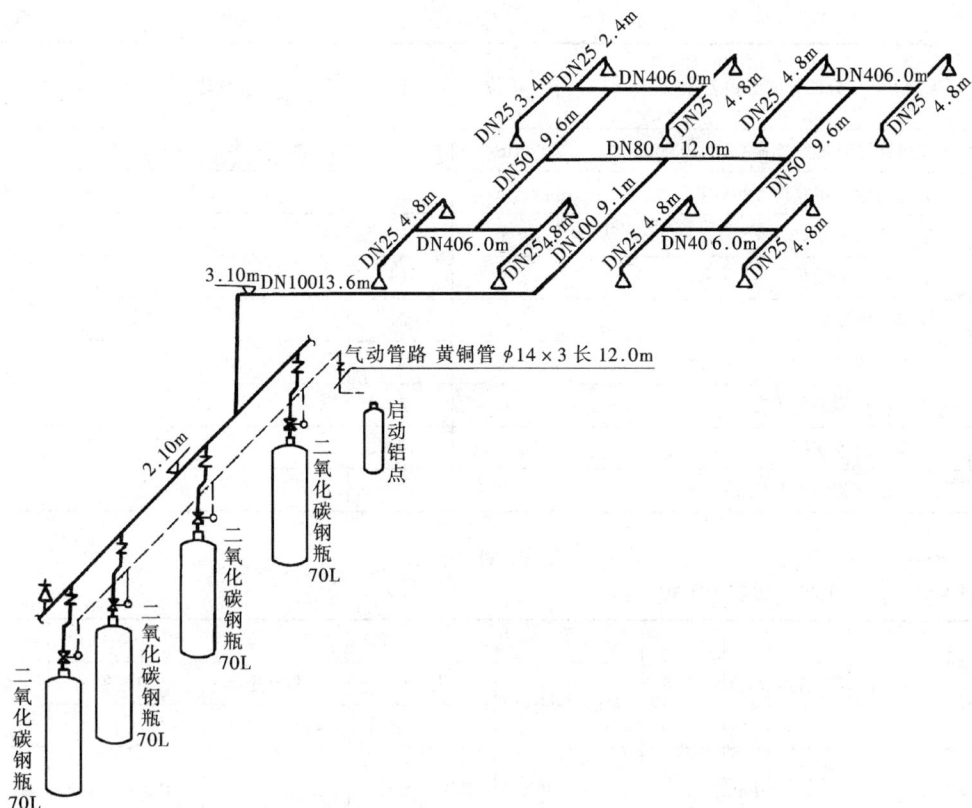

图 9-36　气体灭火系统图

无缝钢管》的规定。(本题未计钢管及管件内外镀锌及场外运输费)。

　　2) DN≤80mm 的管道采用螺纹连接；DN>80mm 的管道采用法兰连接。

　　3) 挠性连接的软管必须能承受系统的工作压力和温度，采用不锈钢软管。

　　(3) 二氧化碳储存钢瓶的工作压力为 15MPa，容器阀上应设置泄压装置，其泄压动作压力为 19MPa±0.95MPa，集流管上设置泄压安全阀，泄压动作压力为 15MPa±0.75MPa。

　　(二) 采用定额

　　本工程坐落在×市市区，采用《山东省安装工程价目表(下册)》和《山东省安装工程消耗量定额第七册　消防及安全防范设备安装工程》(2003 年出版)中的有关内容。

　　(三) 编制结果

　　工程量计算结果见表 9-5，施工图预算结果见表 9-6。

表 9-5　　　　　　　　　**工 程 量 计 算 书**

工程名称：×车间灭火工程

序号	分部分项工程名称	单位	工程量	计 算 公 式
1	无缝钢管 (法兰连接) DN100	m	23.70	13.6＋9.1＋ (3.10－2.10)
2	无缝钢管 (螺纹连接) DN80	m	12	12.0
3	无缝钢管 (螺纹连接) DN50	m	19.2	9.6×2＝19.2

续表

序号	分部分项工程名称	单位	工程量	计 算 公 式
4	无缝钢管（螺纹连接）DN40	m	24	$6 \times 4 = 24$
5	无缝钢管（螺纹连接）DN25	m	47.4	$4.8 \times 7 + 3.4 + 2.4 + 16 \times 0.5 = 47.4$
6	气动管道 $\phi 14 \times 3.5$	m	12	12.0
7	喷头安装 DN20	个	16	16
8	储存装置安装 70L	套	74	74
9	储存装置安装 4L	套	1	1
10	CO_2 称重检漏装置安装	套	74	74
11	气体灭火系统调试	个	1	1
12	一般钢套管安装 DN100	个	1	1

表 9-6　　　　　　　　**工 程 计 价 表**

工程名称：×车间气体灭火工程

序号	定额编号	项 目 名 称	单位	工程量	预 算 价		人工费		材料费		机械费		备 注
					单价	合价	单价	合价	单价	合价	单价	合计	
1	7-104	无缝钢管（螺纹连接）DN25 内	10m	4.74	315.88	1497.27	141.02	668.44	71.68	339.75	103.18	489.073	基价×1.16
		无缝钢管 DN25	m	48.348									
		钢制管件	个	37.825									
2	7-106	无缝钢管（螺纹连接）DN40 内	10m	2.4	481.17	1154.8	197.57	474.17	98.48	236.36	185.11	444.264	基价×1.16
		无缝钢管 DN40	m	24.48									
		钢制管件	个	19.368									
3	7-107	无缝钢管（螺纹连接）DN50 内	10m	1.92	499.995	959.99	205.39	394.35	107.75	206.89	186.86	358.771	基价×1.16
		无缝钢管 DN50	m	19.584									
		钢制管件	个	15.014									
4	7-109	无缝钢管（螺纹连接）DN80 内	10m	1.2	620.64	744.76	262.65	315.18	170.27	204.32	187.72	225.264	基价×1.16
		无缝钢管 DN80	m	12.24									
		钢制管件	个	4.848									
5	7-110	无缝钢管（法兰连接）DN100 内	10m	2.37	1051.3	2491.57	523.88	1241.59	232.37	550.72	295.05	699.269	基价×1.16
		无缝钢管 DN100	m	23.51									
		螺栓	套										
		钢制法兰 管件	个										

序号	定额编号	项 目 名 称	单位	工程量	预 算 价									备 注
					单价	合价	人工费		材料费		机械费			
							单价	合价	单价	合价	单价	合计		
6	7-113	气体驱动装置管道 φ14 内	10m	1.2	103.69	124.42	69.17	83	29.67	35.6	4.85	5.82		
		紫铜管 D14	m	12.36										
		卡套连接件	套											
7	7-115	喷头 DN20 内	10个	1.6	210.85	337.36	96.8	154.88	61.51	98.42	52.54	84.064		
		喷头 DN20	个	16.16										
8	7-127	储存装置 70L	套	74	713.92	52 830.08	383.24	28 359.76	303.24	22 439.76	27.44	2030.56		
9	7-131	储存装置 4L	套	1	296.94	296.94	109.12	109.12	160.38	160.38	27.44	27.44		
10	7-374	气体灭火系统装置调试 70L	个	1	752.15	752.15	264	264	488.15	488.15				
		小膜片	片	1										
		锥形堵块	只	1										
		聚四氟乙烯垫	个	1										
		金属密封垫	个	1										
		大膜片	片	1										
11	6-3015	一般穿墙套管制安 DN100 内	个	1	69.38	69.38	24.73	24.73	43.51	43.51	1.14	1.14		
		安装工程总计	元			61 258.72		32 089.22		24 803.86		3876.59		
		[措施费] 脚手架搭拆费（第七册安装工程）		32 064.49	5%	1603.23	25%	400.81	75%	1202.42				
		[措施费] 脚手架搭拆费（第六册安装工程）		24.73	7%	1.73	25%	0.43	75%	1.3				

第四节　安全防范工程施工图预算的编制

本定额中包括了火灾自动报警装置安装、电话系统安装、广播音响系统安装和共用电视天线系统安装四部分。

一、火灾自动报警装置

（一）基础知识介绍

火灾自动报警装置是我国近几年来发展起来的新技术产品，目前应用于较大型的民用建筑以及宾馆、饭店、图书馆、库房等，随着我国消防法规的建立和完善，必将得到广泛的推广和应用。

火灾报警系统有一整套连续性工作的消防监测装置，其主要性能在于报警，在火灾处于萌芽状态时，即能给人以警示。它虽然不是灭火装置，但可根据电气控制原理，驱动灭火设备投入工作。

采用火灾自动报警装置的建筑物，一般按建筑物的层、段划分为若干个消防区域，并设置消防中心，每个消防区域均装置区域报警器。区域报警器引出若干个支路，接引安装在本区域或各房间、部位的探测器上。任何一个探测点因感温或感烟而发出的电信号，均可在区域报警器上相应的编码声光信号上予以报警；区域报警器通过导线将信号传递到集中报警器上。

较完备的报警系统，可以由区域报警器或集中报警器通过电气联动装置，发出若干指令，如：使消防泵投入运行，关闭送风机和送风阀，开启排风和排烟阀，关闭防火卷帘门，切断火灾区域电源，回降电梯等。

火灾自动报警装置由探测器、报警器和管线等组成。

探测器是火灾自动报警的"哨兵"，它首先把探测到的不同质量的（烟、温度、光）参数，转变为电信号，并通过导线予以传递。常用探测器分为感烟型、感温型、感光型和综合型几大类，一般感烟型最为常用。

国产探测器按灵敏度分为三个等级，其对应监测面积见表9-7。Ⅰ级一般用于禁烟场所，如书库等；Ⅱ级一般用于卧室等有少量烟雾的场所；Ⅲ级用于会议室及烟雾较多的场所。一个探测器所监测的面积与建筑物形状有关，具体的安装位置和数量应由设计确定。

表 9-7　　　　　　　　　　　　　　　探测器监测面积

安装高度（m）	探测器监控面积（m²）		
	Ⅰ级	Ⅱ级	Ⅲ级
4 以下	100	100	50
8 以下	70	70	—
15 以下	40	40	—
20 以下	30	—	—

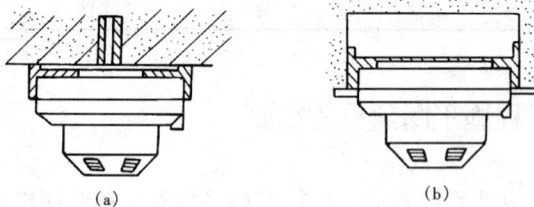

图 9-37　探测器安装方式

(a) 吸顶安装；(b) 半埋入式安装

探测器安装方式，一般为吸顶安装〔见图9-37（a）〕和半埋入式安装〔见图9-37（b）〕。安装时首先将探测器底盘安装好，再将探头安装在底盘上。

采用较完备的火灾报警系统的建筑物，在其公共场所的墙上，一般要装置手动报警器、报警按钮和通信插座，以便在紧急情况时使用手动报警器向区域报警器或集中报警器报警；或者把受话器插入通信插座，直接向区域报警器或集中报警器通话报警。手动报警器和通信插座一般采用暗装，其安装高度距地面1.4m，在同一位置并排安装。

为了在发现火灾时发出音响报警，一般在通信插座和手动报警器的上方距地面2m处装置警钟或警铃。

（二）定额编制中有关问题的说明

（1）本定额对火灾自动报警装置列有探测器安装，按钮安装，模块（接口）安装，报警控制器安装，联动控制器安装，报警联动一体机安装，重复显示器、报警装置、远程控制器、消防报警备用电源安装，正压送风阀、排烟阀、防火阀检查接线等项目。

（2）本定额包括以下工作内容：

1）施工技术准备、施工机械准备、标准仪器准备、施工安全防护措施、安装位置的清理。

2）设备和箱、机及元件的搬运、开箱、检查、清点、杂物回收、安装就位、接地、密封，箱、机内的校线、接线、挂锡、编码、测试、清洗、记录整理等。

（3）本定额中均包括了校线、接线和本体调试。探测器、按钮、报警、联动控制器等均按总线制编制，多线制可参照执行。

（4）本定额中报警控制器、联动控制器、报警联动一体机是以成套装置编制的，柜式及琴台式安装均执行落地式安装相应项目。

（5）火灾事故广播、消防通信设备安装执行定额第六、七章相应项目。自动报警、联动系统和火灾事故广播、消防通信系统调试执行定额第八章相应项目。

（6）本章不包括以下工作内容：

1）设备支架、底座、基础的制作与安装。

2）构件加工、制作。

3）电机检查、接线及调试。

4）事故照明及疏散指示控制装置安装。

5）CRT彩色显示装置安装。

6）管线的安装。

（三）工程量的计算

（1）点型探测器不分接线制，不分规格、型号、安装方式与位置，以"只"为计量单位。探测器安装包括探头、底座以及接线盒的安装和本体调试。

（2）红外光束探测器以"对"为计量单位（红外线探测器是成对使用的）。定额中包括了探头支架安装和探测器的调试、对中以及接线盒的安装。

（3）火焰探测器、可燃气体探测器不分线制、规格、型号、安装方式与位置，以"只"为计量单位。探测器安装包括探头、底座、接线盒的安装及本体调试。

（4）线形探测器的安装方式按环绕、正弦及直线综合考虑，不分线制及保护形式，以"10m"为计量单位。定额中未包括探测器连接的一只模块和终端，其工程量按相应定额另行计算。

（5）按钮包括消火栓按钮、手动报警按钮、气体灭火起/停按钮，以"只"为计量单位。定额已包括其接线盒的安装，并按照在轻质墙体和硬质墙体上安装两种方式综合考虑。

（6）控制模块（接口）是指仅能起控制作用的模块（接口），亦称为中继器，依据其给出控制信号的数量，分为单输出和多输出两种形式。执行时不分安装方式，按照输出数量以"只"为计量单位。

（7）报警模块（接口）不起控制作用，只能起监视、报警作用，执行时不分安装方式，以"只"为计量单位。

（8）报警控制器不分线制，按安装方式不同分为壁挂式和落地式，按照"点"数的不同划分子目，以"台"为计量单位。"点"是指报警控制器所带的有地址编码的报警器件（探测器、报警按钮、模块等）的数量，如果一个模块带数个探测器，则只能计为一点。

（9）联动控制器不分线制，按安装方式不同分为壁挂式和落地式，并按照"点"数的不同划分子目，以"台"为计量单位。"点"是指联动控制器所带有的控制模块（接口）的数量。

（10）报警联动一体机不分线制，按其安装方式不同分为壁挂式和落地式，并按照"点"数的不同划分子目，以"台"为计量单位。"点"是指报警联动一体机所带的有地址编码的报警器件与控制模块（接口）的数量。

（11）重复显示器（楼层显示器）不分线制，不分规格、型号、安装方式，以"台"为计量单位。

（12）警报装置分为声光报警和警铃报警两种形式，均以"只"为计量单位。

（13）远程控制器按控制回路数以"台"为计量单位。

（14）报警备用电源综合考虑了规格、型号，以"台"为计量单位。

（15）正压送风阀、排烟阀、防火阀检查接线，以"10个"为计量单位。

二、电话系统通信设备

（一）基础知识介绍

电话系统的组成，一般由进户线、电话总机、各分段组线箱、管线、电话出线口及话机等组成，也有在建筑物内不设电话总机，有进户线经组线箱直接接至电话机的。

（二）定额编制中有关问题的说明

（1）本定额适用于一般公建、民用和工业非生产专用通信设备的安装，工厂生产用通信设备安装执行定额第十册《自动化控制仪表安装工程》相应内容。长途通信、载波通信、电报、传真、微波、中波传输等设备的安装，执行相应的专业定额。

（2）电话分线箱安装按成品考虑，其接线应执行本定额设备、接线端子板接线项目。

（3）埋地敷设的通信电缆，其挖填土石方及开挖路面的工作执行定额第二册《电气设备安装工程》相应项目。光缆敷设执行定额第十册《自动化控制仪表安装工程》相应内容。

（4）电话电缆沿墙壁吊线式敷设定额中已包括吊线安装，不得另计工程量。

（三）工程量计算规则

（1）交换机安装已包括附属设备的安装，按门数以"套"为计量单位。

（2）电话分线箱分明装和暗装两种安装方式，按半周长以"个"为计量单位。未包括接线等工作内容。

（3）话机、消防电话插孔、电话插座、出线口不分安装方式，分别以"部"、"个"为计量单位。

（4）消防电话插孔、电话插座、出线口定额已综合了接线盒的安装，不再另行计算。

（5）设备及接线端子板接线是指电话电缆与设备连接或在电话分线箱内与端子板连接，按电缆对数，以实接电缆端头数量"个"为计量单位。

（6）通信电缆分为穿管、埋地和沿墙壁三种敷设方式，按电缆对数，以"100m"为计量单位，其附加和预留长度按定额第二册《电气设备安装工程》中的电缆工程量计算规则计算。市话电缆沿墙壁吊线式敷设定额中已包括吊线的架设，不再另行计算。

三、共用电视天线系统、广播系统装置

（一）基本知识介绍

1. 共用电视天线系统

共用天线电视系统，简称 CATV 系统，是多台电视接收机共用一套天线来接收电视信号的设备，是近几年来发展很快的新项目，在一般民用住宅工程中已被广泛的采用。

共用天线将接收来的电视信号，经过放大、混合、频道变换等专用部件将电视信号合理的分配各台电视接收机。

一台共用天线电视系统的繁简程度，主要同接受地区的场强、楼房密集程度、分布电视接收机的多少和接收频道数目有关。场强较弱、接收频道和电视机台数较多时，其组成就复杂，反之就简单。

共用天线电视系统由前端设备（包括接收天线、频道变换器、放大器、调节器、混合器等部件）、传输干线（同轴射频电缆）、分支分配部件（分支器、分配器、串接单元）组成。

共用天线电视系统的信号传输分配方式一般有两种：一种是分配—分支方式。所谓分配—分支方式，就是由分支器直接引至用户盒，如从分支器引出 4 路，供给 4 台电视。这种方案使用分支器较多，造价较高，但能适用于各种建筑物的安装。另一种是分配—串接方式。这种方式的特点是线路敷设简单，造价低，可从楼房的顶层一直串到首层，但不适宜高层建筑，因高层楼房串接单元较多，同轴电缆也较长，电视信号损失较大。图 9-38 所示一个小型的共用电视天线系统示意图。

（1）天线。天线在共用天线电视系统中的作用是接受电视台发射的电磁波，然后传输给放大器进行放大。它同一般家庭使用的接收天线没有本质的区别，但是在电气性能、材料质量、机械强度、防雷保护等方面比一般家庭使用的天线要求更高些。常用的天线有引向天线、组合天线、宽频带天线等。

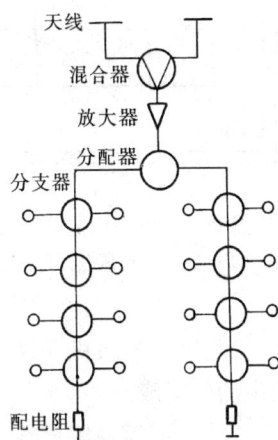

图 9-38　共用电视天线
系统示意图

（2）放大器。放大器是共用天线电视系统中的重要部件，大致有三种情况需使用放大器：

1）在接受条件较差（接收场强弱）的地区用来提高信号电频，减少杂波（雪花）。

2）接收场强虽然强，但在用户较多的条件下，用来补偿分配器、分支器以及缆线的损耗。

3）远距离传送电视信号时补偿信号传输缆线的损失。

放大器的种类很多，常用的有天线放大器、线路放大器、宽带放大器等。

（3）混合器。在一个地区有很多个电视台，在一个天线杆上装有多副天线，这样就需要在前端设置混合器，把几个频道的天线接收来的信号合在一起，形成一个多频道合成信号供传输分配用。

（4）分配器。分配器的功能是把一个输入信号平均地分成几个输出信号，并保持传输系统各部分得到良好的匹配，同时保持各传输干线及各输出端之间的隔离，通常使用的有二分配器、三分配器、四分配器。

(5) 分支器。分支器的功能是在高电平馈电线路传输中以较小的插入损失，从干线上取出部分信号分送各用户终端。分支器一般有两种，即二分支器和四分支器。

(6) 串接单元。串接单元也称串接一分支器，是一分支器和用户端插座的统一体。它的作用是在信号传输网络干线中，分出一路信号来供给电视接收机。它一般有两个插孔，即 75Ω 和 300Ω。

(7) 用户盒。用户盒是共用天线与电视机连接用的插座，一般也有 75Ω 和 300Ω 两道插孔。

2. 广播系统装置

广播系统是工矿企业、事业内部、宾馆酒楼内独立的系统，可播送报告、通知、生产活动，转播广播电台节目，自办文娱节目，并且在应急、事故、火警、抢险中是一个不可缺少的音响系统。

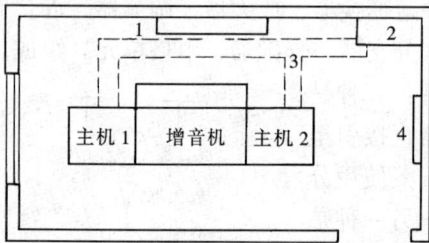

建筑物的广播系统包括有线广播、背景音乐、客房音乐、舞台音乐、多功能厅堂的扩声系统和同声传译等系统。这里主要介绍有线广播系统。有线广播系统组成，可以是单一的广播系统，也可以是多区域的广播系统。单一的广播系统所设立的广播站一般将扩音机房和播音室设在同一房间内，如图9-39所示。

图 9-39　单一广播系统设立的广播站
1—端子箱；2—稳压电源；3—地沟；4—配电板

广播系统由广播设备和广播管线组成。图 9-40 所示系某宾馆广播系统和火灾广播系统的系统图。

广播设备由电源配电盘、稳压电源、扩音机（主机）、唱机、收录机、录放机、话筒（传声器）、增音机、端子箱以及广播管线线路和连接的扬声器等组成。

(二) 定额编制中有关问题的说明

(1) 本定额适用于一般公建和民用的共用电视天线系统、广播系统的装置安装，对卫星接收天线、电视节目录制发射、专业音响系统的设备安装执行其他专业定额。

(2) 前端箱按成品空箱考虑，若为现场制作，应执行定额第二册《电气设备安装工程》中接线箱制作相应项目，系统调试执行定额第八章相应项目。

(三) 工程量计算规则

(1) 天线是按成套装置考虑的，其架设包括天线底座、支承杆的避雷装置安装，以"套"为计量单位。

(2) 前端箱分明装和暗装两种方式，按半周长以"个"为计量单位。

(3) 放大器、分支器、分配器、混合器分明装和暗装两种方式，以"个"为计量单位。

(4) 均衡器、衰减器不分安装方式以"个"为计量单位。

(5) 用户终端盒分明装和暗装两种方式，以"个"为计量单位。

(6) FM 音像不分安装方式，以"个"为计量单位。

(7) 用户终端盒是指安装电视插座的接线盒，不分安装方式，以"个"为计量单位。

(8) 同轴电缆分沿桥架、支架和穿管两种敷设方式，以"100m"为计量单位。

(9) 同轴电缆头制作，适用于各种接头和端头，以"个"为计量单位。

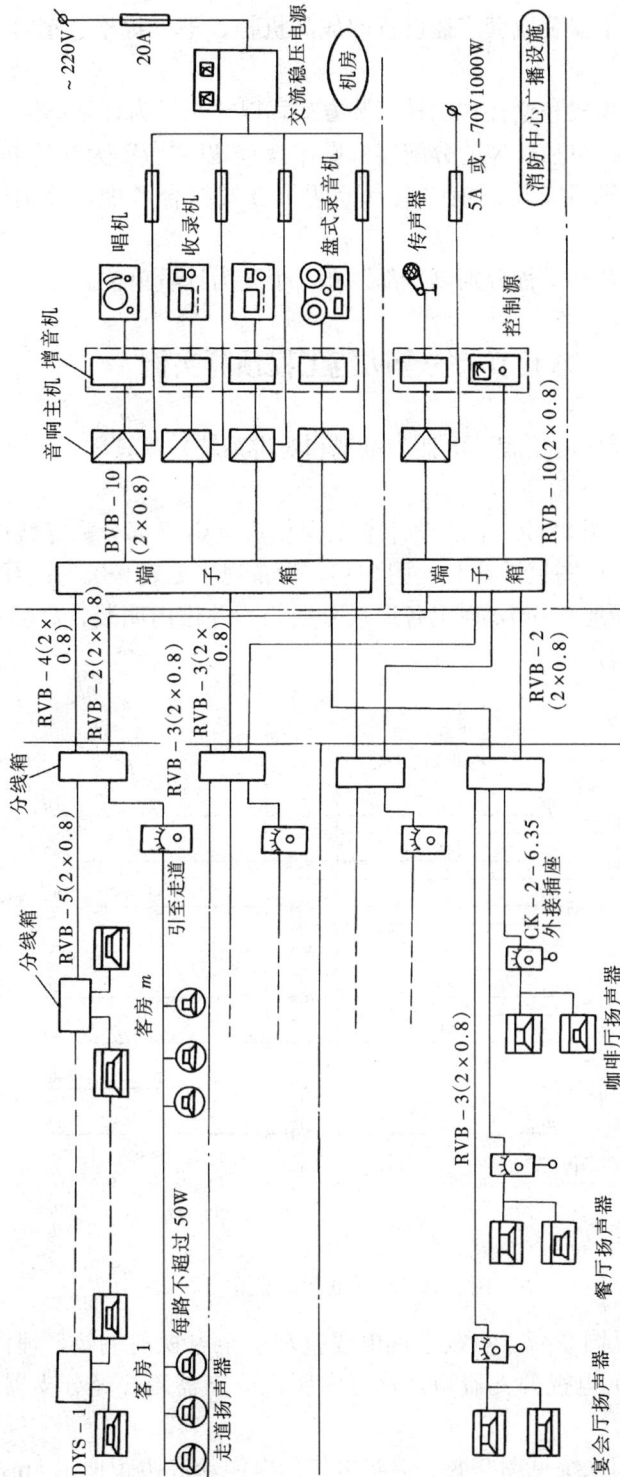

图 9-40　广播系统和火灾广播系统的系统图

（10）同轴电缆敷设中附加和预留长度按定额第二册《电气设备安装工程》中的电缆工程量计算规则计算。

（11）广播控制柜是指安装成套广播设备的成品机柜，不分规格、型号以"台"为计量单位。

（12）扬声器区分吸顶式和壁挂式两种安装方式，以"只"为计量单位。

（13）广播分配器是指单独安装的分配器（操作盘），以"台"为计量单位。

（14）功放机、录音机的安装按柜内及台上两种方式综合考虑，分别以"台"为计量单位。

（15）子母钟区分母钟和子钟分别以"部"和"个"为计量单位。

第五节　安全防范工程预算实例

【例 9-3】　恒苑花园弱电工程（电话、电视和对讲系统）预算

（一）工程概况

（1）单元电话系统见图 9-41。电话设计本工程仅负责敷管部分，穿线由电视电话相关部门完成。该工程弱电平面图见图 9-42～图 9-46，设备规格见表 9-8。一层图 9-43 所示位置预埋组线箱高度为底边距地 0.5m，以上各层设分线箱，井道内明装，高度见平面标注，电话经分线箱暗管敷设至用户。

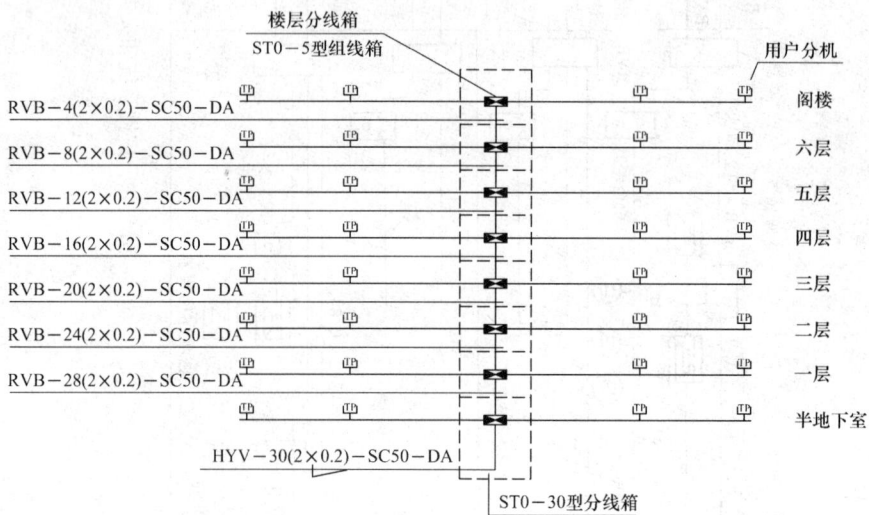

图 9-41　单元电话系统图

（2）有线电视系统见图 9-47。有线电视电缆直埋引至电视前端箱，埋深为室外地坪下 0.8m，分配后引至各单元电视分支器箱，管道内明设分支器箱，经分支器箱引至各用户，安装高度见标注。

（3）住宅对讲电控门系统见图 9-48。对将电控门电源箱底边距地 1.5m，暗装线路经分线盒引至对讲分机，分线盒距地 1.5m，明装用户出线盒底边距地 1.4m。

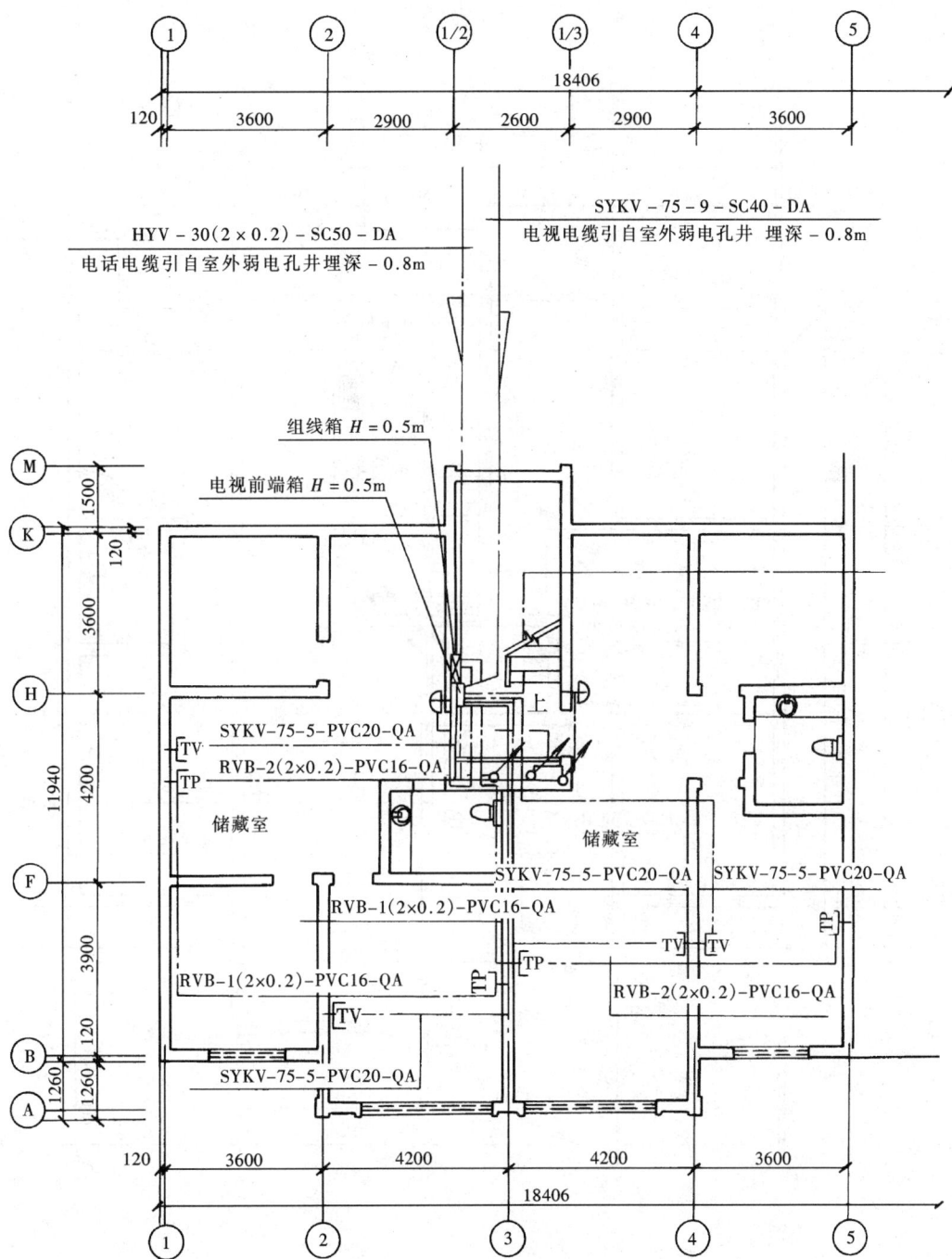

图 9-42　半地下弱电室平面图

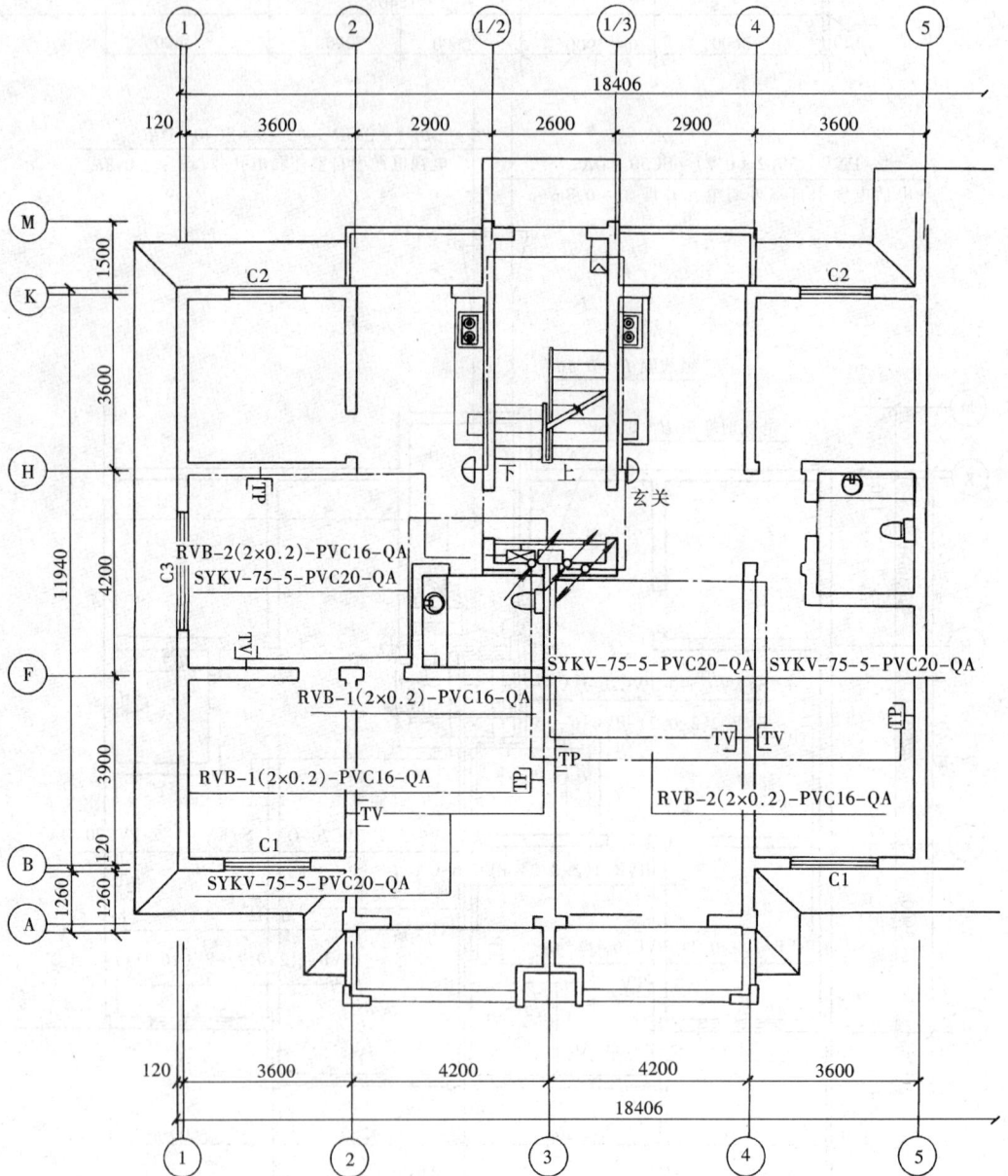

图 9-43　一层弱电平面图

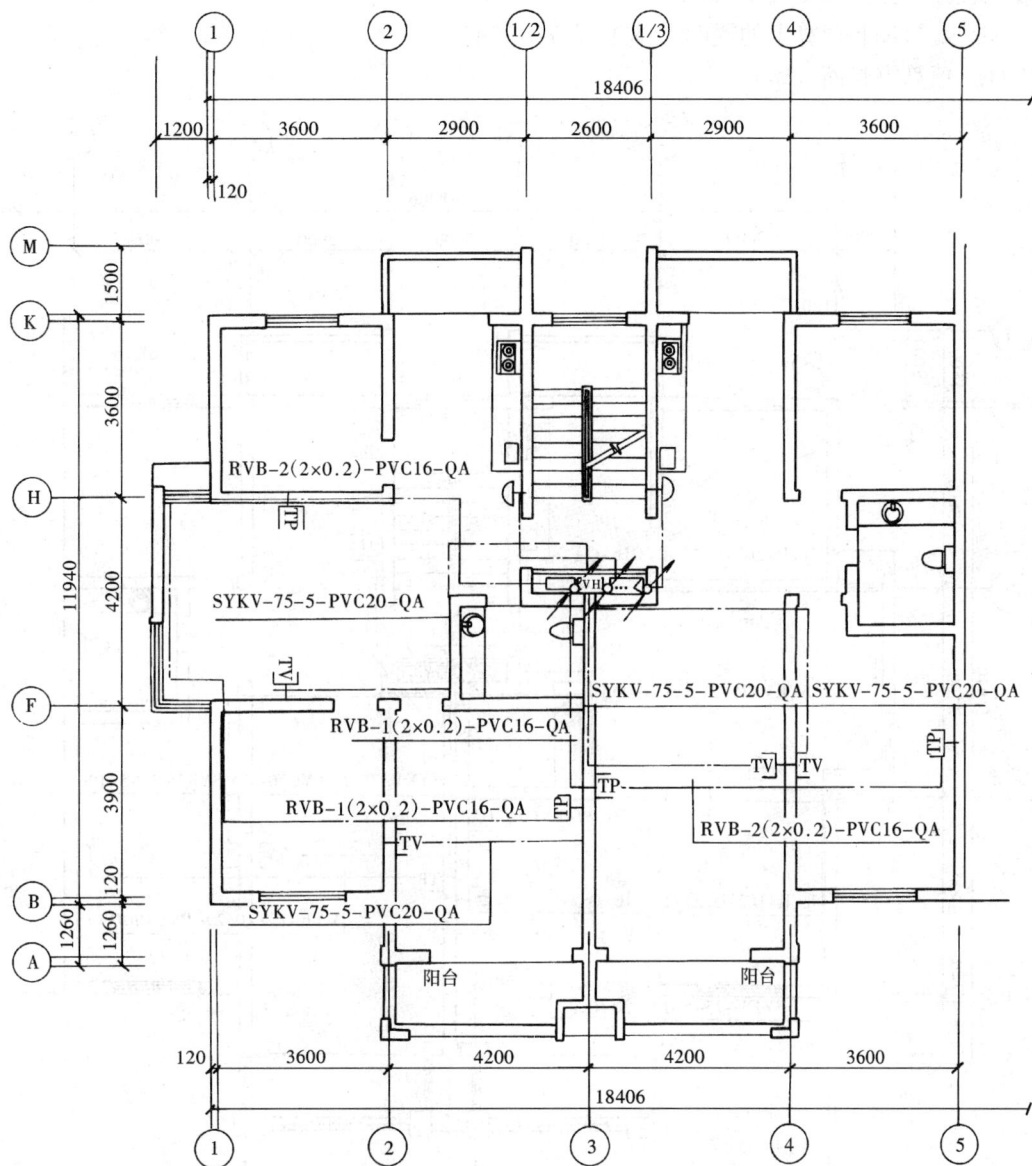

图 9-44 标准层弱电平面图

(二) 采用定额

本例题执行山东省安装工程消耗量定额和山东省安装工程价目表 (2006)。

(三) 编制方法

(1) 计算工程量。

(2) 汇总工程量。

(3) 立项、套定额、分析工料机械费。

（4）按工程费用计算程序表计算费用及造价。安全防范工程量计算见表 9-9～表 9-14，安装工程施工图预算见表 9-15。

（5）编写编制预算书的说明。本工程说明如前。

（6）预算书封面（略）。

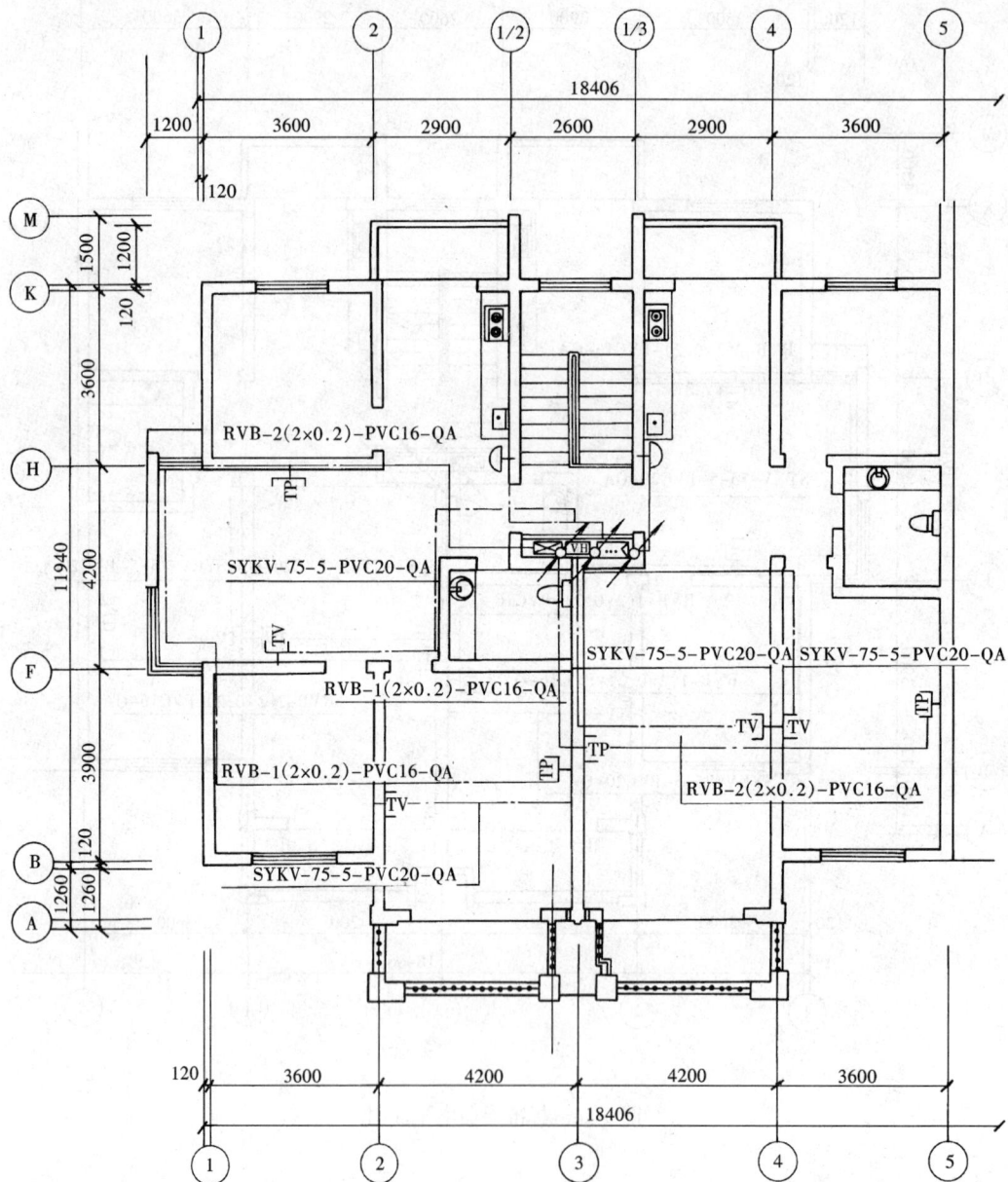

图 9-45　六层弱电平面图

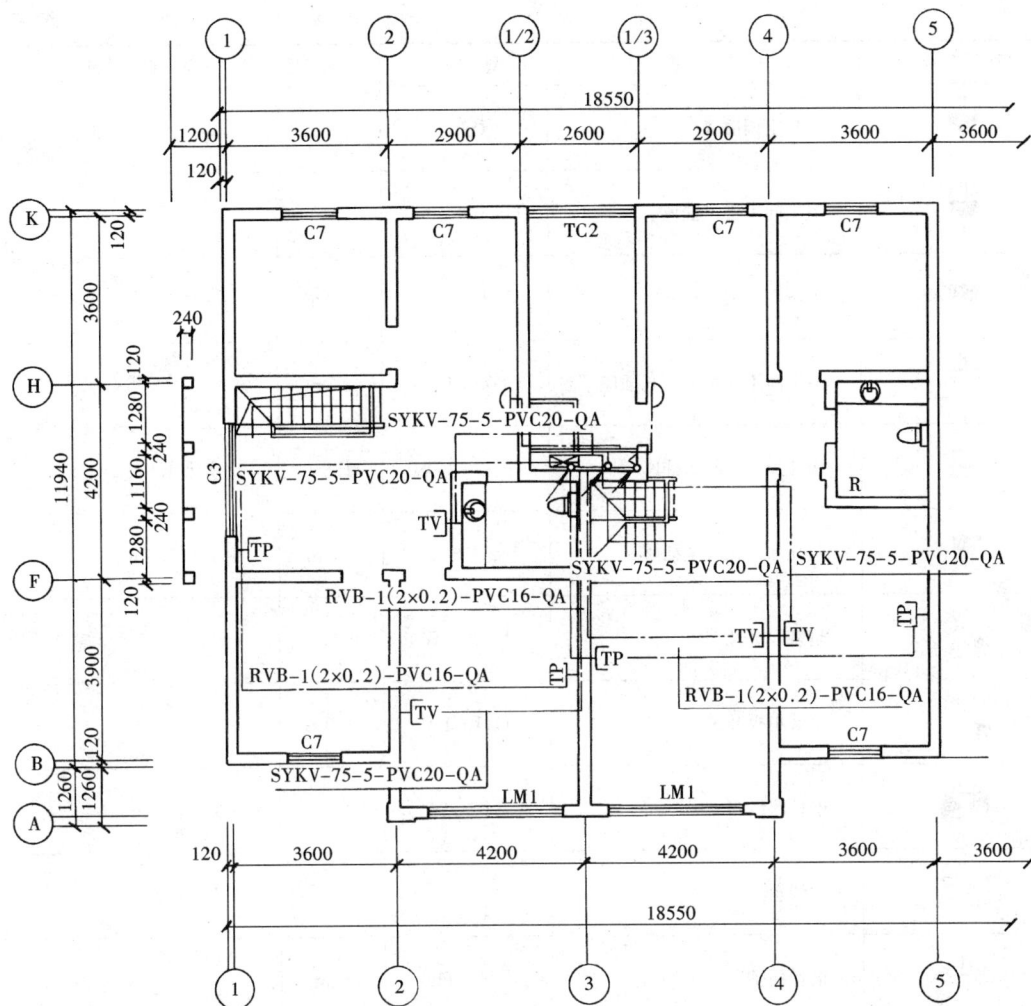

图 9-46　阁楼层弱电平面图

表 9-8　　　　　　　　**工 程 设 备 规 格 表**

图形符号	名　　称	型　　号	安装高度	备　　注
▬	户漏电配电箱	见系统图	1.8m	见系统标注
▭	集中电表箱	由电力部门定	15cm	楼梯间下砖承台上
⊗	白炽灯	40W	吸顶	
◗	吸顶球灯	22W	吸顶	楼梯内为声光控灯

续表

图形符号	名称	型号	安装高度	备注
K	暗装空调插座	U600	2.0m	
P	卫生间用排风插座	U560+U080	2.0m	
F	厨房用排烟三孔插座	U560	2.2m	
R	卫生间用热水器三孔插座	U600+U080	2.0m	
	两孔加三孔防溅插座	U560+U080	1.8m	厨房为1.6m
	两孔加三孔安全插座	U560	0.3m	厨房为1.6m
	暗装双极开关	U120/1W	1.3m	
	暗装单极开关	U110/1W	1.3m	
	电话组线箱	ST0—30	0.5m	500×600（mm）
	过线箱			见平面标注
TP	语音插座	U800TL	0.3m	
TV	有线电视插座	U900TV/FM	0.3m	
	对讲分机	86盒	1.4m	
	电控门电源箱		1.5m	厂家提供
VH	电视前端箱		0.5m	460×360×150（mm）
VH	楼层电视分支箱		平面标注	280×200×100（mm）
	总等电位端子箱		0.5m	
	卫生间局部等电位端子箱		0.3m	
SC	钢管			

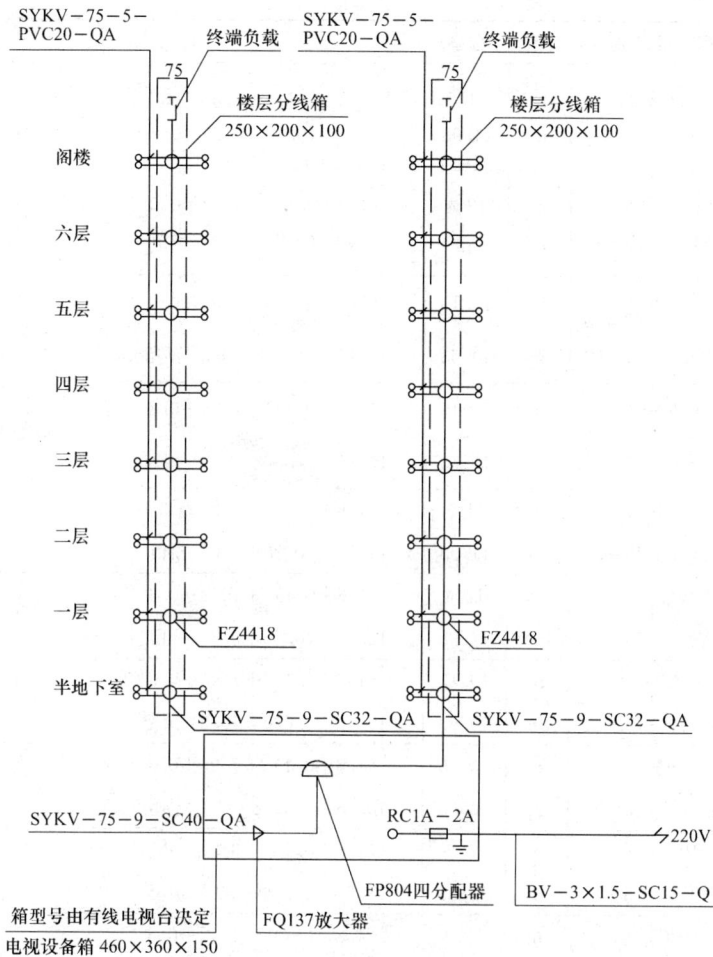

图 9-47　有线电视系统图

表 9-9　　　　　恒苑小区安全防范工程量计算表有线电视工程量计算

层数	序号	工程项目名称	单位	数量	计 算 式
入户	1	进（入）户线，SC40	m	8.25	1.5＋（2.195－0.8－0.8）＋5.55＋（0.5＋0.1）
		线 SYKV—75—9	m	9.07	8.25＋（0.46＋0.36）预留
引上	2	引上 SC32	m	23.29	（1.8－0.5－0.36＋0.1×2）＋2.55＋2.8×7
		线 SYKV—75—9	m	31.31	23.29＋（0.46＋0.36＋0.28＋0.2）预留＋（0.28＋0.2）×14 预留
半地下室	3	① PVC—20	m	14.5	（1.8＋0.1）＋12.3＋0.3
		线 SYKV—75—5	m	14.98	14.5＋（0.28＋0.2）预留
	4	② PVC—20	m	10.0	（1.8＋0.1）＋7.8＋0.3
		线 SYKV—75—5	m	10.48	10.0＋（0.28＋0.2）预留
	5	③ PVC—20	m	12.85	（1.8＋0.1）＋10.65＋0.3
		线 SYKV—75—5	m	13.25	12.85＋（0.28＋0.2）预留
	6	④ PVC—20	m	13.15	（1.8＋0.1）＋10.95＋0.3
		线 SYKV—75—5	m	13.63	13.15＋（0.28＋0.2）预留

续表

层数	序号	工程项目名称	单位	数量	计 算 式
一层	7	① PVC—20	m	11.5	(1.8+0.1) +9.3+0.3
		线 SYKV—75—5	m	11.98	11.5+ (0.28+0.2) 预留
	8	② PVC—20	m	12.4	(1.8+0.1) +10.2+0.3
		线 SYKV—75—5	m	12.88	12.4+ (0.28+0.2) 预留
	9	③ PVC—20	m	10.15	(1.8+0.1) +7.95+0.3
		线 SYKV—75—5	m	10.63	10.15+ (0.28+0.2) 预留
	10	④ PVC—20	m	10.15	(1.8+0.1) +7.95+0.3
		线 SYKV—75—5	m	10.63	10.15+ (0.28+0.2) 预留
标准层(4层)	11	① PVC—20	m	11.5	(1.8+0.1) +9.3+0.3
		线 SYKV—75—5	m	11.98	11.5+ (0.28+0.2) 预留
	12	②PVC—20	m	12.4	(1.8+0.1) +10.2+0.3
		线 SYKV—75—5	m	12.88	12.4+ (0.28+0.2) 预留
	13	③PVC—20	m	10.15	(1.8+0.1) +7.95+0.3
		线 SYKV—75—5	m	10.63	10.15+ (0.28+0.2) 预留
	14	④ PVC—20	m	10.15	(1.8+0.1) +7.95+0.3
		线 SYKV—75—5	m	10.63	10.15+ (0.28+0.2) 预留
六层	15	① PVC—20	m	11.5	(1.8+0.1) +9.3+0.3
		线 SYKV—75—5	m	11.98	11.5+ (0.28+0.2) 预留
	16	② PVC—20	m	12.4	(1.8+0.1) +10.2+0.3
		线 SYKV—75—5	m	12.88	12.4+ (0.28+0.2) 预留
	17	③ PVC—20	m	10.15	(1.8+0.1) +7.95+0.3
		线 SYKV—75—5	m	10.63	10.15+ (0.28+0.2) 预留
	18	④ PVC—20	m	10.15	(1.8+0.1) +7.95+0.3
		线 SYKV—75—5	m	10.63	10.15+ (0.28+0.2) 预留
阁楼层	19	① PVC—20	m	11.5	(1.8+0.1) +9.3+0.3
		线 SYKV—75—5	m	11.98	11.5+ (0.28+0.2) 预留
	20	② PVC—20	m	6.25	(1.8+0.1) +4.05+0.3
		线 SYKV—75—5	m	6.73	6.25+ (0.28+0.2) 预留
	21	③ PVC—20	m	10.15	(1.8+0.1) +7.95+0.3
		线 SYKV—75—5	m	10.63	10.15+ (0.28+0.2) 预留
	22	④ PVC—20	m	10.15	(1.8+0.1) +7.95+0.3
		线 SYKV—75—5	m	10.63	10.15+ (0.28+0.2) 预留

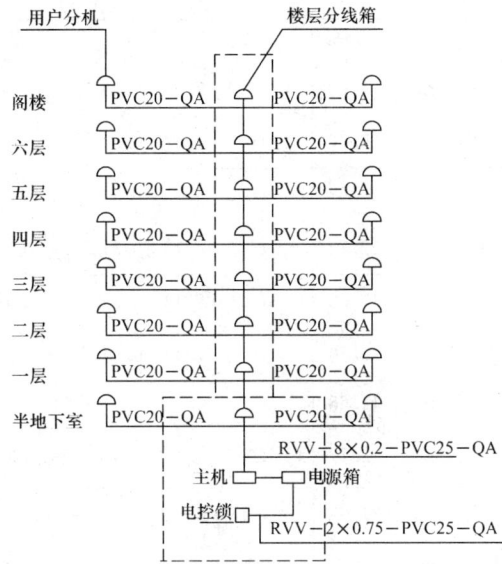

图 9-48　住宅对讲电控门系统图

表 9-10　　　　　　　　　　　有线电视工程汇总表

序　号	项　目　名　称	单　位	数　量	备　注
1	电视前端箱	个	1	400×360×150 （mm）
2	楼层分支箱	个	8	250×200×100 （mm）
3	有线电视插座	个	32	
4	钢管 SC40	m	8.25	
5	钢管 SC32	m	23.29	
6	PVC—20	m	353.75	
7	SYKV—75—5	m	369.03	

表 9-11　　　　　　　　　　　单元电话工程量计算

层数	序号	工程项目名称	单位	数量	计　算　式
入户	1	进（入）户线，SC50	m	7.05	1.5+（2.195−0.8−0.8）+4.35+0.5+0.1
		线 HYV—（2×0.2）	m	10.4	［7.05+2.0 进建筑物+（0.5+0.6）预留］×（1+2.5%）
引上	2	引上 SC50	m	23.0	（2.195−0.5−0.6+0.1+4.5+0.5）+2.8×6
		线 RVB—（2×0.2）	m	439.46	［（2.195−0.5−0.6+0.1+4.5+0.5）+（0.5+0.6）预留］×28+2.8×（24+20+16+12+8+4）
半地下室	3	① PVC—16	m	23.1	（0.1+0.5+9.15+0.3）+（0.3+12.45+0.3）
		线 RVB—（2×0.2）	m	35.35	［0.1+（0.5+0.6）预留+0.5+9.15+0.3］×2+（0.3+12.45+0.3）
	4	② PVC—16	m	18.0	（0.1+0.5+7.95+0.3）+（0.3+8.55+0.3）
		线 RVB—（2×0.2）	m	29.05	［0.1+（0.5+0.6）预留+0.5+7.95+0.3］×2+（0.3+8.55+0.3）
一层	5	① PVC—16	m	16.78	（0.5+7.43+0.3）+（0.3+7.95+0.3）
		线 RVB—（2×0.2）	m	25.01	（0.5+7.43+0.3）×2+（0.3+7.95+0.3）
	6	② PVC—16	m	14.68	（0.5+4.73+0.3）+（0.3+8.55+0.3）
		线 RVB—（2×0.2）	m	22.72	（0.5+4.73+0.3）×2+（0.3+8.55+0.3）

续表

层数	序号	工程项目名称	单位	数量	计 算 式
标准层 (4层)	7	① PVC-16	m	17.53	(0.5+7.43+0.3) + (0.3+8.7+0.3)
		线 RVB- (2×0.2)	m	25.76	(0.5+7.43+0.3)×2+ (0.3+8.7+0.3)
	8	② PVC-16	m	14.68	(0.5+4.73+0.3) + (0.3+8.55+0.3)
		线 RVB- (2×0.2)	m	22.72	(0.5+4.73+0.3)×2+ (0.3+8.55+0.3)
六层	9	① PVC-16	m	17.53	(0.5+7.43+0.3) + (0.3+8.7+0.3)
		线 RVB- (2×0.2)	m	25.76	(0.5+7.43+0.3)×2+ (0.3+8.7+0.3)
	10	② PVC-16	m	14.68	(0.5+4.73+0.3) + (0.3+8.55+0.3)
		线 RVB- (2×0.2)	m	22.72	(0.5+4.73+0.3)×2+ (0.3+8.55+0.3)
阁楼层	11	① PVC-16	m	21.05	(0.5+8.85+0.3) + (0.3+10.8+0.3)
		线 RVB- (2×0.2)	m	30.7	(0.5+8.85+0.3)×2+ (0.3+10.8+0.3)
	12	② PVC-16	m	14.45	(0.5+4.5+0.3) + (0.3+8.55+0.3)
		线 RVB- (2×0.2)	m	19.75	(0.5+4.5+0.3)×2+ (0.3+8.55+0.3)

注 除组线盒外,各分线盒不考虑线预留。

表 9-12   单元电视工程量汇总表

序 号	项 目 名 称	单 位	数 量	备 注
1	电话组线箱	个	1	ST0-30 500×600
2	楼层组线箱	个	7	ST0-5
3	语音插座	个	32	
4	钢管 SC50	m	30.05	
5	HYV30 (2×0.2)	m	10.4	
6	PVC-16	m	269.11	
7	RVB- (2×0.2)	m	844.44	

表 9-13   住宅对讲电控门工程量计算

层数	序号	工程项目名称	单位	数量	计 算 式
引上	1	PVC-25	m	26.7	1.5+6.9+1.5+2.8×6
		线 RVV-8×0.2	m	26.7	(1.5+6.9+1.5) +2.8×6
引下	2	PVC-25	m	9.7	1.5+6.9+ (2.8-1.5)
		线 RVV-8×0.2	m	9.7	
半地 下室	3	① PVC-20	m	4.85	1.5+1.95+1.4
		线 RVV-8×0.2	m	4.85	
	4	② PVC-20	m	7.25	1.5+4.35+1.4
		线 RVV-8×0.2	m	7.25	

续表

层数	序号	工程项目名称	单位	数量	计　算　式
一层	5	① PVC-20	m	4.85	1.5+1.95+1.4
		线 RVV-8×0.2	m	4.85	
	6	② PVC-20	m	7.25	1.5+4.35+1.4
		线 RVV-8×0.2	m	7.25	
标准层（4层）	7	① PVC-20	m	4.85	1.5+1.95+1.4
		线 RVV-8×0.2	m	4.85	
	8	② PVC-20	m	7.25	1.5+4.35+1.4
		线 RVV-8×0.2	m	7.25	
六层	9	① PVC-20	m	4.85	1.5+1.95+1.4
		线 RVV-8×0.2	m	4.85	
	10	② PVC-20	m	7.25	1.5+4.35+1.4
		线 RVV-8×0.2	m	7.25	
阁楼层	11	① PVC-20	m	4.85	1.5+1.95+1.4
		线 RVV-8×0.2	m	4.85	
	12	② PVC-20	m	7.25	1.5+4.35+1.4
		线 RVV-8×0.2	m	7.25	

表 9-14　　　　　　　　　　　住宅对讲电控门工程量汇总表

序　号	项 目 名 称	单　位	数　量	备　注
1	电控锁	个	1	
2	电源箱	个	1	
3	主机	个	1	
4	楼层分线箱	个	7	
5	用户分机	个	16	
6	PVC-20	m	96.8	
7	PVC-25	m	36.4	
8	RVV-（8×0.2）	m	133.2	

表 9-15

工程名称：恒苑花园弱电工程

工 程 计 价 表

序号	定额编号	项目名称	单位	工程量	单价	合价	预算价 人工费 单价	人工费 合价	材料费 单价	材料费 合价	机械费 单价	机械费 合计	备注
		安装工程											
		消防及安全防范设备安装工程											
1	7-313	暗装电话分线箱 半周长1500内	个	1	72.49	72.49	71.28	71.28	1.21	1.21			
		电话分线箱 500×600	个	1									
2	7-312	暗装电话分线箱 半周长700内	个	7	47.31	331.17	46.64	326.48	0.67	4.69			
		电话分线箱 HFH-2-10	个	7									
3	7-318	设备、接线端子板接线电缆50对	个	1	18.27	18.27	12.32	12.32	0.92	0.92			
4	7-322	市话电缆穿管敷设 50内	100m	0.127	144.71	18.38	118.89	15.1	25.82	3.28			
		市话电缆 HYV-30（2×0.2）	m	12.89									
5	7-314	话机安装	部	32	9.77	312.64	5.81	185.92	3.76	120.32	0.2	6.4	
6	7-316	电话插座、出线口安装	个	32	7.46	238.72	5.76	184.32	1.5	48	0.2	6.4	
		接线盒	个	32.64									
		成套插座 86ZD	套	32.64									
7	2-1225	砖、混凝土结构暗配钢管 DN50内	100m	0.3	873.88	262.17	664.62	199.39	175.95	52.79	33.31	9.993	
		钢管 DN50	m	30.9									
8	2-1309	砖、混凝土结构暗配硬塑料管 DN15内	100m	2.691	238.75	642.47	187.7	505.1	4.84	13.02	46.21	124.3511	
		塑料管 VG15	m	285.434									

续表

序号	定额编号	项目名称	单位	工程量	预算价 合价	预算价 单价	人工费 单价	人工费 合价	材料费 单价	材料费 合价	机械费 单价	机械费 合计	备注
9	2-1389	照明线路管内穿线 铜芯 1.5mm²内	100m	8.444	432.17	51.18	40.96	345.87	10.22	86.3			
		绝缘导线 RVB-(2×0.2)	m	979.504									
10	2-1563	暗装接线盒	10个	32	749.12	23.41	18.83	602.56	4.58	146.56			
		接线盒	个	326.4									
11	2-1564	暗装开关盒	10个	32	709.76	22.18	20.06	641.92	2.12	67.84			
		接线盒	个	326.4									
12	7-382	广播喇叭及音箱、通信分机及插孔	10个	3.2	384.51	120.16	50.82	162.62	22.2	71.04	47.14	150.848	
13	7-342	暗装前端箱 半周长 1500 内	个	1	65.36	65.36	64.15	64.15	1.21	1.21			
		前端箱 400×360×150	个	1									
14	7-344	暗装放大器	个	1	103.59	103.59	90.64	90.64			12.95	12.95	
		放大器 FQ137	个	1									
15	7-346	分支器、分配器、混合器 暗装	个	1	7.04	7.04	7.04	7.04					
		分支器（或分配器、混合器）FP804	个	1									
16	7-346	分支器、分配器、混合器 暗装	个	8	56.32	7.04	7.04	56.32					
		分支器（或分配器、混合器）FZ418	个	8									
17	7-341	暗装前端箱 半周长 700 内	个	8	341.2	42.65	41.98	335.84	0.67	5.36			
		楼层分线箱 250×200×100	个	8									
18	7-347	均衡器、衰减器	个	1	15	15	13.46	13.46	1.25	1.25	0.29	0.29	

续表

序号	定额编号	项目名称	单位	工程量	预算价		人工费		材料费		机械费		备注
					单价	合价	单价	合价	单价	合价	单价	合计	
		均衡器(或衰减器)\75	个	1									
19	7-349	暗装用户终端盒	个	32	10.1	323.2	6.38	204.16	3.72	119.04			
		用户终端盒 TV.FMU900 TV/FM	个	32.32									
20	7-351	用户终端预埋盒	个	32	2.32	74.24	2.11	67.52	0.21	6.72			
		用户终端预埋盒	个	32.64									
21	7-354	同轴电缆穿管敷设	100m	0.404	56.94	23	52.8	21.33	0.63	0.25	3.51	1.418 04	
		同轴电缆 SYKV-75-9	m	41.208									
22	7-354	同轴电缆穿管敷设	100m	3.69	56.94	210.1	52.8	194.83	0.63	2.32	3.51	12.951 9	
		同轴电缆 SYKV-75-5	m	376.38									
23	7-355	同轴电缆头制作	个	83	10.39	862.37	8.36	693.88	1.53	126.99	0.5	41.5	
24	7-394	楼栋放大器共用天线系统装置调试	个	1	182.91	182.91	162.8	162.8			20.11	20.11	
25	7-395	用户终端共用天线系统装置调试	户	32	6.41	205.12	4.4	140.8			2.01	64.32	
26	2-1224	砖、混凝土结构暗配钢管 DN40内	100m	0.083	805.42	66.84	623.26	51.73	148.85	12.35	33.31	2.764 73	
		钢管 DN40	m	8.549									
27	2-1223	砖、混凝土结构暗配钢管 DN32内	100m	0.233	537.58	125.25	388.34	90.48	124.81	29.08	24.43	5.692 19	
		钢管 DN32	m	23.999									
28	2-1310	砖、混凝土结构暗配硬塑料管 DN20内	100m	3.538	250.78	887.26	199.41	705.51	5.16	18.26	46.21	163.491	
		塑料管 VG20	m	375.276									
29	7-194	自动闭门器	台	1	60.53	60.53	49.5	49.5	4.7	4.7	6.33	6.33	

续表

序号	定额编号	项目名称	单位	工程量	预算价								备注
					单价	合价	人工费 单价	人工费 合价	材料费 单价	材料费 合价	机械费 单价	机械费 合计	
30	7-195	对讲主机	台	1	138.27	138.27	99	99	8.59	8.59	30.68	30.68	
31	7-188	对讲分机	台	16	49.01	784.16	39.6	633.6	1.9	30.4	7.51	120.16	
32	7-193	电磁吸力锁	台	1	143.76	143.76	132	132	5.43	5.43	6.33	6.33	
33	7-175	有线对讲 16路	套	1	829.39	829.39	726	726	13.4	13.4	89.99	89.99	
34	7-176	地址码板	套	8	91.47	731.76	59.4	475.2	5.85	46.8	26.22	209.76	
35	7-177	联动通信接口	套	16	92.98	1487.68	59.4	950.4	7.36	117.76	26.22	419.52	
36	2-265	悬挂嵌入式成套配电箱 半周1.5内	台	1	124.03	124.03	96.14	96.14	27.89	27.89			
37	7-384	入侵报警系统调试 16点内	系统	1	431.39	431.39	303.6	303.6	6.5	6.5	121.29	121.29	
38	2-1310	砖、混凝土结构暗配塑料管 DN20内	100m	0.968	250.78	242.75	199.41	193.03	5.16	4.99	46.21	44.731 28	
		塑料管 VG20	m	102.676									
39	2-1311	砖、混凝土结构暗配塑料管 DN25内	100m	0.364	355.97	129.58	281.34	102.41	5.32	1.94	69.31	25.228 84	
		塑料管 VG25	m	38.737									
40	2-1390	照明线路管内穿线 铜芯2.5mm²内	100m	1.332	53.25	70.93	41.8	55.68	11.45	15.25			
		绝缘导线 RVV-8×0.2	m	154.512									
		安装工程总计	元			12 894.9		9969.93		1222.45		1696.13	
		[措施费]脚手架搭拆费		6380.11	5%	319.01	25%	79.75	75%	239.25			
		[措施费]脚手架搭拆费		3589.82	4%	143.59	25%	35.9	75%	107.69			

第十章 供暖及空调水系统安装工程施工图预算的编制

第一节 供暖工程基本知识

一、供暖系统组成

（一）热水及蒸汽供暖系统组成

（1）热源：锅炉（热水、蒸汽）；

（2）管道系统：供热及回水、冷凝水管道；

（3）散热设备：散热片（器），暖风机；

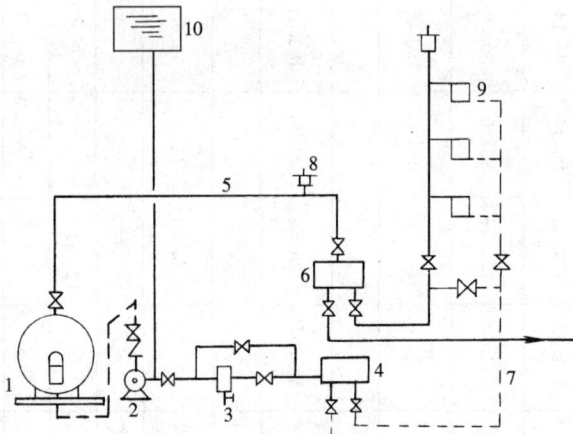

图 10-1 热水供暖系统

1—热水锅炉；2—循环水泵；3—除污器；4—集水器；

5—供热水管；6—分水器；7—回水管；8—排气阀；

9—散热片；10—膨胀水箱

（4）辅助设备：膨胀水箱，集水（气）罐，集分水器、除污器，冷凝水收集器，减压器，疏水器、过滤器等；

（5）循环水泵。

热水供暖系统见图 10-1 所示。

（二）地板辐射供暖系统

地板辐射供暖又称低温热水地板辐射供暖，是以不高于 60℃ 的热水作热媒，将加热管埋设在地板中的低温辐射供暖方式，见图 10-2。

地板辐射供暖更接近于自然状态，室内地表温度均匀，空间温度自下而上逐渐递减，给人以脚暖头凉的感觉（见图 10-3），符合人体生理要求，因无对流空气，不易使尘埃散扬，室内空气十分洁净，是一种舒适的采暖方式。由于所需温度为 60℃，较传统对流供暖方式低 20℃ 以上，所以节能 20%～30%。可充分利用地下热水、太阳能热水、工业余热水等热媒，既保护环境，有降低供暖成本，是经济实惠供暖方式。热量自下而上辐射，使热量有效地集中在人体活动区域，损失少。在辐射供暖环境中，人体实感温度比实际温度约高 2～3℃，节省了能源，降低了供暖系统的运行费用。

地板辐射供暖在住宅中的优势：

（1）由于室内取消了暖气片及其管道，相当于增加了 2%～3% 的使用面积，又可以设置落

图 10-2 地板辐射供暖图

地窗，使室内宽敞明亮，提高空间利用率，更便于装修和室内布置；安全可靠，使用寿命长，而且各房间温度可按住户所需独立调节，提高了居住档次。

（2）地板供暖为供回水双管系统，在每户的分水器前安装热量表，可实现按户单独计量和取费；管理简便，只需定期更换过滤器，运行维护费用低。

（3）造价合理，按单位建筑面积核算，工程造价等同于中高档散热器片，但采暖效果截然不同。供暖期内，运行费用低于传统的暖气片供暖方式，而且室内温度基本恒温，无忽冷忽热现象。几种常用采暖方式的经济比较见表10-1。

地板辐射供暖系统见图10-4。

二、采暖管道常用材料及安装要求

（一）采暖管道常用材料

（1）热水及蒸汽采暖工程一般常用焊接钢管，包括镀锌钢管（白铁管）、非镀锌钢管（黑铁管）、无缝钢管等，一般不特别指明，焊接钢管均指黑铁管。

表 10-1　　　　　　　　　　　　几种常用采暖方式的经济比较

供暖设备类型	采暖舒适度	能耗	占用使用面积（%）	热量计算	一个采暖季的运行费用	造价（元/m²）	备　注
中央空调	差	高	0	不便	高	200~300	冷暖两用不适合值班采暖
散热器	一般	中	约2	不便	中	40~150	一般场地需加罩子
地板采暖	舒适	低	0	不便	低	50~100	特别使用于大开间，高层，高矮窗式结构

1）镀锌钢管又分为热镀管和冷镀管两种，热镀管镀锌质量优于冷镀管。

镀锌钢管和非镀锌钢管用公称直径DN表示，采暖工程常用规格有 DN15、DN20、DN32、DN40、DN50、DN65（70）、DN80、DN100、DN125、DN150等。公称直径不等于管子内径也不等于管子外径，但和内径比较接近，见表8-1。

焊接钢管分为普通钢管和加厚钢管两种，普通钢管的公称压力为1.0MPa，加厚钢管的公称压力为1.6MPa；按管端形式分为带螺纹焊接钢管和不带螺纹焊接钢管两种。焊接钢管适用于冷水、热水、煤气和油品的输送。焊接钢管的规格、外径及壁厚尺寸及其允许偏差应符合表8-1的规定。

一般在实际工程中，管道计量单位为m，实际采购时按t，可用表8-1换算重量。镀锌钢管比不镀锌钢管重3%～6%，选择时，可按每批管材壁厚的正负差来考虑，即管材壁厚正差时选大一点的百分数，负差时选小一点的百分数。

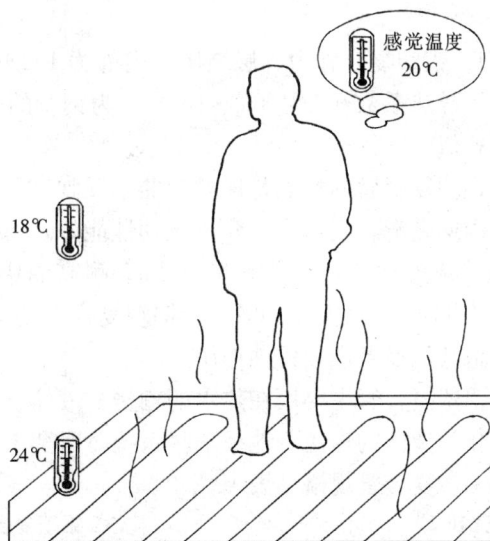

图 10-3　房间内温度分布

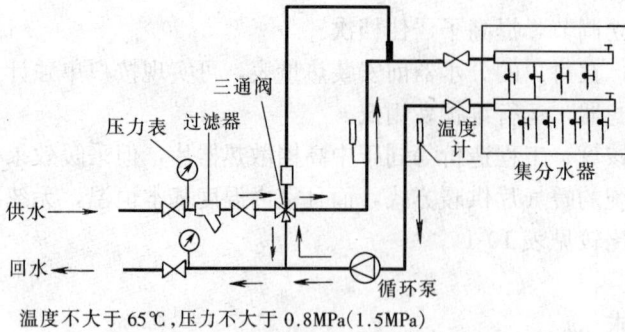

温度不大于 65℃,压力不大于 0.8MPa(1.5MPa)

图 10-4　地板辐射供暖系统图

2) 无缝钢管。钢坯经轧制或拉制的管子是无缝钢管。无缝钢管按制造方法分为冷拔（冷轧）管和热轧管，按用途分为普通无缝钢管和专用无缝钢管。

普通无缝钢管。普通无缝钢管简称无缝钢管，是用普通碳素钢、优质碳素钢、普通低合金结构钢制成的。管道工程中选用无缝钢管时，当公称直径DN≤50mm时，一般采用冷拔管；当公称直径 DN>50mm 时，一般选用热轧管。无缝钢管规格多、品种全、强度高、应用多，可应用于热力、制冷、压缩空气、氧气、乙炔、乳碱、石油、化工管道等。

无缝钢管的规格是用外径乘壁厚来表示的，如 $D108×4$ 表示无缝钢管外径为 108mm，壁厚为 4mm。

专用无缝钢管。专用无缝钢管是指用于某一特定场所和用途的钢管，种类较多，有低中压锅炉用无缝钢管、锅炉用高压无缝钢管、化肥用高压无缝钢管、石油裂化用无缝钢管、不锈钢无缝钢管等。

无缝钢管的重量换算可参考《材料设备手册》或《五金手册》。

（2）地板辐射采暖管道常用铝塑复合管、交联聚乙烯（PE-X）管、聚丙烯（PP-R）管等。

1）铝塑复合管为五层结构，内外为 PE 塑料层及粘合层，分别由四台挤出机共挤一次成型，导热系数 0.4W/(m·K)，约为钢管的 1/100，热膨胀系数 $2.5×10^{-5}$ m/(m·K)，与铝材相似。

铝塑复合管的特点是任意弯曲不反弹，可以减少大量管接头，节省工时，工程综合造价低；内壁光滑，阻力小，介质流动性能好，可减小管道直径，降低成本。普通饮水铝塑复合管耐受温度为 60℃，耐压 1.0MPa，耐高温铝塑复合管长期耐受温度小于 95℃，瞬间耐受温度为 110℃，耐压 1.0MPa。铝塑复合管完全隔断氧气，避免氧气通过管壁进入管路对热力管道其他设备产生侵蚀作用。

铝塑复合管主要用在热水的输送，液体食品的输送（纯净水、自来水、饮料），气体输送，化学液体的输送，地板采暖系统，医药卫生领域。

铝塑复合管规格见表 10-2。

表 10-2　　　　　　　　　　　铝塑复合管规格

公称外径 （mm）	普通饮水铝塑 复合管壁厚 （mm）	耐高温铝塑 复合管壁厚 （mm）	公称外径 （mm）	普通饮水铝塑 复合管壁厚 （mm）	耐高温铝塑 复合管壁厚 （mm）
16	1.8	1.8	25	2.3	2.3
18	1.8	1.8	32	2.9	2.9
20	2.0	2.0			

2）交联聚乙烯（PE-X）管是以高密度聚乙烯作为基本原料，通过高能射线或化学引发剂的作用，将线形大分子结构转变为空间网状结构，形成三维交联网络的交联聚乙烯。其耐热、耐压性大大提高，使用寿命可达 50 年以上。

交联聚乙烯（PE-X）管的特点是抗腐蚀性强、重量轻、不积水垢、柔性好、难燃性好、无毒不滋生细菌，在低温热水地板辐射采暖中广泛应用。

在地板采暖中，PE-X 由于可以任意弯曲不变形，所以，从分水器到用水终端，一根管相连，无任何连接管件，杜绝漏水隐患；各用水终端，水压稳定；每条管道，单独阀门控制；由于无需管件，使工程费用大幅降低；管道采用暗敷设方式，埋于地面下或墙壁内，美观大方，是目前最流行的管道安装方式。

3）聚丙烯（PP-R）管。聚丙烯是采用聚丙烯原材料制成的管材，具有无毒、无害、防霉、防腐、防锈、耐热、保温好[导热系数 0.23～0.24W/(m•K)]，使用寿命长及废料可以回收等特点。聚丙烯管主要用于自来水、纯净水、液体食品、酒类、生活冷热水及供暖系统热水输送，是取代传统镀锌钢管的升级换代产品。

安装施工简便，具有独特的热熔式连接，数秒钟可完成一个接点，施工费用比金属管节省 60%，而且，永无泄漏之忧；长期使用温度为 70℃，瞬间温度达 95℃，管道系统在正常使用下寿命达 50 年以上。

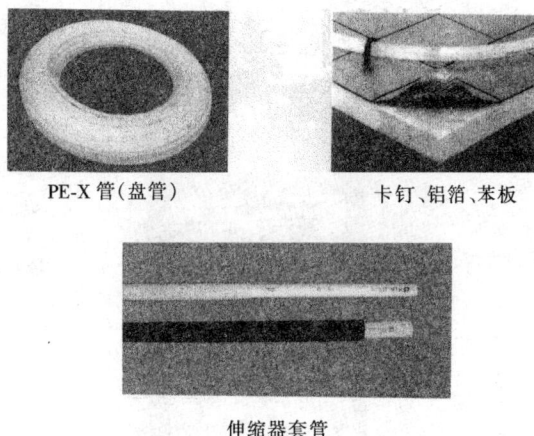

PE-X 管（盘管）　　　　　卡钉、铝箔、苯板

伸缩器套管

图 10-5　常用材料

建设部于 2001 发文推广此种管材，目前在工程上已得到广泛应用。

（3）地板辐射供暖常用材料见图 10-5。

（二）管道、散热设备安装要求及连接方式

1. 管道敷设

室内一般用明敷，室外管道可架空和管沟内敷设。

焊接钢管连接当 DN≤32 时，一般丝接，DN≥32 时可用焊接或法兰连接等几种连接形式。钢管弯曲，可用压制弯头焊成，或现场煨弯。也可用挖眼、焊接、摔制等方法做钢管分支、弯曲或变径。

镀锌钢管只能丝接或法兰连接，不能采用焊接方式，否则，高温会破坏管道内外的镀锌层。

无缝钢管的连接方式一般是焊接和法兰连接。当用在气体灭火管路时，可采用丝接，但必须做管壁内外镀锌防腐处理。

2. 采暖管穿墙、过楼板

采暖管穿墙、过楼板时应安装套管，穿内墙、过楼板套管可用镀锌铁皮或钢管制作，要求套管比被套管道直径大 1～2 号，套管端伸出楼板面 20mm。底部与楼板底齐平。在套管与管道之间塞上密封填料（一般采用油麻），并在管道周遍做防水处理。套管穿墙时，套管两端要与装饰面平。

采暖管道穿外墙时，要加防水套管，一般加刚性防水套管，要求高时加柔性防水套管。

3. 管道系统试压与检查

管道系统用水试压或清水冲洗。

4. 管道支架、吊架制作与安装

管道支架有单管托架、单管吊架、滑动支架（弧板式、曲槽式等）、固定支架等，根据设计图纸要求制作与安装。

管道支架安装程序：下料—焊接—刷底漆—安装—刷面漆。

焊接钢管及无缝钢管安装的具体要求请参考有关书籍，本书重点介绍 PE-X 管、PP-R 管的安装知识。

5. 分水器与 PE-X 管的连接

铜质分水器系列见图 10-6。分水器与 PE-X 管连接采用两种铜管件组装方式：

图 10-6　分水器

（1）K 系列（卡环式）常用铜配件及组装见图 10-7。

铜管件，无密封橡胶圈，专用钳一次性夹紧，永久使用，无需维修，适用于多种方式管道系统。

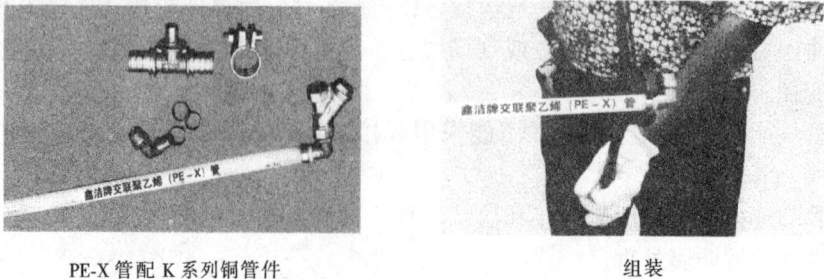

PE-X 管配 K 系列铜管件　　　　　　　　　　组装

图 10-7　卡环式常用铜配件及组装

（2）J 系列（夹紧式）常用铜配件及组装见图 10-8。

铜管件，有长寿命密封橡胶圈和金属收紧圈，安装简单，维修方便，适用于明装管道系统。

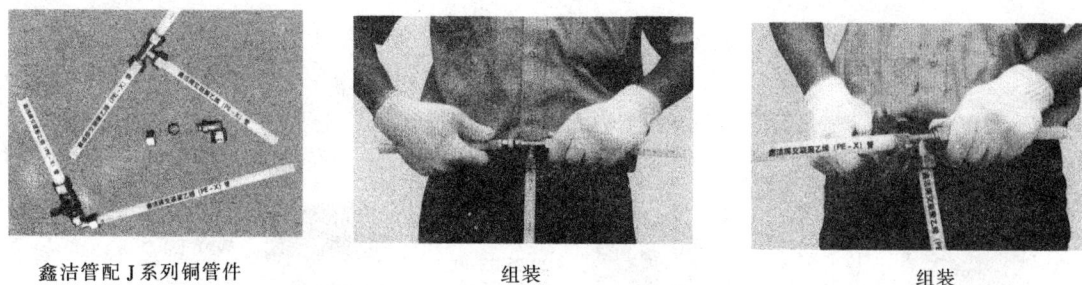

鑫洁管配 J 系列铜管件　　　　　　　组装　　　　　　　　　　组装

图 10-8　夹紧式常用铜配件及组装

常用安装器具及 PE-X 系列管材见图 10-9。

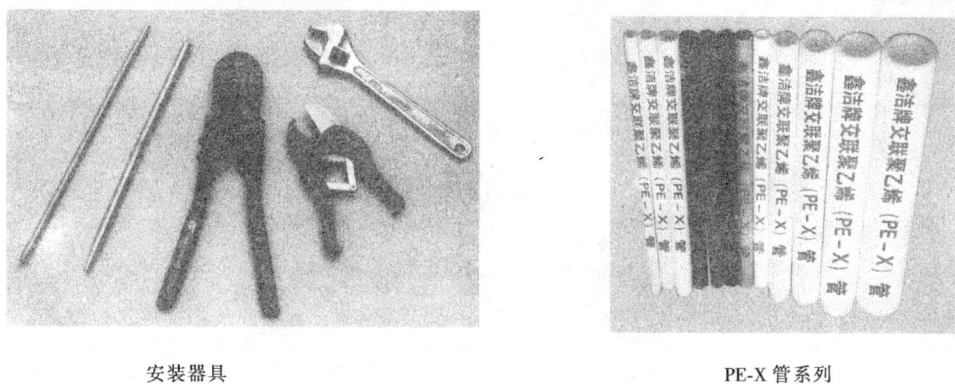

安装器具　　　　　　　　　　　　PE-X 管系列

图 10-9　常用安装器具及 PE-X 管系列

6. PP-R 管的连接

（1）PP-R 管采用热熔连接，与钢管连接时，可用管件丝接。常用管件见图 10-10。

（2）PP-R 管常用管材规格、壁厚及适用压力范围见表 10-3。

表 10-3　　　　　　　　　　　　　　　PP-R 管常用管材规格

公称外径 (mm)	1.25MPa 壁厚 (mm)	1.6MPa 壁厚 (mm)	2.0MPa 壁厚 (mm)	公称外径 (mm)	1.25MPa 壁厚 (mm)	1.6MPa 壁厚 (mm)	2.0MPa 壁厚 (mm)
16	1.8	2.0	2.2	50	4.6	5.6	6.9
20	1.9	2.3	2.8	63	5.8	7.1	8.6
25	2.3	2.8	3.5	75	6.8	8.4	10.1
32	2.9	3.6	4.4	90	8.2	10.0	12.3
40	3.7	4.5	5.5	110	10.0	12.3	15.1

（3）常用 PP-R 管材系列图示见图 10-11。

（4）PP-R 管组装示意图方式见图 10-12。

90°弯头		45°弯头		挂墙弯头	

规格
16 20 25
32 40 50
63 75 90
110

规格
20 25 32 40
50 63 75 90
110

规格
16-1/2 20-1/2

正三通　规格
20 25 32 40
50 63 75 90
110

外螺纹弯头　规格
16 20
25 25

内螺纹弯头　规格
16-1/2 20-1/2
25-1/2 25-3/4

外螺纹三通　规格
20-20
25-25

内螺纹三通　规格
20-20
25-25

外螺纹接头　规格
16 20 20
25 25 32
40 50 63

异径三通　规格
20-16-16 20-16-20 20-25-20 25-20-20 25-20-25 32-20-20
32-20-25 32-25-20 40-20-40 40-25-40 40-32-40 50-20-50
50-25-50 50-32-50 50-40-50 63-25-63 63-32-63 63-40-63
63-50-63 75-32-75 75-40-75 75-50-75 75-63-75 90-50-90
90-63-90 90-75-90
110-63-110 110-75-110 110-90-110

异径管套　规格
20-16 25-16 25-20 32-20
32-25 40-25 40-32 50-25
50-32 50-40 63-32 63-40
63-50 75-50 75-63 90-63
90-75 110-90

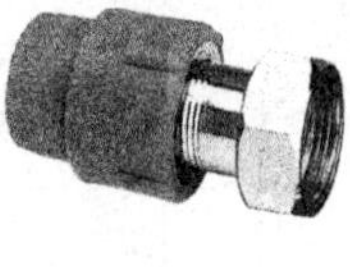

活接头　规格
20 25
32 40
50 63

管帽　规格
20 25 32 40
50 63 75 90
110

图 10-10　PP-R 管常用管件（管件规格单位：mm）（一）

大小头		内螺纹接头	
	规格 25-20		规格 16 20 20 25 25 32 40 50 63

管套		内丝鞍型分支		法兰套管	
	规格 16 20 25 32 40 50 63 75 90 110		规格 63 75 90 110		规格 50 63 75 90 110

外丝鞍型分支		法兰		鞍型分支	
	规格 63 75 90 110		规格 50 63 75 90 110		规格 63-20 63-25 75-20 75-25 90-20 90-25 90-32 110-20 110-25 110-32

法兰垫片		丝堵		短脚管卡	
	规格 50 63 75 90 110		规格 1/2 3/4		规格 16 20 25 32

分水器		四通		截止阀	
	规格 25-16×4 32-20×4		规格 20 25 32 40		规格 20 25 32 40 50 63

图 10-10　PP-R 管常用管件（管件规格单位：mm）（二）

图 10-11　PP-R 管系列图示

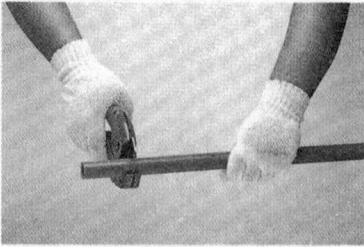

使用管剪将管材按需要长度剪开，剪口与
轴线成直角

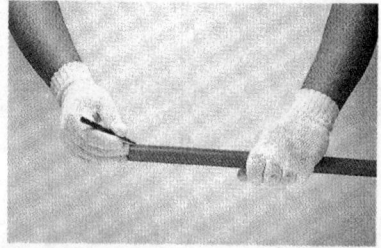

在管材的端头，作焊接深度标记

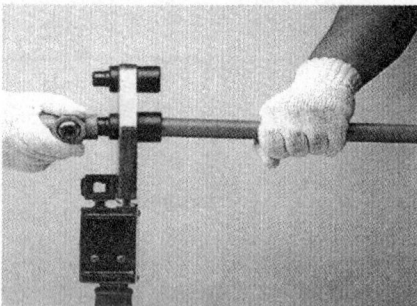

将管材管件同时插到焊接机上加热，时间依据管
材直径而定

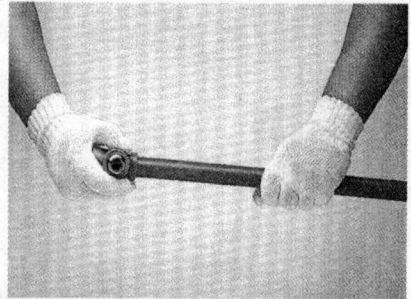

达到规定的加热时间后，将管材，管件从
焊接机上取下，立即插接，在插接过程中
避免扭动歪斜

图 10-12　PP-R 管的组装示意图

（5）PP-R 管热熔焊接操作技术主要参数见表 10-4。

表 10-4　　　　　　　　　　　PP-R 管热熔焊接操作技术主要参数

管材外径 （mm）	焊接深度 （mm）	热熔时间 （s）	接插时间 （s）	冷却时间 （s）
20	14	5	4	2
25	15	7	4	2
32	16.5	8	6	4
40	18	12	6	4
50	20	18	6	4
63	24	24	8	6
75	30	30	10	8

（6）铝塑管、PE-X 管、PP-R 管常用阀件见图 10-13。

温控阀　　　　　　　　　　　　　　　电磁温控阀

锻压黄铜球阀　　　　　铝塑管卡套球阀　　　　　　锻压黄铜球阀

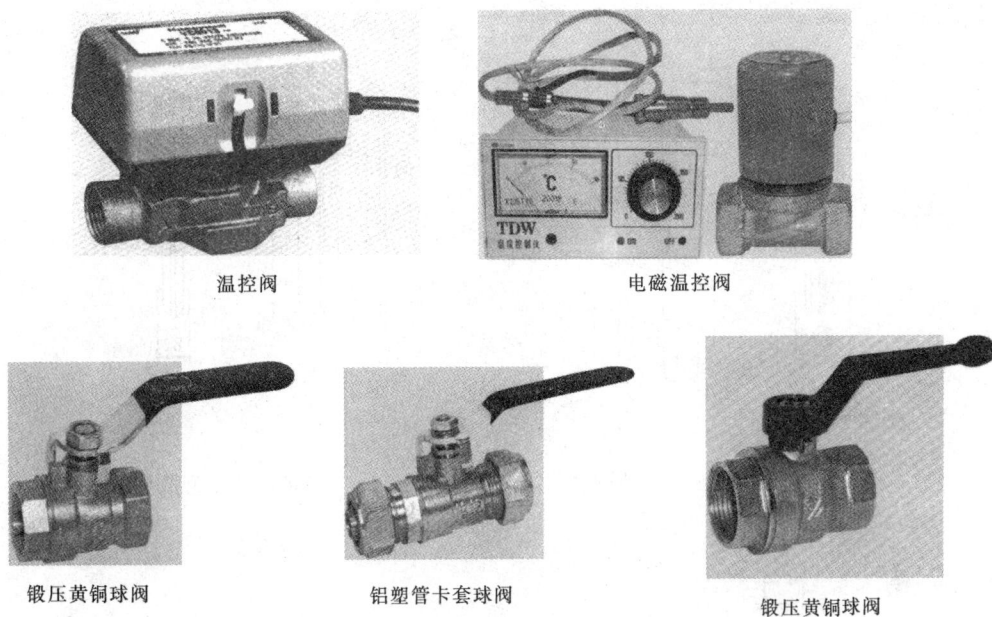

图 10-13　铝塑管、PE-X 管、PP-R 管常用阀件

三、供暖器具和附件

散热器主要分为铸铁散热器、钢制散热器和铝制散热器三大类。

1. 铸铁散热器

（1）铸铁散热器见图 10-14～图 10-18。

铸铁翼型散热器分为圆翼型和长翼型两种。

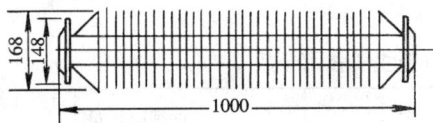

图 10-14　圆翼型散热器　　　　　图 10-15　长翼式散热器

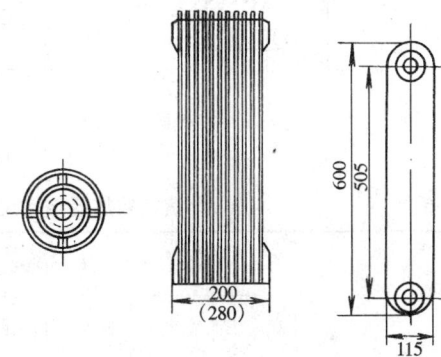

（2）常用铸铁散热器结构尺寸及主要技术参数见表 10-5。

（3）铸铁散热片（器）在施工现场的安装程序：组对—试压—就位—配管。为了加快施工进度，一般可在散热器生产厂家组对、试压好，运至施工现场安装即可。

2. 钢制散热器

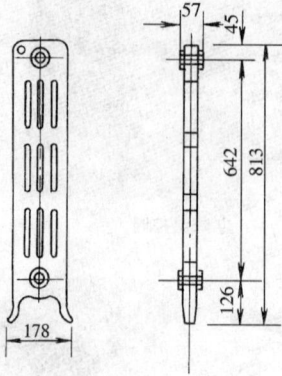

图 10-16　四柱 813 型散热器　　　　　　图 10-17　二柱 M-132 型散热器

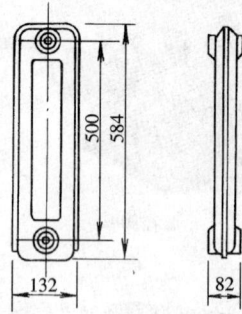

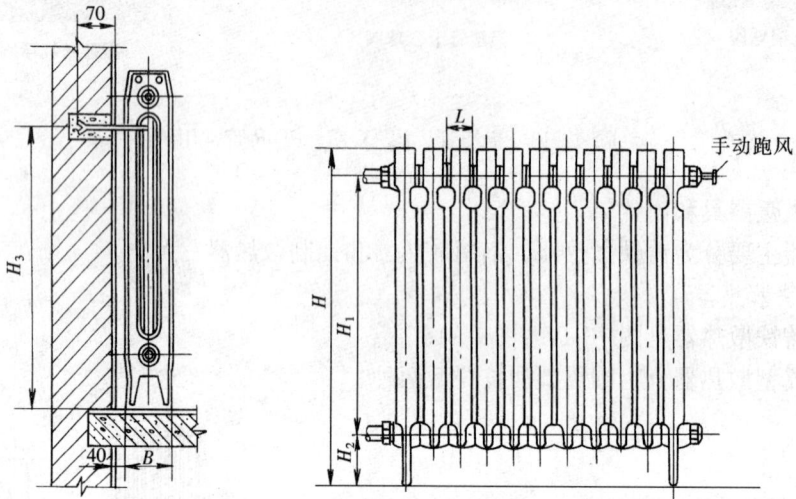

图 10-18　柱翼型散热器

表 10-5　　　　　　　　　　铸铁散热器结构尺寸及主要技术参数

序号	型　号		单片主要尺寸（mm）				重量（kg/片）	散热面积（m²/片）	标准散热量（W）$\Delta T = 64.5℃$	工作压力（MPa）	
			高度 H	宽度 B	长度 L	中心距 H_1				普通	稀土高压
1	TZY2-6-5（8）（柱翼 700）	中片	700	100	60	600	6.7	0.412	155	0.6	0.8
		足片	780	100	60	600	7.2	0.412	155	0.6	0.8
2	TZY2-5-5（8）（柱翼 600）	中片	600	100	60	500	5.5	0.377	134	0.6	0.8
		足片	680	100	60	500	6	0.377	134	0.6	0.8
3	TZY2-3-5（8）（柱翼 400）	中片	400	90	60	300	3.6	0.18	134	0.6	0.8
		足片	480	90	60	300	4.2	0.18	134	0.6	0.8

序号	型号		单片主要尺寸（mm）				重量（kg/片）	散热面积（m²/片）	标准散热量（W）ΔT=64.5℃	工作压力（MPa）	
			高度 H	宽度 B	长度 L	中心距 H₁				普通	稀土高压
4	四柱 813 型	中片	724	159	57	642	6.5	0.28	153	0.6	0.8
		足片	813	159	57	642	7	0.28	153	0.6	0.8
5	TZ4-6-5（8）（四柱 760）	中片	682	143	60	600	5.8	0.235	128	0.6	0.8
		足片	760	143	60	600	6.2	0.235	128	0.6	0.8
6	TZ4-5-5（8）（四柱 660）	中片	582	143	60	500	5.4	0.2	112	0.6	0.8
		足片	660	143	60	500	5.9	0.2	112	0.6	0.8
7	TZ4-3-5（8）（四柱 460）	中片	382	143	60	300	5	0.13	92	0.6	0.8
		足片	460	143	60	300	5.5	0.13	92	0.6	0.8
8	TZ2-5-5（8）M132 型	中片	582	132	80	500	6.5	0.24	130	0.5	0.8
		足片	660	132	80	500	7	0.24	130	0.5	0.8
9	TC0.28/5-4（6）长翼型（大 60 型）		600	115	280	500	26	1.17	444	0.4	0.6
10	长翼型（小 60 型）		600	115	200	500	18	0.8	336	0.4	0.6

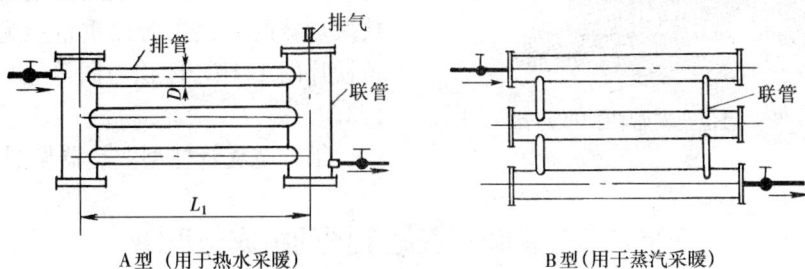

图 10-19 光排管散热器

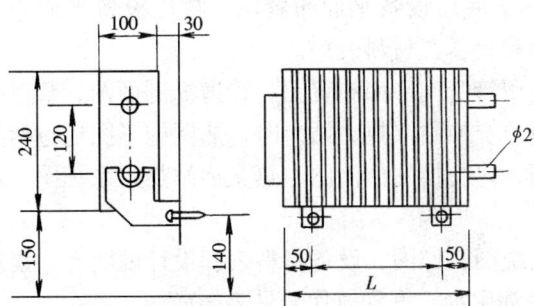

A型（用于热水采暖）　　　B型（用于蒸汽采暖）

图 10-20 闭式对流串片散热器　　　图 10-21 钢制柱式散热器

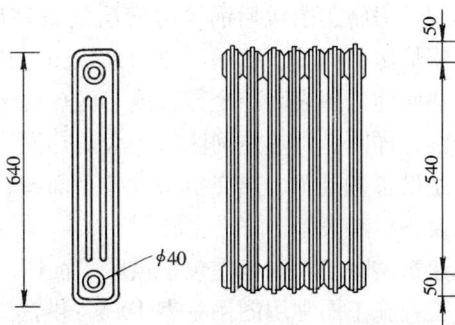

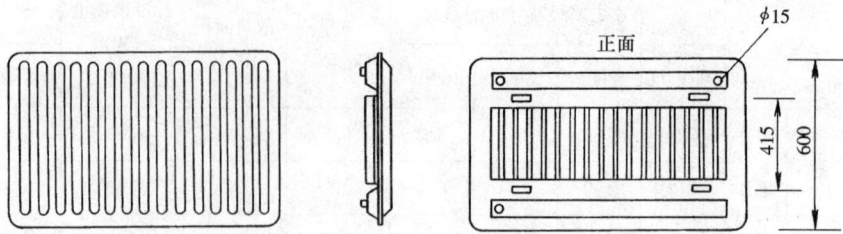

图 10-22　板式散热器

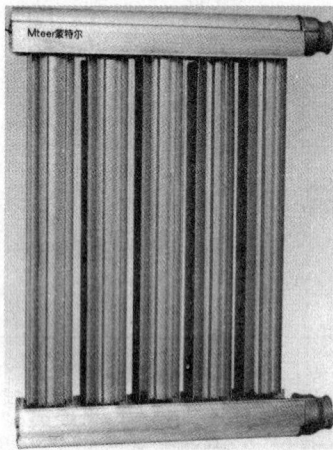

图 10-23　铝合金翼管柱型散热器

钢制散热器有光管散热器、闭式对流串片散热器、板式散热器和钢制柱式散热器。几种常用钢制散热器见图 10-19 ～图10-22。

3. 铝制散热器

最近几年，铝制散热器在我国迅速发展，品种繁多，样式美观，安装方便灵活，特别适用于民用建筑，增强了房间的装饰效果和艺术品味。由于铝制散热器金属热强度是铸铁散热器的 6 倍，所以重量仅为同等散热量铸铁片的 1/10，体积为同等散热量铸铁片的 1/3。

铝合金翼管柱型散热器见图 10-23。

第二节　供暖工程施工图的组成与识图

一、供暖工程施工图组成

供暖工程施工图包括热源（锅炉房）、热网、建筑供暖三部分：

锅炉房施工图包括锅炉房底层设备基础图、底层设备平面布置图、楼层设备平面布置图、锅炉房剖面图、锅炉房热力系统图、详图和设备、材料表等。

热网施工图表明一个街道或小区热媒输送干管管网平面布置图、管道纵剖面图、管道横剖面图、详图。供热热网区域较大，热网中设热交换站（热力站）时，热网施工图还包括热交换站设备基础图、热交换站设备平面布置图、热交换站剖面图、热交换站热力系统图、详图和设备材料表等。

建筑供暖工程施工图包括供暖平面图、系统图、详图、设备材料表和设计说明等。建筑供暖工程施工图常用图例见表 10-6。供热工程常用水、汽管道代号见表 10-7。

表 10-6　　　　　　　　　　　供暖工程常用图例

序　号	名　　称	图　　例	备　　注
1	阀门（通用）、截止阀	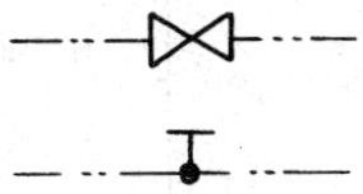	 1. 没有说明时，表示螺纹连接 法兰连接时  焊接时  
2	闸阀		2. 轴测图画法 阀杆为垂直 阀杆为水平
3	手动调节阀		
4	球阀、转心阀		
5	蝶阀	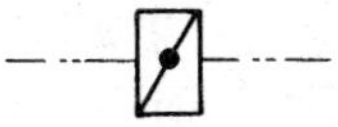	
6	角阀	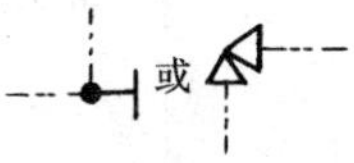 或	
7	平衡阀		
8	三通阀	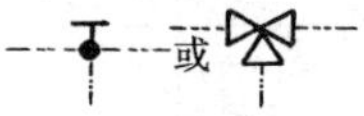 或	
9	四通阀	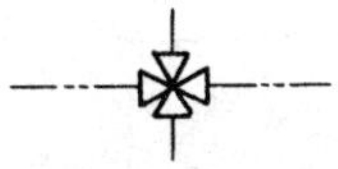	
10	节流阀		
11	膨胀阀	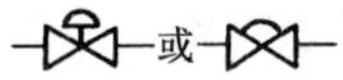 或	也称"隔膜阀"
12	旋塞		
13	快放阀		也称快速排污阀
14	止回阀	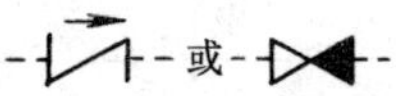 或	左图为通用，右图为升降式止回阀，流向同左。其余同阀门类推
15	减压阀	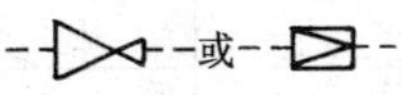 或	左图小三角为高压端，右图右侧为高压端。其余同阀门类推
16	安全阀		左图为通用，中为弹簧安全阀，右为重锤安全阀

序　号	名　称	图　例	备　注
17	疏水阀	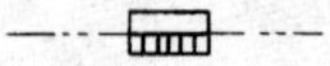	在不致引起误解时，也可用  —---◐--— 表示　也称"疏水器"
18	浮球阀	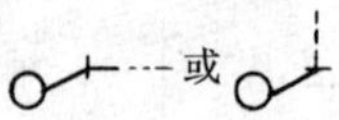 或	
19	集气罐、排气装置	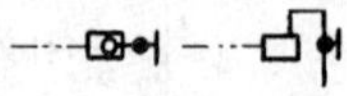	左图为平面图
20	自动排气阀		
21	除污器（过滤器）	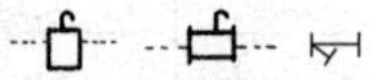	左为立式除污器，中为卧式除污器，右为 Y 型过滤器
22	节流孔板、减压孔板	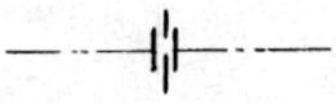	在不致引起误解时，也可用 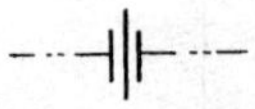 —---‖--— 表示
23	补偿器		也称"伸缩器"
24	矩形补偿器	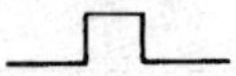	
25	套管补偿器		
26	波纹管补偿器	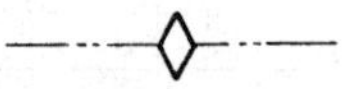	
27	弧形补偿器		
28	球形补偿器	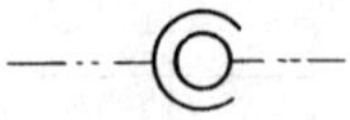	
29	变径管异径管		左图为同心异径管，右图为偏心异径管
30	活接头	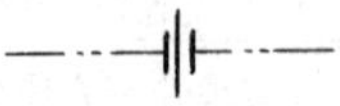	
31	法兰	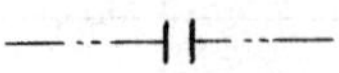	
32	法兰盖	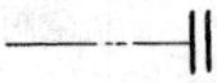	

续表

序 号	名 称	图 例	备 注
33	丝堵	—·—·—◁	也可表示为：—·—·—|
34	可屈挠橡胶软接头	—·—·—○—·—	
35	金属软管	—·—·—〰〰—·—	也可表示为：—·—〰〰—·—
36	绝热管	〜〜〜〜	
37	保护套管	—————▭————	
38	伴热管	—·—·—·—·—	
39	固定支架	✳ — ✕ ‖ ✕	
40	介质流向	⟶ 或 ⟹	在管道断开处时，流向符号宜标注在管道中心线上，其余可同管径标注位置
41	坡度及坡向	$i = 0.003$ 或 ⟶ $i = 0.003$	坡度数值不宜与管道起、止点标高同时标注。标注位置同管径标注位置

表 10-7　　　　　　　供暖工程常用水、汽管道代号

序 号	代 号	管道名称	备 注
1	R	（供暖、生活、工艺用）热水管	（1）用粗实线、粗虚线区分供水、回水时，可省略代号 （2）可附加阿拉伯数字1、2区分供水、回水 （3）可附加阿拉伯数字1、2、3、…表示一个代号、不同参数的多种管道
2	Z	蒸汽管	需要区分饱和、过热、自用蒸汽时，可在代号前分别附加B、G、Z
3	N	凝结水管	
4	P	膨胀水管、排污管、排气管、旁通管	需要区分时，可在代号后附加一位小写拼音字母，即PZ、PW、PQ、PT
5	G	补给水管	

续表

序　号	代　号	管道名称	备　　注
6	X	泄水管	
7	XH	循环管、信号管	循环管为粗实线，信号管为细虚线。不致引起误解时，循环管也可为"X"
8	Y	溢排管	
9	L	空调冷水管	
10	LR	空调冷/热水管	
11	LQ	空调冷却水管	
12	n	空调冷凝水管	
13	RH	软化水管	
14	CY	除氧水管	
15	YS	盐液管	
16	FQ	氟汽管	
17	FY	氟液管	

二、供暖工程施工图识图

1. 供暖平面布置图

供暖底层平面布置图主要表明热媒管道入口、回水出口、供暖干管、立管、回水干管、立管、附件等的位置，干管布置方式，立管编号，管道敷设坡向及坡度，管道管径，附件规格，散热器位置、每组片数、类型、安装方式等内容。

供暖标准层平面布置图表明散热器位置、各标准层散热器每组片数、立管位置等内容。

供暖顶层平面布置图表明供暖干管位置、管径、坡度及坡向，立管位置、编号，散热器位置、每组片数、类型，附件如阀门位置、类型、数量，排气阀位置、类型、数量等。

2. 供暖系统图

供暖系统图表明供暖系统形式，供暖入户管和回水出户管管径，阀门规格、数量，供暖干管和回水干管管径、坡向和坡度、标高，立管管径、编号，阀门类型、数量、设置位置、规格，附件（如排气阀）规格、数量等。

3. 供暖详图

供暖详图主要表明供暖设备、器具和附件等的构造、安装与连接情况的详细图样。例如散热器安装图、管沟断面布置图、伸缩器安装图等。供暖热水系统入口安装、减压阀安装、疏水器安装分别见图10-24～图10-26。

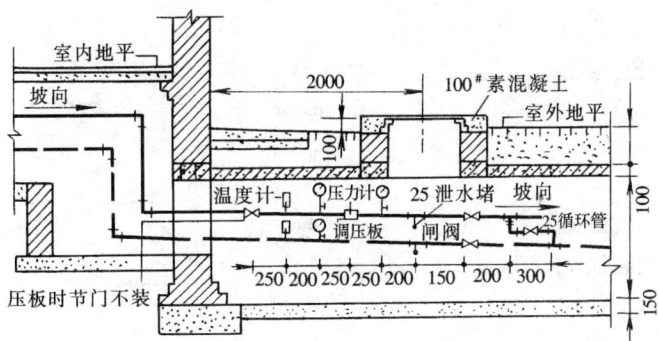

(a)

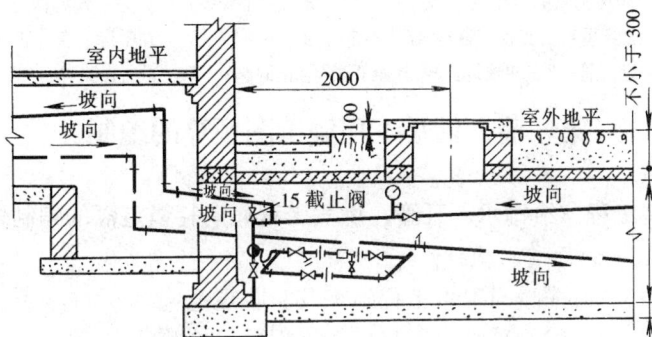

(b)

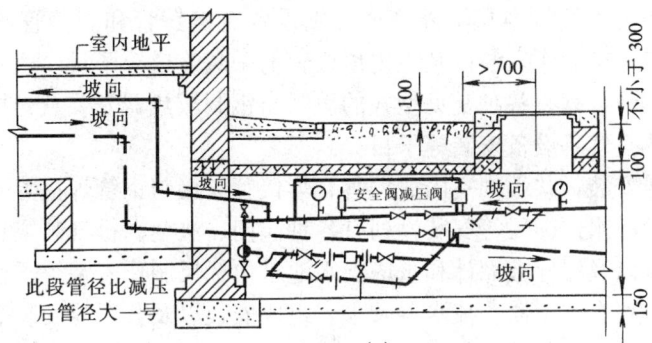

(c)

图 10-24　供暖系统入口安装图

(a) 热水系统入口；(b) 低压蒸汽入口；(c) 高压蒸汽减压后入口

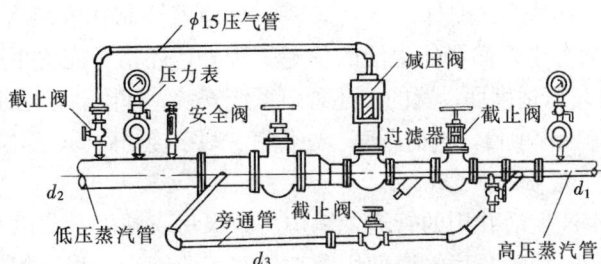

图 10-25　减压阀安装图

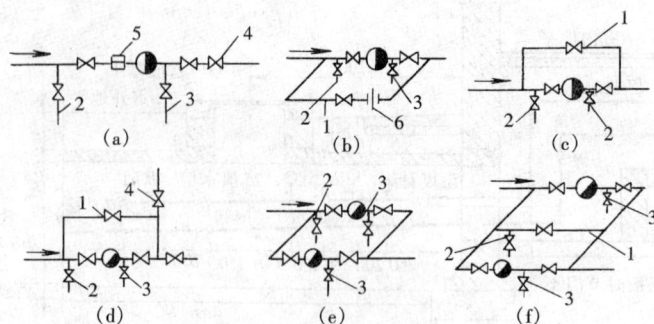

图 10-26　供暖疏水器安装图

(a) 不带旁通管的水平安装；(b) 带旁通管的水平安装；(c) 旁通管垂直安装；

(d) 旁通管垂直安装 (上返)；(e) 不带旁通管并联安装；(f) 带旁通管并联安装

1—旁通管；2—冲洗管；3—检查管；4—止回阀；5—过滤器；6—活接头

第三节　供暖工程施工图预算的编制

一、山东省安装工程《给排水、采暖、燃气工程》消耗量定额的编制依据与项目设置

1. 定额编制所依据的标准、规范

(1) GBJ 242—1982《采暖与卫生工程施工及验收规范》。

(2) GBJ 302—1988《建筑采暖卫生与煤气工程质量检验评定标准》。

2. 项目设置

(1) 采暖管道安装，按室内与室外管道分别设置有镀锌管和焊接管丝接、钢管焊接项目，另外还设有管道支架制作安装以及室内地板辐射采暖管道等子目。

(2) 供暖器具安装，列有各种常见型式的铸铁与钢制散热器安装及光排管散热器制作安装，以及暖风机、热空气幕设备安装等子目。

(3) 空调水管道安装，共编列室内镀锌管、焊接管丝接与钢管焊接等子目。

(4) 阀门、法兰、水位标尺等安装，列有各种阀门、法兰、排气装置、套筒式补偿器及橡胶挠性接头安装，以及浮标液面计和水塔、水池水位标尺制作安装等子目。

(5) 低压器具，列有减压器、疏水器及水表组成安装以及分水器安装等子目。

(6) 开水炉及箱、罐，列有加热器安装以及矩形和圆形钢板水箱等小型容器制作安装子目。

二、定额适用范围及与其他册定额的关系

1. 适用范围

定额适用于新建、扩建和整体更新改造工程项目中的生活用采暖热源管道、空调水系统管道及上述各管道系统中的附件、配件、器具安装，小型容器制作安装等。这里所说的"生活用"，除了比较直观地服务于人们居住生活的住宅工程外，还指为完善生产、工作及其他公共场所设施条件，提高环境舒适度而设置的上述管道系统安装，即附属于建筑物的(不属于生产工艺、生产过程)暖、卫等工程项目，包括厂房、办公室、写字楼、商场、医院、学校、影剧院等。

2. 使用其他册相应定额的工程项目

(1) 工业管道、生产生活共用的管道，锅炉房、泵房、站类管道以及高层建筑物内的加压泵间、空调制冷机房、消防泵房管道使用第六册《工业管道工程》相应项目。

(2) 泵类、风机等传动设备安装使用第一册《机械设备安装工程》相应项目。

（3）压力表、温度计等使用第十册《自动化控制仪表安装工程》相应项目。

（4）本定额内未包括的刷油、防腐蚀与绝热工程使用第十一册《刷油、防腐蚀、绝热工程》相应项目。

（5）室内外挖填土方、管沟与井类砌筑、管道基础等使用建筑工程消耗量定额。

（6）住宅区以外的供热使用市政工程消耗量定额。

（7）整体更新改造项目中的管道拆除内容使用修缮工程定额。

三、定额中共性问题的说明

（1）定额各类管道安装项目中均已包括相应管件安装，各种管件数量系综合取定（详见本册定额附录），使用时一般不做调整。确需调整的，只调整管件用量，其余不变。

（2）关于定额中规定的系数计算：定额中列有三类不同的调整系数，一是定额各章说明中的定额换算系数，如铝塑管调整系数等；二是子目调整系数，包括操作超高、高层建筑、管井管道及洞库、暗室施工等；三是综合计算系数，包括采暖工程系统调整费和属于施工措施项目的脚手架搭拆等。计算时第一类系数列入第二类系数的计算基础，第一类与第二类系数列入第三类系数的计算基础；当一个项目适用两个或两个以上调整系数时，同一类系数分别计算，不能将系数连乘计算。

（3）有关各类调整系数的规定详见定额说明与定额章说明。

（4）关于工程量的计算。工程量的计算与全统定额工程量计算规则基本一致，管道均以施工图所示中心线长度以延长米计算，不扣除管件、阀门和各种管道附件（减压器、疏水器等组成安装）所占长度；法兰分别以"片"和"副"计算（与法兰阀门配套的法兰、螺栓已包括在阀门安装定额内）等。需要注意的只是已经综合在主要定额项目内的辅助项目工程量（如管道试压、除锈、刷底漆等）不要再重复计算。

（5）关于室内管道敷设安装中的几个问题：

1）管道穿墙（或穿楼板）孔洞，定额已按现场打孔与配合土建预留综合考虑，实际施工时不论以哪种方式为主，消耗量不做调整。

2）管道嵌墙敷设时的墙体管槽按土建预留考虑；如需墙面剔槽时使用第二册定额项目。

3）已综合计入管道安装定额内的管道支（吊）架，其材料消耗量系经调查测定，除另有说明外不做调整；但设计有特殊要求者，例如保温管道支架设置木托，塑料管道支架设置塑料或橡胶垫片，以及管架弹簧、滚珠等加工件，其材料费可另行计算。

（6）定额适用于热媒为水、蒸汽的采暖管道安装，分室内、室外两部分，分别列有镀锌钢管、焊接钢管丝接和钢管焊接项目，另外列有管道支架制作安装以及新增设的室内低温热水地板辐射采暖管道项目。编列管道最大规格：丝接管道均为DN150；钢管焊接项目：室外管道为DN400，室内管道为DN300。钢管焊接项目适用于焊接钢管与无缝钢管；地板辐射采暖管道适用于铝塑、聚乙烯、聚丙烯管材等。

四、管道定额的界线划分

（1）室内、外管道以入口阀门或以建筑物外墙皮1.5m为界；

（2）与工业管道界线以锅炉房或热力站外墙皮1.5m为界；

（3）工厂车间内采暖管道以采暖系统与工业管道碰头点为界；

（4）与设在高层建筑内的加压泵间管道以泵间外墙皮为界。

五、应用中应注意的问题

（1）管道安装定额中均已包括管道、管件、方形补偿器制作安装、管道试压冲洗以及碳钢管除锈刷底漆（防锈漆两道）等工作内容，如设计选用其他型式的补偿器（波纹管、套筒式补偿器等），补偿器及配套法兰螺栓另计材料费，其余不变。

（2）室内管道定额内已包括管卡、托钩、支吊架制作安装及刷漆（防锈漆与银粉各两道），室外管道则未包括管道支架，应按本章相应项目另行计算（注意：管架定额也已综合了除锈刷漆的工作内容）。

（3）安装已做好保温层的管道时，定额人工乘以系数 1.10，保温补口按第十一册《刷油、防腐蚀、绝热工程》定额另计。这里说的带保温层管道是指现场集中保温预制后进行安装的管段或虽由专门生产厂预制，但其外保护壳为塑料或玻璃钢等轻型材料的管段，不适用热力管线的直埋夹套保温双层钢管。

（4）阀门、法兰、低压器具的安装，按本定额第六、第七章相应项目计算。

（5）管道穿墙(楼板)钢套管或防水套管，按定额第六册《工业管道工程》定额相应项目另计；管道面漆及管道保温工程使用定额第十一册《刷油、防腐蚀、绝热工程》定额相应项目。

（6）地板辐射采暖管道的分（集）水器安装，使用本定额第七章相应项目；管路敷设的固定方式按塑料卡钉考虑，实际方式不同时，固定材料按实换算，其余不变。定额内已包括填充层混凝土浇筑的配合用工，但混凝土浇筑与敷设隔热层保温板应按建筑工程消耗量定额相应项目另行计算。有关地板辐射采暖的构造、设计、施工与检验等请见山东省工程建设标准 DBJ 14-BT14—2002《低温热水地板辐射采暖技术规程》。

（7）室外管道安装不分架空、埋地或地沟敷设，均使用同一定额；室内外管沟、土方、管道基础等，应按建筑工程消耗量定额相应项目另行计算。

第四节　供暖安装工程量计算

一、供暖器具安装工程量计算

定额系参照《全国通用暖通空调标准图集》(T9N112)编制，包括各类型铸铁散热器和钢制散热器安装，光排管散热器制作安装以及暖风机、热空气幕安装。其中铸铁散热器按组成安装与成组安装分列项目。前者适用于散片进货现场组成安装(计量单位为"10 片")；后者适用于组装完成出厂的成品安装(以"组"为计量单位)。对于目前市场上出现的未录入国家标准图集的新型散热器，如立式、铝合金、铸钢散热器等，可按其结构型式和安装方式使用本定额相近项目。

定额中有关问题的说明：

（1）各类型散热器不分明装或暗装，均使用同类型散热器定额项目。铸铁散热器除柱型外已含打、堵墙眼与裁钩。柱型散热器挂装时，可使用 M132 型子目。柱型和 M132 型铸铁散热器安装用拉条时，拉条另行计算。

（2）定额中列出的接口密封材料，除圆翼形散热器采用橡胶石棉板外，其余均采用成品汽包垫，如采用其他材料不做换算。

（3）铸铁散热器组成安装项目中已综合考虑了暖气片除锈刷漆；成组散热器是按组装刷漆均已完成的成品到货考虑，如实际发生现场补漆或二次刷（喷）漆，可按定额第十一册《刷油、防腐蚀、绝热工程》相应项目另计。

（4）各类钢制散热器定额内也已包括托钩或托架的安装人工和材料。

（5）光排管散热器制作安装项目已包括组焊、试压、除锈刷漆等全部工作内容，其计量单位"10m"指光排管长度，联管材料消耗量已列入定额，不要重复计算。

（6）暖风机与热空气幕安装均以"台"为计量单位，热空气幕和重量小于500kg的暖风机定额中已综合其支架制作安装除锈刷油；单台重量大于500kg的暖风机安装未包括支架，可按有关项目另计（单组悬臂式支架重量小于100kg时可直接使用本册定额管道支架项目，大于100kg者或落地式支架则应使用第五册定额中设备支架项目）。

二、空调水管道安装工程量计算规则

定额适用于集中或半集中式空调系统中的室内空调供回水（含凝结水）管道安装，其室外管道使用第八册第一章中室外采暖管道相应项目。定额按镀锌与焊接管丝接和钢管焊接分列项目，丝接管道编列最大规格为DN150；钢管焊接项目适用于焊接管与无缝管，最大规格DN300。

1. 管道定额的界线划分

（1）室内、外管道以入口阀门或建筑物外墙皮1.5m为界；

（2）与工业管道界线以空调、制冷机房（站）外墙皮1.5m为界；`

（3）与设在高层建筑内的机房（站）、间管道界线，以站间外墙皮为界。

2. 定额应用中应注意的问题

（1）管道安装定额中均已包括了管道、管件安装，水压试验与冲洗，碳钢管（非镀锌）除锈刷底漆（防锈漆两道），以及管道支（吊）架的制作安装与除锈刷漆（防锈漆与银粉各两道）。但不包括法兰、阀门以及补偿器、过滤器等管路配件，应按设计用量和本册定额相应项目计算。

（2）管道穿墙（或楼板）设置钢套管、穿越地下室墙体或基础外墙设置防水套管时，按第六册《工业管道工程》相应定额项目计算。

（3）管道绝热及绝热外保护层，按定额第十一册《刷油、防腐蚀、绝热工程》相应定额项目计算，绝热用木托（垫）按实际用量另计材料费。

（4）空调箱、风机盘管等空调设备安装，使用定额第九册《通风、空调工程》相应项目。

三、供暖定额中有关问题的说明

管道定额的界线划分：

（1）室内给水铝塑管、塑料管若设计要求嵌墙或楼（地）面暗敷时，定额人工乘以系数0.80，同时按实调整管件及管卡、扣座、支架类材料用量。这两类管道的施工与验收可参见山东省标准DBJ 14-BS7—1999《建筑给水铝塑复合管（PAP）管道工程技术规程》及DBJ 14-BS11—2001《建筑给水聚丙烯 (PP-R)管道工程技术规程》。

（2）法兰、阀门、水表以及铝塑管、塑料管分水器件，使用本册定额第六、七章相应项目计算。

（3）管道穿墙（或楼板）采用钢套管，穿越地下室墙体、基础外墙、储水池壁等采用防水套管时，按第六册相应项目计算。

（4）管道绝热及绝热外保护层按定额第十一册《刷油、防腐蚀、绝热工程》相应项目计算。

（5）室内外管沟、土方、井类砌筑、管道基础以及墙（地）面暗敷管道的填、抹水泥砂浆保护层等应使用建筑工程消耗量定额相应项目。

（6）塑料管热熔、电熔连接定额综合列为一项，使用时管件价格可按实换算，其余不变。

（7）如设计采用本定额未编列的材质（如不锈钢）或超出本定额最大规格的管道，可按定额第六册《工业管道工程》相应项目计算。

（8）目前有的住宅采暖设计，其散热器供、回水采用铝塑复合管(耐温型)或聚丙烯(PP-R)管沿楼(地)面暗敷，这种情况可参照使用本定额相应管道安装项目及其暗敷调整办法处理。

四、阀门、法兰等安装工程量计算规则

定额中阀门、法兰、水位标尺、排气装置、补偿器及法兰橡胶软接头安装与本册其他章各类管道安装项目配套使用。其中螺纹阀门项目适用于各种内、外螺纹连接的阀门安装；法兰阀门按螺纹法兰阀、焊接法兰阀以及带铸铁短管法兰阀分列项目。各种法兰阀门以及法兰式补偿器、橡胶接头等定额中均已包括配套安装的一副法兰（或铸铁承盘与插盘短管）及相应的成套螺栓消耗量，法兰安装定额中也已包括了螺栓消耗量。另外，集气罐制作安装、自动排气阀安装项目则都已按标准图将其支架制作安装综合在内，不需再计算其工程量。

定额应用中需注意的问题：

（1）定额中各种阀门、法兰连接用垫片均按石棉橡胶板考虑，如用其他材质垫片，可以换算调整。

（2）法兰阀门安装如仅为一侧法兰连接时，定额内法兰、成套螺栓数量减半，其余不变。

（3）定额编列的法兰套筒式补偿器项目，波纹管式补偿器也可使用；若为对口型式的，应扣减定额中法兰与螺栓用量，其余不变。

（4）法兰式橡胶软接头定额也适用于法兰连接的金属软管接头；螺纹连接的橡胶软接(或金属软管)可按第六册定额中相应项目计算；安全阀安装也按第六册定额相应项目计算。

（5）浮标液面计、水塔水池浮漂水位标尺以及法兰液压式水位控制阀系按《采暖通风国家标准图集》N102-3 与《全国通用给水排水标准图集》S 318 分别编制，如实际工程设计与国标不符时可按实调整。

五、低压器具组成与安装工程量计算规则

定额包括减压器、疏水器组成安装及新增设的分水器安装项目。各种器具组成安装均以丝接与焊接两种方式分列项目，以"组"为计量单位；定额中均按相应标准图计算了其组成所需管材、管件、阀门、法兰等材料需用量并综合了试压（冲洗）与组合管除锈刷底漆（防锈漆两道）等工作内容。分水器安装以"个"为计量单位，适用于室内给水和采暖系统中采用铝塑复合管、聚乙烯与聚丙烯管材等的分水配件安装，按不同支路数列项，定额内已综合了其支（托）架的配制与安装。

定额应用中需注意的问题：

（1）减压器、疏水器组成安装按《采暖通风标准图集》N108 编制，实际组成如有不同时，阀门和压力表数量按实调整，其余不变。

（2）减压器组安选用定额子目时，其规格应以高压侧直径为准。

（3）减压阀、疏水阀单体安装的，不能使用本章项目，应按阀门安装相应项目计算。

（4）分水器安装时，如设计选用成品托架，可按外购成品价计算并将定额中型钢用量扣除，其余不变。

六、开水炉及箱、罐工程量计算规则

定额分为开水炉、加热器安装与小型容器制作安装两部分。开水炉及加热器安装编列了以电加热或蒸汽加热的开水炉、热水器、容积式热交换器、冷热水混合器以及消毒器、消毒

锅、饮水器等生活、卫生设备器具安装项目。小型容器制作安装项目系参照《全国通用采暖通用标准图集》T905、T906编制的，适用于采暖系统中一般常压、低压碳钢容器的制作与安装，编列有矩形、圆形钢板水箱制作安装。

1. 关于工程量计算

（1）电热水器、电开水炉安装以"台"为计量单位，定额只考虑了本体安装，连接管、连接件等可按相应定额另行计算。

（2）容积式热交换器安装以"台"为计量单位，不包括安全阀安装、本体保温、油漆和基础砌筑工程量，可按相应定额另行计算。

（3）蒸汽—水加热器和冷热水混合器均以"10套"为计量单位。蒸汽-水加热器已包括莲蓬头安装，但未包括阀门、疏水器安装及支架制作安装；冷热水混合器已包括温度计安装，但不包括支座制作安装。以上未包括的工程量需按相应定额另行计算。

（4）钢板水箱制作包括箱体、人孔及接管，以"100kg"为计量单位；其水位计安装和内、外人梯制作安装可按相应定额另行计算。钢板水箱安装均以"个"为计量单位，按相关标准图集水箱容量（m³）使用相应定额。

2. 其他需注意的问题

（1）各种水箱制作定额中已包括水箱的给水、出水、排污、溢流等连接短管的制作及焊接，其接管材料（包括法兰件）应按设计需用的种类、规格、数量计入主材用量。水箱制作定额中未包括支架制作安装，小容量水箱的型钢支架可使用本册定额第一章中管道支架项目，混凝土或砖砌支座则应按建筑工程消耗量定额相应项目计算。

（2）钢板水箱制作定额中已将箱体内外除锈刷底漆（防锈漆两道）综合在内；其面漆或保温绝热按设计要求另计。大、小便冲洗水箱制作定额中底漆与面漆均已包括（各两道）。另外，蒸汽间断式开水炉、蒸汽—水加热器安装的消耗量中也已将标准图所示的本体溢流管或出水管计入。使用定额时请注意一下各项目工作内容，以免重复计算。

七、使用本定额应注意的问题

（1）供暖工程中保温做法为钢板卷管外套聚乙烯保护管，中间为聚氨酯现场发泡时，如在施工现场预制时，可以定额第十一册中聚氨酯发泡项目为基础，结合施工方案进行合理调整。例如增计 HDPE 外套管材料、扣减模具摊销、根据实际施工方法计算必需的措施（摊销）费用等。

（2）本册管道安装各定额项目中管件（接头零件）耗用量系综合取定，当实际工程中管道接头零件消耗数量与定额存在明显差异时，可按发承包双方在合同中约定的调整范围、调整方法等进行调整。如合同中无约定调整范围及方法，则不能调整。

（3）采暖管道的墙体剔槽可参照第二册《电气设备安装工程》定额中相应项目执行；配合土建预留用工属定额综合考虑，不单独计算。

（4）本册补充定额包括室内采暖塑料管安装（热熔连接）：铝合金、钢铝及铜铝复合、工程塑料以及钢管艺术造型等各种新型散热器安装；空调制冷剂管路安装（钎焊）及其分液器、专用铜球阀安装、空调制冷剂管路橡塑管套绝热及保护带包扎；室内、外给水衬塑刚性复合管安装（螺纹连接）、室外排水塑料管（电热熔带及橡胶密封圈连接）、室内给水不锈钢薄壁管（卡套式连接）、室内给水钢管（沟槽式连接）以及沟槽式法兰连接的法兰阀门安装；还编列了室内排水塑料管阻火圈、塑料阀门（热熔连接）、不锈钢与玻璃钢组合式水箱安装，以及燃气管道室内无缝钢管（焊接）等，共 132 个定额子目。

（5）室内采暖塑料管安装，适用于以水为热媒、热熔方式连接的聚丁烯（PB）、聚丙烯（PP-R）以及（PP-R）铝塑稳态复合管等管材。本补充定额发布实施后，对应工程项目不再参照第八册中室内给水管定额套用。

（6）采暖塑料管安装不分室内明设或暗敷，均执行同一项目。

（7）采暖塑料管材质为（PP-R）铝塑稳态复合管时，定额人工乘以系数 1.10。

（8）采暖塑料管安装定额中，已包括管道及接头零件安装、管卡（座）及托钩、吊托支架制安及除锈刷漆、管道试压与冲洗以及管道地面暗敷时配合土建预留沟槽用工。不包括阀门、低压器具安装、套管或防水套管制作安装以及楼地面现场剔槽与沟槽的混凝土浇灌、抹平。凡定额不包括的内容可按相应定额另行计算。

（9）各种新型散热器安装，其托钩、挂卡均按产品带有考虑，如需单独配制时可另行计算。

（10）各种新型散热器安装，区分不同种类。按散热面积或规格以"组"为计量单位计算。其中，铝合金、钢铝及铜铝复合、工程塑料散热器的散热面积，应以产品标称散热面积为准；钢管艺术造型散热器，以其长×宽（或称高×宽）规格尺寸计算的面积套用相应定额。

（11）钢管艺术造型散热器的长×宽（或称高×宽）规格，是指观察者面对散热器正视时其外观尺寸；散热器为圆弧形时，其宽度尺寸按圆弧展开长度计算。

（12）本补充定额所称空调制冷剂管路，是指商用中央空调（一拖多）系统中，室、内外机（机组）间连接的制冷剂气、液管路。本补充定额发布实施后。现行消耗量定额第九册第七章说明七中的"……室内外机组间连接管路按第六册相应项目计算"的规定停止使用。其余说明内容仍然有效。

（13）空调制冷剂管路安装（钎焊），定额以银焊考虑；实际采用铜焊时，可换算焊接材料，其余不变。管道试压、吹扫、严密性试验均以氮气考虑。定额中已考虑小管径（ϕ26 以内）管路铁皮穿墙套管的制作安装，但未包括钢套管制安，发生时可使用第六册相应定额项目。

（14）空调制冷剂管路的制冷剂。（定额内按 R410A 考虑）灌充已包括在定额内，如因制冷剂品种不同或不同厂家设备技术性能要求差异造成制冷剂灌充量不同的，可按实调整。

（15）制冷剂管路中的分液器、专用阀安装，按本次补充的单项定额项目计算。

（16）商用中央空调系统中，室内机所需冷凝水管路安装，视其材质、连接方式等套用第八册定额中相近项目。

（17）制冷剂管路橡塑管套绝热及保护带包扎定额中：

1）闭孔橡塑管套按设计选用规格计算主材费。

2）塑料保护带消耗量中已包括缠绕压边（不低于 50%）用量，并已考虑绝热后的气、液管路与电源线、控制线共同包扎的因素。

3）制冷剂管路中管件、阀件绝热所需人工、材料已综合考虑在定额内，不再单独计算。

（18）商用中央空调安装系统调整费。可仍按消耗量定额中的相应规定计算。

（19）塑套钢管道、管件安装适用于住宅小区及厂区内塑套钢室外采暖管道安装，其与室内管道的界限划分同安装工程消耗量定额第八册《给排水、采暖、燃气工程》中的规定一致。

（20）塑套钢管道安装工程量计算以施工图所示中心线长度，以"10m"为计量单位，不扣除管件、阀件所占长度。但在计算塑套钢管道主材消耗量时需扣除管件、阀门及其他成

品附件所占长度。主材损耗率按4%考虑。其计算公式为

　　管道主材消耗量＝(管道安装工程量－管件、阀门及其他成品附件长度)×1.04

（21）塑套钢管件安装以"个"为计量单位。

（22）塑料阀门（热熔连接）以"个"为计量单位。

（23）采暖调整消耗量相关系数见本书第238和239页。

第五节　工程预算实例

【例10-1】　×住宅楼采暖工程预算

（一）工程概况

（1）采暖平面图见图10-27、图10-28，前半部分系统图见图10-29，后半部分系统图见

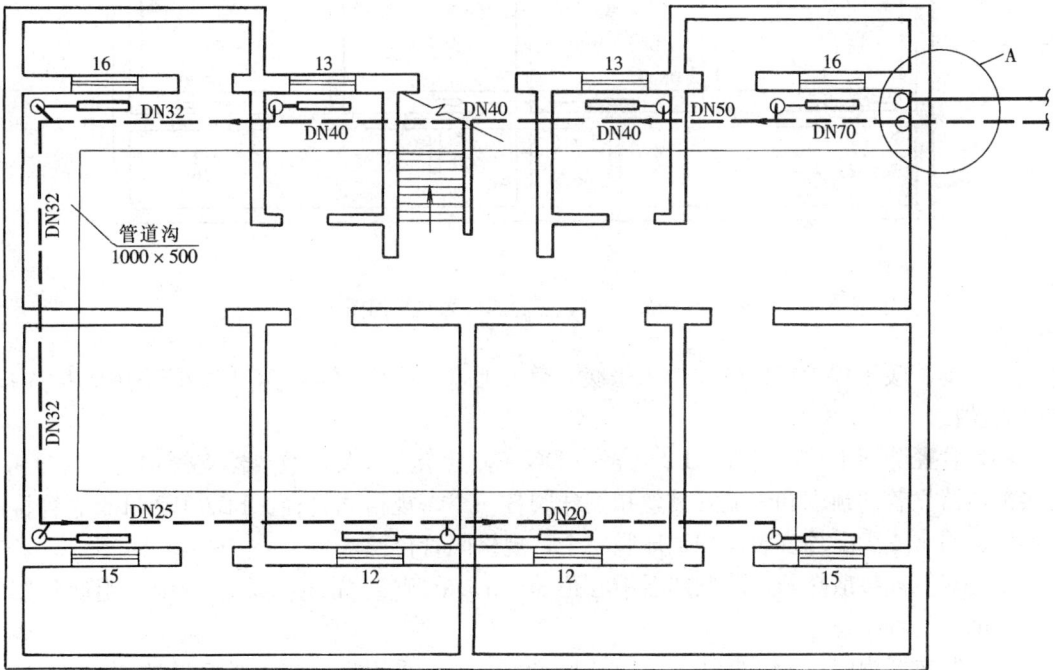

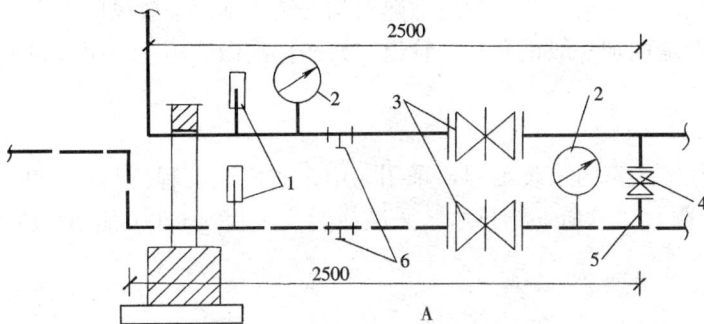

图 10-27　一层采暖平面图

1—温度计；2—压力表；3—法兰闸阀DN70；4—法兰闸阀DN40；5—旁通管DN40长0.5m；6—泄水丝堵

图 10-30。标高以 m 计，其余尺寸以 mm 计。

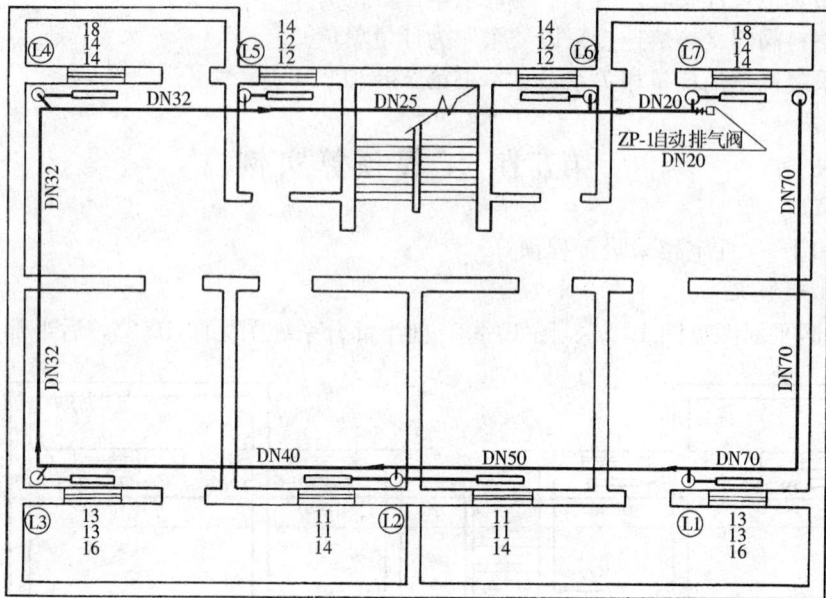

图 10-28　二、三、四层采暖平面图

（2）本采暖工程为机械循环热水采暖，管材均为焊接钢管，DN≥32 时采用焊接连接，其余为丝接。

（3）管径除图上注明者外，L2 立管为 DN25，其余立管及接散热器支管均为 DN20。所有接散热器立管的顶端和末端安装丝扣铜球阀各一个，规格同管径。L2、L5、L6 立管接散热器供、回水支管上均安装丝扣铜球阀一个，规格同管径。

（4）双侧连接散热器，两散热器中心距 3.3m。单侧连接散热器，立管中心距散热器中心 1.6m。

（5）散热器为四柱 813 散热器，每片厚度 57mm。采用带足与不带足散热器组成一组，安装在楼板上。散热器采用现场组成安装。每组散热器均安装 φ10 手动放风阀一个。

（6）管道穿墙、楼板及地面加一般钢套管。管道支架按标准做法施工。引入口处按标准图（见图 10-27）施工。

（二）采用定额

本例题为×市市区×住宅楼室内采暖工程，采用《山东省安装工程价目表（下册）》和《山东省安装工程消耗量定额　第八册　给排水、采暖、燃气工程》（2003 年出版）中的有关内容。

（三）编制方法

（1）管道沟内管道均需保温，工程量单计，刷油、保温等预算内容见本书刷油、保温章节例题。室内管沟由土建队伍施工。

（2）暂不计主材费，只计主材消耗量。

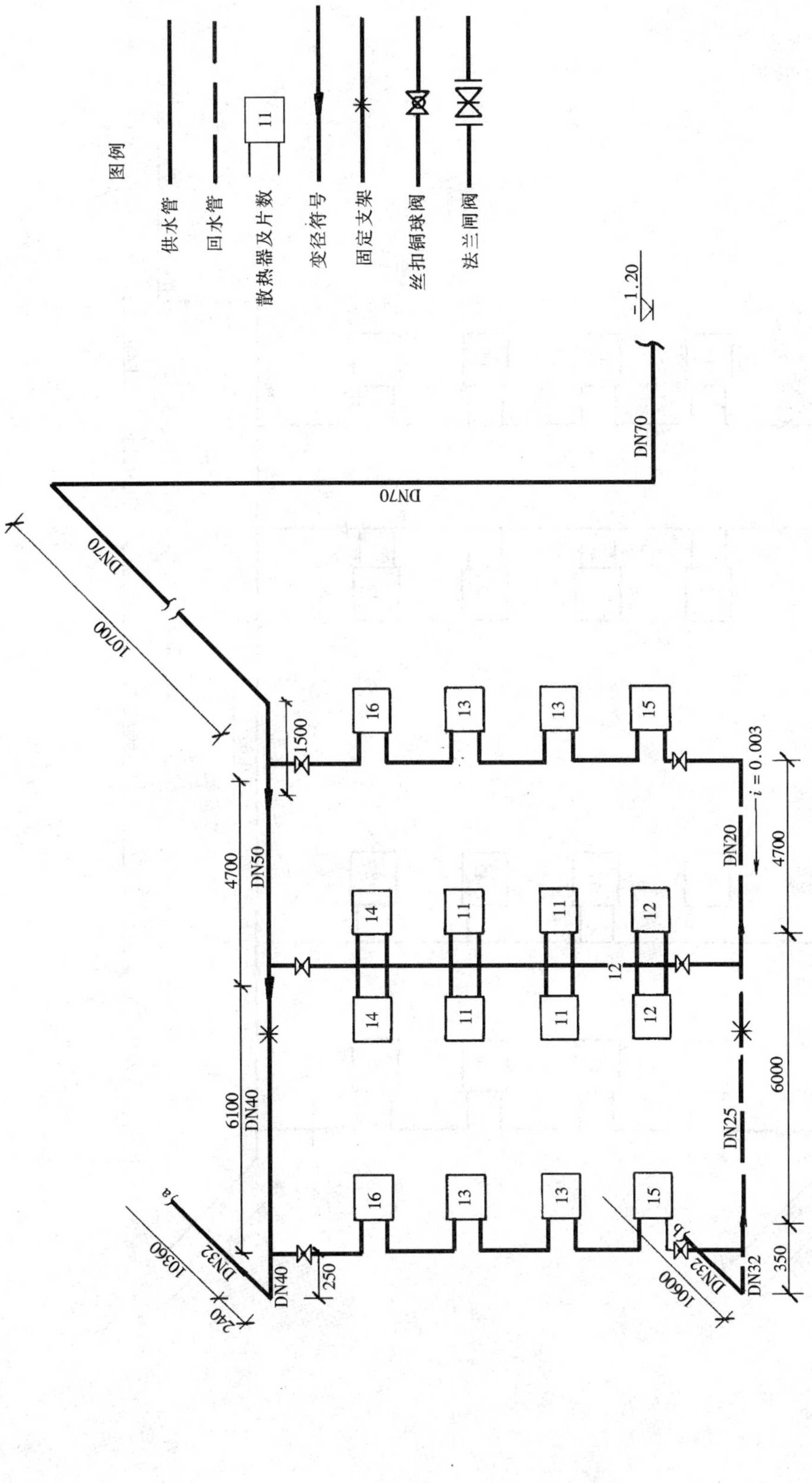

图 10-29　前半部分系统图

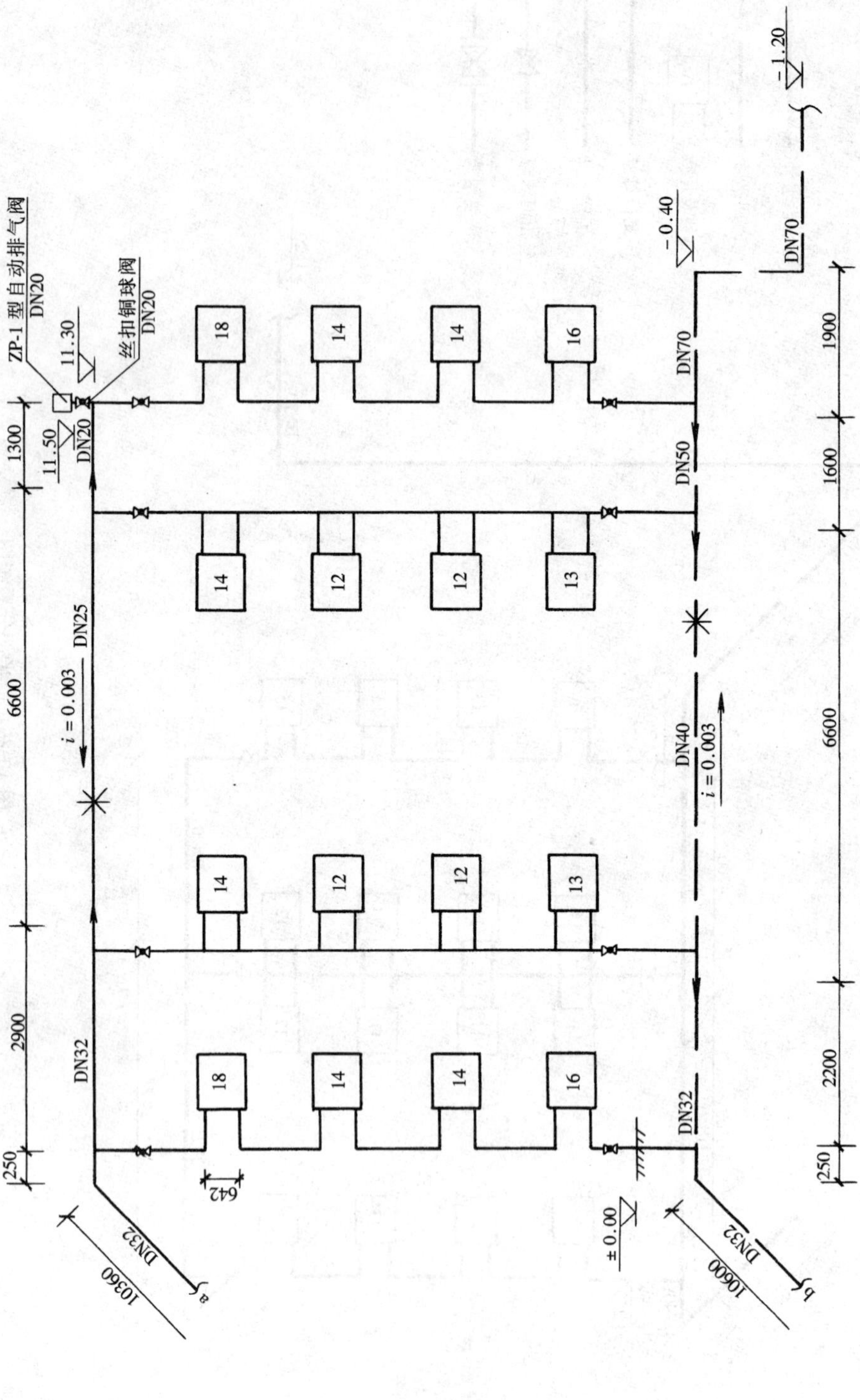

图 10-30　后半部分系统图

（3）本工程按安装工程Ⅲ类，取费按山东省安装工程费用及计算规则，鲁建标〔2004〕3 号文件各项费用费率计取。

（4）未尽事宜均参照有关标准或规范执行。

（5）工程量计算结果见表 10-8，安装工程施工图预算结果见表 10-9，工程取费结果见表 10-10。

表 10-8　　　　　　　　　**工　程　量　计　算　书**

工程名称：×住宅楼采暖工程

序号	分部分项工程名称	单位	工程量	计　算　公　式
1	焊接钢管（焊接）DN70	m	32.40	供　保温 2.50＋1.20
				回　保温 2.50＋［－0.40－（－1.20）］＋1.90
				供 11.30＋10.70＋1.50
2	焊接钢管（焊接）DN50	m	6.30	供 4.70
				回　保温 1.60
3	焊接钢管（焊接）DN40	m	13.69	供 6.10＋0.25＋0.24
				回　保温 6.60＋0.50（旁通管）
4	焊接钢管（焊接）DN32	m	26.91	供 10.36＋0.25＋2.90
				回　保温 2.20＋0.25＋10.60＋0.35
5	焊接钢管（丝接）DN25	m	24.30	供 6.60
				回　保温 6.00
				立 L211.30
				立 L2 保温 0.40
6	焊接钢管（丝接）DN20	m	144.46	供 1.30＋（11.50－11.30）＝1.50
				回　保温 4.70
				L1、L3、L4、L7 立管［11.30－（0.642×4）］×4＝34.93
				L5、L6 立管 11.30×2＝22.60
				立 L1、L3、L4、L5、L6、L7 保温 0.40×6＝2.4
				支管 双侧连接 14×14 片［3.30－0.057×（14＋14）/2］×2＝5.00
				双侧连接 12×12 片［3.30－0.057×（12＋12）/2］×2＝5.23
				双侧连接 11×11 片［3.30－0.057×（11＋11）/2］×4＝10.69
				单侧连接 18 片（1.60－0.057×18/2）×4＝4.35
				单侧连接 16 片（1.60－0.057×16/2）×8＝9.15
				单侧连接 15 片（1.60－0.057×15/2）×4＝4.69
				单侧连接 14 片（1.60－0.057×14/2）×12＝14.41
				单侧连接 13 片（1.60－0.057×13/2）×12＝14.75

续表

序号	分部分项工程名称	单位	工程量	计　算　公　式
				单侧连接 12 片 (1.60−0.057×12/2)×8＝10.06
7	四柱 813 型散热器组安	片	436	18×2＋16×4＋15×2＋14×8＋13×6＋12×6＋11×4
8	自动排气阀 DN20	个	1	
9	手动放风阀 DN10	个	32	
10	法兰闸阀 DN70	个	2	
11	法兰闸阀 DN40	个	1	
12	丝扣铜球阀 DN25	个	2	
13	丝扣铜球阀 DN20	个	45	13＋32
14	一般钢套管（穿地面、穿楼板、穿墙）DN70	个	5	供 5
15	一般钢套管（穿墙）DN50	个	2	供 2
16	一般钢套管（穿墙）DN40	个	1	供 1
17	一般钢套管（穿墙）DN32	个	2	供 2
18	一般钢套管（穿墙、穿楼板）DN25	个	7	供 3　立 4
19	一般钢套管（穿墙、穿楼板）DN20	个	32	立 24　支管 8
20	温度计	支	2	
21	压力表	块	2	

表 10-9　　　　　　　　　　**工 程 计 价 表**

工程名称：×住宅楼采暖工程预算

序号	定额编号	项 目 名 称	单位	工程量	预 算 价		人工费		材料费		机械费	
					预算价	合 价	单价	合价	单价	合价	单价	合价
1	8-49	室内采暖焊接钢管丝接 DN20 内	10m	14.45	111.54	1611.75	83.42	1205.42	28.12	406.33		
		焊接钢管 DN20	m	147.39								
2	8-50	室内采暖焊接钢管丝接 DN25 内	10m	2.43	147.64	358.76	102.61	249.34	41.73	101.4	3.3	8.019
		焊接钢管 DN25	m	24.786								
3	8-59	室内采暖钢管（焊接）DN32 内	10m	2.69	146.47	394.01	96.62	259.91	30.13	81.05	19.72	53.046 8
		钢管 DN32	m	27.438								
4	8-60	室内采暖钢管（焊接）DN40 内	10m	1.37	179.4	245.79	111.8	153.17	40.8	55.9	26.8	36.716
		钢管 DN40	m	13.974								

续表

序号	定额编号	项 目 名 称	单位	工程量	预算价	合 价	人工费 单价	人工费 合价	材料费 单价	材料费 合价	机械费 单价	机械费 合价
5	8-61	室内采暖钢管（焊接）DN50 内	10m	0.63	212.9	134.12	125.84	79.28	55.07	34.69	31.99	20.153 7
		钢管 DN50	m	6.426								
6	8-62	室内采暖钢管（焊接）DN65 内	10m	3.24	320.75	1039.23	152.5	494.1	81.93	265.45	86.32	279.676 8
		钢管 DN65	m	33.048								
7	8-77	铸铁散热器组成安装　柱型	10 片	43.6	110.23	4806.02	48.97	2135.09	61.26	2670.94		
		铸铁散热器四柱 813 型带足	片	139.084								
		铸铁散热器四柱 813 型不带足	片	301.276								
8	8-639	自动排气阀 DN20	个	1	18.73	18.73	10.3	10.3	8.43	8.43		
		自动排气阀 DN20	个	1								
9	8-641	手动放风阀 DN10	个	32	1.35	43.2	1.32	42.24	0.03	0.96		
		手动放风阀 DN10	个	32.32								
10	8-542	焊接法兰阀 DN40 内	个	1	97.01	97.01	17.6	17.6	67.03	67.03	12.38	12.38
		法兰闸阀 DN40	个	1								
11	8-544	焊接法兰阀 DN65 内	个	2	155.6	311.2	29.04	58.08	104.65	209.3	21.91	43.82
		法兰闸阀 DN65	个	2								
12	8-527	螺纹阀 DN20 内	个	45	8.13	365.85	4.4	198	3.73	167.85		
		螺纹铜球阀 DN20	个	45.45								
13	8-528	螺纹阀 DN25 内	个	2	10.47	20.94	5.28	10.56	5.19	10.38		
		螺纹铜球阀 DN25	个	2.02								
14	6-3010	一般穿墙套管制安 DN20 内	个	32	15.45	494.4	4.88	156.16	9.62	307.84	0.95	30.4
15	6-3011	一般穿墙套管制安 DN32 内	个	7	19.72	138.04	6.2	43.4	12.57	87.99	0.95	6.65
16	6-3011	一般穿墙套管制安 DN32 内	个	2	19.72	39.44	6.2	12.4	12.57	25.14	0.95	1.9
17	6-3012	一般穿墙套管制安 DN50 内	个	1	32.73	32.73	10.21	10.21	21.47	21.47	1.05	1.05
18	6-3012	一般穿墙套管制安 DN50 内	个	2	32.73	65.46	10.21	20.42	21.47	42.94	1.05	2.1

续表

序号	定额编号	项目名称	单位	工程量	预算价	合价	人工费		材料费		机械费	
							单价	合价	单价	合价	单价	合价
19	6-3013	一般穿墙套管制安 DN65 内	个	5	42.31	211.55	13.55	67.75	27.71	138.55	1.05	5.25
20	10-3	温度计	支	2	98.29	196.58	82.28	164.56	10.03	20.06	5.98	11.96
		插座带丝堵	套	2								
21	10-25	压力表	块	2	26.22	52.44	22.88	45.76	2.96	5.92	0.38	0.76
		仪表接头	套	2								
		取源部件	套	2								
		系统调整费（给排水、采暖、燃气工程）			5433.75	15%	815.06	20%	163.01	80%	652.05	
		安装工程总计	元				11 492.31		5596.76		5381.67	513.882 3
		［措施费］脚手架搭拆费（第八册）			4913.09	5%	245.66	25%	61.41	75%	184.25	
		［措施费］脚手架搭拆费（第六册）			310.34	7%	21.72	25%	5.43	75%	16.29	
		［措施费］脚手架搭拆费（第十册）			210.32	4%	8.41	25%	2.1	75%	6.31	

表 10-10　　　　　　　　　单位工程费用表

工程名称：×住宅楼采暖工程预算

费用代号	费用名称	计算公式	费率	费用金额
F1	一、直接费	=F11+F13		13 469.51
F11	（一）直接工程费			11 492.31
F111	其中：人工费			5596.76
F112	材料费			5381.67
F113	机械费			513.88
F114	主材费			
R1	其中：省价人工费（R1）			5596.76
F13	（二）措施项目费	=F131+F132+F133		1977.2
F131	1. 参照定额规定计取的措施费			275.79
F1311	其中：人工费			68.94
F132	2. 参照费率计取的措施费	＝F1321＋F1322＋F1323＋F1324＋F1325＋F1326＋F1327＋F1328		1701.41
F131A	其中：人工费	＝F1324×50%＋（F1325＋F1326）×40%＋（F1321＋F1322＋F1323＋F1327）×25%		459.5
F1321	环境保护费	＝R1×环境保护费率	2.2%	123.13
F1322	文明施工费	＝R1×文明施工费率	4.5%	251.85
F1323	临时设施费	＝R1×临时设施费率	12%	671.61

续表

费用代号	费 用 名 称	计 算 公 式	费率	费用金额
F1324	夜间施工费	＝R1×夜间施工费率	2.5%	139.92
F1325	二次搬运费	＝R1×二次搬运费率	2.1%	117.53
F1326	冬雨季施工增加费	＝R1×冬雨季施工增加费率	2.8%	156.71
F1327	已完工程及设备保护费	＝R1×保护费率	1.3%	72.76
F1328	总承包服务费	＝R1×总包费率（属于分包工程）	3%	167.9
	措施费中人工费之和	F1311＋F131A（R2）		528.44
F2	二、企业管理费	＝（R1＋R2）×管理费费率	42%	2572.58
F3	三、利 润	（R1＋R2）×利润率	20%	1225.04
F4	四、规 费	＝F41＋F42＋F43＋F44＋F45＋F46		916.89
F41	（一）工程排污费	＝（F1＋F2＋F3）×排污费率	0.26%	44.9
F42	（二）定额测定费	＝（F1＋F2＋F3）×定额测定费率	0.1%	17.27
F43	（三）社会保障费	＝（F1＋F2＋F3）×社保费费率	2.6%	448.95
F44	（四）住房公积金	＝（F1＋F2＋F3）×住房公积金费率	0.2%	34.53
F45	（五）危险工作意外伤害险	＝（F1＋F2＋F3）×保险费率	0.15%	25.9
F46	（六）安全施工费	＝（F1＋F2＋F3）×安全施工费费率	2%	345.34
F5	五、税 金	＝（F1＋F2＋F3＋F4）×税率	3.44%	625.53
FZ	工程费用合计	＝F1＋F2＋F3＋F4＋F5－F43		18 360.6

注　1. 直接工程费中的材料费和机械费根据需要填写价款。

2. 主材费做工程预（结）算时要考虑。结算时按规定计采购保管费。

3. 设备价款不计入安装工程费用，只计设备安装费。

4. 措施费中的按施工组织设计（方案）计取的措施费按拟建工程实际需要计入，本例题暂不考虑。

5. 规费中的社会保障费，按省政府鲁政发［1995］101号和省政府办公厅鲁政办发［1995］77号文件规定，在工程开工前由建设单位向建筑企业劳保机构交纳。因而施工企业在投标报价时，不包括该项费用。在编制工程预（结）算时，仅将其作为计税基础，本例题安装工程费用合计中未包括此费用。

6. 规费中的安全施工费，在工程发包时，按规定计算出费额，在工程造价中列为暂定金额；工程施工时，由工程发包单位、市建筑安全监督机构、工程造价管理机构对施工现场设置的安全设施内容进行确认，并由市工程造价管理机构核定其费用，作为结算的依据。

7. 其他规费按相关规定计取。

8. 工程施工过程中发生的现场变更、签证等内容，在工程结算时，作为工程造价的一部分要计入安装工程造价中。在承包工程范围内，凡属下列情况可办理现场签证。

①在非正常施工条件下所采取的特殊技术措施费；

②直接费定额中未包括，且规定允许计算的各项费用；

③设计变更，材料改代造成的损失费用；

④因工停、缓建造成的损失费用；

⑤不可预见的地下障碍物的拆除与处理费用；

⑥由于设计或建设单位原因造成的各项损失费用；

⑦受建设单位委托，在承包工程范围内发生的零星用工。

发生以上现场签证时，参考有关定额制订人工、材料、机械的消耗量，或拟编一次性补充定额，或按当地有关规定计取。办理现场签证，工程承发包双方及监理方代表签字后生效，列入定额直接费。属于其他直接费中施工因素增加费范围内的不许办理现场签证。承发包双方已在合同或协议中包干支付的，不许再办理现场签证，亦不许计取其他费用。

图例
平衡调节阀
采暖供水管
采暖回水管
热量表
过滤器
丝扣铜球阀

分水器
自动排气阀
自带
DN25

铜球阀
自带

DN25

集水器

楼板

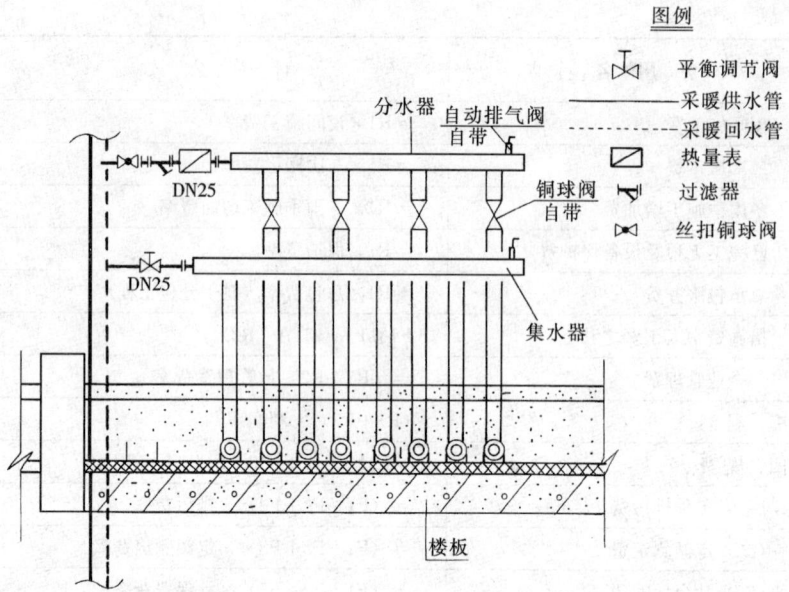

图 10-31　住宅部分地暖集分水器安装示意图

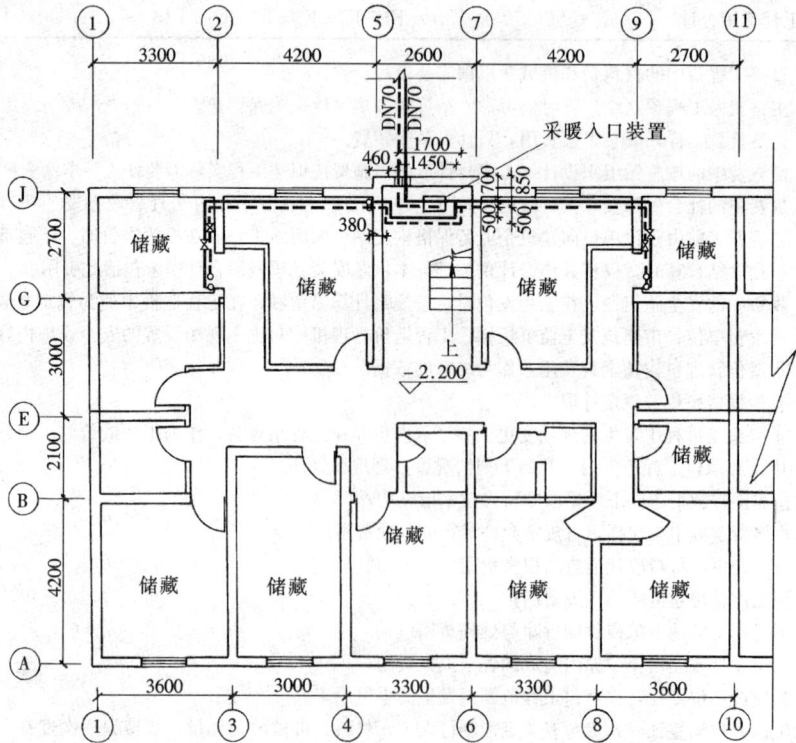

图 10-32　半地下室采暖干管平面图

【例 10-2】　　××住宅楼低温热水地板辐射供暖例题

（一）工程概况

（1）住宅部分地暖分水器安装示意图见图 10-31，各楼层采暖平面图见图 10-32～图 10-35，采暖立管展开图见图 10-36，采暖入口装置作法见图 10-37。

（2）本设计给出了地暖布置及供暖立管（热表　分集水器）位置规格，供施工留洞及供货商参考。

（3）地暖管采用进口交联聚乙烯管 PE-X，管径 ϕ20mm，分集水器选用铜制。

（4）地暖供回水设计温度 60℃/50℃。

（5）分户管道敷设完毕需进行气压试验，试验压力 0.6MPa，5min 内压降不超过 0.02MPa 为合格。分户管道气压试验完毕需进行系统水压试验，试验压力 0.6MPa，15min 内压降不超过 0.05MPa 为合格。

（6）地暖管道穿墙处由供货方与施工单位配合留洞 200mm×100mm，洞底为楼板面，分水器留洞 700mm×700mm×200mm。

（7）为防止分集水器下部地面局部过热，至分水器出口 1m 处的地热管均加波纹套管，管道铺设距墙 200mm。

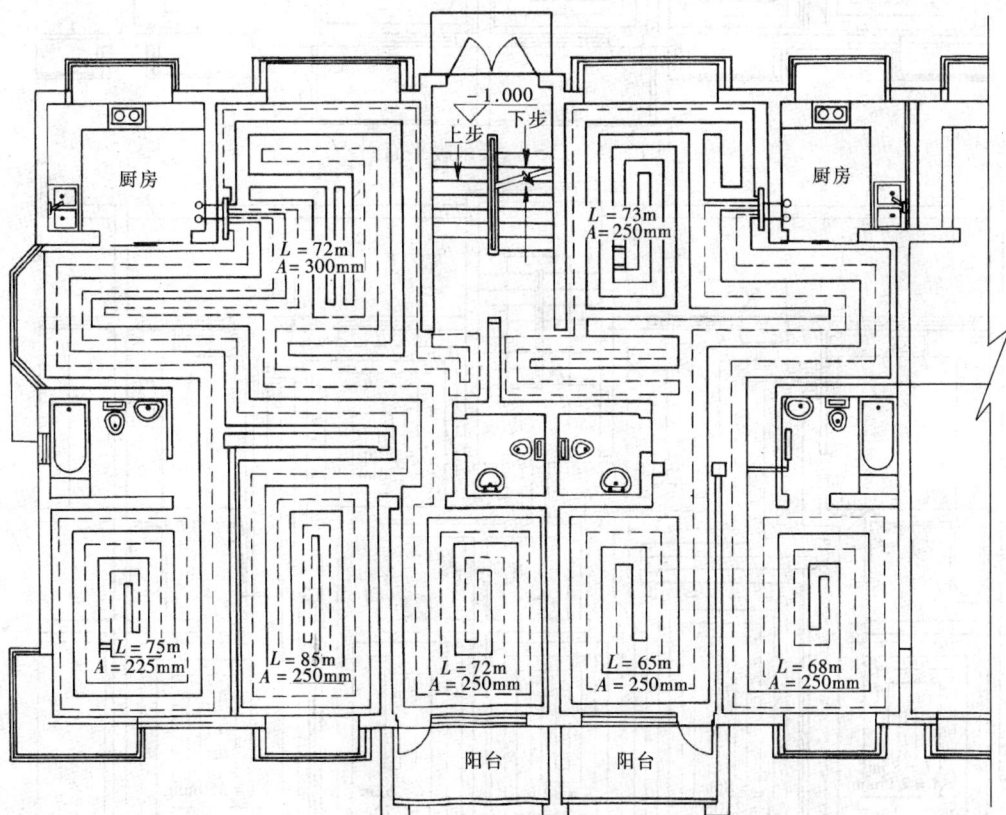

图 10-33　一层采暖平面图

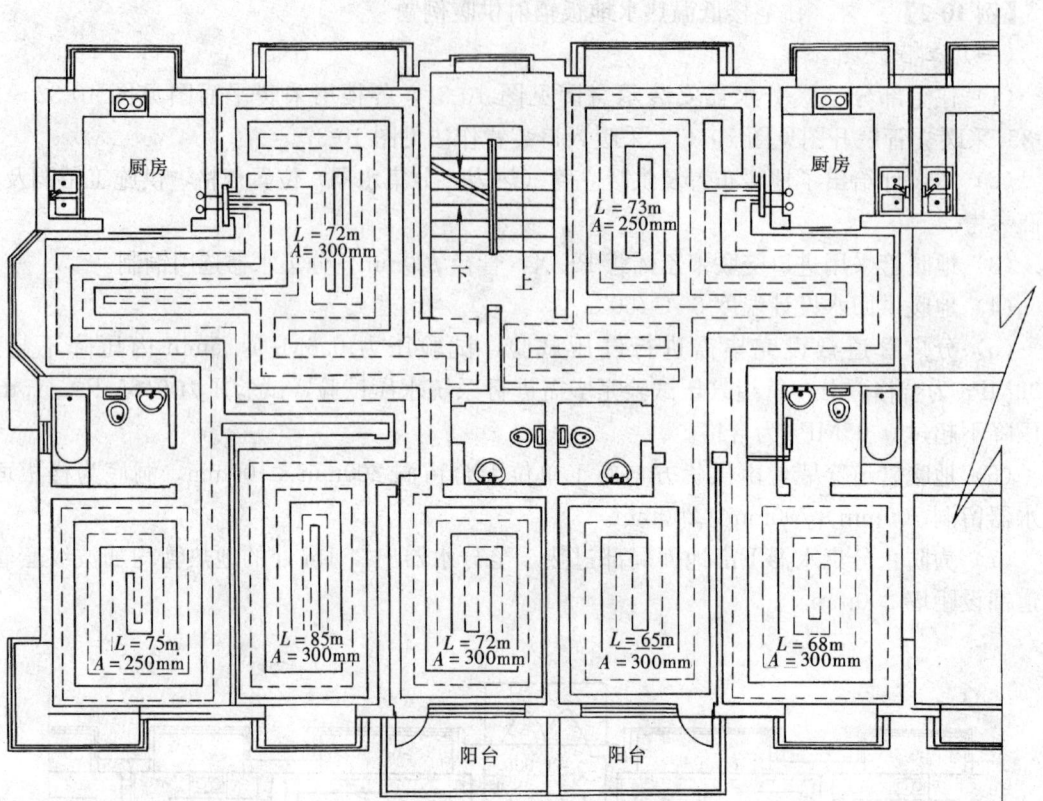

图 10-34　二～六层采暖平面图

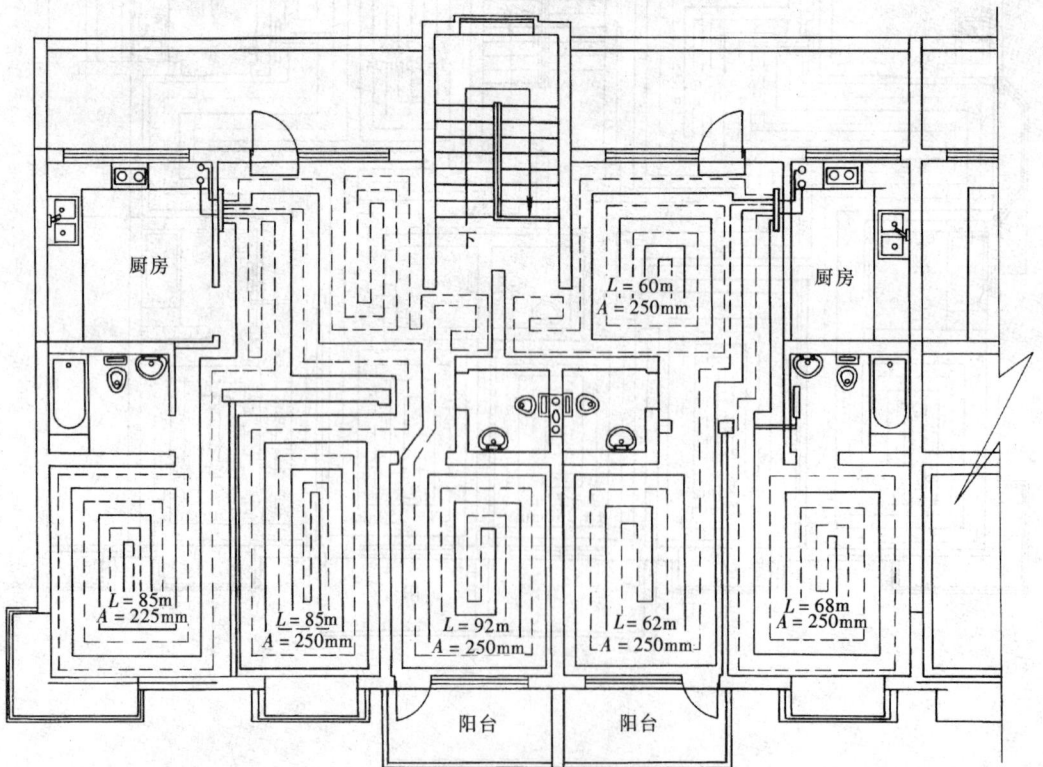

图 10-35　阁楼层采暖平面图

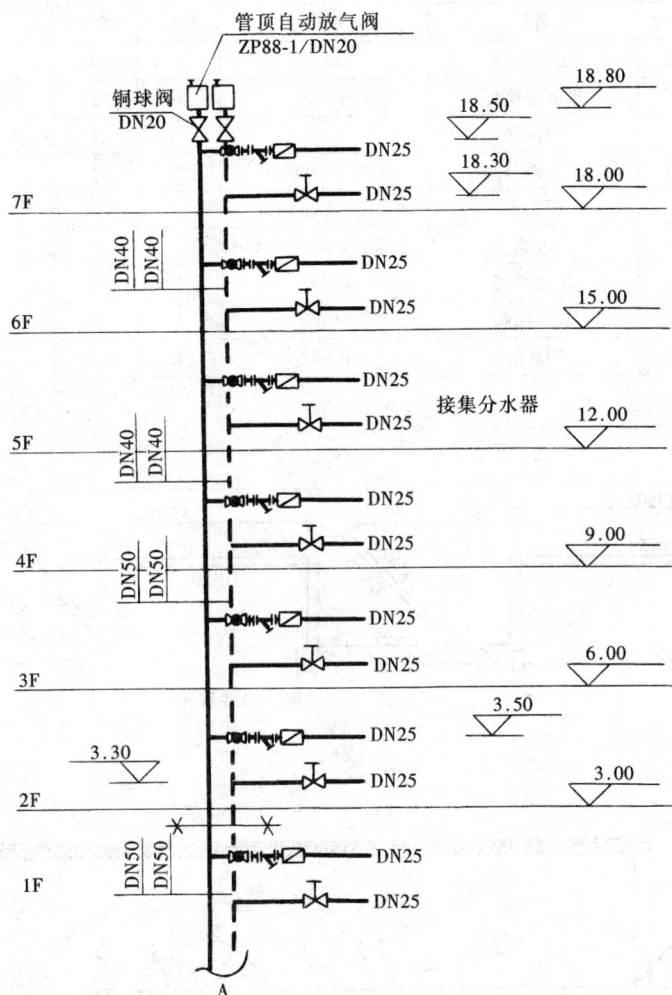

图 10-36 采暖立管展开图

（8）采暖立管及立管与集分水器连接管采用热镀锌钢管，丝扣连接。

施工验收执行 DBJ/T 01-49—2000。

（9）防腐保温：明设及管井内采暖管道均需保温，保温材料为离心玻璃棉管套，保温厚度：≤DN50，3cm，＞DN50，4cm（本例题不计）。

（二）采用定额

本例题为×市××小区住宅楼室内低温热水地板辐射供暖工程，采用《山东省安装工程价目表（下册）》和《山东省安装工程消耗量定额 第八册 给排水 采暖 燃气工程》（2003 年出版）中的有关内容。

（三）编制方法

（1）本例题不计主材、刷油、保温等内容。

（2）工程量计算结果见表 10-11，安装工程施工图预算结果见表 10-12。

入口装置材料表

编号	名称	规格	单位	数量
1	法兰蝶阀	DN70	个	4
2	水银温度计	0~150℃	只	2
3	导压管		只	1
4	压差调节阀	SP45-10-DN65	个	1
5	压力表	0~1MPa	块	4
6	水过滤器	同管径，孔径3mm	个	1
7	丝扣闸阀	DN32	个	1
8	泄水球阀	DN25	个	2
9	循环管	DN32	米	0.60

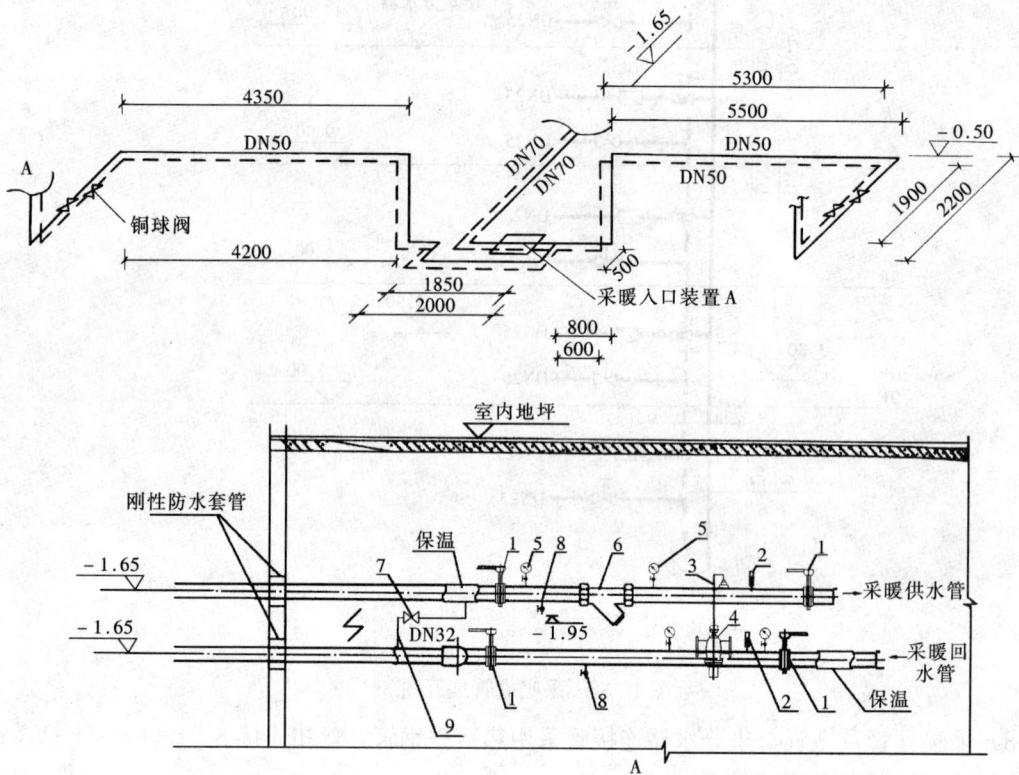

图 10-37　采暖入口做法

表 10-11　　　　　　　　**工 程 量 计 算 书**

工程名称：××住宅楼低温热水地板辐射供暖　　　年　月　日　　　　　共　页　第　页

序号	分部分项工程名称	单位	工程量	计算公式
1	镀锌钢管（丝接）DN70	m	7.70	供 1.50+0.70+1.45
				回 1.50+0.85+1.70
2	镀锌钢管（丝接）DN50	m	78.84	供 L1 0.80+［−0.50−(−1.65)］+5.50+2.20+0.50+(9.00+0.50)

序号	分部分项工程名称	单位	工程量	计算公式
				供 L2 0.50＋1.85＋0.50＋0.46＋［－0.50－（－1.65）］＋4.35＋2.20＋0.50＋（9.00＋0.50）
				回 L1 0.60＋［－0.50－（－1.65）］＋5.30＋1.90＋0.50＋0.30
				回 L2 0.50＋2.00＋0.50＋0.38＋［－0.50－（－1.65）］＋4.20＋1.90＋（9.00－0.50）＋0.30
3	镀锌钢管（丝接）DN40	m	24.00	供 L1、L2 (18.50－9.00－0.50)×2－（3×2）
				回 L1、L2 (18.30－9.00－0.30)×2－（3×2）
4	镀锌钢管（丝接）DN32	m	0.60	引入口循环管 0.60
5	镀锌钢管（丝接）DN25	m	24.10	引入口处泄水管［－1.65－（－1.95）］×2＝0.6
				L1、L2 立管接集分水器1～6层（供0.40＋回0.35）×6×2（实测量）＝9
				L1、L2 立管接集分水器阁楼间 供（3×2）＋回（3×2）＋（供0.70＋回0.55）×2（实测量）
	镀锌钢管（丝接）DN20	m	1.60	供 L1、L2 (18.80－18.50)×2
				回 L1、L2 (18.80－18.30)×2
6	交联聚乙烯管 PE-X Φ20	m	3510	1层 72＋73＋75＋85＋72＋65＋68
				2—6层 (72＋73＋75＋85＋72＋65＋68)×5
				阁楼间 60＋85＋85＋92＋62＋66
7	分水器（三分路）	个	8	1层 1 2—6层 1×5 阁楼间 2
8	分水器（四分路）	个	6	1层 1 2—6层 1×5
9	自动排气阀 DN20	个	2	
10	法兰蝶阀 DN70	个	4	
11	丝扣闸阀 DN50	个	4	
12	丝扣闸阀 DN32	个	1	引入口旁通管处
13	压差调节阀 DN65（法兰连接）	个	1	
14	丝接铜球阀 DN25	个	16	引入口泄水 2 立管接集分水器 1×7×2
15	丝接铜球阀 DN20	个	2	自动排气阀处
16	丝扣过滤器 DN65	个	1	
17	丝扣过滤器 DN25	个	14	7×2
18	平衡调节阀 DN25（丝接）	个	14	7×2
19	温度计	只	2	
20	压力表	块	4	
21	热量表 DN25（丝接）	个	14	7×2

续表

序号	分部分项工程名称	单位	工程量	计算公式
22	刚性防水套管 DN70	个	2	
23	穿楼板一般套管 DN50	个	32	8×2×2
24	穿楼板一般套管 DN40	个	12	3×2×2
25	穿墙一般套管 DN25	个	30	2×7×2+2（立管至分水器）

表 10-12 　　　　　　　　　　　　**工 程 计 价 表**

项目名称：地暖例题

序号	定额编号	项目名称	单位	工程量	预算价		人工费		材料费		机械费		备注
					单价	合价	单价	合价	单价	合价	单价	合价	
1	8-39	室内采暖镀锌钢管丝接 DN25 内	10m	2.41	145	349.44	96.67	232.97	45.03	108.52	3.3	7.953	
		主材：镀锌钢管 DN25	m	24.582									
2	8-40	室内采暖镀锌钢管丝接 DN32 内	10m	0.06	156.69	9.4	97.2	5.83	55.75	3.35	3.74	0.224 4	
		主材：镀锌钢管 DN32	m	0.612									
3	8-41	室内采暖镀锌钢管丝接 DN40 内	10m	2.4	234.41	562.58	137.15	329.16	75.66	181.58	21.6	51.84	
		主材：镀锌钢管 DN40	m	24.48									
4	8-42	室内采暖镀锌钢管丝接 DN50 内	10m	7.884	261.28	2059.93	143.97	1135.06	90.1	710.35	27.21	214.523 6	
		主材：镀锌钢管 DN50	m	80.417									
5	8-43	室内采暖镀锌钢管丝接 DN65 内	10m	0.77	319.89	246.31	160.03	123.22	120.08	92.46	39.78	30.630 6	
		主材：镀锌钢管 DN70	m	7.854									
6	8-71	地板辐射采暖管道 φ20 内	10m	351	17.36	6093.36	12.98	4555.98	4.38	1537.38			
		交联聚乙烯管 PE-X	m	3562.65									
7	8-730	分水器安装 三分路内	个	8	49.95	399.6	19.23	153.84	18.94	151.52	11.78	94.24	
		分水器接头（铜内牙直通）	个	24.24									
		分水器 三分路	个	8									
8	8-731	分水器安装 六分路内	个	6	53.47	320.82	22.75	136.5	18.94	113.64	11.78	70.68	
		分水器接头（铜内牙直通）	个	36.36									
		分水器 四分路	个	6									
9	8-639	自动排气阀 DN20	个	2	18.73	37.46	10.3	20.6	8.43	16.86			
		主材：自动排气阀 DN20	个	2									
10	8-544	焊接法兰阀 DN65 内	个	4	155.6	622.4	29.04	116.16	104.65	418.6	21.91	87.64	
		法兰蝶阀 DN65	个	4									
11	8-531	螺纹阀 DN50 内	个	4	23.95	95.8	11	44	12.95	51.8			
		螺纹闸阀 DN50	个	4.04									
12	8-529	螺纹阀 DN32 内	个	1	13.86	13.86	6.6	6.6	7.26	7.26			
		螺纹闸阀 DN32	个	1.01									

续表

序号	定额编号	项目名称	单位	工程量	单价	合价	人工费 单价	人工费 合价	材料费 单价	材料费 合价	机械费 单价	机械费 合价	备注
13	8-532	螺纹阀 DN65 内	个	1	34.18	34.18	16.28	16.28	17.9	17.9			
		压力调节阀 DN65	个	1.01									
14	8-527	螺纹阀 DN20 内	个	2	8.13	16.26	4.4	8.8	3.73	7.46			
		螺纹铜球阀 DN20	个	2.02									
15	8-528	螺纹阀 DN25 内	个	16	10.47	167.52	5.28	84.48	5.19	83.04			
		螺纹铜球阀 DN25	个	16.16									
16	8-532	过滤器 DN65 内	个	1	34.18	34.18	16.28	16.28	17.9	17.9			
		过滤器 DN65	个	1.01									
17	8-528	过滤器 DN25 内	个	14	10.47	146.58	5.28	73.92	5.19	72.66			
		过滤器 DN25	个	14.14									
18	8-528	平衡调节阀 DN25 内	个	14	10.47	146.58	5.28	73.92	5.19	72.66			
		平衡调节阀 DN25	个	14.14									
19	8-528	热量表安装 DN25 内	个	14	10.47	146.58	5.28	73.92	5.19	72.66			
		热量表 DN25	个	14.14									
20	10-3	压力式温度计控制器控制开关10m	支	2	98.29	196.58	82.28	164.56	10.03	20.06	5.98	11.96	
		插座带丝堵	套	2									
21	10-25	就地压力表．真空表	块	4	26.22	104.88	22.88	91.52	2.96	11.84	0.38	1.52	
		仪表接头	套	4									
		取源部件	套	4									
22	6-2994	刚性防水套管制安 DN70 内	个	2	176.93	353.86	67.19	134.38	93	186	16.74	33.48	
23	6-3011	一般穿墙套管制安 DN25 内	个	30	19.72	591.6	6.2	186	12.57	377.1	0.95	28.5	
24	6-3012	一般穿墙套管制安 DN40 内	个	12	32.73	392.76	10.21	122.52	21.47	257.64	1.05	12.6	
25	6-3012	一般穿墙套管制安 DN50 内	个	32	32.73	1047.36	10.21	326.72	21.47	687.04	1.05	33.6	
		系统调整费（给排水、采暖、燃气工程）		8233.22	15%	1234.98	20%	247	80%	987.99			
		安装工程总计	元			141 89.88		8233.22		5277.28		679.391 6	
		［措施费］脚手架搭拆费（第八册）		7207.52	5%	360.38	25%	90.09	75%	270.28			
		［措施费］脚手架搭拆费（第六册）		769.62	7%	53.87	25%	13.47	75%	40.41			
		［措施费］脚手架搭拆费（第十册）		256.08	4%	10.24	25%	2.56	75%	7.68			

【例 10-3】 ×办公楼空调水管路施工图预算

(一) 工程概况

(1) 本工程空调水管路平面图和大样图分别见图 10-38、图 10-39，空调水管路系统图见图 10-40，风机盘管水管路安装图可见图 10-41。图中标高以 m 计，其余以 mm 计。空调供水、回水及凝结水管均采用镀锌钢管，丝扣连接。

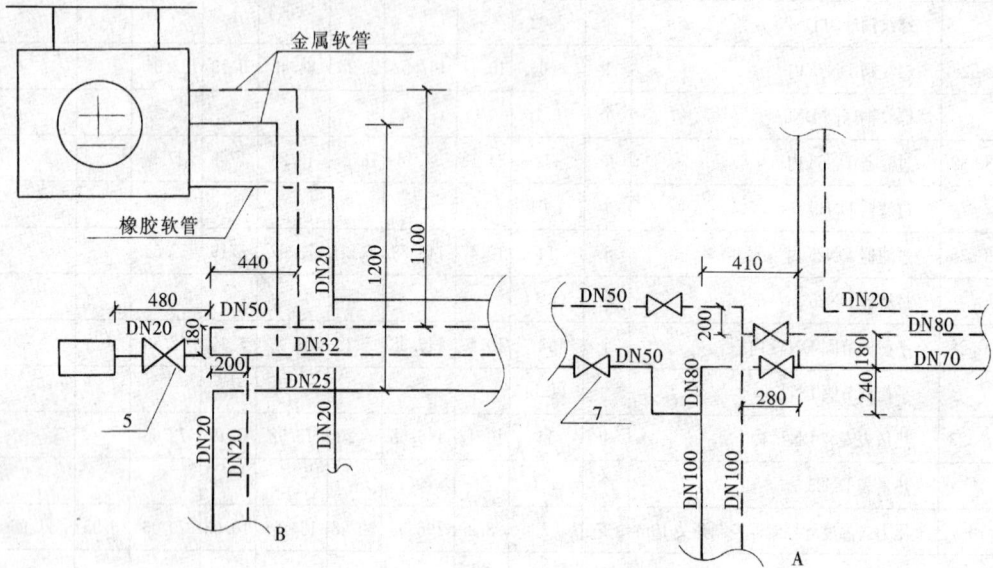

图 10-38　空调水管路 A、B 节点大样图

(2) 阀门采用铜球阀。穿墙均加一般钢套管。进出风机盘管供、回水支管均装金属软管（丝接）各一个，凝结水管与风机盘管连接需装橡胶软管（丝接）一个。

(3) 管道安装完毕后要求试压，空调系统试验压力为 1.3MPa，凝结水管做灌水试验。

(二) 采用定额

本例题为×市区×办公楼（部分房间）空调水管路预算，采用《山东省安装工程价目表（下册）》和《山东省安装工程消耗量定额　第八册　给排水、采暖、燃气工程》（2003 年出版）中的有关内容。

(三) 编制方法

(1) 风机盘管在本工程风系统中已计算，水管路系统例题不再计算。

(2) 暂不计主材费（只计主材消耗量）、管道刷油、保温、高层建筑增加费等内容。

(3) 未尽事宜均参照有关标准或规范执行。

(4) 工程量计算结果见表 10-13，安装工程施工图预算结果见表 10-14。

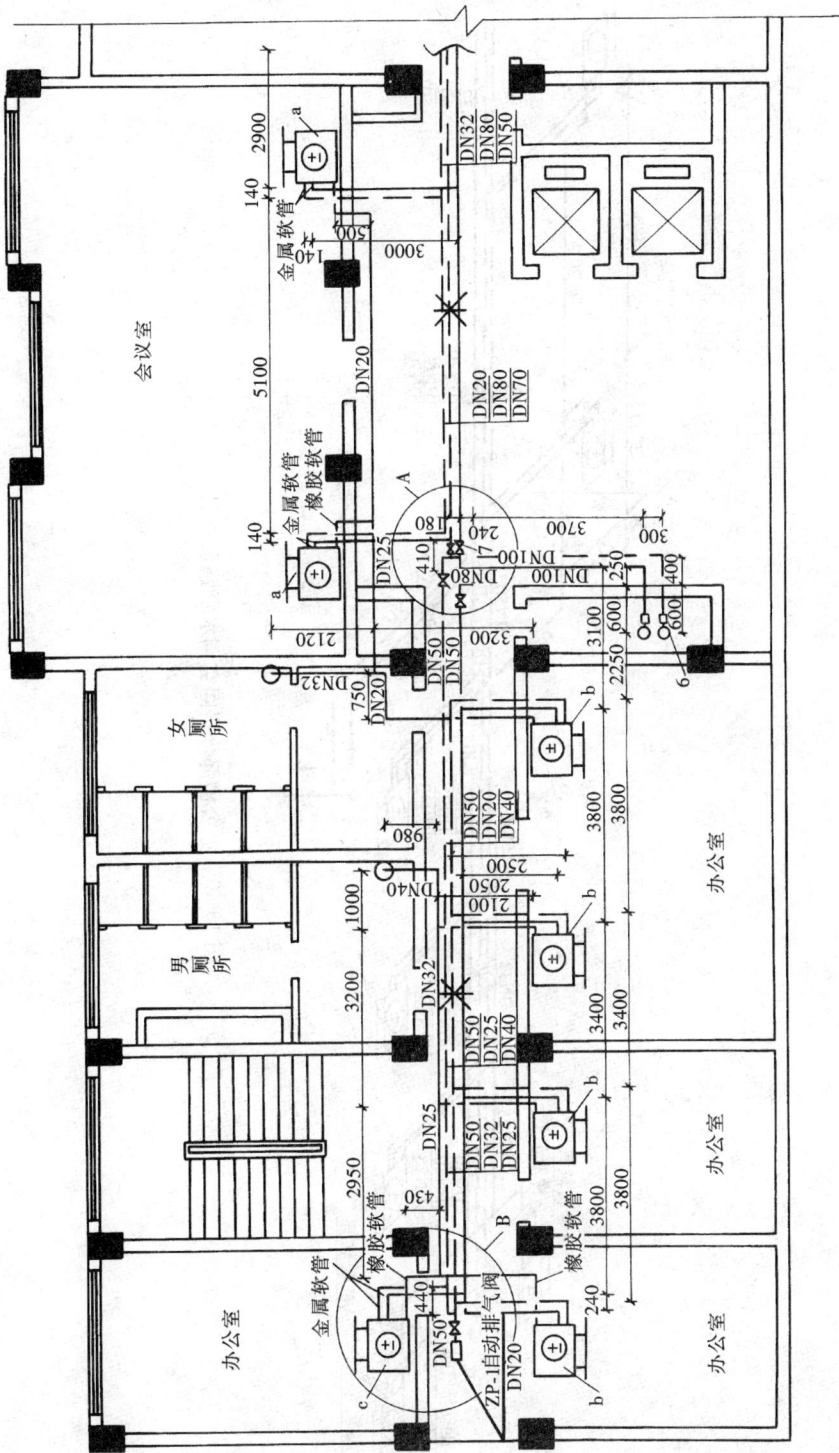

图 10-39 办公楼部分房间空调水管路平面图

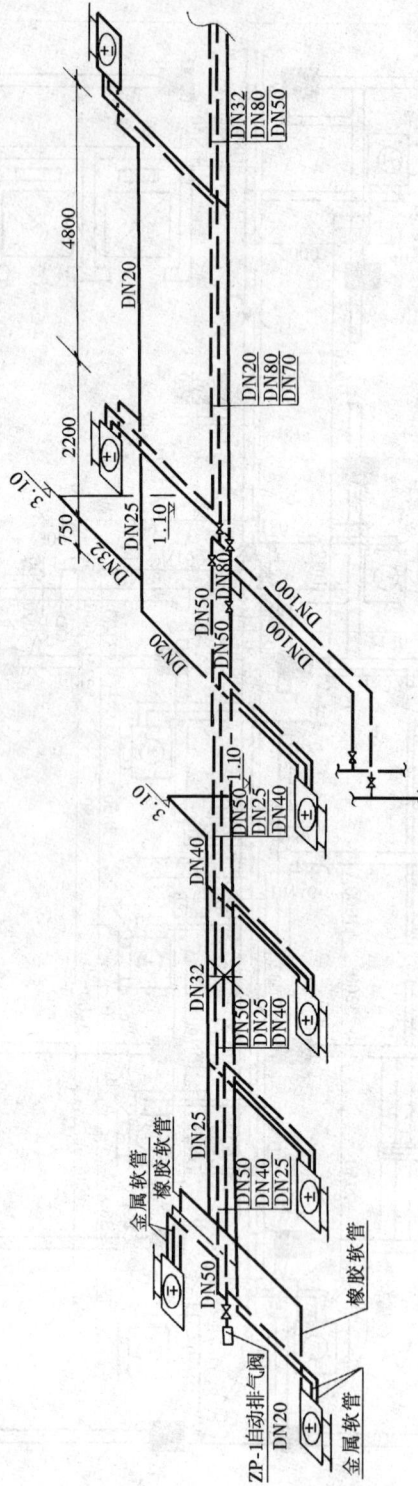

图 10-40　办公楼部分房间空调水管路系统图

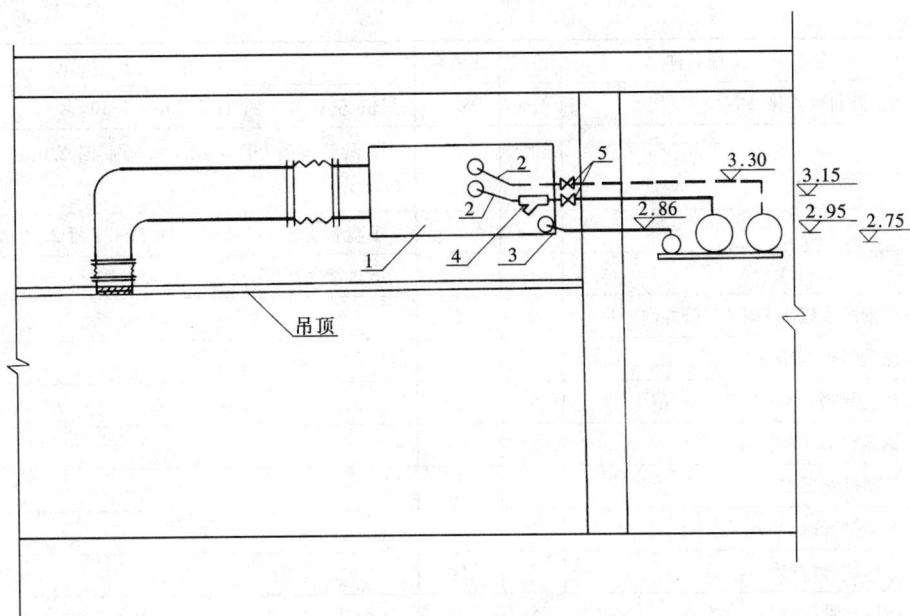

图 10-41　风机盘管水管路安装图示

1—风机盘管；2—金属软管；3—橡胶软管；4—过滤器；5—丝扣
铜球阀；6—铸钢法兰蝶阀；7—法兰闸阀

表 10-13　　　　　　　　　　　　工程量计算书

工程名称：某某办公楼部分房间空调水管路　　　年　月　日　　　　　　共　页　第　页

序号	分部分项工程名称	单位	工程量	计　算　公　式
1	镀锌钢管(丝接)DN100(管井内)	m	1.20	管井内供 0.6　回 0.6
2	镀锌钢管(丝接)DN100	m	8.77	供 0.25+3.70
		m		回 0.40+0.30+3.70+0.24+0.18
3	镀锌钢管(丝接)DN80	m	9.21	供 0.24+0.41
				回 0.28+0.14+5.10+0.14+2.90
4	镀锌钢管(丝接)DN70	m	5.38	供 0.14+5.10+0.14
5	镀锌钢管(丝接)DN50	m	21.28	供右 2.90
				供左 3.10+0.24
				回左 0.40+0.20+0.60+2.25+3.80+3.40+3.80+0.20+0.18+0.20
6	镀锌钢管(丝接)DN40		11.18	供左 3.40+3.80+1.00+0.98+(3.10−1.10)
7	镀锌钢管(丝接)DN32	m	14.16	回左 3.80
				回右 0.14+2.90
				凝左 3.20+2.12+3.10−1.10
8	镀锌钢管(丝接)DN25	m	12.59	供左 3.80+0.24
				回左 3.40
				凝左 2.95　凝右 2.20

续表

序号	分部分项工程名称	单位	工程量	计 算 公 式
9	镀锌钢管(丝接)DN20	m	53.41	供 左 0.48　回 右 5.10　凝 4.80
				a 盘管支管(供 0.20＋3.00＋回 3.00＋0.14＋凝 0.50)×2
				b 盘管支管 (供 2.05＋回 2.50＋凝 2.10)×4
				c 盘管支管 供 1.20＋回 1.10＋凝 0.43
10	铸钢法兰蝶阀 DN100(管井内)	个	2	
11	法兰闸阀 DN80	个	2	
12	法兰闸阀 DN50	个	2	
13	铜球阀 DN20	个	15	
14	Y 型过滤器 DN20	个	7	
15	自动排气阀 DN20	个	1	
16	金属软管(丝接)	个	14	
17	橡胶软管(丝接)	个	7	
18	一般穿墙套管制安 DN100	个	2	供 1　回 1
19	一般穿墙套管制安 DN40	个		
20	一般穿墙套管制安 DN32	个		
21	一般穿墙套管制安 DN25	个		
22	一般穿墙套管制安 DN20	个	21	供 7　回 7　凝 8

表 10-14　　　　　　　　**工 程 计 价 表**

工程名称:空调水系统例题

序号	定额编号	项 目 名 称	单位	工程量	预 算 价								备注
					单价	合价	人工费		材料费		机械费		
							单价	合价	单价	合价	单价	合价	
1	8-117	室内空调水镀锌钢管丝接 DN20 内	10m	5.34	139.75	746.26	90.77	484.71	39.15	209.06	9.83	52.492 2	
		主材:镀锌钢管 DN20	m	54.468									
2	8-118	室内空调水镀锌钢管丝接 DN25 内	10m	1.35	171.59	231.64	107.01	144.46	51.64	69.71	12.94	17.469	
		主材:镀锌钢管 DN25	m	13.77									
3	8-119	室内空调水镀锌钢管丝接 DN32 内	10m	1.42	182.15	258.65	110.31	156.64	58.98	83.75	12.86	18.261 2	
		主材:镀锌钢管 DN32	m	14.484									
4	8-120	室内空调水镀锌钢管丝接 DN40 内	10m	1.12	217.64	243.76	130.99	146.71	69.71	78.08	16.94	18.972 8	
		主材:镀锌钢管 DN40	m	11.424									
5	8-121	室内空调水镀锌钢管丝接 DN50 内	10m	2.15	243.38	523.27	135.96	292.31	86.7	186.41	20.72	44.548	
		主材:镀锌钢管 DN50	m	21.93									
6	8-122	室内空调水镀锌钢管丝接 DN65 内	10m	0.54	285.67	154.26	146.43	79.07	112.6	60.8	26.64	14.385 6	
		主材:镀锌钢管 DN70	m	5.508									

续表

序号	定额编号	项 目 名 称	单位	工程量	预算价 单价	合价	人工费 单价	合价	材料费 单价	合价	机械费 单价	合价	备注
7	8-123	室内空调水镀锌钢管丝接 DN80 内	10m	0.92	329.49	303.13	160.34	147.51	136.06	125.18	33.09	30.442 8	
		主材:镀锌钢管 DN80	m	9.384									
8	8-124	室内空调水镀锌钢管丝接 DN100 内	10m	0.88	413.79	364.13	183.88	161.81	183.96	161.88	45.95	40.436	
		主材:镀锌钢管 DN100	m	8.976									
9	8-124	室内空调水镀锌钢管丝接 DN100 内	10m	0.12	468.95	56.27	239.04	28.68	183.96	22.08	45.95	5.514	{人×1.3;}
		主材:镀锌钢管 DN100	m	1.224									
10	8-543	焊接法兰阀 DN50 内	个	2	111.16	222.32	21.56	43.12	77.22	154.44	12.38	24.76	
		法兰闸阀 DN50	个	2									
11	8-545	焊接法兰阀 DN80 内	个	2	193.67	387.34	33	66	138.76	277.52	21.91	43.82	
		法兰闸阀 DN80	个	2									
12	8-546	法兰蝶阀 DN100 内	个	2	250.89	501.78	53.2	106.4	171.97	343.94	25.72	51.44	{人×1.3;}
		法兰蝶阀 DN100	个	2									
13	8-527	铜球阀 DN20 内	个	15	8.13	121.95	4.4	66	3.73	55.95			
		铜球阀 DN20	个	15.15									
14	8-527	Y 型过滤器 DN20 内	个	7	8.13	56.91	4.4	30.8	3.73	26.11			
		Y 型过滤器 DN20	个	7.07									
15	8-639	自动排气阀 DN20	个	1	18.73	18.73	10.3	10.3	8.43	8.43			
		自动排气阀 DN20	个	1									
16	6-3025	金属软管安装(螺纹连接) DN20 内	个	14	8.77	122.78	8.54	119.56	0.23	3.22			
		金属软管	个	14									
17	6-3025	金属软管安装(螺纹连接) DN20 内	个	7	8.77	61.39	8.54	59.78	0.23	1.61			
		橡胶软管	个	7									
18	6-3010	一般穿墙套管制安 DN20	个	22	15.45	339.9	4.88	107.36	9.62	211.64	0.95	20.9	
19	6-3011	一般穿墙套管制安 DN25	个	2	19.72	39.44	6.2	12.4	12.57	25.14	0.95	1.9	
20	6-3011	一般穿墙套管制安 DN32	个	1	19.72	19.72	6.2	6.2	12.57	12.57	0.95	0.95	
21	6-3012	一般穿墙套管制安 DN40	个	1	32.73	32.73	10.21	10.21	21.47	21.47	1.05	1.05	
22	6-3015	一般穿墙套管制安 DN100	个	2	69.38	138.76	24.73	49.46	43.51	87.02	1.14	2.28	
		系统调整费(通风空调工程)		2329.49	13%	302.83	25%	75.71	75%	227.13			
		安装工程总计	元			4945.12		2329.49		2226.01		389.621 6	
		[措施费]脚手架搭拆费(第八册安装工程)		1964.52	5%	98.23	25%	24.56	75%	73.67			
		[措施费]脚手架搭拆费(第六册安装工程)		364.97	7%	25.55	25%	6.39	75%	19.16			

第十一章 燃气安装工程施工图
预算的编制

第一节 燃气工程基本知识

目前随着城市燃气事业的发展，城市气化率越来越高，对燃气设备及管道的设计、加工和敷设都应严格符合国家制定的规范要求，相应的对于有关燃气施工预算方面知识的需求也增加起来。本节内容主要以室内燃气管道施工预算为例，介绍了有关燃气施工预算方面的知识。

一、燃气的种类

燃气的种类很多，主要有天然气、人工燃气、液化石油气和沼气四种。

1. 天然气

天然气是指通过生物化学及地质变动作用，在不同地质条件下生成、运移，在一定压力下储集的可燃气体。天然气的主要成分为甲烷（CH_4），其密度为 $0.75\sim0.8kg/Nm^3$，发热值在 35 000～50 000kJ/Nm^3 之间。天然气既是制取合成氨、炭黑、乙炔等化工产品的原料气，又是优质燃料气，是理想的城市气源。我国的天然气事业有很好的发展前景，估计我国的天然气储量超过 30 万亿～40 万亿 m^3，到目前已证实约 2 万亿 m^3。目前投入开发的有四川、陕甘宁、莺琼油气田等。国家已把发展天然气长输管道列入全国重点基础建设项目。

2. 人工燃气

以固体或液体可燃物为燃料，经各种热加工制得的可燃气体称为人工燃气。人工燃气的主要组分包括氢气、甲烷、一氧化碳、氮气等，其密度为 $0.4\sim0.5kg/Nm^3$，发热值一般在 15 000kJ/Nm^3 左右。人工燃气生产历史长，长期以来是城市燃气中主要的气源之一，但由于其 CO 含量较高，城市居民用气中正逐步被天然气所代替。

3. 液化石油气

液化石油气是在开采和炼制石油过程中，作为副产品而获得的一部分碳氢化合物。其主要成分是丙烷、丙烯、丁烷、丁烯，习惯上又称液化石油气为 C_3、C_4。气态液化石油气的发热值为 92 100～121 400kJ/Nm^3，密度为 $1.9\sim2.5kg/Nm^3$，液态液化石油气的发热值为 45 200～46 100kJ/kg。液化石油气中烯烃部分可作为化工原料，而其烷烃部分可作为燃料。近几年来，国内外不少城市用它作为汽车燃料。在燃气事业中，由于发展液化石油气投资省，设备简单，供应方式灵活，建设速度快，所以液化石油气供应业发展很快。

4. 沼气

各种有机物在隔绝空气的条件下发酵，并在微生物的作用下产生的可燃气体，叫作沼气。其主要组分为甲烷和二氧化碳，还有少量的氮和一氧化碳，发热值为 22 000kJ/Nm^3。沼气主要面对的是广阔的农村市场。

二、燃气用户

城市燃气一般用于居民生活用气，公共建筑用气，工业、企业生产用气，建筑采暖用气四个方面。

居民生活用气主要用于炊事和日常生活用热水。公共建筑包括职工食堂、饮食业、幼儿园、托儿所、医院、旅馆、理发店、浴室、洗衣房、机关、学校等，主要用于炊事及生活用热水。工业企业用气主要用于生产工艺方面。城市居民用户和公共建筑用户是城市燃气供应的基本用户，城市燃气应优先供给居民生活用户。在工业企业用户中，应优先供应在工艺上使用燃气后，可使产品产量及质量有很大提高，用气量又不太大，而自建煤气站又不经济的工业企业。以燃气作采暖的热源，只是在技术经济论证为合理时才能采用。

三、燃气输配系统

燃气输配系统有两种基本形式：一种是管道输配系统；一种是液化石油气瓶装输配系统。管道输送的燃气主要是四种气源中的天然气、人工燃气及液化石油气，而沼气仅限于小区域中使用。液化石油气作为瓶装这种形式，目前仍广泛应用。

1. 长距离管线输送系统

对于产量较大的天然气、人工燃气可通过长距离管线送至较远的用气区。作为这种长距离的输送系统通常由集输管网、气体净化设备、起点站、输气干线、输气支线、中间调压计量站、压气站、燃气分配站、管理维修站、通信与遥控设备、阴极保护站等组成。当燃气经管线输送到城市后，再经由城市燃气输配系统送至用户使用，见图11-1。

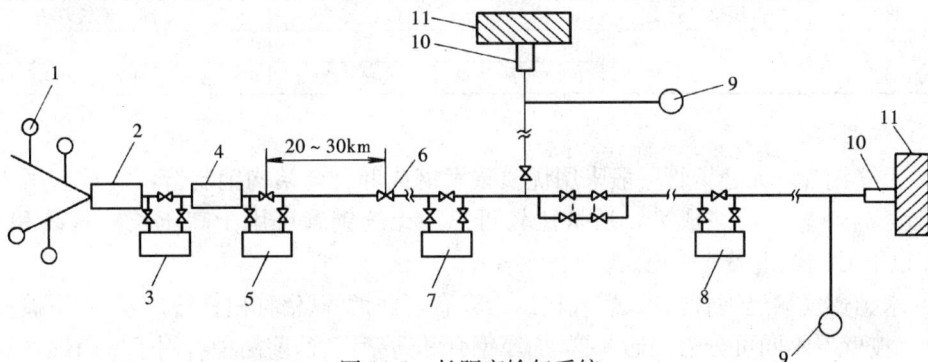

图 11-1　长距离输气系统

1—井场装置；2—集气站；3—矿场压气站；4—天然气处理厂；5—起点站（或起点压气站）；
6—阀门；7—中间压气站；8—终点压气站；9—储气设施；10—燃气分配站；11—城镇或工业基地

2. 城市燃气输配系统

现代化的城市燃气输配系统是复杂的综合设施，主要由下列几部分构成：

（1）低压、中压以及高压等不同压力的燃气管网。

（2）城市燃气分配站或压送机站、调压计量站或区域调压室。

（3）储气站。

（4）电信与自动化设备，电子计算机中心。

城市燃气管网通常包括街道燃气管网和庭院燃气管网两部分。在大城市中，街道燃气管网大都布置成环状，局部地区可采用枝状管网布置。燃气由城市高压管网，经过燃气调压站进入城市街道中压管网，然后经过区域燃气调压站进入街道低压管网，再经庭院燃气管网进入用户。庭院燃气管网是指燃气总阀门井以后至各建筑物前的户外管网。

3. 室内燃气管道系统

燃气管道由引入管进入用户以后，到燃气用气设备燃烧器以前为室内燃气管道。燃气供应压力应根据用气设备燃烧器的额定压力及其允许的压力波动范围来确定，故引入管道有中压管网和低压管网之分。输送干燃气的管道可不设置坡度。输送湿燃气的管道，其敷设坡度不应小于 0.003，且应坡向凝水缸或燃气分配管道。为了安全，引入管道不得敷设在卧室、浴室、地下室、易燃易爆的仓库、有腐蚀性介质的房间、配电室、变电室、电缆沟、烟道和进风道等地方，应设在厨房或走廊等便于检修的非居住房间内。特殊情况下，引入管道可从楼梯间引入，此时引入管上设阀门且易设在室外。引入管穿过建筑物基础、墙或管沟时，均应设置较燃气管道大 1～2 号的套管，套管内用油麻填实，两端用沥青堵严，并应考虑沉降的影响，必要时应采取补偿措施。燃气立管上接每层的横支管，横支管上接阀门，然后折向燃气表，表后接支管再接燃烧设备。燃烧设备与燃气管道的连接宜采用硬管连接；当采用软管连接时，应采用耐油橡胶管，且不得穿墙、窗和门。家用燃气灶和实验室燃烧设备的连接软管长度不应超过 2m，工业生产用的需要移动的燃烧设备的连接软管长度不应超过 30m。

四、燃气管道材料

高压和中压 A 地下燃气管道应采用钢管；中压 B 和低压燃气管道，宜采用钢管或机械接口铸铁管；户内或车间内部燃气管道一般都采用钢管。中、低压地下燃气管道采用塑料管材时，应符合有关标准的规定。燃气输送压力（表压）分级见表 11-1。

表 11-1　　　　　　　　　　　燃气输送压力（表压）分级

名　　称	低压燃气管道	中压燃气管道		高压燃气管道	
压　力	$p \leqslant 0.01$	B	A	B	A
（MPa）		$0.01 < p \leqslant 0.2$	$0.2 < p \leqslant 0.4$	$0.4 < p \leqslant 0.8$	$0.8 < p \leqslant 1.6$

（一）钢管

（1）无缝钢管。无缝钢管一般采用优质碳素钢或低合金结构钢制造，通常选用 10 号或 20 号钢锭，经热轧或冷拔成型，质量比较可靠。无缝钢管可用于高压长输管线和小口径（DN150 以下）的城市燃气管道。

（2）水、燃气输送钢管。水、燃气输送钢管有表面镀锌（俗称白铁管）钢管和不镀锌（黑铁管）两种。按壁厚不同可分为普通铁管、加厚钢管和薄壁钢管，前两种可用于室内燃气管道。

（3）螺旋缝焊接钢管。螺旋缝焊接钢管直径通常是 DN200～DN1400，可用于长输管线和城市燃气管道。

钢管的连接方式主要有：丝扣连接，一般适用于小管径钢管连接，其接口填料为铅油麻丝或聚四氟乙烯薄膜；法兰连接，一般用于阀门井、场站室内设备连接处，或者经常需要拆卸检修的管道处，法兰之间衬以软质垫圈，以保证连接的气密性；焊接连接，是钢管连接的常用方法，钢管壁厚在 4mm 以下时，采用气焊，即可保证连接处焊缝质量，壁厚大于 4mm 时钢管的连接必须采用电焊，见图 11-2 和图 11-3。

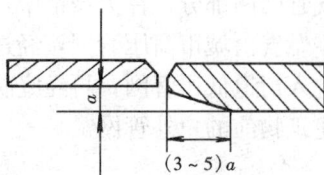

图 11-2　不同壁厚钢管的对接

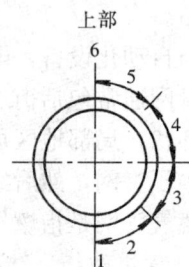

图 11-3　水平钢管固定口焊接位置分布
1—半圆起点；2—仰焊；3—仰立焊；4—平立焊；5—平焊；6—半圆终点

（二）铸铁管

铸铁管按材质可分为普通铸铁管、高级铸铁管和球墨铸铁管。我国的铸铁管按承受的压力大小分为三种级别，即高压管、普压管及低压管。高压管的工作压力不大于 1.0MPa，普压管的工作压力不大于 0.75MPa，低压管的工作压力不大于 0.45MPa。城市地下燃气管道可采用高压管和普压管两种。地下燃气铸铁管的连接方式主要有承插式、柔性机械接口和套接式三种。铸铁管承插式接口与填料见图 11-4。

（三）塑料管

可用作燃气管道的塑料管有两大类：一类是热塑性塑料管；另一类是热固性环氧树脂管，通称玻璃钢管。热塑性塑料管材主要有丙烯腈－丁二烯（ABS）、醋酸－丁酸纤维（CAB）、聚酰胺（PA）（俗称尼龙）、聚丁烯（PB）、聚乙烯（PE）和聚氯乙烯（PVC）等。塑料管具

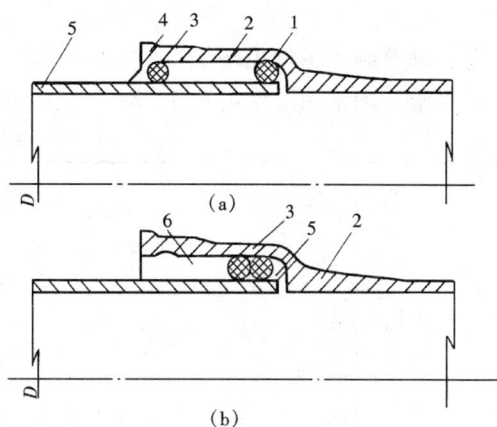

图 11-4　铸铁管承插式接口与填料
(a) 水泥承插式接口；(b) 精铅承插式接口
1—橡胶圈；2—铸铁接口；3—油绳环圈；
4—水泥；5—铸铁插管；6—精铅

有抗腐蚀能力强，没有电化学腐蚀现象，管材轻、便于运输，可卷成盘，减少接头、便于安装。其连接方式主要有溶剂粘接、热熔连接，燃烧连接分为承插式热熔接、热熔对接、鞍型热熔接、电阻丝热熔接。

五、燃气燃烧器具的种类

燃气燃烧器具主要有家庭用燃气灶、工业炊事器具、烘烤器具、烧水器具、冷藏器具以及空调采暖器具等。各种燃气燃烧器具的适用燃气种类、额定燃气用量等性能参数见表 11-2。

表 11-2　　　　　　　　　　　燃气燃烧器具性能参数表

序号	名　称	型　号	燃气种类	燃气压力（×0.1MPa）	额定热负荷（kJ/h）	进气连接管尺寸
1	双眼灶	JZ2	人工燃气	100±20	10 500×2	1/2″
2	双眼灶	JZT2-I	天然气	200	10 500×2	
3	双眼灶	JZY2-W	液化石油气	280±50	9240×2	φ9 软管
4	公用炊事灶	YR-2	液化石油气	280±50	84 000	1/2″
5	150L 开水炉	YL-150	液化石油气	280±50	133 978	φ8 软管
6	快速热水器	TSZ4	天然气	200±30	35 700	
7	热风采暖器	YRQ	液化石油气	280±50	14 280	

六、燃气计量设备

燃气计量设备主要是指燃气计量表。下面介绍几种常见的燃气计量表。

（1）干式皮膜计量表。其民用型号有单表头和双表头两种，额定流量有 1.2、1.5、2、3m³/h；公共事业用户额定流量有 6、10、20m³/h 等。小流量的燃气计量表可直接安装在墙上，大流量的宜设在单独房间内。

（2）干式罗茨计量表。此种表主要为工业燃气使用，其额定流量为 100～1000m³/h。

(3) IC 卡智能燃气表。此种表采用最新单片机技术和 IC 卡技术，结合先进的生产制造工艺和质量管理制造而成，具有精确度高、自动计量、安全可靠、使用寿命长等优点。IC卡智能燃气表的出现实现了燃气计量的科学管理模式。目前民用型号主要是 DC2.5 型IC 卡。

七、燃气施工图常见图例

燃气施工图常用图例见表 11-3。

表 11-3　　　　　　　　　　　　燃气施工图常见图例

序号	名称	图例	序号	名称	图例
1	地上燃气管道		10	球阀	
2	地下燃气管道		11	调压器	
3	螺纹连接管道		12	开放式弹簧安全阀	
4	法兰连接管道		13	燃气灶具	
5	焊接连接管道		14	凝水器	
6	有套管燃气管道		15	燃气计量表	
7	管帽		16	罗茨计量表	
8	丝堵				
9	活接头		17	扁形过滤器	

第二节　燃气安装工程量计算

(1) 室内外管道分界：

1) 地下引入室内的管道以室内第一个阀门为界。

2) 地上引入室内的管道以墙外三通为界。

(2) 室外管道(包括生活用燃气管道、民用小区管网)和市政管道以两者的碰头点为界。

(3) 各种管道安装定额内容：

1) 场内搬运，检查清扫，管道及管件安装、分段试压与吹扫。

2) 碳钢管管件制作，包括机械煨弯、三通等。

3) 室内管道托钩、角钢卡制作与安装。

4) 室外钢管（焊接）除锈及刷底漆。

（4）钢管（焊接）安装项目适用于无缝钢管和焊接钢管。

（5）使用本章额定时，下列项目另行计算：

1）阀门、法兰安装，按本册第六章相应项目计算，调长器安装、调长器与阀门联装、法兰燃气计量表安装除外。

2）室外管道保温、埋地管道防腐绝缘，按设计规定使用第十一册另行计算。

3）埋地管道的石土方工程及排水工程，按建筑工程消耗量定额相应项目计算。

4）非同步施工的室内管道安装的打、堵洞眼，可按相应消耗定额另计。

5）室外管道带气碰头。

6）民用燃气表安装，定额内已含支（托）架制安及刷漆；公用燃气表安装，其支架或支墩按实另计。

（6）燃气承插铸铁管以 N1 型和 X 型接口形式编制。如果为 N 型和 SMJ 型接口时，其人工乘以系数 1.05，安装 X 型 DN400 铸铁管接口时，人工乘以系数 1.08，每个口增加螺栓 2.06 套。

（7）燃气输送压力大于 0.2MPa 时，燃气承插管安装定额中人工乘以系数 1.3。

第三节　工程预算实例

【例 11-1】　编制×住宅楼室内燃气管道工程（一个单元）预算

（一）工程概况

（1）本工程为×市×住宅楼（共四单元 32 户，本例题只做其中一个单元）室内燃气管道工程，布置见单元一层、二层平面图（图 11-5、图 11-6）和管道系统图（图 11-7）。图中标高以 m 计，其余尺寸以 mm 计。燃气为天然气，每户装 JZ 双眼灶 1 台，额定用气量为 1.4m³/h，管材采用镀锌钢管，丝扣连接。住宅楼层高 2.8m，同一单元两侧系统图对称。

（2）未尽事宜参照标准图集施工。

（二）采用定额

本例题采用《山东省安装工程价目表（下册）》和《山东省安装工程消耗量定额　第八册　给排水、采暖、燃气工程》（2003 年出版）中的有关内容。

（三）编制方法

（1）本例题暂不计算主材费、刷油、保温等费用。

（2）工程量计算结果见表 11-4，安装工程施工图预算结果见表 11-5。

表 11-4　　　　　工 程 量 计 算 书

工程名称：室内燃气管道工程

序号	分部分项工程名称	单位	工程量	计 算 公 式
1	镀锌钢管（丝扣）DN25	m	20.80	$(11.20-0.80)\times2$
2	镀锌钢管（丝扣）DN15	m	13.20	$[0.25+0.10+(2.00-1.85)\times2+2.00-1.00]\times4\times2$
3	燃气灶具	个	8	4×2

续表

序号	分部分项工程名称	单位	工程量	计 算 公 式
4	燃气计量表	个	8	4×2
5	丝扣球阀 DN25	个	2	1×2
6	丝扣球阀 DN15	个	8	4×2
7	丝扣旋塞阀 DN15	个	8	4×2
8	一般钢套管（穿楼板）DN25	个	6	3×2

表 11-5　　　　　　　　　　工 程 计 价 表

工程名称：燃气工程例题

序号	定额编号	项 目 名 称	单位	工程量	预算价 单价	预算价 合价	人工费 单价	人工费 合价	材料费 单价	材料费 合价	机械费 单价	机械费 合价	备注
1	8-820	室内燃气镀锌钢管丝接 DN15 内	10m	1.32	131.79	173.96	95.79	126.44	24.68	32.58	11.32	14.942 4	
		镀锌钢管丝接 DN15	m	13.464									
2	8-821	室内燃气镀锌钢管丝接 DN20 内	10m	2.08	132.66	275.93	95.92	199.51	25.42	52.87	11.32	23.545 6	
		镀锌钢管丝接 DN20	m	21.216									
3	8-876	民用灶具 JZ. JZR. JZY. YZ. JZT	台	8	20.18	161.44	11	88	9.18	73.44			
		燃气灶炉	台	8									
4	8-853	民用燃气表 1.5m³/h	块	8	31.06	248.48	21.78	174.24	5.72	45.76	3.56	28.48	
		燃气计量表 1.5m³/h	块	8									
		燃气表接头	套	8.08									
5	8-526	螺纹阀 DN15 内	个	8	7.51	60.08	4.4	35.2	3.11	24.88			
		螺纹球阀 DN15	个	8.08									
6	8-528	螺纹阀 DN25 内	个	2	10.47	20.94	5.28	10.56	5.19	10.38			
		螺纹球阀 DN25	个	2.02									
7	8-526	螺纹阀 DN15 内	个	8	7.51	60.08	4.4	35.2	3.11	24.88			
		螺纹旋塞阀 DN15	个	8.08									
8	6-3011	一般穿墙套管制安 DN25	个	6	19.72	118.32	6.2	37.2	12.57	75.42	0.95	5.7	
		安装工程总计	元			1119.23		706.35		340.21		72.668	
		[措施费]脚手架搭拆费(第八册)			669.15	5%	33.46	25%	8.36	75%	25.09		
		[措施费]脚手架搭拆费(第六册)			37.2	7%	2.6	25%	0.65	75%	1.95		

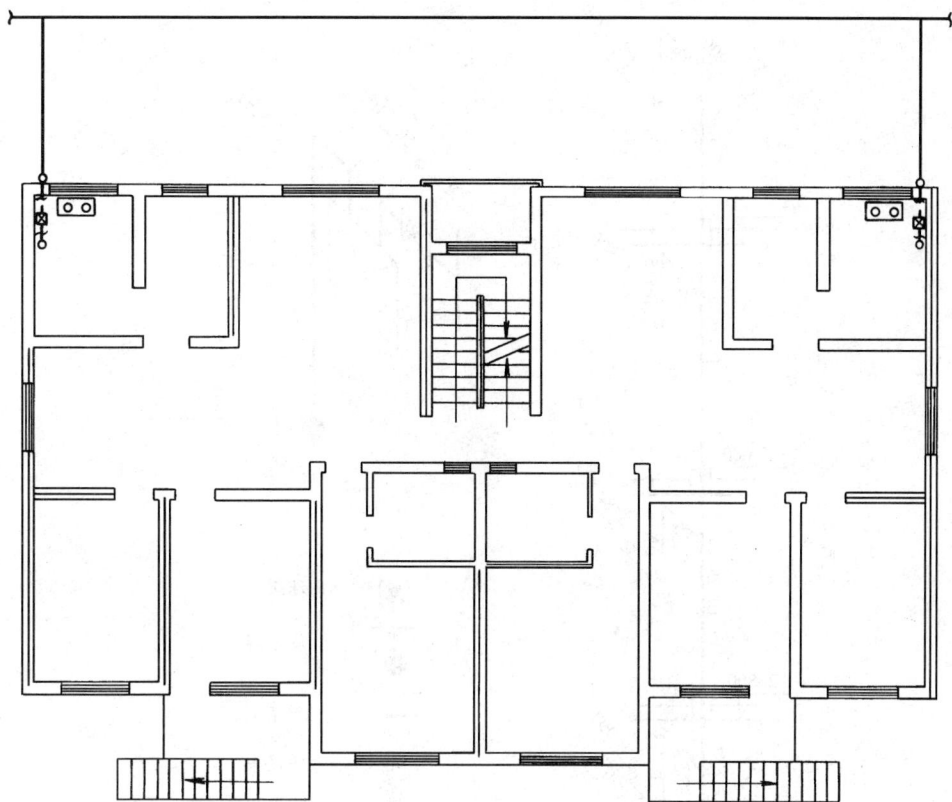

图 11-5　一层平面图

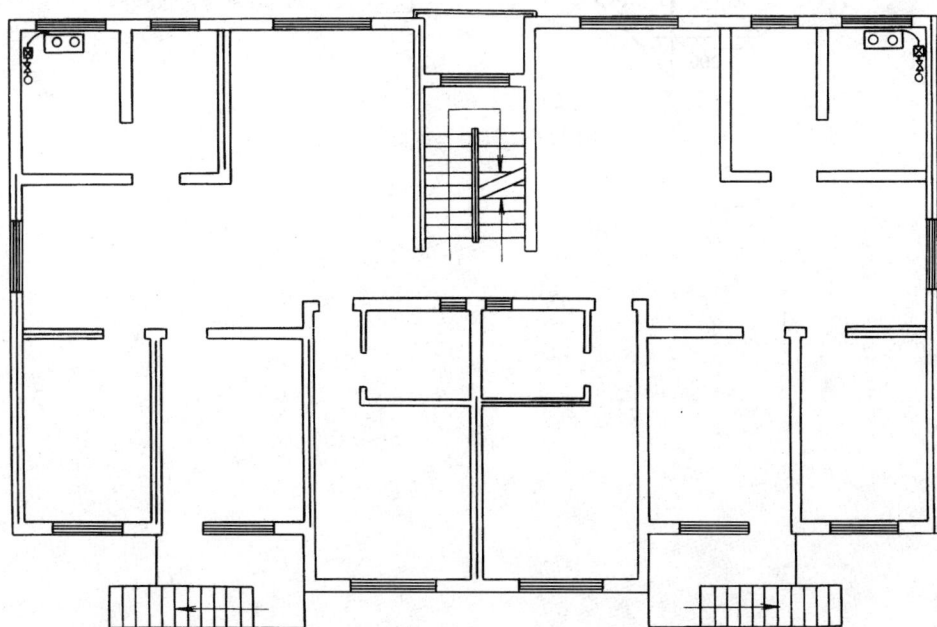

图 11-6　二层平面图

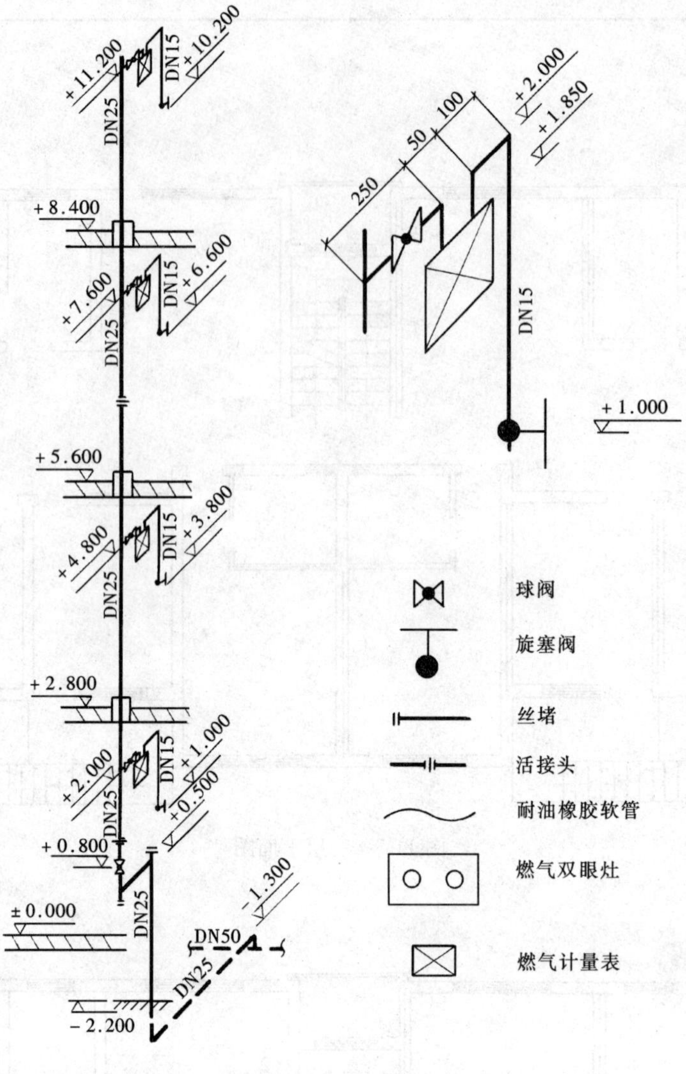

图 11-7　管道系统图

第十二章　通风空调工程施工图预算的编制

市场经济的深化改革，带来了社会经济的繁荣昌盛，人们对生活质量和生产工作环境也有了更高的要求。通风空调工程技术的普及与提高，使之在基本建设投资中的比例明显增大。所以，熟练掌握通风空调安装工程造价的计算方法，是工程造价专业人员不可缺少的业务技术知识。

第一节　通风空调工程基本知识

利用换气的方法，把室内被污染的空气直接或经过净化后排至室外，新鲜空气补充进室内，使室内环境符合卫生标准，满足人们生活或生产工艺要求的技术措施称为建筑通风。

把室内不符合卫生标准的空气直接或经处理后排出室外称为排风，把室外新鲜空气或经过处理的空气送入室内称为送风。排风和送风的设施总称为建筑通风系统。

建筑通风分类：

建筑通风按系统作用范围不同分为局部通风和全面通风两种。局部通风是仅限于建筑内个别地点或局部区域，全面通风是对整个车间或房间进行的通风。

建筑通风按系统的工作压力分为自然通风和机械通风两种。

一、自然通风

自然通风是借助于室外空气造成的风压和室内外空气由于温度不同而形成的热压使空气流动。

风压自然通风方式见图 12-1。在风压作用下，室外空气通过建筑迎风面上的门、窗、孔洞进入室内，室内空气通过背风面及侧面上的门、窗、孔洞排出室外。

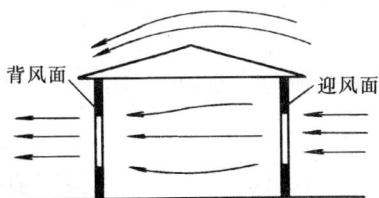

图 12-1　风压自然通风　　　　　　图 12-2　热压自然通风

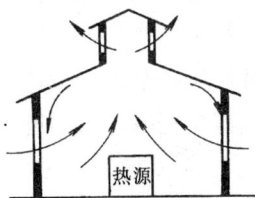

热压自然通风见图 12-2。热压是由于室内外空气温度不同造成密度不同从而形成的重力压差。在热作用下，室内空气从上部窗孔排出，室外空气则从下部门、窗、孔洞进入室内。同时利用风压和热压的自然通风见图 12-3。管道式自然通风见图 12-4。

二、机械通风

机械通风是依靠机械力（风机）强制空气流动的一种通风方式。机械通风分为局部机械通风和全面机械通风。

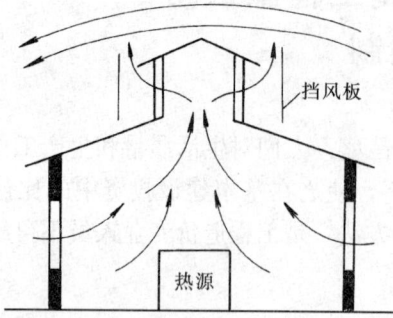

图 12-3　利用风压和热压的自然通风

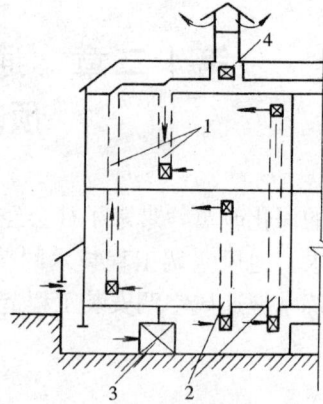

图 12-4　管道式自然通风系统

1—排风管道；2—送风管道；3—进风加热设备；
4—排风加热设备（为增大热压用）

　　(1) 局部机械通风。为了保证某一局部区域的空气环境，依靠机械力将新鲜空气直接送到这个局部区域，或者将污浊空气或有害气体直接从产生的地方抽出，防止其扩散到全室，这种通风系统称为局部机械通风系统。局部机械排风系统见图 12-5，局部机械送风系统见图 12-6。

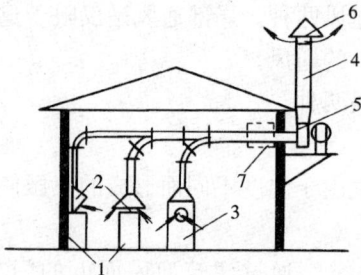

图 12-5　局部机械排风系统

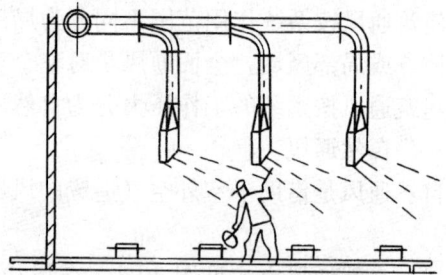

图 12-6　局部机械送风系统

1—工艺设备；2—局部排风罩；3—排风拒；4—风道；
5—风机；6—排风帽；7—排风处理装置

　　(2) 全面机械通风。全面机械通风就是依靠机械力将室内受污染的空气排除室内，或将室外新鲜空气送入整个室内，全面进行空气交换。

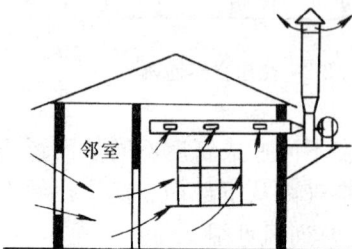

图 12-7　全面机械排风系统

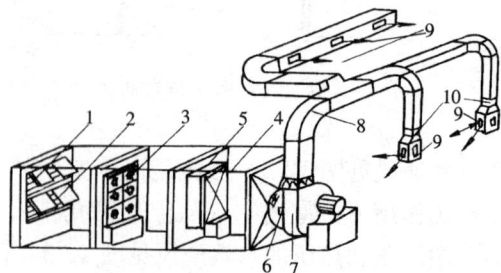

图 12-8　全面机械送风系统

1—百叶窗；2—保温阀；3—过滤器；4—空气加热器；5—旁通阀；6—启动阀；7—风机；8—风道；9—送风口；10—调节阀

全面机械排风系统示意图见图 12-7。这种系统设置于产生有害物的房间，进风则来自比较干净的邻室与该房间的自然进风。

全面机械送风系统示意图见图 12-8。该系统通常把各种处理设备集中在一个专用的房间内，对进风进行过滤和热处理。

第二节　通风空调工程常用设备及部件

一、通风常用设备和部件

通风系统形式不同，通风系统常用设备和构件也有所不同。自然通风只需进、排风窗及附属开关等简单装置。机械通风和管道式自然通风系统，则需要较多的设备和构件。

1. 室内送、排风口

室内送风口是在送风系统中把风道输送来的空气以适当的速度分配到各指定地点的风道末端装置。室内排风口是把室内被污染的空气通过排风口进入排风管道。

室内送、排风口的种类很多，比较常用的有简单的送风口（见图 12-9）和百叶式送风口（见图 12-10）。

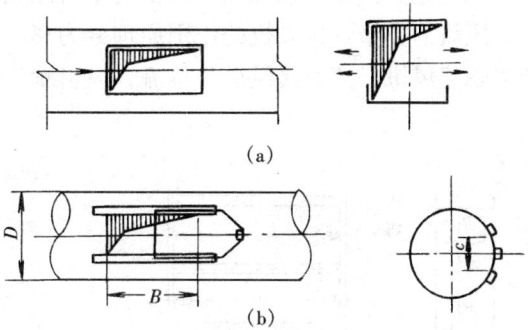

图 12-9　简单的送风口

（a）风管侧送风口；（b）插板式送、吸风口

风道制作材料有薄钢板、硬聚氯乙烯塑料板、胶合板、纤维板、矿渣石膏板、砖和土等，截面有圆形和矩形两种。

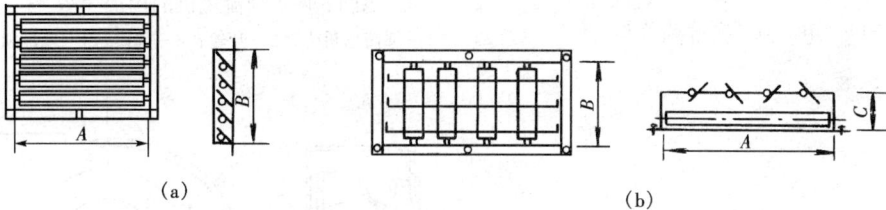

图 12-10　百叶式送风口

（a）单层百叶风口；（b）双层百叶风口

2. 阀门

阀门安装在通风系统的风道上，用以关闭风道、风口和调节风量。常用的阀门有闸板阀、防火阀、蝶阀和调节阀等。常用的几种阀门分别见图 12-11～图 12-14。

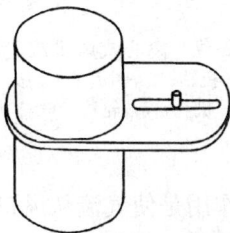

图 12-11　闸板阀

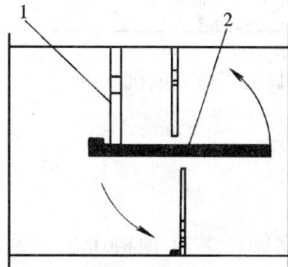

图 12-12　圆形风管防火阀

1—易熔片；2—阀门

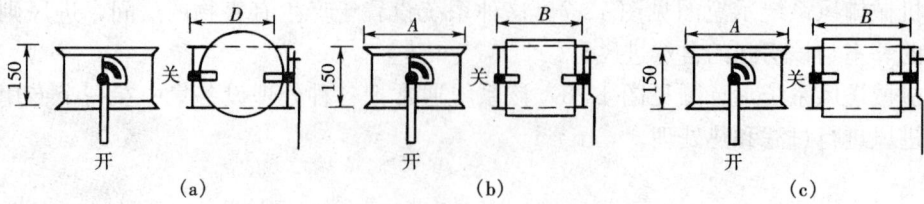

图 12-13　蝶阀
(a) 圆形；(b) 方形；(c) 矩形

3. 风机

风机是机械通风系统和空调工程中必须的动力设备。

风机的类型：按风机的作用原理分为离心式、轴流式和贯流式三类。轴流风机构造和长轴式轴流风机、离心式风机、贯流式风机示意图分别见图 12-15～图 12-19。

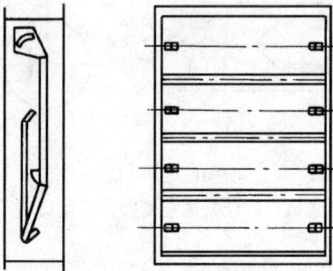

图 12-14　矩形对开多叶调节阀

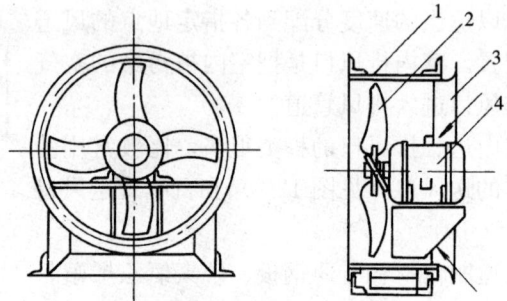

图 12-15　轴流风机的构造简图
1—圆筒形机壳；2—叶轮；3—进口；4—电动机

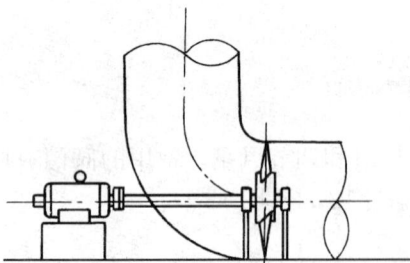

图 12-16　长轴式轴流风机

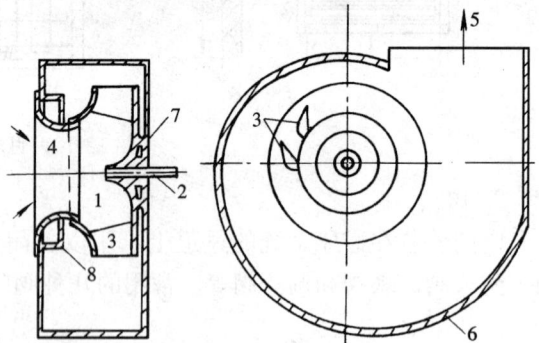

图 12-17　离心式风机构造示意图
1—叶轮；2—机轴；3—叶片；4—吸气口；5—出口；
6—机壳；7—轮毂；8—扩压环

4. 散流器

散流器是空调房间中装在顶棚上的一种送风口，其作用是使气流从风口向四周辐射状射出、诱导室内空气与射流迅速混合。散流器送风分平送和下送两种方式。平送散流器和流线型散流器构造示意图分别见图 12-20 和图 12-21。

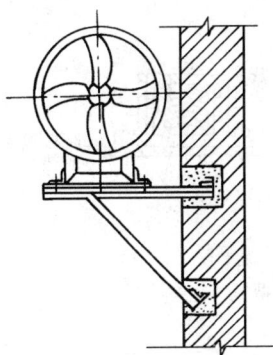

图 12-18　轴流风机在墙上安装　　　　图 12-19　离心风机在混凝土基础上安装

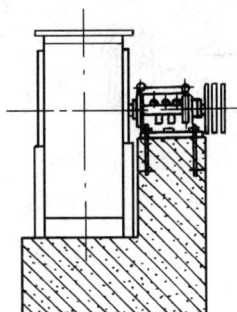

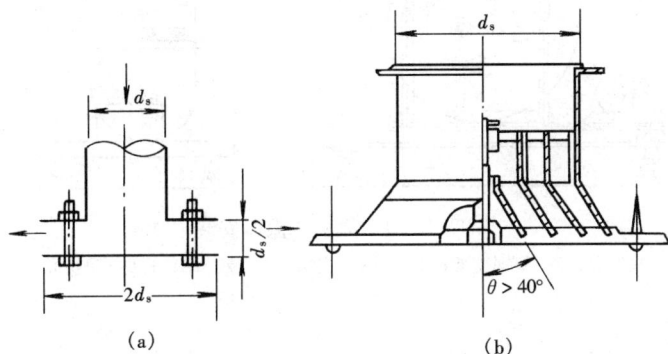

图 12-20　平送散流器示意图
(a) 盘式；(b) 圆形直片式

　　另外，在空调房间除设散流器送风外，还有孔板送风、喷口送风、回风口等。孔板材料可采用胶合板、硬质塑料板和铝板等。回风口通常设在房间的下部，孔口上一般要装设金属网，以防杂物吸入。

　　5. 消声减振器具

　　设于空调机房和制冷机房内的风机、水泵、压缩机等在运行中会产生噪声和振动，将影响人们的生活或工作，需采取消声减振措施。

　　常用的消声器有阻性消声器、共振性消声器、抗性消声器和宽频带复合消声器等。消声器构造示意图见图12-22。减振器见图 12-23 和图 12-24。

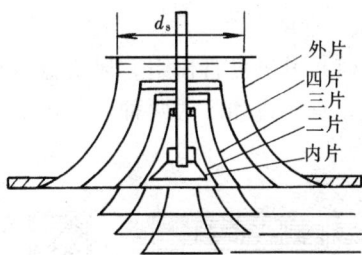

图 12-21　流线型散流器构造示意图

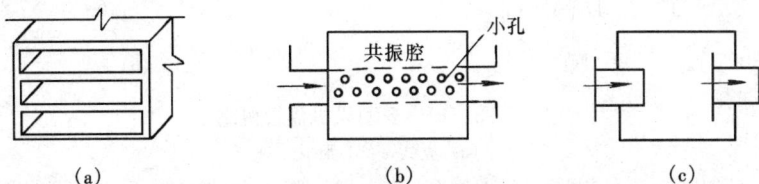

图 12-22　消声器构造示意图
(a) 阻性消声器；(b) 共振性消声器；(c) 抗性消声器

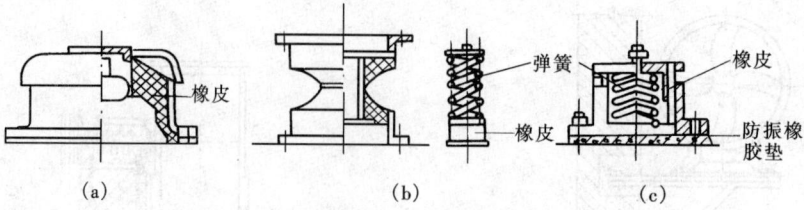

图 12-23　几种不同类型减振器结构示意图
(a) 压缩型；(b) 剪切型；(c) 复合型

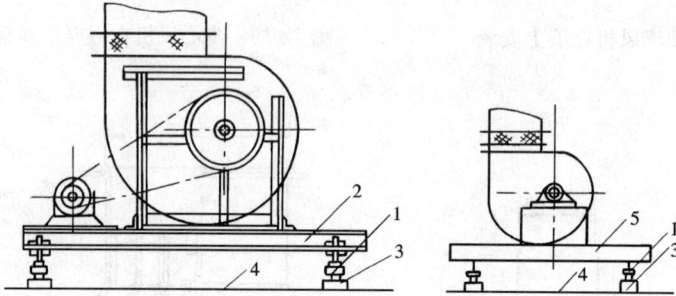

图 12-24　风机减振器安装
1—减振器；2—型钢支架；3—混凝土支墩；4—支撑结构；5—钢筋混凝土板

二、空调装置

1. 空调箱

空调箱是集中设置各种空气处理设备的专用小室或箱体。空调箱外壳可用钢板或非金属材料制成。

2. 室外进、排风装置

进风装置一般由进风口、风道，以及在进口处装设木制或薄钢板制百叶窗组成。

3. 空调机组

（1）风机盘管机组。风机盘管机组由低噪声风机、盘管、过滤器、室温调节器和箱体等组成，有立式和卧式两种。风机盘管机组构造见图 12-25。

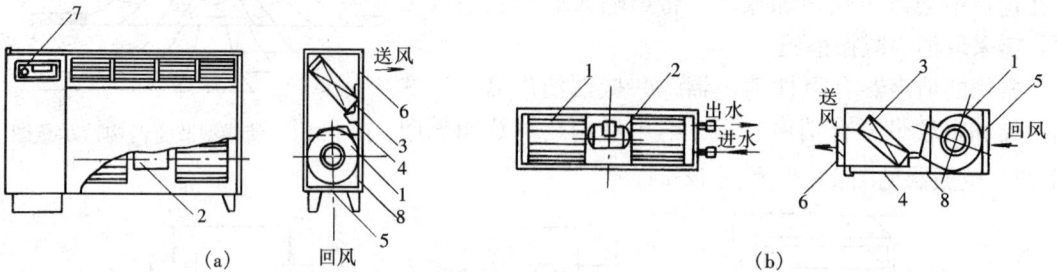

图 12-25　FP—5 型风机盘管机组
（a）立式；（b）卧式
1—双进风多叶离心式风机；2—低噪声电动机；3—盘管；4—凝水盘；5—空气过滤器；
6—出风格栅；7—控制器（电动阀）；8—箱体

（2）局部空调机组。空调机组是把空调系统（含冷源、热源）的全部设备或部分设备配套组装而成的整体。局部空调机组分为柜式和窗式两类。立柜式恒温恒湿空调机组见图12-26，热泵型窗式空调器见图12-27。

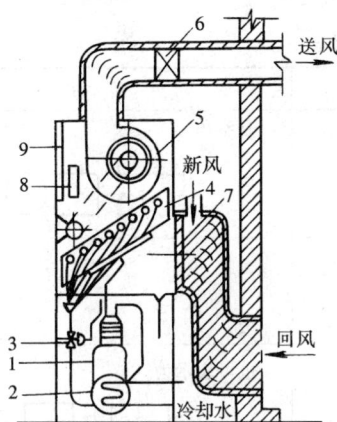

图 12-26　立柜式恒温恒湿空调机组

1—氟利昂制冷压缩机；2—水冷式冷凝器；3—膨胀阀；
4—蒸发器；5—风机；6—电加热器；7—空气过滤器；
8—电加湿器；9—自动控制屏

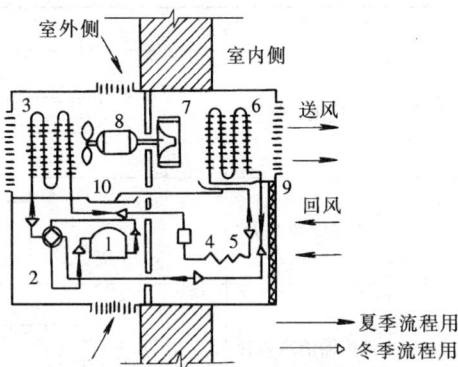

图 12-27　热泵型窗式空调器

1—全封闭氟利昂压缩机；2—四通换向阀；3—室外侧盘管；
4—制冷剂过滤器；5—节流毛细管；6—室内侧盘管；
7—风机；8—电动机；9—空气过滤器；10—凝水盘

第三节　通风空调工程施工图的组成与识图

一、通风空调工程施工图

通风空调工程施工图由施工图纸、施工图预算、设计说明、设备材料表和会审纪要等组成。施工图纸上标明施工内容、设备、管道、风口等布置位置，设备和附件安装要求和尺寸，管材材质和管道类型、规格及尺寸，风口类型及安装要求等。对于图纸不能直接表达的内容，如设计依据、质量标准、施工方法、材料要求等，一般在设计说明中阐明。因此，通风空调工程施工图是工程量计算和工程施工的依据。

通风空调工程施工图是按照国家颁布的、通用的图形符号绘制而成。通风空调工程常用图例见表12-1。

二、通风空调工程施工图识图

通风空调工程施工图一般包括平面布置图、剖面图、系统图和设备、风口等安装详图。

1. 平面布置图

通风空调工程平面布置图主要表明通风管道平面位置、规格、尺寸，管道上风口位置、数量，风口类型，回风道和送风道位置，空调机、通风机等设备布置位置、类型，消声器、温度计等安装位置等。

2. 剖面图

剖面图表明通风管道安装位置、规格、安装标高，风口安装位置、标高、类型、数量、规格、空调机、通风机等设备安装位置、标高及与通风管道的连接，送风道、回风道位置等。

3. 系统图

通风系统图表明通风支管安装标高、走向、管道规格、支管数量，通风立管规格、出屋面高度，风机规格、型号、安装方式等。

表 12-1　　　　　　　　　　　　　通风空调工程常用图例

序号	名称	图　例	备　注
1	砌筑风、烟道	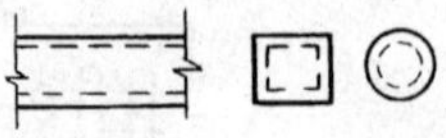	其余均为 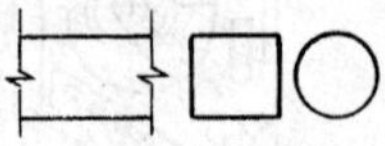
2	带导流片弯头		
3	消声器消声弯管	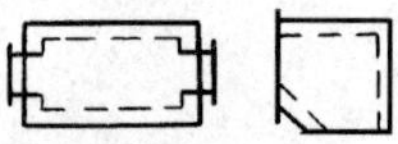	也可表示为 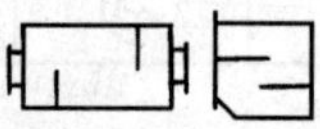
4	插板阀	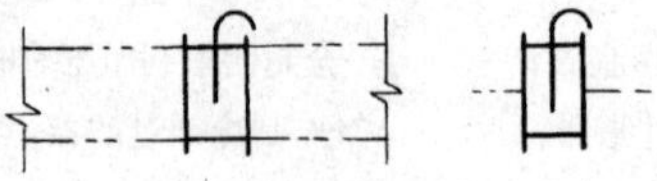	
5	天圆地方	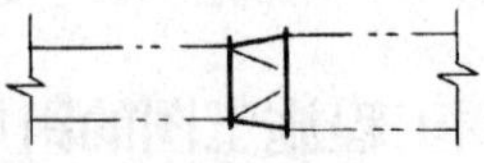	左接矩形风管，右接圆形风管
6	蝶阀	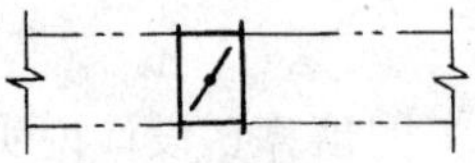	
7	对开多叶调节阀	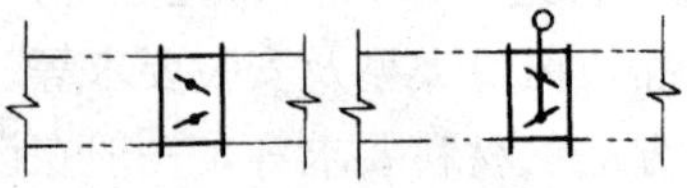	左为手动，右为电动
8	风管止回阀	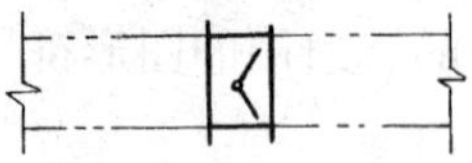	
9	三通调节阀	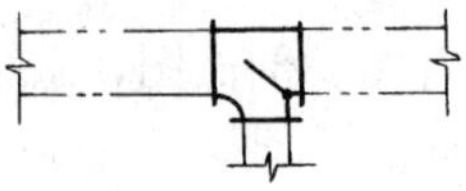	
10	防火阀	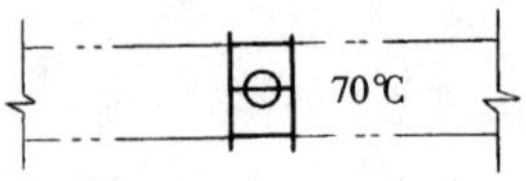	表示 70℃ 动作的常开阀。若因图面小，可表示为 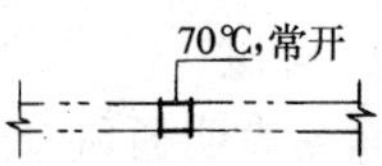 70℃,常开

序号	名称	图　例	备　注
11	排烟阀		左为 280℃ 动作的常闭阀，右为常开阀。若因图面小，表示方法同上
12	软接头		也可表示为
13	软管	或光滑曲线（中粗）	
14	风口（通用）	或	
15	气流方向		左为通用表示法，中表示送风，右表示回风
16	百叶窗		
17	散流器		左为矩形散流器，右为圆形散流器。散流器为可见时，虚线改为实线
18	检查孔测量孔	检　测	
19	轴流风机	或	
20	离心风机		左为左式风机，右为右式风机

序号	名称	图　例	备　注
21	水泵		左侧为进水，右侧为出水
22	空气加热、冷却器		左、中分别为单加热、单冷却，右为双功能换热装置
23	板式换热器		
24	空气过滤器		左为粗效，中为中效，右为高效
25	电加热器		
26	加湿器		
27	挡水板		
28	窗式空调器		
29	分体空调器		
30	风机盘管		可标注型号，如：FP-5
31	减振器		左为平面图画法，右为剖面图画法

4. 详图

通风空调详图包括风口大样图，通风机减震台座平、剖面图等。

风口大样图主要表明风口尺寸、安装尺寸、边框材质、固定方式、固定材料、调节板位置、调节间距等。通风机减震台座平面图表明台座材料类型、规格、布置尺寸。通风机械台座剖面图表明台座材料、规格（或尺寸）、施工安装要求方式等。

5. 设计说明

通风空调工程施工图设计说明表明风管采用材质、规格、防腐和保温要求，通风机等设备采用类型、规格，风管上阀件类型、数量、要求，风管安装要求，通风机等设备基础要求等。

6. 设备材料表

设备材料及部件表表明主要设备类型、规格、数量、生产厂家，部件类型规格、数量等。

第四节　通风空调工程施工图预算的编制

一、定额主要内容及适用范围

（一）主要内容

山东省安装工程量消耗量定额第九册《通风空调工程》（简称定额），共分十三部分633个定额子目。具体划分如下：

（1）薄钢板通风管道制作安装；

（2）风管阀门制作安装；

（3）风口制作安装；

（4）风帽制作安装；

（5）罩类制作安装；

（6）消声器制作安装；

（7）通风空调设备安装及部件制作安装；

（8）净化通风管道及部件制作安装；

（9）不锈钢板通风管道及部件制作安装；

（10）铝板通风管道及部件制作安装；

（11）塑料通风管道及部件制作安装；

（12）玻璃钢通风管道及部件安装；

（13）复合型风管制作安装。

（二）适用范围

本定额适用于工业与民用建筑的新建、扩建和整体更新改造项目中的通风空调安装工程。

（三）与其他册定额的关系

（1）本册各种通风空调设备的电气检查接线及调试应执行第二册《电气设备安装工程》；

（2）各种设备的基础灌浆工程按第一册《机械设备安装工程》相关项目执行；

（3）空调工程的水系统安装，执行第八册《给排水、采暖、燃气工程》相关项目；

（4）通风空调系统中的玻璃钢冷却塔等可执行第一册《机械设备安装工程》相关项目；

（5）本定额中的风机设备，是指一般工业与民用通风空调系统中使用的风机，而用于生产系统的风机安装，应执行第一册《机械设备安装工程》，属于中压锅炉附属设备的应执行第三册《热力设备安装工程》；

（6）风管及部件（定额说明已包括的除外）的刷油、保温应执行第十一册《刷油、防腐蚀、绝热工程》。

（四）定额编制中主要问题的确定

（1）本定额主要依据的标准、规范有：

1) GBJ 19—1987《采暖通风和空气调节设计规范》;

2) GB 50243—1997《通风与空调工程施工及验收规范》;

3)《暖通空调设计选用手册》。

(2) 各类部件的重量系按国家现行标准图集的规定计算的。所用板材和型材都是按标准规格供应考虑,各种主材的损耗量见表 12-2。

表 12-2   型钢及其他材料损耗率

序号	项目	损耗率(%)	序号	项目	损耗率(%)	序号	项目	损耗率(%)
1	型钢	4.0	15	乙炔气	18.0	29	混凝土	5.0
2	安装用螺栓(M12以下)	4.0	16	管材	4.0	30	塑料焊条	6.0
3	安装用螺栓(M12以上)	2.0	17	镀锌铁丝网	20.0	31	塑料焊条(编网格用)	25.0
4	螺母	6.0	18	帆布	15.0	32	不锈钢型材	4.0
5	垫圈(ϕ12以下)	6.0	19	玻璃板	20.0	33	不锈钢带母螺栓	4.0
6	自攻螺钉、木螺钉	4.0	20	玻璃棉、毛毡	5.0	34	不锈钢铆钉	10.0
7	铆钉	10.0	21	泡沫塑料	5.0	35	不锈钢电焊条、焊丝	5.0
8	开口销	6.0	22	方木	5.0	36	铝焊粉	20.0
9	橡胶板	15.0	23	玻璃丝布	15.0	37	铝型材	4.0
10	石棉橡胶板	15.0	24	矿棉、卡普隆纤维	5.0	38	铝带母螺栓	4.0
11	石棉板	15.0	25	泡钉、鞋钉、圆钉	10.0	39	铝铆钉	10.0
12	电焊条	5.0	26	胶液	5.0	40	铝焊条、焊丝	3.0
13	气焊条	2.5	27	油毡	10.0			
14	氧气	18.0	28	铁丝	1.0			

(3) 通风、空调工程所用的型钢及普通钢板除锈、刷漆,除各章节另有说明外,定额中均已包括在内,如设计要求刷其他漆种时可进行换算。型钢及部件用普通钢板按红丹防锈漆及调和漆各两遍,普通钢板风管按内外红丹防锈漆两遍考虑。

(4) 各风管、部件及通风空调设备定额项目中没有包括的型钢支架,除各章另有说明外,应使用定额第一章中支架制作安装项目另行计算。

(5) 本定额未考虑预留铁件的制作和埋设,除各章另有说明者外,均按膨胀螺栓固定支托吊架计算,不得因安装方式不同进行调整。本定额项目内未考虑安装在支架上的木衬垫或非金属垫料,发生时按设计用量计入成品材料(含加工和防腐),其余不变。

(6) 本定额项目中的法兰垫料如设计要求使用材料品种不同者可以换算,但人工不变。使用泡沫塑料者每 1kg 闭孔乳胶海绵换算为泡沫塑料 0.25kg;使用橡胶板者 1kg 闭孔乳胶海绵换算为橡胶板 2kg。

(7) 定额中人工、材料、机械凡是制作和安装合并列项的,如需分解时,其制作与安装的比例可按表 12-3 规定划分。

表 12-3   定额中人工、材料、机械制作与安装比例划分

序号	项目	制作占百分数(%)			安装占百分数(%)		
		人工	材料	机械	人工	材料	机械
1	薄钢板通风管道制作安装	60	95	95	40	5	5
2	风帽制作安装	75	80	99	25	20	1

序号	项　　目	制作占百分数（%）			安装占百分数（%）		
		人工	材料	机械	人工	材料	机械
3	罩类制作安装	78	98	95	22	2	5
4	通风空调部件制作安装	86	98	95	14	2	5
5	净化通风管道及部件制作安装	60	85	95	40	15	5
6	不锈钢板通风管道及部件制作安装	72	95	95	28	5	5
7	铝板通风管道及部件制作安装	68	95	95	32	5	5
8	塑料通风管道及部件制作安装	85	95	95	15	5	5
9	复合型风管制作安装	60	—	99	40	100	1

（8）超高增加消耗量：定额中操作物高度以距楼地面 6m 为限，如超过 6m 时，定额人工（含 6m 以下）乘以表 12-4 中的相应系数。

表 12-4　　　　　　　　　　　超 高 增 加 系 数

操作物高度（m）	≤10	≤15	≤20	>20
系数	1.10	1.15	1.20	1.40

（9）在洞库、暗室内安装，其定额人工、机械消耗量各增加 15%。

（10）高层建筑（指高度在 6 层或 20m 以上的工业与民用建筑）增加费，可按表 12-5 规定计算（其中 70% 为人工费，其余为机械费）。

表 12-5　　　　　　　　　　　高 层 建 筑 增 加 系 数

层数（高度）	9 层以下（30m）	12 层以下（40m）	15 层以下（50m）	18 层以下（60m）	21 层以下（70m）	24 层以下（80m）	27 层以下（90m）	30 层以下（100m）	33 层以下（110m）
按定额人工费的百分数（%）	3	5	7	9	11	12	15	18	23

层数（高度）	36 层以下（120m）	39 层以下（130m）	42 层以下（140m）	45 层以下（150m）	48 层以下（160m）	51 层以下（170m）	54 层以下（180m）	57 层以下（190m）	60 层以下（200m）
按定额人工费的百分数（%）	27	32	35	39	42	45	49	51	54

（11）系统调整费可按系统工程人工费的 13% 计算，其中人工工资占 25%。

（12）脚手架搭拆费可按定额人工费的 3% 计算，其中人工工资占 25%。

（13）本册中的措施性项目为脚手架搭拆费。

上述（8）、（9）、（10）的系数为子目系数，（11）、（12）的系数为综合系数。

二、薄钢板通风管道制作安装

本定额包括镀锌钢板风管，普通钢板风管，镀锌钢板风管（无法兰连接），风机盘管连接管、通风管道附件、支架制作安装和柔性软风管安装，共七节 30 个子目。本定额是通风空调工程中应用范围最广的定额项目，工程造价专业人员必须准确理解，熟练掌握。下面分别作一介绍。

(一)薄钢板风管制作安装

(1)本定额项目指镀锌钢板(咬口)、普通钢板(焊接)、无法兰插条连接风管和风机盘管连接管制作安装,按照风管板厚、分圆形、矩形分列项目。其工作内容:

1)制作:放样,下料,卷圆,折方,轧口,咬口,制作直管、管件、法兰及加固框,吊托支架,钻孔,铆焊,上法兰,组对。

2)安装:找标高、打支架墙洞、配合预留孔洞、埋设吊托架,组装、风管就位、找平、找正、制垫、垫垫、上螺栓、紧固。

3)风管及其所含钢材的除锈刷油。

(2)风管安装中所用吊托支架已考虑在内,吊托支架是按采用膨胀螺栓进行固定考虑的,未包括过跨风管落地支架,发生时按本册第一章内支架制作项目计算。

(3)镀锌钢板风管项目如设计要求不用镀锌钢板者,板材可以换算,其余不变。该项目中未考虑镀锌板刷漆,如设计要求刷漆,按第十一册《刷油、防腐蚀、绝热工程》相应定额项目计算。

(4)普通钢板风管制作安装项目中已包括管道、型钢支架的除锈、刷两遍底漆和型钢刷两遍调和漆,如设计要求刷其他漆种或管道需刷面漆时,可按第十一册有关子目调整。

(5)工程量的计算:

1)风管制作安装以设计图示风管规格按展开面积计算,不扣除检查孔、测定孔、送风口、吸风口等所占面积,以"10m²"为计量单位。计算式为:

圆形风管 $\qquad\qquad F=\pi DL$

矩形风管 $\qquad\qquad F=2(A+B)L$

式中　F——风管展开面积,m²;

$\quad\quad D$——圆形风管内直径,m;

$\quad\quad L$——管道中心线长度,m;

$\quad\quad A$——矩形风管长边尺寸,m;

$\quad\quad B$——矩形风管短边尺寸,m。

2)风管长度一律以设计图示中心线长度为准(主管与支管以其中心线交点划分),包括弯头、三通、变径管、天圆地方等管件的长度,但不得包括部件(阀门、消声器等)所占长度。直径和周长以图示尺寸为准(变径管、天圆地方均按大头口径尺寸计算),咬口重叠部分已包括在定额内,不得另行增加。

3)薄钢板通风管制作安装不分截面尺寸,均以钢板厚度编列。薄钢板风管子目中的板材,如设计要求厚度不同者可以换算,但人工、机械不变。

4)整个通风系统设计采用渐缩管均匀送风者,圆形风管按平均直径,矩形风管按平均周长计算工程量,其人工乘以系数2.5。

(6)空气幕送风管按风管壁厚及截面形状使用相应项目,其人工乘以系数3。

(7)无法兰插条连接风管按现场进行插条成型考虑。插条所用板材已计入主材消耗量内,需要成型橡胶条时应按每10m²1.5kg计。

(8)风机盘管连接管仅适用于风机盘管的送吸风连接管,即风机盘管接至送、回风口的管段,其他部位的风管可按本章相应定额项目执行。

（二）通风管道附件

（1）通风管道附件只编列了弯头导流叶片、软管接口、风管检查孔和温度风量测定孔制作安装四个定额项目，均按现行标准设计图集尺寸和重量进行编制。其工作内容均包括制作、安装、除锈、刷油。

（2）工程量计算：

1）弯头导流叶片制作安装，按图示叶片面积以"m²"为计量单位。

2）软管（帆布）接口制作安装，按图示尺寸以"m²"为计量单位。

3）风管检查孔制作安装以"100kg"为计量单位，其重量按本定额附录的"国标通风部件标准重量表"计算。

4）温度、风量测定孔制作安装，均以"个"为计量单位。

（3）风管导流叶片不分单叶片和香蕉形双叶片均使用同一项目。

（4）软管接口是按帆布制作考虑的，如设计不用帆布而使用其他材料者可以换算。

（三）柔性软风管安装

（1）柔性软风管安装采用镀锌铁皮卡子连接、吊托支架固定的成品挠性管段。柔性软风管适用于由金属、涂塑化纤织物、聚酯、聚乙烯、聚氯乙烯薄膜、铝箔等材料制成的软风管，不分保温和非保温均使用同一项目。

（2）柔性软风管安装工作内容包括制垫、上卡子、紧固及吊架制作安装、除锈、刷漆。

（3）柔性软风管安装按风管直径以"根"为计量单位。

（四）支架制作安装

（1）支架制作安装项目是指风管、部件及设备安装定额项目中未包括的各种型钢支架，如过跨风管落地支架。本定额中已包括支架除锈刷漆。

（2）支架制作安装工程量，分单件重50kg以内和50kg以上两个项目，以"100kg"为计量单位。

三、风管阀门制作安装

（一）定额项目设置

（1）分风管阀门制作安装和成品安装两部分。阀门制作安装适用于空气加热器上通阀、旁通阀、圆形瓣式启动阀、蝶阀、风管止回阀、插板阀、三通调节阀、对开多叶调节阀等；安装成品阀门适用于各类调节阀、防火阀、余压阀以及风阀电（气）动执行机构安装。

（2）本定额较原定额变化较大。原定额只设有阀门制作安装项目，而2000年版全统定额分列制作和安装两部分。根据我省工程实际及为方便实用，本定额分列制作安装和安装两部分。如需单独计算阀门制作工程内容时，可按册说明中的制作安装比例划分表内规定计算。

（3）防火阀制作应由具有相应资质的单位进行，本定额只列成品安装，未列制作项目。

（二）本定额中工作内容

（1）阀门制作：放样，下料，制作短管、阀板、零件，钻孔、铆焊、组合成型及除锈、刷漆。

（2）阀门安装：钻法兰孔、加垫、对口、上螺栓、紧固、试动。

（3）余压阀安装：配合预留孔洞，短管制作安装及除锈、刷漆，木框埋设、刷防火涂料，阀体及配套风口安装。

（4）电动执行机构安装：设备开箱、检查，执行机构安装、接线、调整校验，支架制作安装，除锈、刷漆。

（三）工程量计算规则

（1）各类阀门的制作安装和成品阀门安装，均按阀门规格型号、截面尺寸（周长或直径）以"个"为计量单位。

（2）风管阀门电（气）动执行机构安装均以"套"为计量单位。

（四）定额应用中注意事项

（1）各类风管阀门安装项目是按成品风阀考虑的。蝶阀、止回阀、防火阀等成品安装不分圆形或方矩形，均按其周长尺寸使用相应定额项目。

（2）按规范规定防火阀必须设单独支架，故防火阀安装项目包括了支架制作安装及除锈刷漆。

（3）电（气）动执行机构不分型号均使用同一定额项目。电气部分的安装执行定额第二册《电气设备安装工程》。

（4）带控制缆绳的防火排烟阀安装，使用多叶排烟口项目。

（5）风阀制作安装项目中已包括了型钢、板材的除锈、刷漆，不得重复计算。

四、风口制作安装

（一）定额项目设置

（1）本定额分风口制作安装和成品风口安装两部分，包括各种百叶风口、散流器、矩形送风口、矩形空气分布器、插板式风口、旋转吹风口、单双面送吸风口、活动算板型风口、网式风口、钢百叶窗、条缝型风口的制作、安装和多叶排烟口、板式排烟口安装。

（2）本定额新增加了多叶排烟口及板式排烟口，适用于安装在通风井道、墙上的自动排烟装置。安装在通风管道上的防火排烟阀，则执行防火阀安装。

（3）本定额增加了条缝形风口 KS-II 制作安装项目，对于风口宽与长之比小于 0.125 时，可适用本定额子目。

（4）本定额同阀门定额一样，原定额项目将制作安装列为一项，为方便实用，本定额也编列了制作安装和成品安装两项。如需单独计算风口制作时，按册说明中制作安装比例划分表内规定计算。

（二）各定额项目的工作内容

（1）风口制作：放样、下料、开孔，制作零部件、网框叶片、钻孔、组合成型及除锈、刷漆。

（2）风口安装：对口、加垫、上螺栓找正、固定、试动、调整。

（3）多叶排烟口安装：配合预留孔洞，金属框架制作安装、除锈、刷漆、墙上剔槽、钢丝绳套管及控制盒埋设，排烟口本体及配套铝合金风口以及远程控制装置安装、机械试动。

（三）工程量计算规则

（1）各类型的风口制作安装和成品风口安装，均按其规格型号、截面尺寸分列定额项目，以"个"为计量单位。

（2）钢制百叶窗按框内面积列定额项目，以"个"为计量单位。

（四）定额应用中注意事项

（1）风口安装项目是按成品风口考虑的，风口本身价值另计。铝合金或其他材质风口安装，也使用本章有关子目。

（2）百叶风口安装适用于各类型百叶风口、送吸风口、网式风口安装项目。流线形散流器执行圆形散流器项目。

（3）排烟口远控装置的套管及缆绳可按实计算耗用量，其余不变。

（4）部分风口安装所需木质（作防火、防腐处理）或其他材质框架，定额内未考虑，如确需发生，可按实另计。

（5）外墙风口安装，以风口法兰外缘周长计算延长米，每米增加密封胶 0.02kg，增加工日 0.05 个。

（6）安装在通风管道上的防火排烟风口及不带远控装置的板式排烟口，使用定额第二章相应防火阀项目。

五、风帽制作安装

（1）风帽制作安装包括圆形风帽、锥形风帽、筒形风帽制作安装，共三节 29 个子目。

（2）原定额中列有各种风帽制作安装，还列有筝绳、泛水及滴水盘的制作，考虑应用简便，减少计算过程，故本定额将各类风帽均综合考虑了筝绳和风帽泛水的制作、安装。筒形风帽还包括了滴水盘的制作安装、除锈、刷漆。

（3）工作内容：

1）风帽制作：放样、下料、咬口，制作法兰、零件，筝绳、泛水、铆焊、组装及除锈、刷漆。

2）风帽安装：风帽及筝绳、泛水的安装、找正、加垫、上螺栓、固定。

（4）风帽除泛水外全部按普通钢板编制，如设计要求与定额不同时，可换算。

（5）各类风帽工程量的计算，均按风帽的设计型号、规格直径分列项目，以"个"为计量单位，改变了原定额以"100kg"为计量单位的规定。

六、罩类制作安装

（1）本定额罩类制作安装项目包括各种排气罩、通风罩、侧吸罩、抽风罩、回转罩、风罩调节阀、皮带防护罩、电动机防雨罩等制作安装和不锈钢排气罩安装，共 20 个子目。

（2）各定额项目工作内容：

1）罩类制作：放样、下料、卷圆，制作罩体、来回弯、零件、法兰，钻孔、铆焊、组合成型，除锈、刷漆。

2）罩类安装：埋设支架、吊装、对口、找正，制垫、上螺栓，固定配重环及钢丝绳，试动调整。

（3）各种罩类制作安装定额中已包括普通钢板及型钢、支架刷防锈漆、调和漆各两遍。如设计要求刷不同漆种时，可按定额第十一册有关子目调整。

（4）罩类制作安装定额是按用途和国标图集编号分列，均以重量"100kg"为计量单位。计算重量时，标准部件按本册定额附录二"国标通风部件标准重量表"计算，非标准部件按设计净重计算。

（5）镀锌钢板排气罩制作安装是本定额增编内容，按其下口周长分列项目，以罩体展开面积以"m²"为计量单位。

（6）不锈钢排气罩安装按成品供应考虑，工程量按罩体展开面积以"m²"为计量单位。

（7）标准型罩类制作安装按普通钢板考虑，按其成品重量以"100kg"为计量单位，采用镀锌钢板时可以换算。

七、消声器制作安装

（一）定额项目设置

（1）定额分为消声器制作安装和成品消声器安装两部分，分别包括片式消声器、弧形声流式消声器、阻抗复合式消声器、各种管式消声器和消声弯头，共59个子目。

（2）原定额消声器制作安装列为一项，本定额增列成品消声器安装。

（3）原定额中消声器制作按普通钢板考虑，本定额均改换为同规格厚度的镀锌钢板。

（二）各定额项目包括的工作内容

（1）消声器制作：放样、下料、钻孔，制作内外套管、木框架、法兰，铆焊、粘贴，填充消声材料，组合成型及型钢除锈、刷漆。

（2）消声器及消声弯头安装：组对、安装、找正、找平，垫垫、上螺栓、固定，支架制作、安装，除锈、刷漆。

（三）工程量计算规则

（1）消声器制作安装按型号及周长以"组"为计量单位，消声弯头按周长以"个"为计量单位。

（2）原定额消声器制作安装以"100kg"为计量单位，本定额均改为以"组"为计量单位。

（四）定额应用时注意事项

（1）消声器制作均按镀锌钢板考虑，但未考虑镀锌板刷漆。如设计要求刷漆，按定额第十一册《刷油、绝热、防腐蚀工程》相应项目计算。

（2）片式消声器已包括钢板密闭门的制作、安装、除锈、刷漆，但不包括外壳的砌筑。外壳砌筑应按建筑工程消耗量定额规定另行计算。

（3）消声器安装所需支架制作安装、除锈刷漆已综合计入定额，一般不作调整。支架的固定是按膨胀螺栓考虑的。

八、通风空调设备及部件制作安装

通风空调设备及部件制作安装分为通风空调设备安装和部件制作安装两部分，适用于工业与民用工程通风空调系统中各类设备、部件的制作安装。

（一）通风空调设备安装

1. 定额项目设置

（1）通风空调设备安装项目包括空气加热器（冷却器），离心式、轴流式、屋顶式通风机，空气幕、通风器、除尘设备，窗式、分体式、多分体（一拖多）空调器，整体空调机组、分段组装式空调机组，风机盘管，活塞式、螺杆式、离心式、模块式冷水机组和热泵机组安装，基本满足了目前实际的需要。

（2）新增加的项目有屋顶通风机、空气幕、通风器、分体式（壁挂、吊顶、落地）空调器，以及活塞式、螺杆式、离心式、模块式冷水机组和热泵机组等项目。

（3）整体空调机组原定额按制冷量，本定额按"风量重量"编列项目；风机盘管取消原定额明装暗装之分，改为吊顶、落地、壁挂三种安装方式编列项目。

（4）取消了玻璃钢冷却塔安装，发生时使用定额第一册《机械设备安装工程》玻璃钢冷却塔安装项目。

2. 设备安装定额包括的工作内容

（1）开箱检查，设备吊装、找平、找正、垫垫、指导配合灌浆、螺栓固定、装梯子。

（2）空气加热器、空气幕、通风器、风机盘管的安装均已包括支架的制作安装及其除锈刷漆。

3. 工程量计算规则

（1）空气加热器、除尘设备安装按不同重量以"台"为计量单位。

（2）风机安装按设计不同型号以"台"为计量单位。

（3）整体式空调机组、分体式空调器、通风器安装按制冷量、风量或安装方式不同，分别以"台"为计量单位，分段组装式空调器按重量以"100kg"为计量单位。

（4）风机盘管、空气幕安装按安装方式不同以"台"为计量单位。

（5）活塞式冷水机组、螺杆式冷水机组、离心式冷水机组及热泵机组安装均以"台"为计量单位，按设备类别、名称及机组重量"t"选用定额项目；机组重量按同一底座上的主机、电动机、附属设备及底座的总重量计算。

（6）模块式冷水机组按基本模块单元制冷量（kW）以"块"为计量单位。

4. 使用定额时注意事项

（1）通风机安装定额内包括电动机安装，其安装形式包括 A、B、C 型或 D 型，也适用于不锈钢和塑料风机安装。

（2）通风机拆装检查、风机减振台座等，发生时使用定额第一册《机械设备安装工程》相关项目。风机减振台座、减振吊架需现场配制时可使用本定额第一章相关项目。

（3）通风机安装未包括金属网框、出口帆布软管、皮带防护罩、电动机防雨罩、轴流风机防雨短管，发生时分别按本册相关项目计算。

（4）空气幕、通风器、风机盘管的安装均包括支架制作安装及刷漆，窗式空调器包括支架和防雨罩的制作安装，不得重复计算；分体式空调器支架均按设备配带考虑；整体式和分段组装式空调机组未包括型钢支座。如需现场配制支架或支座时，套用定额第一章支架子目。

（5）分体式空调器安装定额已包括室内、外机组间连接管路（由厂家配套供货）安装，若为"一拖多"机型时，其室外机使用相应定额项目，室内机区分不同安装形式分别按相应定额乘以系数 0.66，室内外机组间连接管路按定额第六册《工业管道工程》相应项目计算。

（6）活塞式、螺杆式、离心式冷水机组及热泵机组均按同一底座并带有减振装置的整体安装方法考虑；减振装置若由施工单位提供时可按设计选用的规格计取材料费。

（7）模块式冷水机组未包括基础型钢架和橡胶隔振垫，如需现场配制时可另行计算。

（8）冷水机组定额中已包括施工单位配合生产厂家试车的工作内容。

（9）诱导器安装使用风机盘管安装项目；除湿机安装按制冷量或风量使用本章空调器相关子目；通风器软管使用本定额第一章相关子目。

（10）风机盘管的配管使用定额第八册《给排水、采暖、燃气工程》相应项目。

（二）通风空调部件制作安装

1. 定额项目设置

（1）通风空调部件制作安装包括钢板密闭门、挡水板、滤水器、溢水盘、电加热器外壳、金属空调器壳体等制作安装。

(2) 滤水器、溢水盘按直径规格和型号分列项目。

(3) 将设备支架项目移至本定额第一章内。

2. 各定额项目工作内容

(1) 密闭门制作安装:放样、下料,制作门框、零件、填料、组装,除锈,刷漆,找正,固定。

(2) 挡水板制作安装:放样、下料,制作曲板、零件、支架,刷漆,找平,找正、螺栓固定。

(3) 滤水器、溢水盘制作安装:放样、下料,配制零件、组合成型,除锈,刷漆,找正,焊接管道,固定。

(4) 金属壳体制作安装:放样、下料,制作箱体、水槽,焊接,试装,除锈,刷漆,就位、找正、固定,表面清理。

3. 工程量计算规则

(1) 钢板密闭门、滤水器、溢水盘制作安装以"板"为计量单位。挡水板制作安装按空调器断面面积以"m²"为计量单位。

(2) 电加热器外壳、金属空调器壳体制作安装以"100kg"为计量单位。

4. 使用定额时应注意的问题

(1) 清洗槽、浸油槽、晾干架制作安装使用本册第一章支架项目。

(2) 玻璃挡水板使用钢板挡水板相应项目,其材料、机械均乘以系数 0.45,人工不变。

(3) 保温钢板密闭门使用钢板密闭门项目,其材料乘以系数 0.5,机械乘以系数 0.45,人工不变。

九、净化通风管道及部件制作安装

(一) 定额项目设置

定额包括镀锌板净化风管、消声静压箱、铝制孔板风口制作安装和高、中、低效过滤器、洁净室、净化工作台、风淋室安装。

(二) 各定额项目工作内容

(1) 风管制作:放样、下料、折方、轧口、咬口,制作直管、管件、法兰,吊托支架,钻孔、铆焊、上法兰、组对,口缝外表面涂密封胶,风管内表面清洗,风管两端封口及支架除锈、刷漆。

(2) 风管安装:找标高、找平、找正,配合预留孔洞,打支架墙洞,埋设支吊架,风管就位、组装、制垫、垫垫、上螺栓、紧固,风管内表面清洗,管口封闭、法兰口涂密封胶。

(3) 部件制作:预留预埋,放样、下料,钻孔、铆焊、制作,组装零件、法兰,擦洗(静压箱贴吸声材料) 及型钢除锈、刷漆。

(4) 部件安装:测位、找平、找正,制垫、垫垫、上螺栓,清洗。

(5) 高、中、低效过滤器安装:制作框架,除锈、刷漆,开箱、检查,配合钻孔,垫垫,口缝涂密封胶,试装,正式安装。

(6) 洁净设备安装:开箱、检查,垫垫、口缝涂密封胶,上螺栓、紧固成型。

(三) 工程量计算规则

(1) 风管制作安装不分截面形状及尺寸,均以钢板厚度编列。风管以设计图示中心线长度及风管规格按展开面积计算,包括弯头、三通、变径管、天圆地方等管件的长度,不扣除检查孔、测定孔、送吸风口等所占面积，以"10m²"为计量单位。计算长度时应扣除各部件所占长度。其他规定同定额第一章薄钢板风管制作安装的工程量计算规则。

（2）高、中、低效过滤器以"台"为计量单位；过滤器框架以"100kg"为计量单位。

（3）净化工作台安装以"台"为计量单位；风淋室安装按不同重量以"台"为计量单位；洁净室安装按重量计算，以"100kg"为计量单位。

（四）定额应用中注意事项

（1）圆形风管与矩形风管执行同一项目。

（2）净化通风管道制作安装定额中包括弯头、三通、变径管、天圆地方等管件及法兰、加固框和吊托支架制作安装，不包括过跨风管落地支架制作安装。落地支架制作安装使用定额第一章支架项目。

（3）净化风管定额中的镀锌板均未考虑刷漆，如设计要求刷漆，按定额十一册相关项目计算。

（4）风管涂密封胶是按全部口缝外表面涂抹考虑的，如设计要求口缝不涂抹而只在法兰处涂抹者，每10m²风管应减去密封胶1.5kg和人工0.37工日。

（5）风管及部件项目中，型钢是按刷防锈漆、调和漆各两遍考虑的。如设计要求镀锌时，另加镀锌费，同时按定额第十一册相关项目调减刷漆费用。

（6）铝制孔板风口如需电化处理时，其费用另计。

（7）过滤器、净化工作台、风淋室均按成品考虑。

低效过滤器是指 M-A 型、WL 型、LWP 型等。

中效过滤器是指 ZKL 型、YB 型、M 型、ZX-1 型等。

高效过滤器是指 GB 型、GS 型、JX-20 型等。

净化工作台指 XHK 型、BZK 型、SXP 型、SZP 型、SZX 型、SW 型、SZ 型、SXZ 型、TJ 型、CJ 型等。

（8）过滤器、洁净设备安装中所用螺栓、垫料、密封胶是按产品随箱供应考虑的。

（9）定额按空气洁净度 100 000 级编制。

十、不锈钢板通风管道及部件制作安装

（一）项目设置及工作内容

（1）不锈钢板通风管道及部件制作安装包括不锈钢板风管、风口、法兰、吊托支架制作安装四项，取消了原定额中的蝶阀制作安装项目。

（2）不锈钢板通风管道适用于手工电弧焊接，工作内容包括：

1）不锈钢风管制作：放样、下料、卷圆，制作管件、组对焊接，试漏、清洗焊口。

2）不锈钢风管安装：找标高、清理墙洞，风管就位、组对焊接，试漏、清洗焊口、固定。

（3）部件包括风口、法兰、吊托支架，均适用于手工电弧焊，法兰制作安装还适用于氩弧焊。部件制作安装工作内容包括：

1）部件制作：下料、平料、开孔，钻孔，组对、铆焊、攻丝、清洗焊口、组装固定、试动。

2）部件安装：制垫、垫垫、找平、找正、组对、固定、试动。

（二）工程量计算规则

（1）不锈钢通风管道制作安装不包括法兰和吊托支架，可按相应定额以"100kg"为计量单位另行计算。

（2）其他规定可参见定额第一章薄钢板通风管道制作安装。

（三）定额应用时注意事项

（1）风管制作安装不分矩形、圆形风管均执行同一项目。

（2）吊托支架包括了型钢除锈，刷防锈漆、调和漆各两遍。如设计要求刷其他漆种，可按十一册定额相应项目进行调整。

（3）风管及部件凡是以电焊考虑的项目，如需使用手工氩弧焊者，其人工乘以系数1.238，材料乘以系数1.163，机械乘以系数1.673。

（4）风管制作安装项目中包括管件，但不包括法兰和吊托支架；法兰和吊托支架应按本定额相应项目单独列项计算。

（5）风管项目中的板材如设计要求厚度不同者可以换算，人工、机械不变。

（6）风管及部件安装就位，如需要其他材质的垫隔材料，应另行计入。

十一、铝板通风管道及部件制作安装

（一）定额项目设置及适用范围

（1）本定额包括铝板圆形风管、矩形风管、圆伞形风帽、法兰制作安装，共四节20个子目。

（2）定额全部项目均适用于氧乙炔焊接。法兰制作安装也适用于手工氩弧焊焊接。

（3）取消了原定额编列的蝶阀及风口制作安装项目。

（二）工作内容

（1）铝板风管制作：放样、下料、卷圆、折方，制作管件、组对焊接、试漏、清洗焊口。

（2）铝板风管安装：找标高、清理墙洞、风管就位、组对焊接、试漏、清洗焊口、固定。

（3）部件制作：下料、平料、开孔、钻孔、组对、焊铆、攻丝、清洗焊口、组装固定。

（4）部件安装：制垫、垫垫、找平、找正、组对、固定。

（三）工程量计算规则

（1）铝板通风管制作安装，圆形风管按直径及壁厚，矩形风管按截面周长及壁厚分别编列，均以"10m²"为计量单位。其工程量计算其他的规定均同定额第一章薄钢板风管制作安装。

（2）法兰分圆形、矩形，按单个重量3kg以上、3kg以下编列定额项目，以"100kg"为计量单位。

（3）圆伞形风帽制作安装，以"100kg"为计量单位。

（四）定额应用时应注意的问题

（1）风管制作安装项目中包括管件，但不包括法兰和吊托支架；法兰制作安装按本定额相应项目执行。支架可套用定额第一章相应子目。

（2）风管项目中的板材如设计要求厚度不同者可以换算材料，但人工、机械不变。

（3）铝板风管穿越砖石墙体安装的套管或局部涂刷绝缘涂料，可按设计要求另行计算。

（4）铝板风管厚度在1.5mm以内，采用咬口、法兰连接，可参照定额第一章镀锌钢板咬口连接项目执行。

（5）风管及部件凡是以气焊考虑的项目，如需使用手工氩弧焊者，其人工乘以系数1.154，材料乘以系数0.852，机械乘以系数9.242。

十二、塑料通风管道及部件制作安装

（一）定额项目设置及适用范围

（1）分塑料通风管道和部件制作安装两部分，风管包括塑料圆形、矩形风管制作安装；

部件包括各类空气分布器、散流器、插板式风口、各类风阀、风帽、风罩、柔性接口和伸缩节制作安装等项目。

（2）各项目适用于热风焊接施工方法。

（二）定额工作内容

（1）塑料风管制作：放样、锯切、坡口、加热成型，制作法兰、管件，钻孔，组合焊接。

（2）塑料风管安装：就位、制垫、垫垫、法兰连接、找正、找平、固定。

（3）部件制作安装：放样、下料、锯切坡口、钻孔、组对焊接，组装就位，垫垫、找正、紧固螺栓，试动。

（三）工程量计算规则

（1）塑料风管制作安装，圆形风管按直径及壁厚，矩形风管按周长及壁厚，分别编列项目，均以"$10m^2$"为计量单位。其工程量计算的其他规定均按定额第一章薄钢板风管制作安装项目规定。

（2）塑料通风管道制作安装不包括吊托支架，吊托支架可按相应定额以"100kg"为计量单位另行计算。

（3）塑料通风部件制作安装，按其结构型式及单件成品重量以"100kg"为计量单位，其重量可根据本册定额附录二计算。

（四）定额应用中的注意事项

（1）风管项目规格表示的直径为内径，周长为内周长。

（2）风管制作安装项目中包括管件、法兰、加固框，但不包括吊托支架，吊托支架使用第八册定额第一章支架项目。

（3）风管制作安装项目中的塑料板材（指主材），如设计要求厚度不同者可以换算，人工、机械不变。

（4）定额中的法兰垫料如设计要求使用品种不同者，可以换算，但人工不变。

（5）风管制作安装不包括穿墙或楼板处的防护套管，发生时按设计材质和规格另计。

（6）塑料通风管道胎具材料（木材）摊销已包括在风管制作安装定额内。

（7）风帽中未包括风帽筝绳、泛水及滴水盘制作安装，发生时另行计算。

十三、玻璃钢通风管道及部件安装

（一）定额项目设置

（1）分玻璃钢通风管道安装和部件安装两部分，包括玻璃钢圆形、矩形风管、玻璃钢双层夹保温圆形、矩形风管、风帽安装。本定额按现场供应成品考虑。

（2）增加了双层夹保温圆形、矩形风管。

（3）本定额将原定额中玻璃钢管按壁厚分列项目，改为不分壁厚，只分圆形、矩形风管编列项目。

（4）各类风帽安装中均包括了筝绳、泛水制作安装。

（5）所有项目中的型钢及钢板的除锈刷漆均计入定额内。

（二）定额工作内容

（1）风管：找标高、配合预留孔洞、吊托支架制作、安装及除锈、刷漆、风管配合修补、粘接、组装就位、找平、找正、制垫、垫垫、上螺栓、紧固。

（2）部件：组对、组装、就位、找正、制垫、垫垫、上螺栓、紧固，风帽等绳、泛水制作安装及型钢件除锈、刷漆。

（三）工程量计算规则

（1）圆形风管按直径、矩形风管按截面周长分别编列，均以"10m²"为计量单位。其工程量计算的有关规定与定额第一章薄钢板风管制作安装的规定相同。

（2）玻璃钢部件均以单件重量套用定额，均以"个"为计量单位。

（四）定额应用中应注意的问题

（1）玻璃钢通风管道安装项目中包括弯头、三通、变径管、天圆地方等管件的安装及法兰、加固框和吊托架的制作安装，不包括过跨风管落地支架。落地支架按定额第一章支架项目计算。

（2）本定额玻璃钢风管及管件按设计工程量加损耗外加工订做，风管修补费用应按实际发生计算在主材费内。

（3）风管项目规格表示的直径为内径，周长为内周长。

（4）本定额项目中按采用膨胀螺栓安装吊托支架考虑。

（5）风管及部件安装中已包括了钢材的除锈刷油，不得重复计算。

十四、复合型风管制作安装

（1）复合型风管制作安装是新增项目，包括复合型矩形、圆形风管制作安装，适用于由两种以上材质的复合轻质板材制作的通风管道，如通风管道和保温层合为一体的复合型风管，不适用于现场进行保温或保护层施工的通风管道。

（2）工作内容：

1）复合型风管制作：放样、切割、开槽、成型、粘合、制作管件、加固框、吊托支架及除锈、刷漆、钻孔、组合。

2）复合型风管安装：找标高、安装吊托支架、就位、连接、找正、找平、固定。

（3）风管工程量计算时，圆形风管按直径、矩形风管按周长分列项目，均以"10m²"为计量单位。其他计算方法与本定额第十二章玻璃钢通风管道相关规定相同。

（4）风管项目规格表示的直径为内径，周长为内周长。

（5）风管制作安装项目中包括管件、法兰加固柜、吊托支架的工作内容，不得重复计算。

第五节　工程预算实例

【例 12-1】　×办公楼空调风管路工程施工图预算

（一）工程概况

（1）本例题为×市区×办公楼（部分房间）空调风管路工程预算，空调风管路平面图见图 12-28。

（2）本工程风管采用镀锌铁皮，咬口连接。其中：矩形风管 200mm×120mm，镀锌铁皮 $\delta=0.50$mm。矩形风管 320mm×250mm，镀锌铁皮 $\delta=0.75$mm。矩形风管 630mm×250mm、1000mm×200mm、1000mm×250mm，镀锌铁皮 $\delta=1.00$mm。

（3）图中密闭对开多叶调节阀、风量调节阀、铝合金百叶送风口、铝合金百叶回风口、阻抗复合消声器均按成品考虑。

（4）风机盘管采用卧式暗装（吊顶式），主风管（1000mm×250mm）上均设温度测定孔和风量测定孔各1个。

（二）采用定额

采用《山东省安装工程价目表（下册）》和《山东省安装工程消耗量定额　第九册　通风空调工程》（2003年出版）中的有关内容。

（三）编制方法

（1）本题暂不计主材费（只计主材消耗量）、管道刷油、保温、高层建筑增加费等内容。

（2）未尽事宜均参照有关标准或规范执行。

（3）工程量计算结果见表12-6，安装工程施工图预算结果见表12-7。

表12-6　　工程量计算书

工程名称：×办公楼空调风管路工程

序号	分部分项工程名称	单位	工程量	计算公式
1	镀锌钢板（咬口）$\delta=0.5$mm	m²	14.66	200×120（mm）
				$L=3.40+[3.20-0.20+(3.40-0.20-2.70)]\times3+[1.50-0.20+(3.40-0.20-2.70)]\times5=22.90$
				$S=(0.20+0.12)\times2\times22.90=14.66$
2	镀锌钢板（咬口）$\delta=0.75$mm	m²	7.64	320×250（mm）
				$L=2.80+3.90=6.70$
				$S=(0.32+0.25)\times2\times6.70=7.64$
3	镀锌钢板（咬口）$\delta=1.0$mm	m²	33.06	630×250（mm）
				$L=11.20$
				$S=(0.63+0.25)\times2\times11.20=19.71$
				1000×250（mm）
				$L=8.90-0.20-0.30-1.00-0.30-1.76=5.34$
				$S=(1.00+0.25)\times2\times5.34=13.35$
4	风机盘管连接管（咬口）$\delta=1.0$mm	m²	29.40	1000×200（mm）
				$L=[1.75-0.30+(3.20-0.20-2.70)]\times7=12.25$
				$S=(1+0.20)\times2\times12.25=29.40$
5	DBK型新风机组（5000m³/h）/0.4t	台	1	
6	阻抗复合式消声器安T-701-6型号3#	台	1	
7	风机盘管暗装（吊顶式）	台	7	
8	密闭对开多叶调节阀安装（周长2500mm）	个	1	
9	风量调节阀安装（周长640mm）	个	8	
10	铝合金百叶送风口安装（周长640mm）		8	
11	铝合金百叶送风口安装（周长2400mm）	个	7	
12	铝合金百叶回风口安装（周长1300mm）	个	7	

序号	分部分项工程名称	单位	工程量	计 算 公 式
13	防雨百叶回风口(带过滤网)安装(周长2500mm)	个	1	
14	帆布软管制作安装	m²	10.92	1000×250×300(mm)
				$S=[(1.00+0.25)\times2\times0.30]\times2=1.5$
				1000×200×300(mm)
				$S=[(1.00+0.20)\times2\times0.30]\times7=5.04$
				1000×200×200(mm)
				$S=[(1.00+0.20)\times2\times0.20]\times7=3.36$
				200×120×0.20(mm)
				$S=[(0.20+0.12)\times2\times0.20]\times8=1.02$
15	温度测定孔	个	1	
16	风量测定孔	个	1	

注　L—风管长度，m；S—风管面积，m²。

表 12-7　　　　　　　**工 程 计 价 表**

工程名称：空调风管路例题

序号	定额编号	项 目 名 称	单位	工程量	预 算 价							备注
					单价	合价	人工费		材料费		机械费	
							单价	合价	单价	合价	单价	合计
1	9-5	镀锌钢板矩形风管 δ0.5内	10m²	1.47	755.23	1110.19	406.34	597.32	296.49	435.84	52.4	77.028
		镀锌钢板 δ0.5	m²	16.729								
2	9-6	镀锌钢板矩形风管 δ0.8内	10m²	0.76	553.02	420.3	299.68	227.76	222.49	169.09	30.85	23.446
		镀锌钢板 δ0.75	m²	8.649								
3	9-7	镀锌钢板矩形风管 δ1.0内	10m²	3.31	440.26	1457.26	230.12	761.7	193.19	639.46	16.95	56.104 5
		镀锌钢板 δ1	m²	37.668								
4	9-18	风机盘管连接管 δ1.0内	10m²	2.94	760.58	2236.11	362.12	1064.63	371.9	1093.39	26.56	78.086 4
		镀锌钢板 δ1	m²	36.015								
5	9-434	整体空调箱风 5km³/h 重0.4t内	台	1	382.21	382.21	240.68	240.68	121.31	121.31	20.22	20.22
6	9-367	阻抗复合式消声器安装 T701-63#	组	1	192.6	192.6	106.48	106.48	80.78	80.78	5.34	5.34

续表

序号	定额编号	项 目 名 称	单位	工程量	预 算 价							备注
					单价	合价	人工费		材料费		机械费	
							单价	合价	单价	合价	单价	合计	
		阻抗复合式消声器	组	1									
7	9-445	吊顶式风机盘管	台	7	168.54	1179.78	63.8	446.6	96.78	677.46	7.96	55.72	
8	9-126	多叶调节阀 3200	个	1	83.91	83.91	30.8	30.8	11.49	11.49	41.62	41.62	
		多叶调节阀	个	1									
9	9-123	风量调节阀 800	个	8	13.33	106.64	9.24	73.92	3.85	30.8	0.24	1.92	
		风量调节阀	个	8									
10	9-233	百叶风口安装 800 内	个	8	12.01	96.08	8.36	66.88	3.41	27.28	0.24	1.92	
		铝合金双层百叶风口	个	8									
11	9-236	百叶风口安装 2400 内	个	7	42.13	294.91	31.06	217.42	10.83	75.81	0.24	1.68	
		铝合金双层百叶风口	个	7									
12	9-235	百叶风口安装 1600 内	个	7	29.09	203.63	20.64	144.48	8.21	57.47	0.24	1.68	
		铝合金单层百叶风口	个	7									
13	9-237	百叶风口安装 3200 内	个	1	54.82	54.82	40.22	40.22	14.36	14.36	0.24	0.24	
		防雨百叶风口(带过滤网)	个	1									
14	9-26	软管接口	m²	1.02	237.61	242.36	101.64	103.67	133.36	136.03	2.61	2.662 2	
15	9-28	温度测定孔 T615	个	1	42.76	42.76	25.52	25.52	10.85	10.85	6.39	6.39	
16	9-28	风量测定孔 T615	个	1	42.76	42.76	25.52	25.52	10.85	10.85	6.39	6.39	
		系统调整费(通风空调工程)		4173.6	13%	542.57	25%	135.64	75%	406.93			
		安装工程总计	元			8146.32		4173.6		3592.27		380.447 1	
		[措施费]脚手架搭拆费		4173.6	3%	125.21	25%	31.3	75%	93.91			

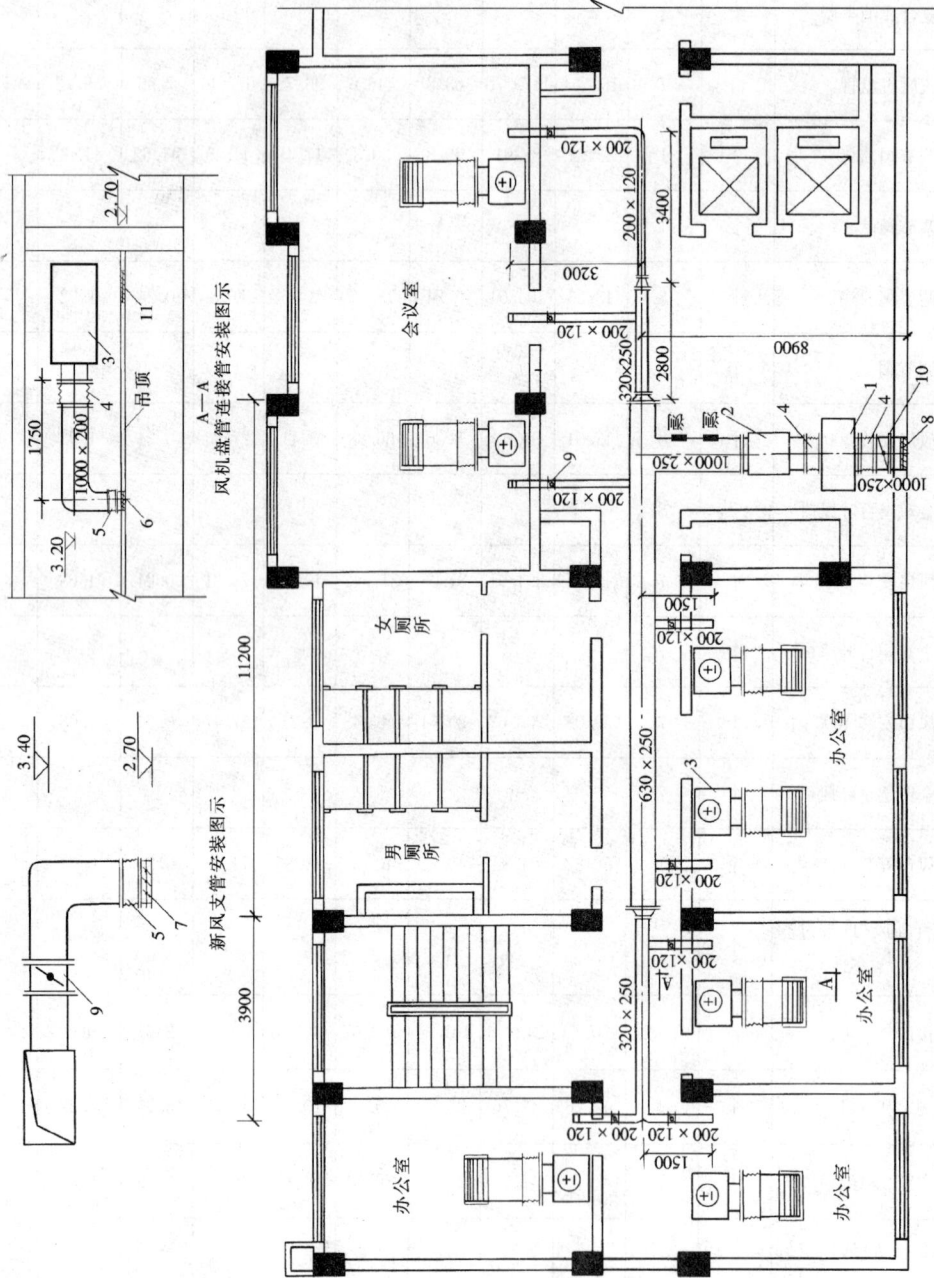

图 12-28　某办公楼部分房间空调风管路平面图（标高单位：m，尺寸单位：mm）

1—新风机组 DBK 型 1000×700（H）；2—消声器 1760×800mm（H）；3—风机盘管；4—帆布软管长 300mm；5—帆布软管长 200mm；6—铝合金双层百叶送风口 1000mm×200mm；7—铝合金双层百叶送风口 200mm×120mm；8—防雨单层百叶回风口（带过滤网）1000mm×250mm；9—风量调节阀长 200mm；10—密闭对开多叶调节阀长 200mm；11—铝合金回风口 400mm×250mm

第十三章　刷油、防腐蚀、绝热工程
施工图预算的编制

第一节　概　　述

　　山东省安装工程消耗量定额第十一册《刷油、防腐蚀、绝热工程》（简称《本定额》）是以 GYD—211—2000《全国统一安装工程预算定额》第十一册为基础进行修编的。

　　一、定额编制依据与项目设置

　　（一）《本定额》编制所依据的标准规范

　　(1) GB 4272—1984《设备、管道保温技术通则》。

　　(2) GBJ 126—1989《工业设备及管道绝热工程施工及验收规范》。

　　(3) HGJ 229—1991《工业设备、管道防腐蚀工程施工及验收规范》。

　　（二）项目设置

　　(1) 除锈工程，列入手工、动力工具、喷射及化学除锈等 4 项 51 个子目；

　　(2) 刷油工程，列入管道、设备、金属结构等各类、各漆种刷油 11 项 252 个子目；

　　(3) 防腐蚀涂料工程，列入使用各类树脂漆、聚氨酯漆、氯磺化聚乙烯漆等漆种的管道、设备、金属结构防腐项目 22 项 277 个子目；

　　(4) 手工糊衬玻璃钢工程，列入常用配比的各种玻璃钢内衬（设备）和塑料管道玻璃钢增强共 10 项 70 个子目；

　　(5) 橡胶板及塑料板衬里工程，列入各种形状设备及管道、阀门橡胶衬里以及金属表面软聚氯乙烯板衬里共 7 项 48 个子目；

　　(6) 衬铅及搪铅工程，列入设备与型钢等表面衬铅、搪铅 2 项 6 个子目；

　　(7) 喷镀（喷涂）工程，列入管道、设备及型钢表面的喷镀（铝、钢、锌、铜）与喷塑共 5 项 28 个子目；

　　(8) 耐酸砖、板衬里工程，列入以各种树脂胶泥为胶料的耐酸砖、板设备内衬及胶泥抹面等共 10 项 201 个子目；

　　(9) 绝热工程，列入使用各种常用绝热材料的管道、设备和通风管道的保温（冷）及其防潮层、保护层、钩钉、托盘、保温盒等共 14 项 193 个子目；

　　(10) 管道补口、补伤工程，列入管道接口现场补刷防腐涂料与涂层共 6 项 208 个子目；

　　(11) 阴极保护及牺牲阳极，移植列入原 94 定额第七册中有关章节，共 4 项 10 个子目。

　　二、《本定额》中共性问题的说明

　　(1)《本定额》中的一般钢结构包括平台、梯子、栏杆、支架等金属构件，在使用定额时，除前面提到的管廊钢结构要按系数调整外，还要注意管廊钢结构中的梯子、平台、栏杆及管道支吊架仍使用一般钢结构定额项目（包括除锈、刷油、防腐等），同时管廊钢结构中若有 H 型钢或边长大于 400mm 的型钢时，这部分结构则要使用 H 型钢制钢结构定额。

　　(2) 用管材制作的钢结构（如火炬钢管塔架）除锈、刷油、防腐蚀，按管材展开面积套用相应管道定额子目并乘以系数 1.20。

（3）在洞库、暗室施工时，定额人工、机械消耗量增加15％。

（4）除锈工程的脚手架搭拆费计算分别随同刷油或防腐蚀工程计算，即刷油或防腐蚀工程在计算其脚手架措施费用时应包括除锈工程人工费。

（5）《本定额》的工程量计算规则中列出了管道、设备、阀门等的刷油面积或绝热层、保护层的面积，体积工程量计算公式，其中设备封头、阀门和法兰的计算公式属于参考性质，因为各种封头的形状尺寸不一、各种阀门外形尺寸不同，同样的阀门、法兰采用不同的保温结构时工程量也会有差别，如根据施工图或相关标准图能够较准确地计算出工程量时，就不必使用这些计算公式；难以准确计算时，可按近似公式计算。

（6）在计算除锈、刷油、防腐蚀工程量时，各种管件、阀件、设备人孔、管口凹凸部分已在定额消耗量中综合考虑，不再另外计算。

（7）计算设备、管道内壁刷油、防腐蚀工程量时，当壁厚大于10mm时按内径计算，壁厚小于10mm时，可按外径计算。

三、常用工程量的计算

1. 除锈、刷油、防腐蚀工程

（1）设备筒体、管道表面积计算公式为

$$S = \pi DL \quad (\text{m}^2) \tag{13-1}$$

式中　D——设备或管道直径，m；

　　　L——设备筒体高或管道延长米，m。

（2）各种管件、阀门、人孔、管口凹凸部分，定额消耗量中已综合考虑，不再另行计算工程量。

2. 绝热工程

（1）设备筒体或管道绝热层、防潮层和保护层工程量计算公式为

$$V = \pi(D + 1.033\delta) \times 1.033\delta L \quad (\text{m}^3) \tag{13-2}$$

$$S = \pi(D + 2.1\delta + 0.0082)L \quad (\text{m}^2) \tag{13-3}$$

式中　　　D——直径，m；

1.033、2.1——调整系数；

　　　　δ——绝热层厚度，m；

　　　　L——设备筒体或管道长度，m；

0.0082——捆扎线直径或带厚＋防潮层厚度，m。

（2）伴热管道绝热工程量计算公式：

1）单管伴热或双管伴热（管径相同，夹角小于90°时）直径计算式为

$$D' = D_1 + D_2 + (10 \sim 20) \tag{13-4}$$

式中　　　D'——伴热管道综合值；

　　　D_1——主管道直径；

　　　D_2——伴热管道直径；

10～20——主管道与伴热管道之间的间隙，mm。

2）双管伴热（管径相同，夹角大于90°时）直径计算式为

$$D' = D_1 + 1.5D_2 + (10 \sim 20) \tag{13-5}$$

3）双管伴热（管径不同，夹角小于90°时）直径计算式为

$$D' = D_1 + D_{伴大} + (10 \sim 20) \tag{13-6}$$

上二式中　D_1——主管道直径；

　　　　$D_{伴大}$——伴热管大管直径。

将上列 D' 计算结果分别代入式（13-2）、式（13-3）计算出伴热管道的绝热层、防潮层和保护层工程量。

（3）设备封头绝热层、防潮层和保护层工程量计算公式为

$$V = [(D + 1.033\delta)/2]^2 \pi \times 1.033\delta \times 1.5N \quad (m^3) \tag{13-7}$$

$$S = [(D + 2.1\delta)/2]^2 \pi \times 1.5N \quad (m^2) \tag{13-8}$$

式中　N——封头个数。

（4）阀门绝热层、防潮层和保护层计算公式为

$$V = \pi(D + 1.033\delta) \times 2.5D \times 1.033\delta \times 1.05N \quad (m^3) \tag{13-9}$$

$$S = \pi(D + 2.1\delta) \times 2.5D \times 1.05N \quad (m^2) \tag{13-10}$$

式中　N——阀门个数。

（5）法兰绝热层、防潮层和保护层计算公式为

$$V = \pi(D + 1.033\delta) \times 1.5D \times 1.033\delta \times 1.05N \quad (m^3) \tag{13-11}$$

$$S = \pi(D + 2.1\delta) \times 1.5D \times 1.05N \quad (m^2) \tag{13-12}$$

式中　N——法兰数量，副。

（6）油罐拱顶绝热层、防潮层和保护层计算公式为

$$V = 2\pi r(h + 0.5165\delta) \times 1.033\delta \quad (m^3) \tag{13-13}$$

$$S = 2\pi r(h + 1.05\delta) \quad (m^2) \tag{13-14}$$

式中　r——油罐拱顶球面半径；

　　　　h——罐顶拱高。

（7）矩形通风管道绝热层、防潮层和保护层计算公式为

$$V = [2(A + B) \times 1.033\delta + 4(1.033\delta)^2]L \quad (m^3) \tag{13-15}$$

$$S = [2(A + B) + 8(1.05\delta + 0.0041)]L \quad (m^2) \tag{13-16}$$

式中　A——风管长边尺寸，m；

　　　　B——风管短边尺寸，m。

第二节　刷油、防腐蚀、绝热工程量计算

一、除锈工程

定额适用于金属表面的手工、动力工具（手提砂轮机）、喷射及化学除锈工程，包括管道、设备、一般钢结构与 H 型钢制钢结构以及气柜各部结构等，其中新增项目有铸铁管和铸铁散热器手工除锈，增列 6 个子目。

定额使用中有关问题的说明：

（1）喷射除锈按 Sa2.5 级标准确定，变更级别标准时，Sa3 级定额乘以系数 1.10，Sa2 级或 Sa1 级定额乘以系数 0.90。Sa2.5 级相当于原定额所称二级；Sa3 级和 Sa2 级则分别为

过去的一级和三级，只是改变称谓而已。

各级喷射除锈标准如下：

Sa3级：除净金属表面上油脂、氧化皮、锈蚀产物等一切杂物，呈现均一的金属本色，并有一定的粗糙度。

Sa2.5级：完全除去金属表面的油脂、氧化皮、锈蚀产物等一切杂物，可见的阴影条纹、斑痕等残留物不得超过单位面积的5％。

Sa2级：除去金属表面上的油脂、锈皮、疏松氧化皮、浮锈等杂物，允许有附紧的氧化皮。

（2）轻锈、中锈、重锈的区分标准为：

轻锈：部分氧化皮开始破裂脱落，红锈开始发生。

中锈：部分氧化皮破裂脱落，呈堆粉状，除锈后用肉眼能见到腐蚀小凹点。

重锈：大部分氧化皮脱落，呈片状锈层或凸起的锈斑，除锈后出现麻点或麻坑。

（3）除微锈按轻锈定额乘以系数0.20，因施工需要发生的二次除锈可以另行计算。

二、刷油工程

本定额适用于管道、设备、通风管道、金属结构等金属面以及玻璃布、石棉布、玛琋脂面、抹灰面等刷（喷）油漆工程，新增设埋地管道综合刷油11个子目。

定额使用中有关问题的说明：

（1）本定额按安装地点就地刷（喷）漆考虑，如安装前集中刷油，定额人工乘以系数0.70（暖气片除外）。

（2）管道标志色环、补口补伤等零星刷油，使用相应定额项目，其人工乘以系数2.0，材料消耗量乘以系数1.20。

（3）定额油漆种类中列有银粉与银粉漆，银粉是指采用银粉与稀料配制的，可在现场配制后涂刷；银粉漆是指施工现场供应的成品银粉浆，可直接用于涂刷。

（4）定额主材与稀干料可以换算，但人工与材料消耗量不变。

三、防腐蚀涂料工程

定额适用于设备、管道、金属结构的各种涂料防腐工程，新增列通用型防瓷涂料、TO树脂漆涂料和防静电涂料三项26个子目。

定额使用中有关问题的说明：

（1）定额中涂料配合比与实际设计配合比不同时，可根据设计要求换算，但定额人工、机械消耗量不变。

（2）定额中除过氯乙烯、H87、H8701及硅酸锌防腐蚀涂料按喷涂法考虑外，其余涂料均按刷涂考虑；如需喷涂施工时，其人工乘以系数0.30，材料消耗量乘以系数1.16，另外增加喷涂机械（空压机）消耗量。

（3）定额中的涂料热固化项目按采用蒸汽及红外线间接聚合固化考虑，如采用其他方法可按施工方案另计；自然固化者则不计。

（4）定额未包括的新品种涂料，可按相近定额项目执行，材料可以换算，人工、机械消耗量不变。

四、手工糊衬玻璃钢工程

定额适用于碳钢设备手工糊衬玻璃钢和塑料管道玻璃钢增强工程，不适用于手工糊制或机械成型的玻璃钢制品工程。

定额使用中有关问题的说明：

(1) 如因设计要求或施工条件不同，所用胶液配合比、材料品种与定额取定不同时，可用定额各种胶液中树脂用量为基数进行换算。

(2) 糊衬玻璃钢定额内包括设备金属表面清洗，但不包括除锈，定额材料内的铁砂布用于刮涂腻子和刷胶衬布后的表面打磨修整。

(3) 玻璃钢工程的底漆、腻子、衬贴玻璃布、面漆等实际层数超过定额的层数时，每超过一层，套用相应定额子目一次。

(4) 塑料管道玻璃钢增强项目也可用于与其施工工艺相同的其他管道。

(5) 定额中玻璃布厚度按 0.2~0.25mm 考虑，实际采用玻璃布厚度不同时，玻璃布消耗量不变（价格可变），胶料按定额规定换算。

(6) 玻璃钢聚合固化按蒸汽加热间接聚合方法考虑，如采用其他方法时应按施工方案另行计算。自然固化即能满足需要的则不需计算加热聚合固化。

五、橡胶板及塑料板衬里工程

定额适用金属管道、管件、阀门、多孔板及设备的橡胶衬里和金属表面的软聚氯乙烯板衬里工程。

定额使用中有关问题的说明：

(1) 本定额中橡胶板及塑料板用量包括：

1) 有效面积需用量（不扣除人孔）；

2) 搭接面积需用量；

3) 法兰翻边及下料时的合理损耗量。

(2) 定额中热硫化橡胶板衬里的硫化方法按间接硫化处理考虑，需要直接硫化处理时，其人工乘以系数 1.25，所需增加的措施用材料与机具的消耗按施工方案另行计算。

(3) 储槽、塔类设备橡胶衬里，如其所带零件衬里面积超过总面积 15%，定额人工乘以系数 1.40。

(4) 定额中塑料板衬里的搭接缝按胶接考虑，如采用焊接时，定额人工乘以系数 1.80，胶浆用量乘以系数 0.50，并增加塑料焊条用量（5.19kg/10m²）。

(5) 定额不包括除锈，应按定额第一章相应定额计算（一般情况下被衬胶金属表面需经喷砂处理）。

六、衬铅及搪铅工程

定额适用于金属设备、型钢及部件等表面衬铅、搪铅工程。

定额使用中有关问题的说明：

(1) 设备衬铅是按安装前在滚动器（转胎）上施工考虑的，若设备安装就位后进行挂衬铅板施工时，其人工乘以系数 1.39。

(2) 设备、型钢衬（包）铅，铅板厚度按 3mm 以内考虑，如铅板厚度大于 3mm 时，定额人工乘以系数 1.29，增加的材料、机械消耗量另行计算。

(3) 本定额未包括金属表面除锈，发生时应按定额第一章相应定额计算。

七、喷镀（涂）工程

定额适用于管道、设备、型钢和设备零部件的表面气喷镀（铅、钢、锌、铜）及喷塑工程。定额不包括金属表面除锈工作，发生时按定额第一章相应定额计算。

八、耐酸砖、板衬里工程

定额适用于各种金属设备的耐酸砖、板衬里工程，不适用于建筑防腐工程。

定额使用中有关问题的说明：

(1) 设备衬砌定额中对设备底、壁、人孔、拱门等不同部位所耗用工料均已做了综合考虑，使用定额时不做区分。

(2) 硅质胶泥衬砌砖、板项目，定额内已包括酸化处理工作内容。

(3) 定额内各种耐酸胶泥均列为未计价材料，可按设计要求及施工条件参照定额附录一～八表中的胶泥配比与材料用量计算或换算，但胶泥定额消耗量（以 m^3 计）不变。

(4) 衬砌砖、板定额按揉挤法考虑；如采用勾缝法施工时，相应定额人工和胶泥用量乘以系数 1.10。

(5) 衬砌砖、板定额按规范进行自然养护考虑，如采用其他养护法，应按施工方案另行计算。

(6) 树脂胶泥衬砌耐酸砖、板砌体需加热固化处理时，按砌体热处理项目计算，定额按采用电炉加热考虑，方法不同时按施工方案另计。

(7) 定额不包括设备金属面除锈，发生时按定额第一章相应定额项目计算。

九、绝热工程

定额适用于设备、管道、通风管道的绝热工程。

供选用的绝热材料有硬质瓦块（珍珠岩瓦、蛭石瓦、微孔硅酸钙等）、泡沫玻璃瓦块与板材、纤维类制品（岩棉、矿棉、玻璃棉及超细玻璃棉、泡沫石棉及硅酸铝纤维等材质的管壳、板材）、聚氨酯及聚苯乙烯泡沫塑料瓦块与板材、各种岩棉、玻璃棉缝毡、棉席（被）类制品、纤维类散状材料（散棉）、橡塑保温管套与板材、铝箔复合玻璃棉管壳与板材以及硅酸盐类涂抹材料和聚氨酯现场喷涂发泡等；此外，还设置各种防潮层、保护层安装以及管道、设备、钢结构的防火涂料等项目。

定额使用中有关问题的说明：

(1) 管道绝热除橡塑保温管项目外均未包括阀门、法兰绝热工程量；发生时已列定额项目的（棉席类、散状纤维类及硅酸盐涂抹料）按相应定额项目计算，其他材料按相应管道绝热定额项目计算（即阀门或法兰工程量并入管道工程量）。橡塑保温管项目的阀门与法兰保温所需增加的人工、材料（包括主材消耗量）已综合考虑在管道项目中，不再另计。

(2) 在计算管道绝热工程量时不扣除阀门、法兰所占长度（阀门、法兰工程量计算式中已做考虑），而在计算阀门与法兰绝热工程量时应注意：与法兰阀门配套的法兰已含在阀门绝热工程量中，不再单独计算。

(3) 计算设备绝热工程量时不扣除人孔、接管开孔面积，并应参照设备筒体绝热工程量计算式增计人孔与接管的管节部位绝热工程量。

(4) 聚氨酯泡沫塑料发泡绝热工程，是按有模具浇注法施工考虑的，其模具摊销已计入定额；若采用现场直喷法施工应扣除定额内模具摊销及黄油消耗量，若在加工厂进行喷涂发泡时，定额人工乘以系数 0.70，其他不变。

(5) 镀锌铁皮保护层厚度按 0.8mm 以下综合考虑，如铁皮厚度大于 0.8mm，定额人工乘以系数 1.20；卧式设备包铁皮其人工乘以系数 1.05；如设计另有涂抹密封胶、加箍钢带等要求时，按铁皮保护层辅助项目计算。

（6）根据规范或设计要求，绝热工程若需分层安装，在计算外层保温工程量时，内保温层外径 D' 视为管道直径，计算公式为 $D' = D + 2.16\delta + 0.003\,2$（$\delta$ 为内保温层厚度；0.003 2 为捆扎线直径或带厚）。各层分别使用相应定额子目，这与原 94 定额规定不同（原为按单层定额乘以系数）。

（7）本定额均按先安装后绝热施工考虑，若先绝热后安装时，其绝热人工乘以系数 0.90。

（8）现场补口、补伤等零星绝热工程，按相应材质定额项目人工、机械乘以系数 2.0，材料消耗量（包括主材）乘以系数 1.20。

（9）采用不锈钢薄钢板作保护层安装，执行金属保护层定额相应项目，其人工乘以系数 1.25，钻头消耗量乘以系数 2.0，机械乘以系数 1.15。

（10）卷材安装应执行相同材质的板材安装项目，其人工、铁丝消耗量不变，但卷材损耗率按 3.1% 考虑。

（11）复合成品材料安装应执行相近材质瓦块（或管壳）安装项目。复合材料分别安装时，应按分层计算。

（12）保温托盘、钩钉及钢板保温盒制作安装项目中已包括了除锈与刷防锈漆的工作内容，不要重复计算。

十、管道补口补伤工程

定额适用于金属管道的补口补伤防腐工程，供选用的防腐涂料有环氧煤沥青漆（又分为普通、加强与特加强级）、氯磺化聚乙烯漆、聚氨酯漆及无机富锌漆，其中环氧煤沥青加强与特加强防腐已包括缠玻璃布工作内容和相应工料消耗。

定额使用中有关问题的说明：

（1）定额计量单位为"10 个口"，每口涂刷长度取定为：管径 $\phi426$mm 及以下按 400mm，$\phi426$mm 以上为 600mm。

（2）各类涂料涂层厚度：

1）氯磺化聚乙烯漆为 0.3~0.4mm 厚。

2）聚氨酯漆为 0.3~0.4mm 厚。

3）环氧煤沥青漆涂层厚度：

普通级，0.3mm 厚，包括底漆一遍、面漆两遍；

加强级，0.5mm 厚，包括底漆一遍、面漆三遍及玻璃布一层；

特加强级，0.8mm 厚，包括底漆一遍、面漆四遍及玻璃布二层。

（3）定额不含管口表面除锈，发生时按本定额第一章相应定额项目计算。

十一、阴极保护及牺牲阳极

本定额移自原定额第七册，适用于长输管道工程阴极保护、牺牲阳极工程；由于近年来工业与民用工程埋地管线（管网）设计当中阴极保护及牺牲阳极也有应用，故增设于本定额。

定额使用中有关问题的说明：

（1）阴极保护站的恒电位仪和电气连接安装以"站"为单位计算。站内 2 台恒电位仪可根据设计选型计价，其他电器与材料消耗量不做调整。

（2）检查头、通电点分别以"处"、"个"为单位计算，均压线安装以"处"（每处100m）为单位计算。通电点、均压线塑料电缆长度超出定额用量的 10％ 或设计规格与定额不同时，可按实际调整。

（3）牺牲阳极安装以"个"为单位计算，材质与规格按设计确定。阳极接地按材质分别以"个"或"m"计算，其接地调试按定额第二册《电气设备安装工程》中接地装置调试定额计算。

第三节　工 程 预 算 实 例

【例 13-1】　×住宅楼供暖、刷油、保温工程施工图预算

（一）工程概况

（1）本例题为×市区×住宅楼室内供暖、刷油、保温工程预算，平面图见图 10-27、图10-28，系统图见图 10-29、图 10-30，工程量见表 10-9。

（2）所有明装管道均刷银粉两道（安装前集中刷油），保温管不刷银粉。散热器交工验收前需再刷银粉一道，散热器散热面积 $0.28m^2/$片。

（3）所有地沟内管道均保温，采用岩棉瓦块 $\delta=40mm$，外缠玻璃丝布一层，玻璃丝布面不刷油漆。

（二）采用定额

采用《山东省安装工程价目表（下册）》，《山东省安装工程消耗量定额　第十一册　刷油、防腐蚀、绝热工程》（2003 年出版）中的有关内容。

（三）编制方法

（1）工程量计算中的保温单位消耗量、保护层单位消耗量，查十一册附录十（焊接钢管绝热、刷油工程量计算表）。

（2）本例题暂不计主材费，只计主材消耗量。

（3）未尽事宜均参照有关标准或规范执行。

（4）工程量计算结果见表 13-1，安装工程施工图预算结果见表 13-2。

表 13-1　　　　　　　　工 程 量 计 算 书

工程名称：×住宅楼供暖、刷油、保温工程

序号	分部分项工程名称	单位	工程量	计 算 公 式
1	焊接钢管刷银粉面积（不保温管）	m²	23.61	DN70　$L=32.40-8.90$（保温管）$=23.50$
				$S=23.50\times(23.72\div100)=5.57$
				DN50　$L=6.30-1.60$（保温管）$=4.70$
				$S=4.70\times(18.85\div100)=0.89$
				DN40　$L=13.69-7.10$（保温管）$=6.59$
				$S=6.59\times(15.07\div100)=0.99$
				DN32　$L=26.91-13.40$（保温管）$=13.51$
				$S=13.51\times(13.27\div100)=1.79$

序号	分部分项工程名称	单位	工程量	计 算 公 式
				DN25　$L=24.30-6.40$（保温管）$=17.90$
				$S=17.90\times(10.52\div100)=1.88$
				DN20　$L=155.76-7.10=148.66$
				$S=148.66\times(8.40\div100)=12.49$
2	散热器刷银粉漆面积	m²	122.08	$436\times0.28=122.08$
3	管道保温岩棉瓦 $\delta=40mm$、$\phi133mm$ 以内	m³	0.14	DN70　供 保温 $2.50+1.20=3.70$
				回 保温 $2.50+[-0.40-(-1.20)]+1.90=5.20$
				$L=8.90$
				$V=8.90\times(1.52\div100)=0.14$
4	管道保温岩棉瓦 $\delta=40mm$、$\phi57mm$ 以内	m³	0.37	DN50 回 保温 1.60
				$L=1.60$
				$V=1.60\times(1.31\div100)=0.02$
				DN40 回 保温 $6.60+0.50$（旁通管）$=7.10$
				$L=7.10$
				$V=7.10\times(1.16\div100)=0.08$
				DN32 回 保温 $2.20+0.25+10.36+0.24+0.35=13.40$
				$L=13.40$
				$V=13.40\times(1.08\div100)=0.15$
				DN25 回 保温 6.00
				L2 保温 0.40
				$L=6.00+0.40=6.40$
				$V=6.40\times(0.97\div100)=0.06$
				DN20 回 保温 4.70
				立 L1、L3、L4、L5、L6、L7 保温 $0.40\times6=2.4$
				$L=4.70+2.40=7.10$
				$V=7.10\times(0.88\div100)=0.06$
5	管道外缠玻璃丝布一道	m²	19.43	DN70 $L=8.90$
				$S=8.90\times(52.66\div100)=4.69$
				DN50 $L=1.60$
				$S=1.60\times(47.79\div100)=0.77$
				DN40 $L=7.10$
				$S=7.10\times(44.02\div100)=3.13$

序号	分部分项工程名称	单位	工程量	计 算 公 式
				DN32 L=13.40
				S=13.40×(42.23÷100)=5.66
				DN25 L=6.40
				S=6.40×(39.46÷100)=2.53
				DN20 L=7.10
				S=7.10×(37.37÷100)=2.65

注　L—管道长度，m；S—管道外表面积，m^2；V—管道保温体积，m^3。

表 13-2　　　　　　　　　　　　　工 程 计 价 表

工程名称：采暖刷油保温

序号	定额编号	项 目 名 称	单位	工程量	预算价 单价	预算价 合价	人工费 单价	人工费 合价	材料费 单价	材料费 合价	机械费 单价	机械费 合计	备注
1	11-57	管道刷银粉 第一遍	10m²	2.361	19.58	46.23	8.19	19.34	11.39	26.89			{人×0.7;}
2	11-58	管道刷银粉 第二遍	10m²	2.361	18.34	43.3	7.92	18.7	10.42	24.6			{人×0.7;}
3	11-175	铸铁管暖气片刷银粉一遍	10m²	12.21	25.99	317.34	13.82	168.74	12.17	148.6			
4	11-952	管道纤维类制品 ϕ57 内	m³	0.14	281.69	39.44	247.72	34.68	22.76	3.19	11.21	1.569 4	
		岩棉管壳 δ=40mm	m³	0.144									
5	11-953	管道纤维类制品 ϕ133 内	m³	0.37	147.3	54.51	120.56	44.61	15.53	5.75	11.21	4.147 7	
		岩棉管壳 δ=40mm	m³	0.381									
6	11-1045	管道玻璃布保护层	10m²	1.94	19.84	38.49	19.67	38.16	0.17	0.33			
		玻璃丝布 0.5	m²	27.16									
		系统调整费（刷油、防腐蚀、绝热工程）			324.23	15%	48.63	20%	9.73	80%	38.91			
		安装工程总计	元			539.31		324.23		209.36		5.717 1	
		[措施费] 刷油工程脚手架搭拆费			206.78	8%	16.54	25%	4.14	75%	12.41			
		[措施费] 绝热工程脚手架搭拆费			117.45	20%	23.49	25%	5.87	75%	17.62			

【例 13-2】　×办公楼空调风管路保温预算例题

（一）工程概况

（1）本例题为×市市区×办公楼（部分房间）空调用风管路保温工程预算，平面图见图 12-28，工程量见表 12-6。

（2）本工程风管采用镀锌铁皮，咬口连接。其中：矩形风管 200mm×120mm，镀锌铁皮 δ=0.50mm。矩形风管 320mm×250mm，镀锌铁皮 δ=0.75mm。矩形风管 630mm×250mm、1000mm×200mm、1000mm×250mm，镀锌铁皮 δ=1.00mm。

（3）风管保温采用岩棉板，δ=25mm，外缠玻璃丝布一道，玻璃丝面不刷油漆。管道保温时使用粘接剂、保温钉。

（4）风管在现场按先绝热后安装施工。

（二）采用定额

采用《山东省安装工程价目表（下册）》和《山东省安装工程消耗量定额　第十一册刷油、防腐蚀、绝热工程》（2003 年出版）中的有关内容。

（三）编制方法

（1）本例题暂不计主材费（只计主材消耗量）。

（2）未尽事宜均参照有关标准或规范执行。

（3）工程量计算结果见表 13-3，安装工程施工图预算结果见表 13-4。

表 13-3　　　　　　　　　工　程　量　计　算　书

工程名称：×办公楼空调风管路保温工程

序号	分部分项工程名称	单位	工程量	计　算　公　式
1	风管岩棉板保温体积($\delta=25$mm)	m³	2.345	200×120(mm)
				$L=22.90$
				$V=[2\times(0.2+0.12)\times1.033\times0.025+4\times(1.033\times0.025)^2]\times22.90=0.440$
				320×250(mm)
				$L=6.70$
				$V=[2\times(0.32+0.25)\times1.033\times0.025+4\times(1.033\times0.025)^2]\times6.70=0.215$
				630×250(mm)
				$L=11.20$
				$V=[2\times(0.63+0.25)\times1.033\times0.025+4\times(1.033\times0.025)^2]\times11.20=0.539$
				1000×250(mm)
				$L=5.34$
				$V=[2\times(1.00+0.25)\times1.033\times0.025+4\times(1.033\times0.025)^2]\times5.34=0.359$
				风机盘管连接管 1000×200(mm)
				$L=12.25$
				$V=[2\times(1.00+0.20)\times1.033\times0.025+4\times(1.033\times0.025)^2]\times12.25=0.792$
2	玻璃丝布保护层面积	m²	98.261	200×120(mm)
				$L=22.90$
				$S=[2\times(0.20+0.12)+8\times(1.05\times0.025+0.004\ 1)]\times22.90=20.216$
				320×250(mm)
				$L=6.70$
				$S=[2\times(0.32+0.25)+8\times(1.05\times0.025+0.004\ 1)]\times6.70=9.265$

续表

序号	分部分项工程名称	单位	工程量	计 算 公 式
				630×250(mm)
				$L=11.20$
				$S=[2 \times (0.60+0.25)+8 \times (1.05 \times 0.025+0.004\,1)] \times 11.20=21.759$
				1000×250(mm)
				$L=5.34$
				$S=[2 \times (1.00+0.25)+8 \times (1.05 \times 0.025+0.004\,1)] \times 5.34=14.647$
				风机盘管连接管 1000×200(mm)
				$L=12.25$
				$S=[2 \times (1.00+0.20)+8 \times (1.05 \times 0.025+0.004\,1)] \times 12.25=32.374$

注　矩形风管保温体积计算公式为
$$V = [2(A+B) \times 1.033\delta + 4(1.033\delta)^2]L$$
矩形风管保护层面积计算公式为
$$S = [2(A+B)+8(1.05\delta+0.004\,1)]L$$
式中，V 为风管保温体积，m^3；L 为风管长度，m；A 为风管长边尺寸，m；B 为风管短边尺寸，m；δ 为保温层厚度，m；1.033 及 1.05 为调整系数；S 为风管保护层面积，m^2。

表 13-4　　　　　　　工 程 计 价 表

工程名称：空调风管路保温例题

序号	定额编号	项 目 名 称	单位	工程量	预 算 价							备 注
					单价	合价	人工费		材料费		机械费	
							单价	合价	单价	合价	单价	合价	
1	11-960	通风管道纤维类制品	m³	2.345	478.37	1121.78	235.22	551.59	231.94	543.9	11.21	26.287 45	{人×0.9；}
		岩棉板	m³	2.462									
		保温钉	件	1195.95									
2	11-1045	管道玻璃布保护层	10m²	9.826	19.84	194.95	19.67	193.28	0.17	1.67			
		玻璃丝布 0.5	m²	137.564									
		空调系统调整费		744.87	13%	96.83	25%	24.21	75%	72.62			
		安装工程总计	元			1316.73		744.87		545.57		26.287 45	
		[措施费]绝热工程脚手架搭拆费		744.87	20%	148.97	25%	37.24	75%	111.73			

参 考 文 献

1 山东省安装工程计价依据交底资料. 山东省工程建设标准定额站，2003.
2 山东省安装工程消耗量定额. 北京：中国建筑工业出版社出版，2003.
3 山东省安装工程价目表. 山东省工程建设标准定额站，2003.
4 山东省安装工程量计算规则. 山东省工程建设标准定额站，2003.
5 王美林主编. 安装工程定额编制与应用. 北京：国际文化出版公司，1996.
6 杜茂安等主编. 建筑设备工程概预算与技术经济. 哈尔滨：黑龙江科技出版社，2000.
7 张秀德主编. 安装工程综合定额与预算. 济南：黄河出版社，1997.
8 周国藩. 通用机械设备安装工程手册. 北京：机械工业出版社，2002.
9 天伦. 安装工程定额与预算. 重庆：重庆大学出版社，2001.
10 全国统一安装工程预算定额. 山西省价目表，2000.
11 张青云等主编. 安装工程概预算. 济南：山东科技出版社，1992.
12 建设工程工程量清单计价规范宣贯辅导教材. 北京：中国计划出版社，2003.
13 王增长主编. 建筑给水排水工程. 北京：中国建筑工业出版社，2001.